自动识别技术与应用开发

李文亮　陈　旭　韩　菁　主　编

清华大学出版社
北　京

内 容 简 介

自动识别技术在物联网领域越来越受到市场的高度重视，很多学校逐步引入 RFID 课程，作为物联网专业的主要课程之一。

然而，由于自动识别技术的特殊性，目前市场上缺乏适合高校应用教学的教材及资源。同时，高校在自动识别技术教学方面的师资力量相对薄弱。为此，我们精心设计了这本基于应用型、项目化的自动识别教学资料，希望它能够满足学校物联网、射频电子技术、无线通信等专业对自动识别课程的教学需求。

本书以自动识别技术及应用相关知识点为主线，系统深入地讲解了物联网的相关知识及技能。编写的指导思想是理论够用、实践为主，以项目型开发为主，以任务实现为辅；任务描述清晰，要求明确，并附带了相关知识的讲解。这样，学生在进行任务实验时，不需要再检索、查询相关内容，减轻了教学过程中学生与老师的负担。

本书可以作为本科院校的物联网、电子信息工程、计算机科学与技术、通信工程等专业的教学、实验用书，也可以作为从事项目开发与应用的工程技术人员的参考书。

图书在版编目(CIP)数据

自动识别技术与应用开发/李文亮，陈旭，韩菁主编. —北京：清华大学出版社，2024.1 (2024.8 重印)
ISBN 978-7-302-64443-9

Ⅰ. ①自… Ⅱ. ①李… ②陈… ③韩… Ⅲ. ①自动识别 Ⅳ. ①TP391.4

中国国家版本馆 CIP 数据核字(2023)第 146328 号

责任编辑：梁媛媛
封面设计：李 玶
责任校对：周剑云
责任印制：宋 林
出版发行：清华大学出版社
网　　址：https://www.tup.com.cn, https://www.wqxuetang.com
地　　址：北京清华大学学研大厦 A 座　　**邮　　编**：100084
社 总 机：010-83470000　　**邮　　购**：010-62786544
投稿与读者服务：010-62776969, c-service@tup.tsinghua.edu.cn
质量反馈：010-62772015, zhiliang@tup.tsinghua.edu.cn
课件下载：https://www.tup.com.cn, 010-62791865
印 装 者：三河市龙大印装有限公司
经　　销：全国新华书店
开　　本：185mm×260mm　　**印　　张**：22　　**字　　数**：535 千字
版　　次：2024 年 2 月第 1 版　　**印　　次**：2024 年 8 月第 2 次印刷
定　　价：66.00 元

产品编号：088668-01

前　言

物联网应用的快速发展催生了一系列新技术应用，特别是近几年来，物联网技术与 AI 技术的结合，又带来了 AIoT 产业的快速兴起，物联网的关键技术越来越受到企业和高校的重视。作为物联网的关键技术之一的自动识别技术，已经逐步被高校物联网、信息技术、通信等专业设置为专业核心课程。

由于自动识别技术本身的特殊性，涉及电子技术、通信技术、软件开发等多个学科，因此对射频识别课程教学的深度、广度很难把控。如果知识点覆盖太多，则超出了一门课程的范围，学生很难学到有用的知识；知识点讲述太深，则超出了学生能接受的范围，且与通信技术等课程有冲突。目前，市场上面向物联网专业的自动识别教材稀少；自动识别的相关内容仅限于在《物联网技术概论》书中有简单的描述，一些学校出现了把自动识别技术和传感器技术合并为一种教材的尴尬局面。

为此，新大陆教育公司联合各高校在射频、通信及图像识别等方面的专家，并结合新大陆公司多年在物联网产业应用中的经验，梳理出物联网行业对自动识别领域的技术要求、岗位人才需求等信息，开发编写了这本《自动识别技术与应用开发》教材。目的是把识别技术的理论知识与操作实践相结合，采用项目化、一体化教材的编写方式，以学生比较容易接受的形式，把自动识别技术逐步融入学生的知识体系中。

教材的设计具备如下特点。

(1) 知识设置覆盖面广。覆盖射频电子、信号处理、电子标签应用开发。

(2) 仿真设计浅显易懂。以仿真及动画、图形等方式实现教学形象化。

(3) 虚实结合的一体化。虚拟数据与实体设备协调一致，理论与实际有机结合。

(4) 教学资源体系丰富。配套资源开发汇聚了高校老师、科研院所、企业工程师及相关专家的成果。

本书内容设计分为三个部分。

(1) RFID 信号与通信技术测量与分析。理解射频通信的过程，天线与电子标签之间数据交互的原理、调制、编码方法，能够根据射频调制及编码的图像分析数据结构，从硬件方面对射频识别有一个深入的理解。

(2) 电子标签功能验证与应用。对每个频段的电子标签，理解指令的意义及对应的数据交互过程，能够对每个交易过程编写 API 调用函数，并通过实体设备对 API 函数进行验证。

(3) RFID 技术仿真。针对电子标签复杂且不易理解的交易过程，通过虚实结合的虚拟仿真技术展现交易过程，达到深入浅出的教学效果；同时，物联网综合应用的仿真实现，也能够让学生进一步体验识别技术在物联网方面的应用。

全书分为 6 章，共 45 个小节，涵盖了 RFID 技术的射频电路、编码与调制、算法与场、天线调试、低频应用接口开发、高频应用接口开发、超高频应用接口开发、微波应用接口开发及二维码识别技术等。针对比较难懂及不容易讲述清楚的知识，本书穿插配备了技术仿真，让学生通过模拟仿真的场景来理解相关知识内容。

本书由北京新大陆时代教育科技有限公司总工、高级工程师李文亮主编，产品总监陈旭及福建信息学院韩菁执笔。同时，为了确保教材的质量，我们还邀请了西安交通大学、哈尔滨工业大学、西安电子科技大学等著名高校的教授和骨干教师参与教材的修订及试用工作，我们在此对他们的辛勤工作和贡献表示衷心的感谢！

由于我们的能力和水平有限，所提编写原则和书中具体内容若有疏漏、欠妥之处，恳请各界读者多加指正，以便以后不断改进。

编　者

目　录

第1章 RFID信号与通信技术测量与分析

教学目标

知识目标	1. 了解无线信号传输的原理；
	2. 认识无线信号的调制原理；
	3. 认识无线信号的特性及几种常见的调制信号。
技能目标	1. 会使用教材提供的 RFID 教学实验平台及 RFID 模块；
	2. 能根据教学提供的平台，进行射频载波的提取；
	3. 能对提取的各种射频载波进行初步的分析，达到理论与实际的认知统一；
	4. 了解调制的概念，并能对实际的调制信号进行解析；
	5. 会通过实验对天线进行初步调节，达到天线能对卡片进行初步的识读。
素质目标	1. 初步掌握 RFID 的基础知识，并能学以致用；
	2. 初步养成项目组成员之间沟通、协同合作的习惯。

1.1 射频调制与编码仿真

任务内容

本节通过软件仿真的方式，让学生直观地认识射频调制的种类及图像、射频编码类型及图像。了解二进制数据在射频信号调制、编码中的对应关系，为下一步的理论学习及实验打好基础。

任务要求

- 了解二进制数据与射频调制信号之间的对应关系。
- 了解二进制数据与编码信号之间的对应关系。
- 认识 ASK 调制、FSK 调制、PSK 调制的原理及射频信号图像。
- 认识 NRZ 编码、曼彻斯特编码、米勒码及修正米勒码的编码方法。

理论认知

1.1.1 仿真软件登录

仿真软件为每个学生分配了账号和密码，登录后可以修改用户名及密码，如图 1.1.1 所示。账号分为教师账号和学生账号两种，分别拥有不同的权限和功能。

图 1.1.1　仿真软件登录界面

1.1.2 进入 RFID 仿真系统

登录后单击“RFID 技术仿真”选项卡，进入 RFID 仿真界面，如图 1.1.2 所示。在该仿真界面下，在仿真类型的下拉列表里选择“射频调制仿真”选项，进入射频调制仿真界面。

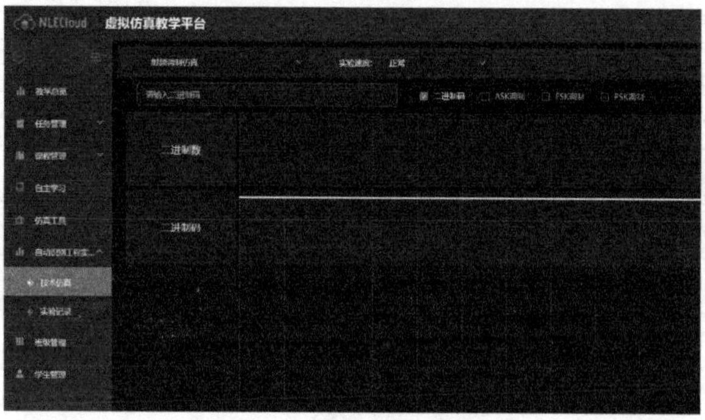

图 1.1.2　仿真软件主界面

在射频调制仿真界面，有二进制、ASK 调制、FSK 调制和 PSK 调制选项，全部选中准备仿真，如图 1.1.3 所示。在二进制对话框里填写要仿真的二进制数据(用 0、1 表示)，在仿真区域会自动产生相应的调制信号波形。

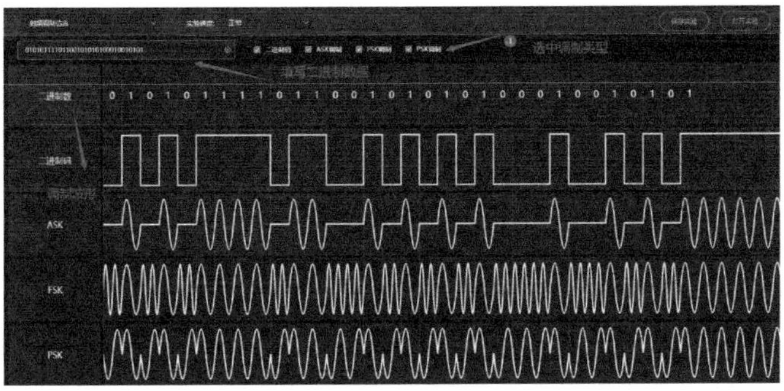

图 1.1.3　射频调制仿真界面

通过以上仿真波形，学生可以直观地观察到仿真的波形，为后续实验中实际抓取空间调制信号做铺垫。

同理，在仿真类型的下拉列表里选择“射频编码仿真”选项，进入射频编码仿真界面，如图 1.1.4 所示。

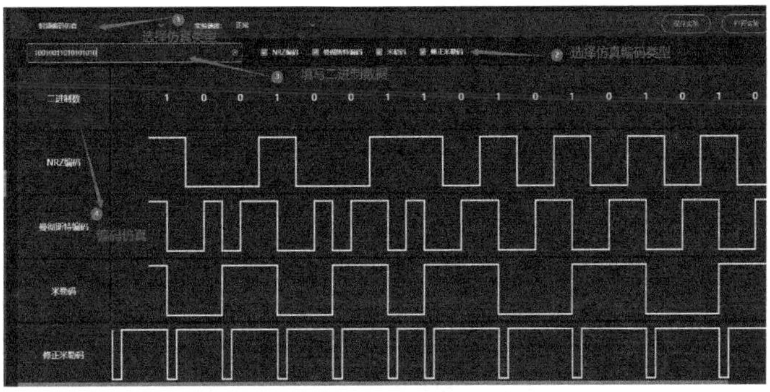

图 1.1.4　射频编码仿真界面

射频编码仿真分为以下几个步骤。

(1) 按照图中标注，选择仿真类型为“射频编码仿真”。

(2) 选择仿真编码类型，这里全选，便于观察与分析。

(3) 在对话框里填写要仿真的二进制数据，长度不限。

(4) 在仿真区域内，实时显示已经模拟的编码图像，对应我们输入的二进制数据。

任务小结

本节主要对射频调制信号和编码信号进行了模拟仿真，使学生对无线射频信号有一个感性的认知，为以后学习射频信号的测量与分析打下坚实的基础。

1.2　空间载波的提取及波形认知

任务内容

本节采用 RFID 教学实验平台高频卡模块的射频教学套件。通过学生的实际操作，获取射频天线与卡片之间的射频交互图像，认识几种常见的射频调制波形，并掌握射频电子学的基础知识。

任务要求

- 了解射频载波技术。
- 学习 RFID 教学实验平台，掌握高频操作的基本方法。
- 了解射频电子的基础知识。
- 认识几种常见的射频调制波形。

理论知识

1.2.1 RFID 教学实验平台实验套件

1. RFID 教学实验平台

这里主要介绍 RFID 教学实验平台，该实验平台具有 8 个通用实验模块插槽，支持单个实验模块实验或最多 8 个实验模块联动实验。该实验平台内集成了通信、供电、测量等功能，为实验提供环境保障和支撑，还内置了一块标准尺寸的面包板及独立电源，用于电路搭建实验。该实验平台可完成无线通信技术、传感器技术、数据采集、无线传感器网络等课程的实验。RFID 教学实验平台底板接口如图 1.2.1 及图 1.2.2 所示。

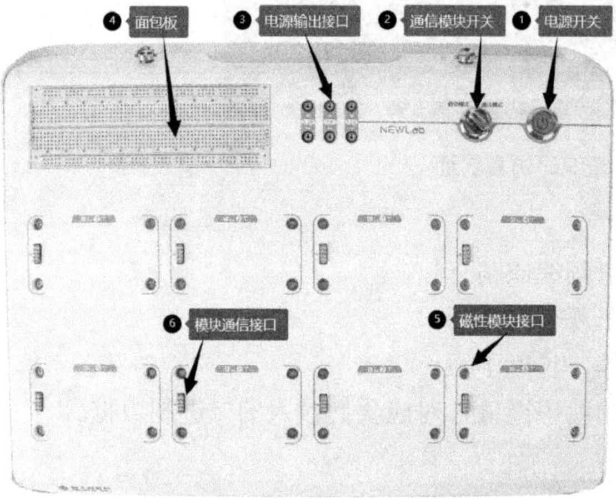

图 1.2.1　RFID 教学实验平台底板接口 1

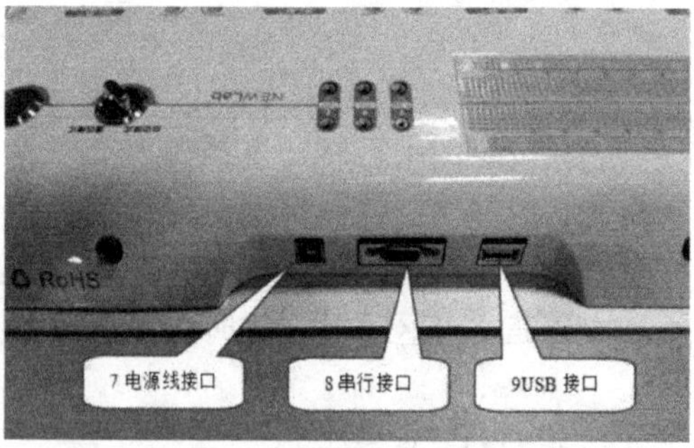

图 1.2.2　RFID 教学实验平台底板接口 2

2. RFID 实验套件

RFID 实验套件配置了 Cortex M3 核心模块、低频模块(LF 射频模块)、高频模块(HF 射频模块、NFC 射频模块)、超高频模块(UHF 射频模块)、有源 RFID 模块(读卡器模块和标签模块)、HF-PICC 信号采集器、虚拟信号示波器、ADJ 调试天线等模块，其中主要模块如图 1.2.3 所示。

M3 核心模块

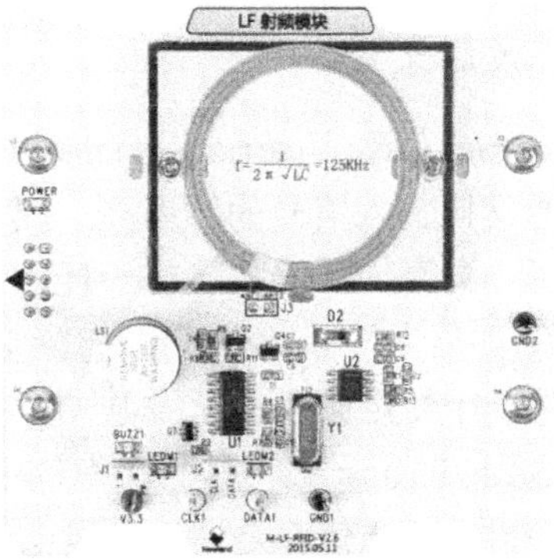

LF 射频模块

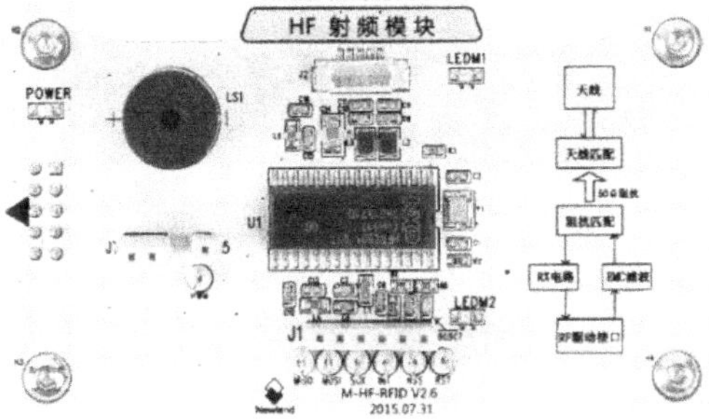

HF 射频模块

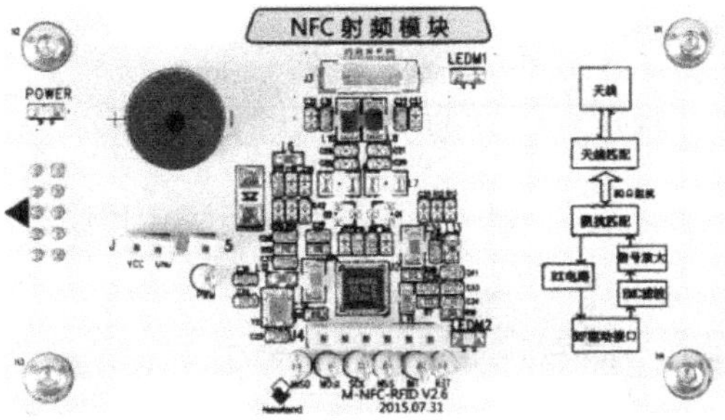

NFC 射频模块

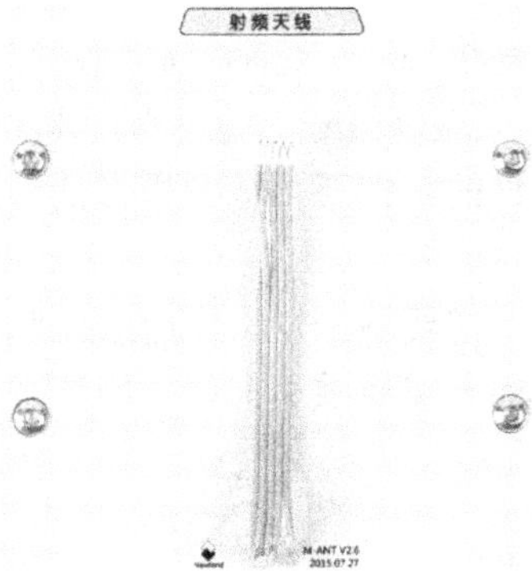

射频天线

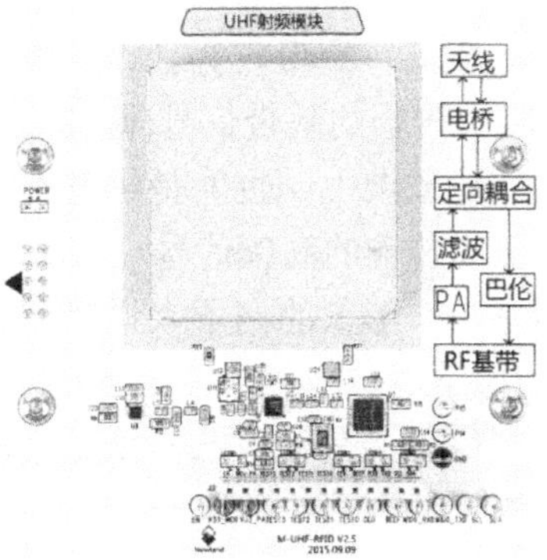

UHF 射频模块

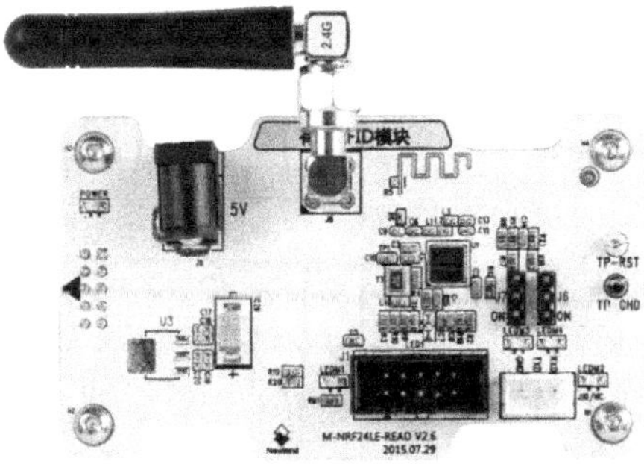

有源 RFID 读卡器模块

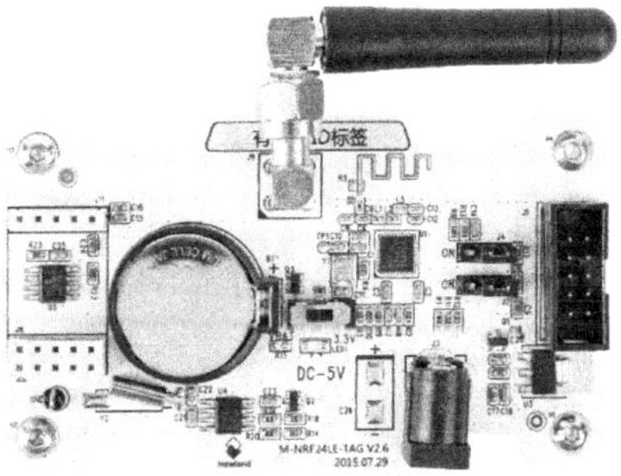

有源 RFID 标签模块

图 1.2.3　RFID 实验套件配置的模块

1.2.2 载波定义

载波(carrier wave，carrier signal 或 carrier)是由振荡器产生并在通信信道上传输的电波，载波频率通常比输入信号的频率高，属于高频信号，输入信号调制到一个高频载波上，就好像搭乘了一列高铁或一架飞机一样，然后再被发射和接收。载波可以是正弦波，也可以是非正弦波(如周期性脉冲序列)，如图 1.2.4 所示。

载波是一个特定频率的无线电波，单位是 Hz，它在真空中的传播速度和电信号速度一样，可以达到 30 万千米/每秒。在空气中传输的波叫无线电波，我们经常接触到的收音机、电视机、手机等的通信都是通过无线电波来传输的，承载这些信息的波就是载波。

实际采集到的载波图像如图 1.2.5 所示。

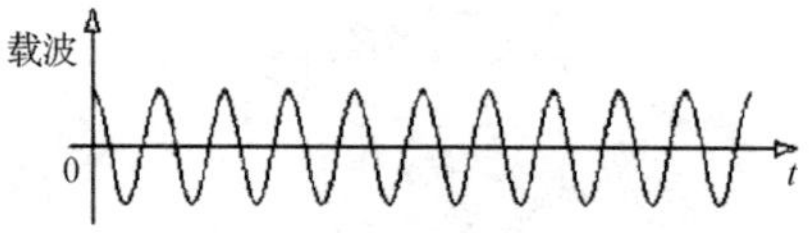

图 1.2.4　载波图像

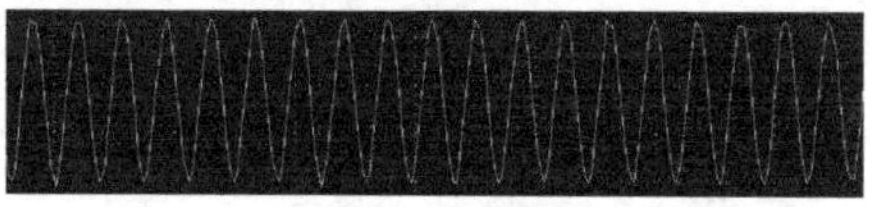

图 1.2.5　实际采集到的载波图像

1.2.3 信号调制

信号调制就是使一种波形的某些特性按另一种波形或信号而变化的过程或处理方法。在无线电通信中，利用电磁波作为信息的载体。信息一般是待传输的基带信号(即调制信号)，其特点是频率较低、频带较宽且相互重叠，为了适合单一信道传输，必须进行调制。所谓调制，就是将待传输的基带信号(调制信号)加载到高频振荡信号上的过程，其实质是将基带信号搬移到高频载波上，也就是频谱搬移的过程，目的是把要传输的模拟信号或数字信号变换成适合信道传输的高频信号。

此处列举一个形象的例子来说明调制，假设某人需要从出发点(即信源)到目的地(即信宿)，由于刮风下雨(可以理解为受到噪声的影响)，此人需要乘车前往，则这个人相当于我们所说的调制信号，汽车相当于载波，人在出发点上车的过程可以理解为调制过程。

通信中，通常会有基带信号和频带信号。基带信号就是原始信号，通常具有较低的频率成分(如声音)，不适合在无线信道中进行传输。在通信系统中，有一个载波来运载基带信号，调制就是使载波信号的某个参量随着基带信号的变化而变化，从而实现基带信号转为频带信号。

数字调制是指把数字基带信号调制到载波的某个参数上，使得载波参数(幅度、频率、相位等)随着基带信号的变化而变化，如图 1.2.6 所示。数字调制中的调幅、调频和调相分别称之为幅移键控(ASK)、频移键控(FSK)和相移键控(PSK)。

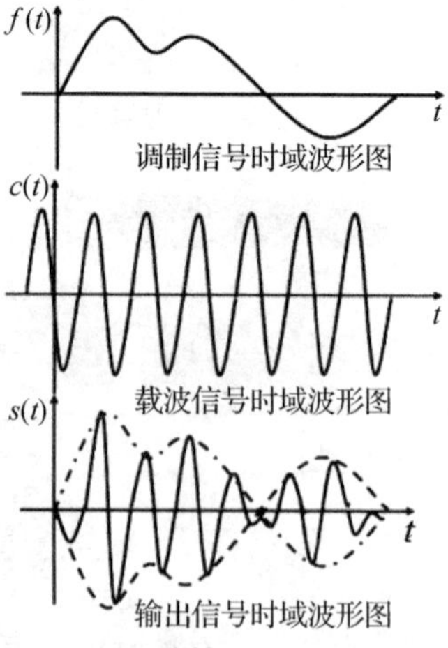

图 1.2.6　调制信号、载波信号与合成输出信号之间的关系

1.2.4 常用的几种调制方法

1. 幅移键控

幅移键控又称为振幅键控，二进制振幅键控(2ASK)方法是数字调制中最早出现，也是最简单的一种调制方法。在二进制数字调制中，载波的幅度只有两种变化，分别对应于二进制信息的“1”和“0”。目前电感耦合的 RFID 系统经常采用 ASK 调制方式，如 ISO/ICE 14443 及 OSO/ICE 15693 标准均采用 ASK 调制方式。

在振幅调制中，载波的振幅随着调制信号的变化而变化，而其频率始终保持不变。二进制振幅键控(2ASK)信号可以表示成具有一定波形的二进制序列与正弦载波的乘积。

2ASK 信号的一般表达式为

$$e_{2ASK}(t)=s(t)\cos\omega_c t$$

其中，$s(t)=\sum a_n g(t-nT_s)$，T_s 为脉冲持续时间，$g(t)$表示持续时间为 T_s 的基带脉冲波形，通常假设是高度为 1、宽度等于 T_s 的矩形脉冲；a_n 表示第 N 个符号的电平取值。

其对应的波形如图 1.2.7 所示。

$$a_n=\begin{cases}1, & 概率为P\\0, & 概率为1-P\end{cases}$$

2. 频移键控

数字频移键控是用载波的频率来传输数字消息，即用所传输的数字消息来控制载波的频率。数字频率调制又称为频移键控调制(Frequency Shift Keying，FSK)，即用不同的频率来表示不同的符号。二进制频移键控标记为 2FSK，二进制符号 0 对应于载波 f_1，符号 1 对应于载频 f_2，f_1 和 f_2 之间的改变是在瞬时完成的，如 2kHz 表示 0，3kHz 表示 1。频移键控是数字传输中应用比较广泛的一种传输方式。

在 2FSK 中，载波的频率随二进制基带信号在 f_1 和 f_2 两个频率点之间变化，其典型的波形图如图 1.2.8 所示。

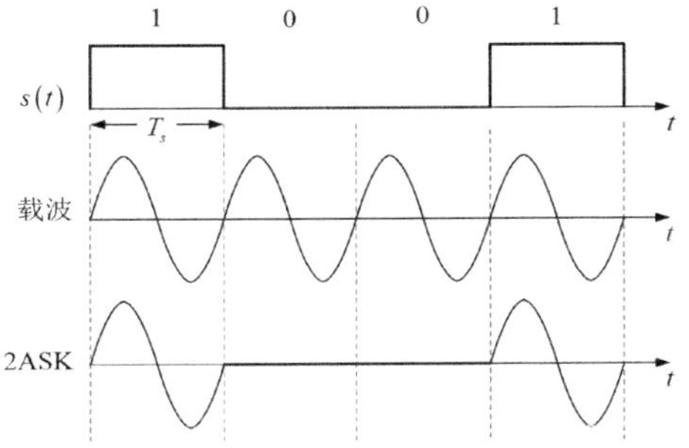

图 1.2.7 2ASK 信号波形图

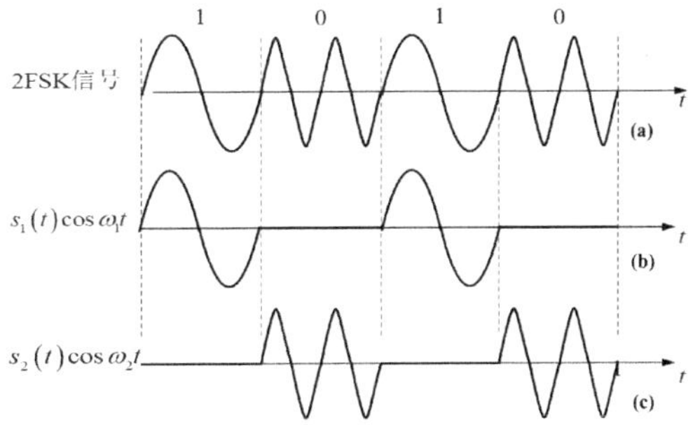

图 1.2.8 2FSK 信号波形图

由图可见，2FSK 信号的波形(a)可以分解为波形(b)和波形(c)，也就是说，一个 2FSK 信号可以看成是两个不同载频的 2ASK 信号的叠加。因此，2FSK 信号的时域表达式又可写成：

$$e_{2FSK}(t)=\left[\sum_n a_n g(t-nT_s)\right]\cos(\omega_1 t+\varphi_n)+\left[\sum_n \bar{a}_n g(t-nT_s)\right]\cos(\omega_2 t+\theta_n)$$

式中，$g(t)$表示单个矩形脉冲，T_s 表示脉冲持续时间。φ_n 和 θ_n 分别是第 n 个信号码元(1 或 0)的初始相位，通常可将其设置为零。因此，2FSK 信号的表达式可简化为

$$e_{2\text{FSK}}(t)=s_1(t)\cos\omega_1 t+s_2(t)\cos\omega_2 t$$

$$a_n=\begin{cases}1, & \text{概率为}P\\ 0, & \text{概率为}1-P\end{cases}\qquad \bar{a}_n=\begin{cases}1, & \text{概率为}1-P\\ 0, & \text{概率为}P\end{cases}$$

3. 相移键控

数字相位调制又称为相移键控调制(Phase Shift Keying，PSK)。二进制相移键控方式 2PSK 是键控的载波按基带脉冲序列的规律而改变的一种数字调制方式，即根据数字基带信号的两个电平(或符号)使载波相位在两个不同数值之间切换的一种相位调制方法。

在 2PSK 中，通常用初始相位 0 和π分别表示二进制 0 和 1。因此，2PSK 信号的时域表达式为

$$e_{2\text{PSK}}(t)=\text{A}\cos(\omega_c t+\varphi_n)$$

式中，φ_n 表示第 n 个符号的绝对相位：

$$\varphi_n=\begin{cases}0, & \text{发送“0”时}\\ \pi, & \text{发送“1”时}\end{cases}$$

因此，上式可以改写为

$$e_{2\text{PSK}}(t)=\begin{cases}A\cos\omega_c t, & \text{概率为}P\\ -A\cos\omega_c t, & \text{概率为}1-P\end{cases}$$

由于两种码元的特点是波形相同、极性相反，故 2PSK 信号可以表述为一个双极性全占空矩形脉冲序列与一个正弦载波的相乘，即

$$e_{2\text{PSK}}(t)=s(t)\cos\omega_c t$$

式中，$s(t)=\sum_{n=1}^{\infty}(a_n g(t-nT_s))$。这里，$g(t)$是脉宽为 T_s 的单个矩形脉冲，而 a_n 的统计特性为

$$a_n=\begin{cases}1, & \text{概率为}P\\ -1, & \text{概率为}1-P\end{cases}$$

即发送二进制符号“0”时(a_n 取+1)，$e_{2\text{PSK}}(t)$取 0 相位；发送二进制符号“1”时(a_n 取−1)，$e_{2\text{PSK}}(t)$取π相位。这种以载波的不同相位直接表示相应二进制数字信号的调制方式，称为二进制绝对相移方式。2PSK 信号的典型波形如图 1.2.9 所示。

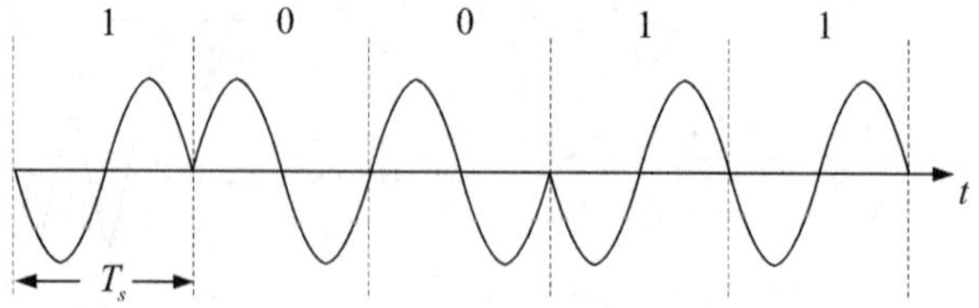

图 1.2.9 2PSK 信号波形图

4. 副载波调制

在实际的 RFID 应用中，电子标签首先将要发送的基带编码信号(通常采用曼彻斯特编

码)调制到副载波上，此时得到的已调制信号通常叫作副载波调制信号。接着将副载波调制信号再次用更高频的载波信号进行二次调制，实现向读写器传递信息。

就射频识别系统而言，副载波的调制法主要用在频率为 6.78MHz、13.56MHz 或 27.125MHz 的电感耦合系统中，而且都是从电子标签到读写器的数据传输。电感耦合式射频识别系统的负载调制有着与读写器天线上高频电压的振幅键控(ASK)调制相似的效果。通常，副载波一般是通过对载波的二进制分频产生的，如在 13.56MHz 的系统中，副载波的频率大部分是 847kHz、424kHz、212kHz(分别对应于 13.56MHz 的 16/32/64 分频)。

RFID 系统采用副载波调制的好处包括：

(1) 电子标签是无源的，其能量靠读写器的载波提供，采用副载波调制信号进行负载调制时，调试管每次导通时间较短，对电子标签电源的影响较小。

(2) 调制器的总导通时间减少，总功率损耗下降。

(3) 有用信息的频谱分布在副载波附近而不是在载波附近，便于读写器对传输数据信息的提取，但射频耦合回路应有较宽的频带。

观察频谱变化可以更好地理解使用副载波带来的好处，如图 1.2.10 所示。采用副载波进行负载调制时，在围绕工作频率±副载波 f_H 的距离上产生两条谱线。真实的信息随着基带编码的数据流对副载波的调制被传输到两条副载波谱线的边沿；如果是在基带中进行负载调制，数据流的边沿将直接围绕着工作频率的载波信号。

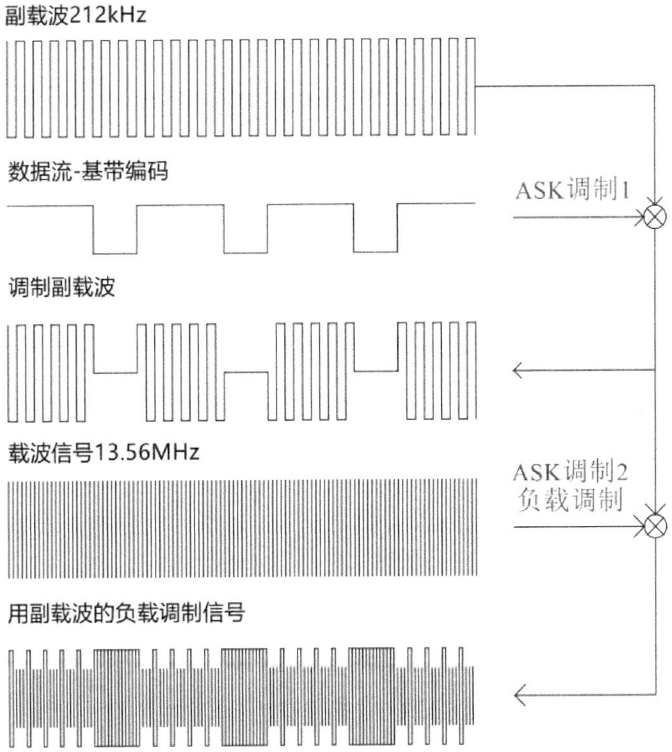

图 1.2.10 采用振幅键控(ASK)调制的副载波负载调制

以下是几种调制整合在一起的图形，供初学者学习参考，如图 1.2.11 所示。

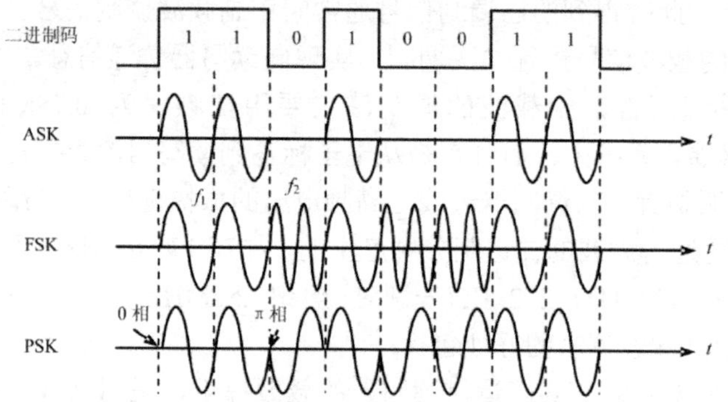

图 1.2.11　几种调制对比图

1.2.5　射频工作场

射频天线辐射出来的射频场是一个类似于球形的区域，如图 1.2.12 和图 1.2.13 所示，这是因为高频天线主要靠磁力线来产生电磁场，我们在分析这种球形区域的电磁场时，把这个区域进行数字化的分割，将一个模拟量的射频区域建模成一个完全数字化的场域。

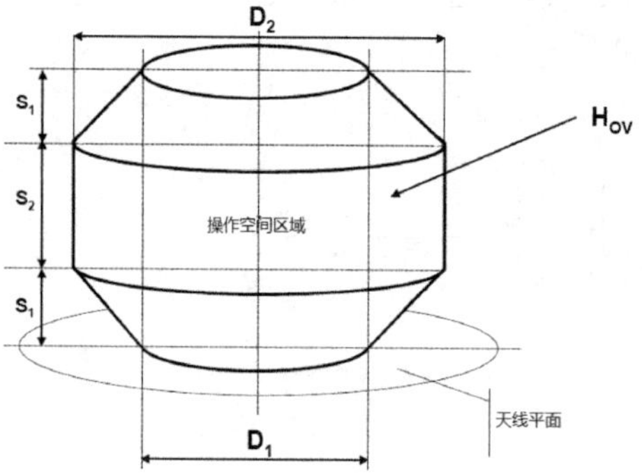

图 1.2.12　射频工作场

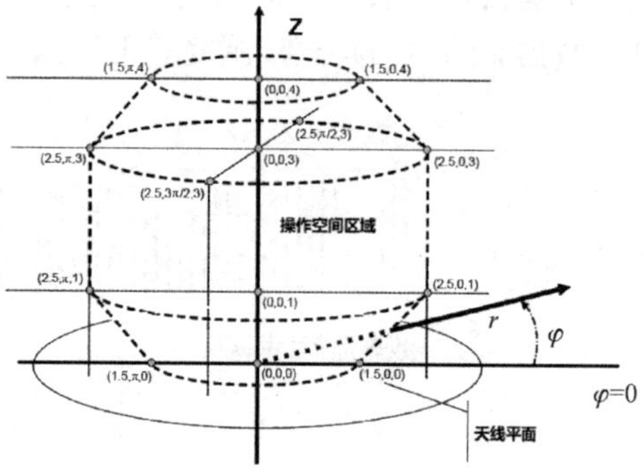

图 1.2.13　射频工作场 r、φ 和 z 坐标图

射频工作场(简称射频场)是一个 3D 空域，如图 1.2.12 所示，信号采集卡在射频场工作的时候，应慢慢移动位置(速度不超过 1m/s)，其中 S_1 表示距离射频场上下平面的高度，S_2 表示操作中间区域高度，H_{ov} 表示最大信号工作区域。射频场的坐标分配如图 1.2.13 所示。

信号采集卡的工作区域坐标一般表示为(r，φ，z，θ)，这里，φ 表示在水平面上距离坐标原点的角度，(r，φ)=(0,0)表示在原点位置上，与 X 轴平行的位置。z 表示距离原点水平面的高度(一般取值 0～4cm)；θ 表示信号采集卡旋转的角度(相对于 X 轴)，如图 1.2.14 所示。

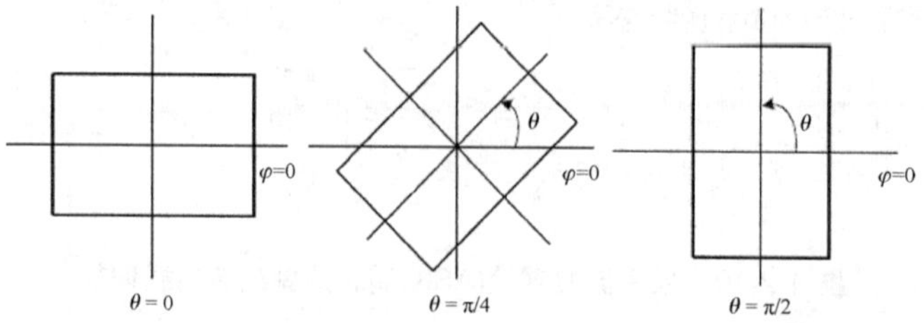

图 1.2.14　φ 和 θ 的表示定义

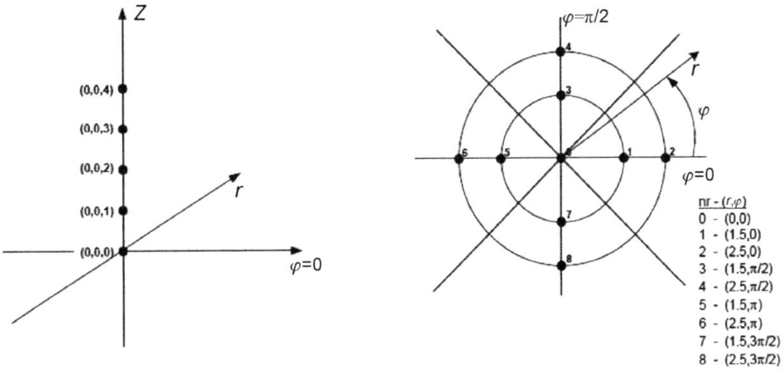

图 1.2.14　φ 和 θ 的表示定义(续)

任务实施

1. 硬件连接

串口线：连接计算机串口与 RFID 教学实验平台串口。

电源适配器：连接电源适配器 DC12V 到 RFID 教学实验平台。

I/O 口：HF 射频模块和 M3 核心模块采用 SPI 通信方式。SPI(Serial Peripheral Interface，串行外设接口)的通信原理很简单，它以主从方式工作，这种模式通常有一个主设备和一个或多个从设备，需要至少 5 根线，如表 1.2.1 所示。HF 射频模块 MISO、MOSI、SCK、NSS、RST 分别连接 M3 核心模块的 PA6、PA7、PA5、PA4、PA0，如图 1.2.15 和图 1.2.16 所示。

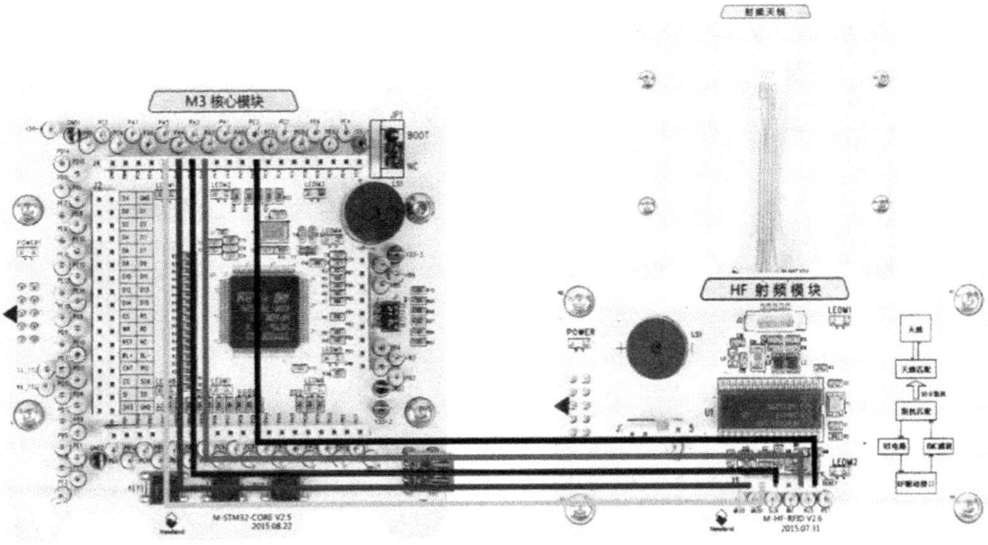

图 1.2.15　硬件模块连接线路图

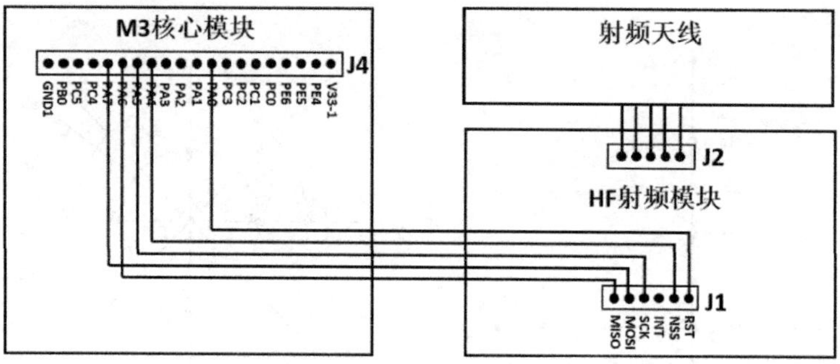

图 1.2.16　硬件模块连接示意图

表 1.2.1　高频读卡器接线说明

HF 射频模块	M3 核心模块	备　注
MISO	PA6	SPI 总线主机输出/从机输入(SPI Bus Master Output/Slave Input)
MOSI	PA7	SPI 总线主机输入/从机输出(SPI Bus Master Input/Slave Output)
SCK	PA5	时钟信号，由主设备产生
NSS	PA4	从设备使能信号，由主设备控制(Chip Select，或称 CS)
RST	PA0	Reset 复位信号

RFID 教学实验平台波动开关：置于“通信模式”。

RFID 教学实验平台电源开关：按下电源开关，接通电源。

2. 下载实验程序

(1) 通过串口，连接主板与 PC 机。

(2) 将 RFID 教学实验平台 M3 核心模块右侧跳线帽置于 boot 端，上电或者按下复位按钮(在 M3 核心模块三个按键的最右侧按键为复位键)。

(3) 单击电脑桌面图标，运行软件 STMicroelectronics flash loader.exe。

(4) 下载固件程序到 M3 核心板的 CPU 中，如图 1.2.17 所示。

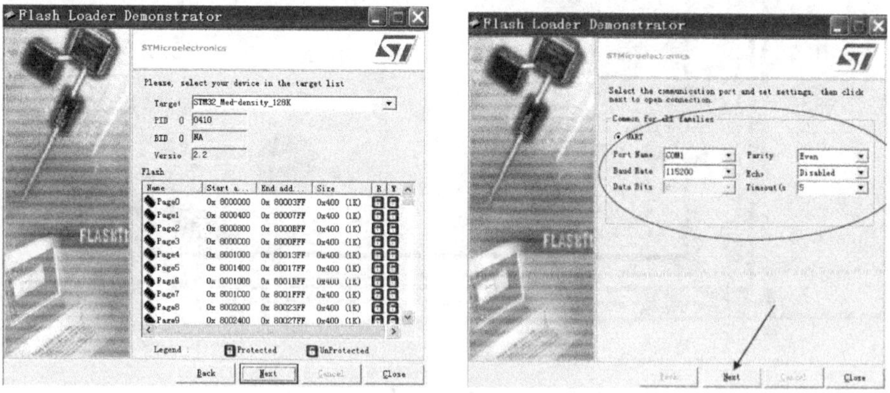

图 1.2.17　下载固件步骤

绿灯表示连接成功，如图 1.2.18 所示，如果偶尔失败，关闭下载程序，退回到第(3)步执行。

(5) 选择要下载的程序 RC531-寻卡.hex，如图 1.2.19 所示。

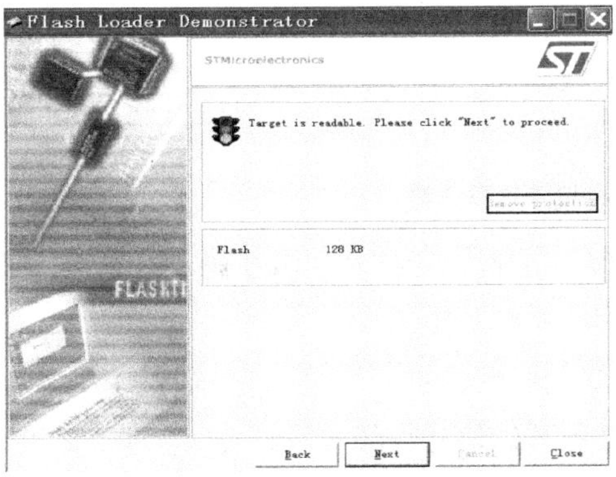

图 1.2.18　连接成功示图

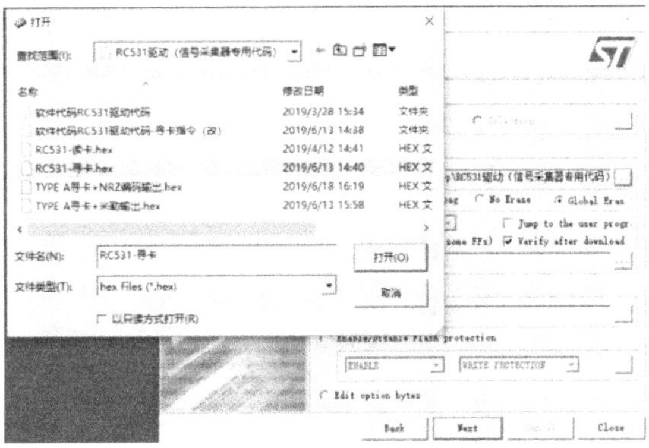

图 1.2.19　选择下载程序

(6) 勾选如图 1.2.20 所示各项。

(7) 下载成功，出现如图 1.2.21 所示界面。

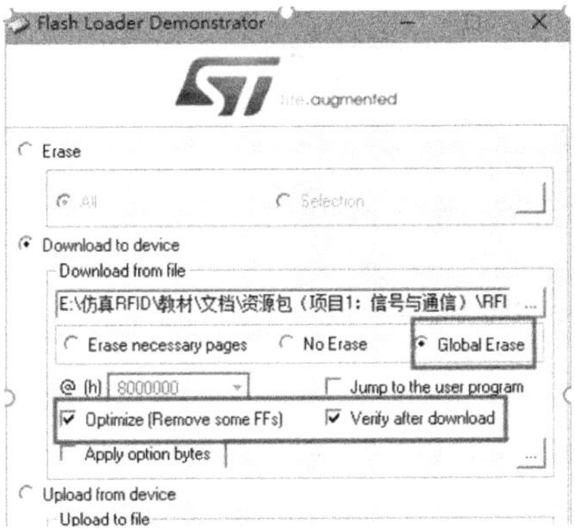

图 1.2.20　芯片设置选择

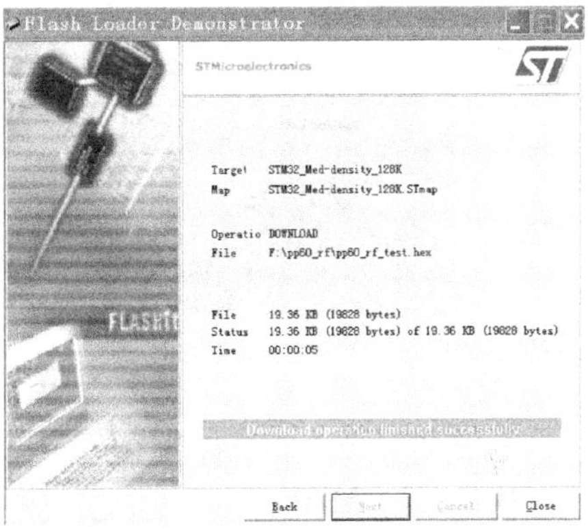

图 1.2.21　下载成功

(8) 将 RFID 教学实验平台 M3 核心模块右侧跳线帽置于 NC 端，设备重新上电。

3. 实验操作步骤

(1) 将信号采集套件连接好，按照如图 1.2.22 所示的拓扑结构连接。

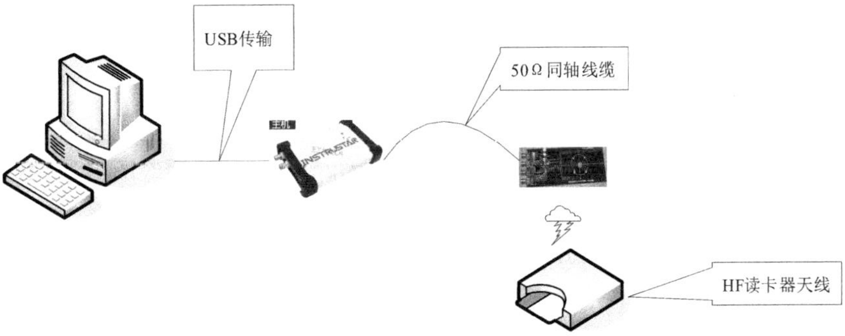

图 1.2.22　信号采集套件连接图

注意：信号采集器与虚拟示波器之间的接口连接如图 1.2.23 所示。

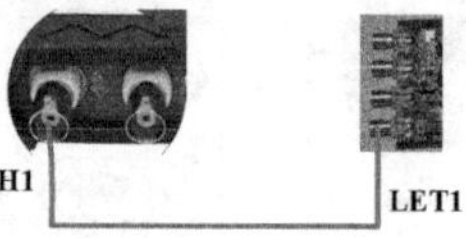

图 1.2.23　信号采集器与虚拟示波器连接

虚拟示波器与 PC 之间的连接采用 USB 口连接，虚拟示波器装上驱动后，系统会自动认出虚拟示波器。

(2)　打开电脑桌面虚拟示波器控件。

弹出如图 1.2.24 所示的信号采集分析界面，准备开始信号采集实验。

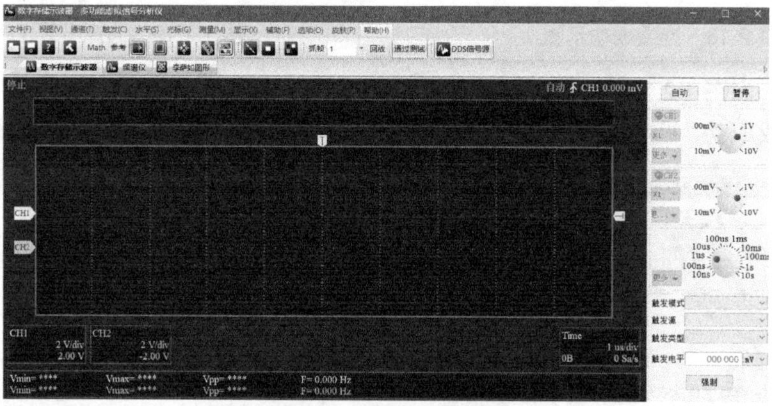

图 1.2.24　信号采集分析界面

(3)　以上连接完成后，打开 RFID 教学实验平台主机电源，并把开关拨到“通信模式”。将 RFID 信号采集器(HF-TEST PICC)放置在高频天线板上方约 1cm 处(高度随机，1cm 处信号较强，便于采集)，如图 1.2.25 所示，准备采集射频信号。

图 1.2.25　信号采集器采集信号图

(4)　示波器参数设置。设置采用“正常”触发(200mV/Div)，触发电平在(−000040mV～$-V_{max}$)之间都可以出现触发波形，并设置“固定采样率 200MHz”，这里 V_{max} 表示图像幅值的最大值(负方向)，示波器的参数配置如图 1.2.26 所示。

(5)　获得触发波形。以上设置完成后，天线会触发一次射频场信号，采集器会获得当次的射频信号，如果当前界面上看不到信号，可以观察上面的总览图片，如图 1.2.27 所示，可能触发信号在显示区域外，把它拖到当前界面中即可观察。

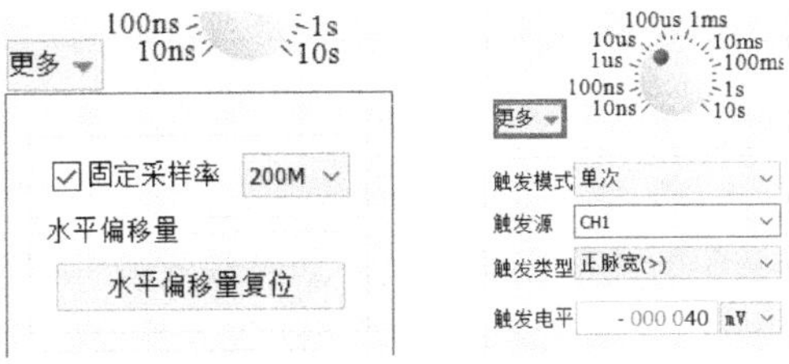

图 1.2.26　示波器参数设置

(6) 调制信号：把调制信号按照步骤(5)的要求，拖入软件显示区域，如图 1.2.28 所示。

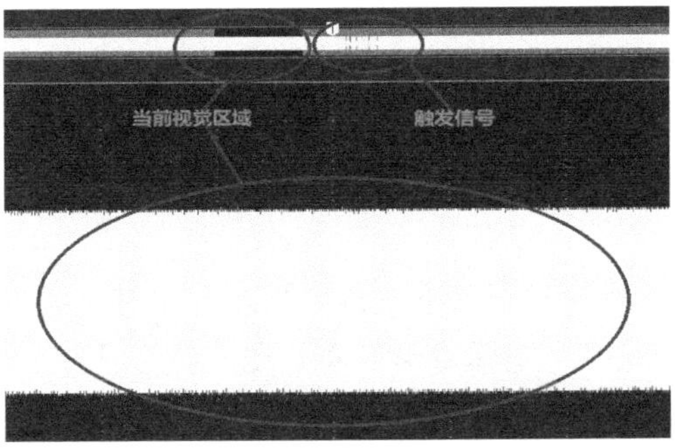

图 1.2.27　载波信号及软件显示区域

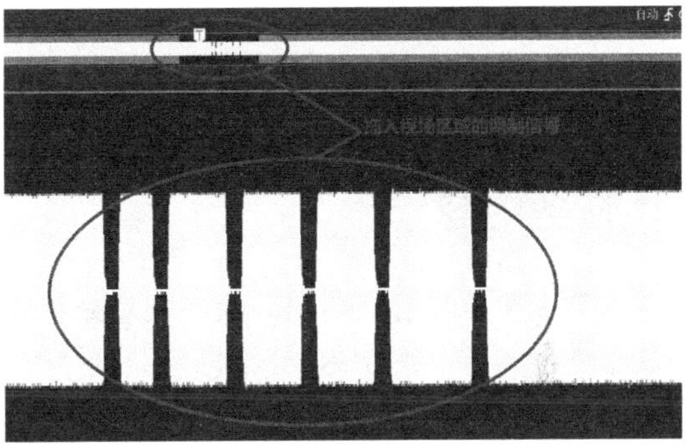

图 1.2.28　调制信号

4. 结果分析

载波信号分析，如图 1.2.29 所示。

此时，我们可以观察到实际的载波图像是一串连续的正弦波，频率为 13.565MHz。放大后图像分析如图 1.2.30 所示。

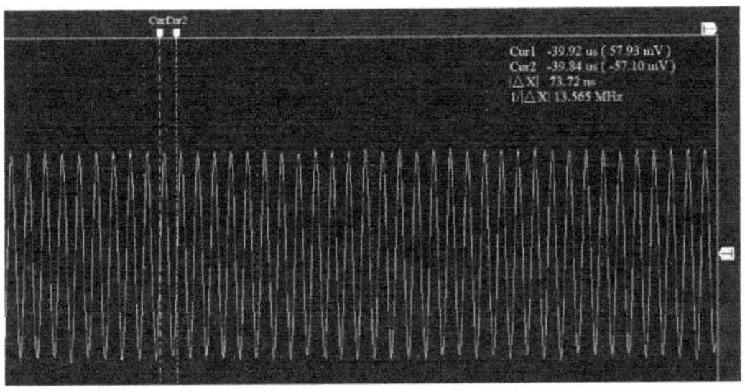

图 1.2.29　信号采集到的实际载波图像

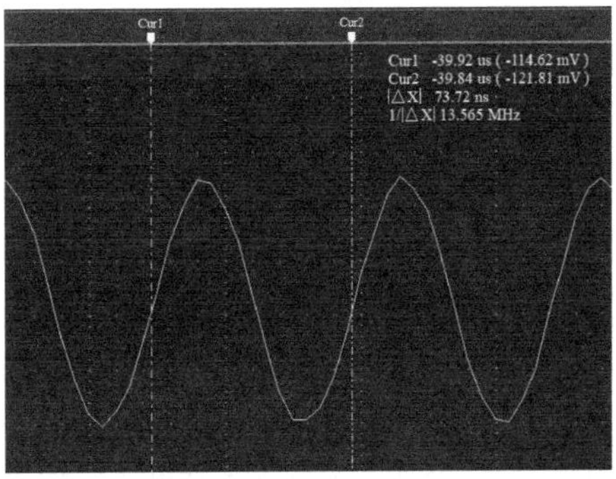

图 1.2.30　放大后的图像分析

经过如上测量 Cur1 和 Cur2 之间的距离为ΔX=73.72ns，换算成频率f–1/ΔX =13.565MHz。满足当前高频额定频率要求，说明天线等各参数电气调节正确。

技能拓展

1. 查阅资料，了解其他载波信号，分析其频率及周期，试着画出波形图。

2. 调整示波器的采样参数，多测试几次，看是否每次都能触发到射频信号，为什么？

任务小结

本节主要介绍了射频电气的几个主要参数，如射频载波、调制及调制方法等的产生原理及计算方法、特点等，并介绍了本课程以后章节通过硬件设备采集信号的步骤及方法。

实验采用 RFID 教学实验平台的高频模块套件，通过经过校准的(误差在标准允许范围内)射频信号采集器，采集到空间实际的高频射频场的射频信号，并进行图像分析，深入体会射频载波信号的特点，并为射频信号的图像分析做技术储备。

1.3　TYPE A 调制信号的测量与分析

任务内容

本节主要学习射频调制的数字测量分析方法，对通过射频采集器采集来的 TYPE A 调制波形进行测量，并与 ISO 14443 标准的参数进行比对，确保波形在参数允许的范围内，确保读卡器(PCD)与卡片之间能正确、可靠地进行数据传输。通过射频信号采集卡获得天线射频场的实际的载波图像，深入分析波形的电气特点。

任务要求

- 认识 TYPE A 调制信号的原理。
- 了解 ISO 14443 标准对 TYPE A 波形的参数要求。
- 掌握 TYPE A 调制信号的测量方法。
- 分析 TYPE A 调制信号的参数。

理论认知

1. TYPE A 调制信号

TYPE A 是由 Philips 半导体公司最先开发和使用的。代表 TYPE A 的非接触智能卡芯片主要有：Mifare_Light (MF1 IC L10 系列)、Mifare1(S50 系列、内置 ASIC)、Mifare2(即 Mifare Pro)等。相应的 TYPE A 卡片读写设备核心 ASIC 芯片，以及由此组成的核心保密模块 MCM(Mifare_Core_Module)的主要代表有 RC150、RC170、RC500 等，以及 MCM200、MCM500 系列等。TYPE A 技术的确是一个非常优秀的非接触技术，设计简单扼要，应用项目的开发周期很短，同时又能起到足够的保密作用，可以适用于非常多的应用场合。

在 RFID 射频技术应用中，使用射频工作场的 ASK100%调制，如图 1.3.1 所示。

读卡器天线射频场的信号包络线应单调递减到小于其初始值 H_{INITIAL} 的 5%，并至少在 t_2 时间内保持小于 5%。该包络线应符合图 1.3.2 所示。

信号的过冲应保持在振幅峰值的 90%和 110%之内。

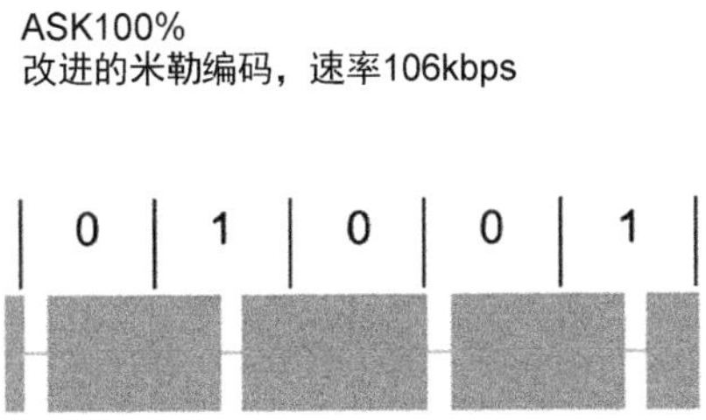

图 1.3.1　实际采集到的载波图像

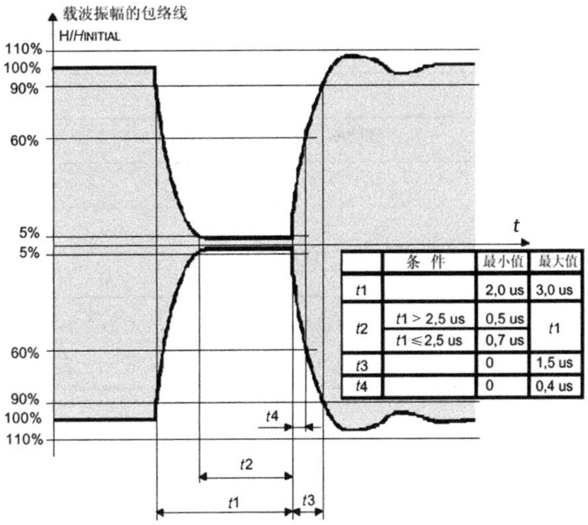

图 1.3.2　TYPE A 载波调制的图

在射频场信号超出 H_{INITIAL} 的 5%之后和超出 H_{INITIAL} 的 60%之前，PICC 应检测到“暂停(pause)”信号。图 1.3.3 表示出了“暂停(pause)”的定义。该定义适用于所有调制包络定时。

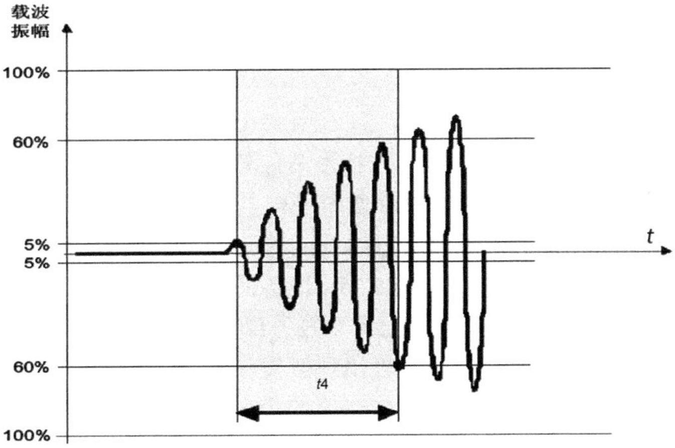

图 1.3.3　“暂停”信号的定义

2. 电气参数

图 1.3.2 中把调制波形中的关键参数的边界值已经标识出来了，所以在开发天线的时候，至少要考虑到这些参数，如果某个参数超标或者不足，会导致在交易过程中出现各种意想不到的问题，而且不易分析原因，解决这些问题的最好方法就是使这些射频信号的电气值能严格满足这些参数。因此，国际和国内的实验室，依据该标准出具了各自的测试方法及标准，如欧洲 EMV 标准及国内中国银联的“闪付”标准。

我们依据中国银联“闪付”标准来约定这些实验参数，如表 1.3.1 所示，下面学生做实验的时候，严格按照这个标准来测试，将能够快速地调试出标准的天线。

表 1.3.1　TYPE A 信号参数库

参　数	取值范围
$t1$	Min：2.0 μs；Max：3.0 μs
$t2$	Min：0.5 μs；Max：$t1$ μs
$t3$	Min：1.5 x $t4$ μs；Max：1.5 μs
$t4$	Min：0 μs；Max：0.4 μs
下降沿	单调(允许一个不单调)
上升沿	必须单调上升，不能有凸起及凹陷情况
过冲(含：Z=0～4cm 各距离天线平面，参考图 1.2.13	Min：0；Max：10%H/H_{INITIAL}

任务实施

1. 硬件连接

参考 1.2 节的模块连接方式，把本节任务开发用到的硬件设备连接完整。

2. 下载实验程序

(1) 通过串口，连接主板与 PC 机。

(2) 按照 1.2 节的操作步骤，下载本单元的底层驱动程序(RFIDrease V1.6.4.hex)到 M3 核心板的 CPU 中，准备进行信号的获取。如果在前序章节已经下载，则可以跳过这一步。

3. 信号采集

(1) 参考 1.2 节信号采集器连接方式，把本节任务开发用到的硬件设备连接完整。

(2) 以上连接完成后，打开 RFID 教学实验平台主机电源，并把开关拨到“通信模式”。将 RFID 信号采集器放置在高频天线板上方约 1cm 处(可采用一片厚度为 1cm 标准测试工装标定位置，参考图 1.2.25)，准备采集射频信号。

(3) 示波器参数设置：设置采用“正常”触发(200mV/Div)，触发电平在(-000450mV～- V_{max})之间可以出现触发波形，并设置“固定采样率 200MHz”，这里 V_{max} 表示图像幅值的最大值(负方向)，示波器的参数配置参考图 1.2.26。

(4) 打开串口调试工具，设置串口参数，如图 1.3.4 所示。

(5) 通过串口调试工具先发送“取消 CRC 指令”，再发送“循环 TYPE A 寻卡”指令，指令执行后，读卡器会每隔 500ms 执行一次 TYPE A 类型的寻卡操作，便于抓取波形，如表 1.3.2 所示。

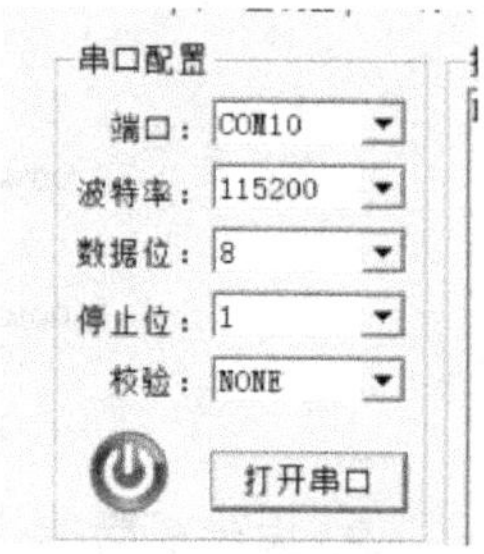

图 1.3.4　串口设置

表 1.3.2　指令集

指令名称	数据包(十六进制)
取消 CRC 校验指令	发送：FF 55 00 00 00 00 00 00 00
	回复：FF 55 00 00 80 00 00 E8 25
TYPE A 寻卡(循环)	发送：FF 55 00 00 02 0F 00 00 00
	回复：FF 55 00 00 82 0F 01 00 F0 19

TYPE A 波形如图 1.3.5 所示。

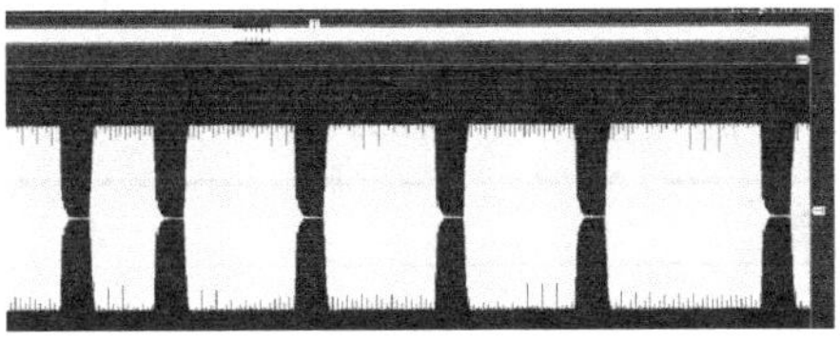

图 1.3.5　TYPE A 射频信号

4. 实验报告结果分析

1)　$t1$ 参数测量分析

根据上述 TYPE A 的信号描述及图 1.3.6 可知，该信号的峰值是 730mV 左右，$H_{INITIAL}$ 经过计算：$H_{max}=H_{\text{峰峰值}}\times 90\%=657mV$，$H_{min}=H_{\text{峰峰值}}\times 5\% =37mV$。因此依据此测量的 $t1=2.96\mu s$，满足 ISO 14443 的数据库参数要求($2.0\mu s<t1<3.0\mu s$)；如果该信号参数不合格，还需再调节天线参数(天线调试方法见 1.8 节)。

2)　$t2$ 参数测量分析

如图 1.3.7 所示，根据 $t2$ 的定义，两个峰峰值的 5%之间的部分(即两个调制信号之间的间隔)，经过测量的结果是 $t2 = 2.57\mu s$，满足 ISO 14443 的数据库参数要求($0.5\mu s < t2 < t1$)，如果该信号参数不合格，还需再调节天线参数。

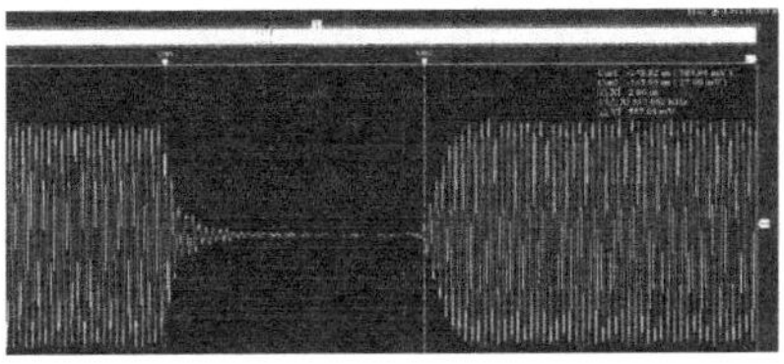

图 1.3.6　载波图像的 $t1$ 测量

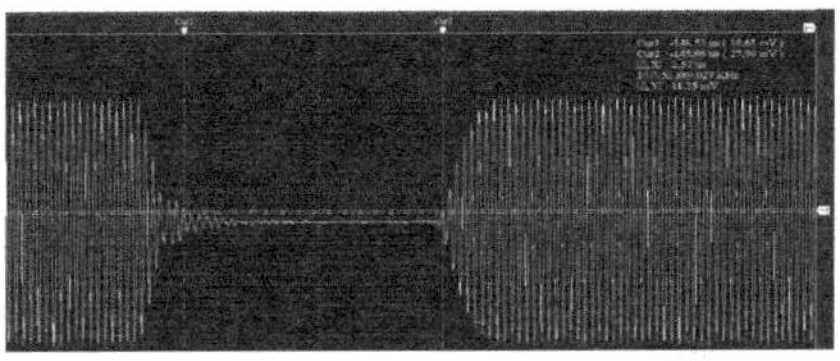

图 1.3.7　载波图像的 $t2$ 测量

3)　$t3$ 参数测量分析

如图 1.3.8 所示，根据 $t3$ 的定义，峰值的 5%到 90%之间的部分(即单调上升的时间间隔)，经过测量的结果是 $t3 = 358.97ns$，满足 ISO 14443 的数据库参数要求($0<t3<1.5\mu s$)，如果该信号参数不合格，还需再调节天线参数。

4)　$t4$ 参数测量分析

根据 $t4$ 的定义，载波的 0 幅值达到峰值的 5%之间的部分，经过测量的结果是 $t4= 83.3ns$，满足 ISO 14443 的数据库参数要求($0 < t4 < 0.4\mu s$)，如果该信号参数不合格，还需再调节天线参数。

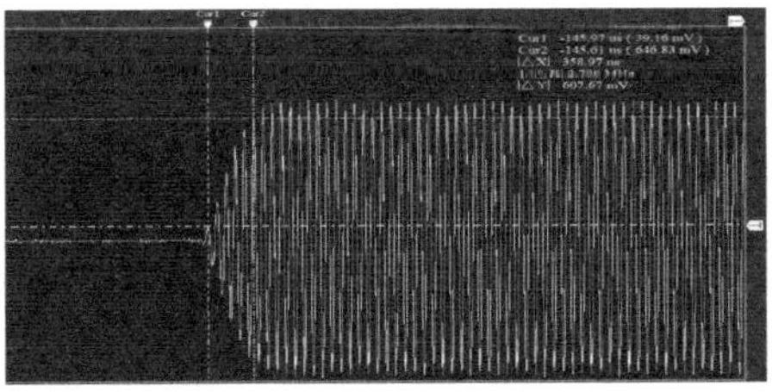

图 1.3.8　载波图像的 $t3$ 测量

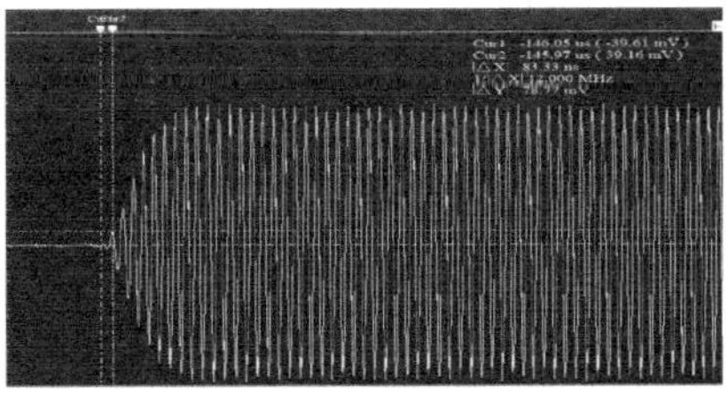

图 1.3.9　载波图像的 $t4$ 测量

5) 任务报告

根据上述任务步骤，由学生自己完成任务报告表(见表 1.3.3)。

表 1.3.3 任务报告表

目 次	射频场位置	参 数
1	$B(z,r,\varphi)=B(0,0,0)$	$t1=$ ； $t2=$ ； $t3=$ ； $t4=$
2	$B(z,r,\varphi)=B(1,0,0)$	$t1=$ ； $t2=$ ； $t3=$ ； $t4=$
3	$B(z,r,\varphi)=B(2,0,0)$	$t1=$ ； $t2=$ ； $t3=$ ； $t4=$
4	$B(z,r,\varphi)=B(3,0,0)$	$t1=$ ； $t2=$ ； $t3=$ ； $t4=$
5	$B(z,r,\varphi)=B(4,0,0)$	$t1=$ ； $t2=$ ； $t3=$ ； $t4=$

技能拓展

1. 查阅资料，了解 ISO 14443 标准的定义及对信号取值范围的要求。
2. 了解表 1.3.3 中参数对调制波形的影响。

本节小结

本节主要介绍了载波 ASK 100%调制的 TYPE A 接口的射频图像，应用于读卡器天线到卡片之间的信号传输，本节重点介绍了射频调制的几个重要电气参数，这些参数对于射频通信的成功率非常重要，这里我们通过可视化的射频图像，对参数进行直观的认识及理性的分析，为下一步对这些参数的深入理解打下坚实的基础。

1.4 TYPE B 调制信号的测量与分析

任务内容

本节主要学习射频调制的数字测量分析方法，通过对射频采集器采集来的 TYPE B 调制波形进行测量，并与 ISO 14443 标准的参数进行比对，确保波形在参数允许的范围内，确保读卡器(PCD)与卡片之间能进行正确、可靠的数据传输。

任务要求

- 认识 TYPE B 调制信号的原理。
- 了解 ISO 14443 标准对 TYPE B 波形的参数要求。
- 掌握 TYPE B 调制信号的测量方法。
- 分析 TYPE B 调制信号的参数。

理论认知

1. 调制信号

TYPE B 技术以 ST(意法半导体集团)、Motorola、韩国 Samsung(三星)和日本的 NEC 等公司为代表。TYPE B 用 ASK 10%卡片可以从读写器获得持续的能量，能保证信号持续输出，卡片激发出来的电源能持续供电，卡片不易断电；但信号区别不明显，容易造成误读/写，抗干扰能力较差。

在 RFID 射频技术应用中，TYPE B 的调制一般应用于读卡器终端到卡片之间的通信中，通过 13.65MHz 的射频载波传送信号，使用射频工作场信号的 ASK 10%调幅，如图 1.4.1 所示。

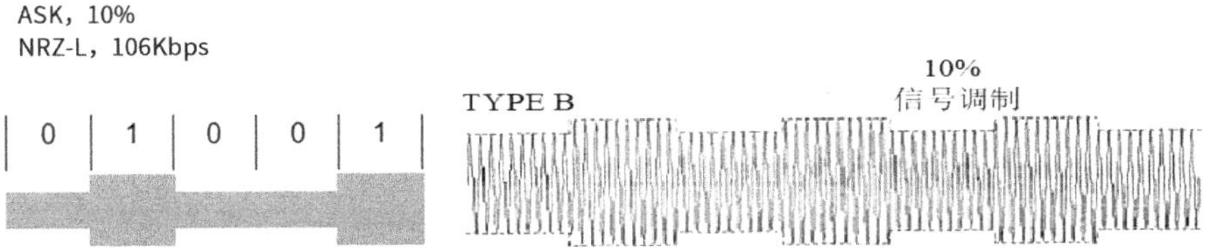

图 1.4.1 TYPE B 的调制图像

调制指数最小为 8%，最大为 14%，表示调制的深度介于最大幅度的 8%～14%，调制波形应符合图 1.4.1 所示的调制的上升沿、下降沿是单调的，该包络线应符合图 1.4.2 和图 1.4.3 所示。

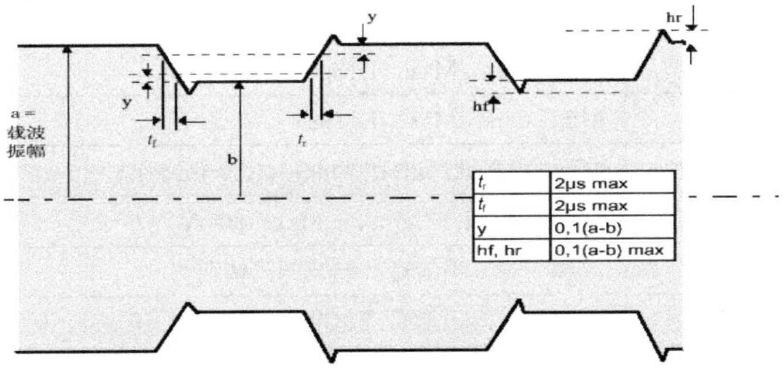

图 1.4.2 TYPE B 的调制波形图

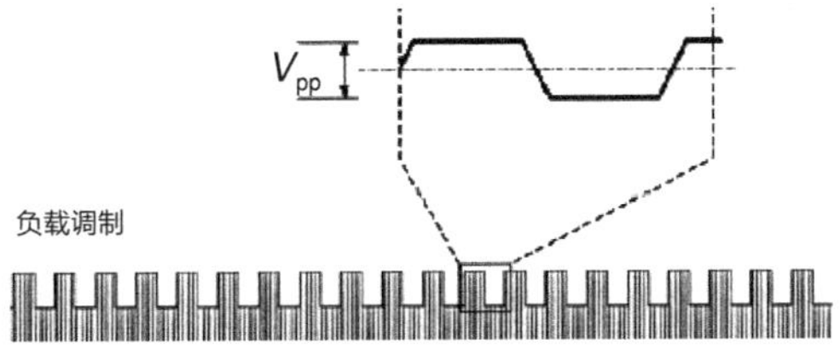

图 1.4.3 TYPE B 的调制波形参数展开

TYPE B 调制的方式相对比较简单，载波振幅的满幅度为 1，低幅度为 0，调制指数 8%～

14%表示振幅的 86%～92%幅度，如图 1.4.4 所示。

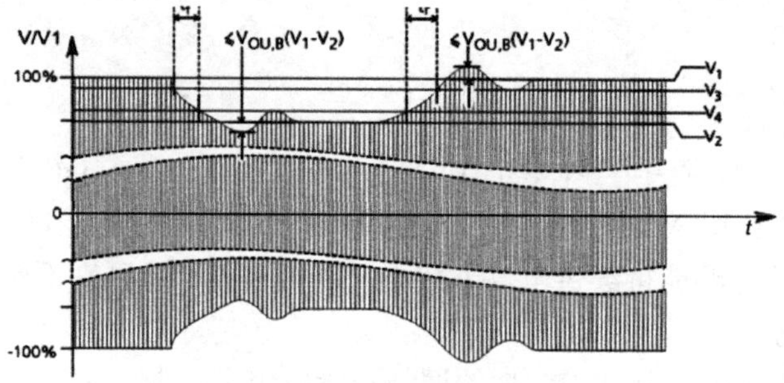

图 1.4.4　负载调制的 V_{pp} 参数

2. 电气参数

根据 TYPE B 调制的特点及能够满足持续为卡片提供能量，保证能够正常地通信的基础上，规划出了关键参数的边界值，如表 1.4.1 所示。根据波形特征，我们在开发调试的过程中，一定要保证波形的上升沿及下降沿的单调，而不能出现过冲及毛刺超标，否则无法进行有效的信息传递。

开发天线的时候，至少要考虑到这些参数，如果某个参数超标或者不足，会导致在交易过程中出现各种意想不到的问题，而且不易分析原因，解决这些未知问题的最好方法就是使这些射频信号的电气值能严格满足这些参数。

下面学生做实验的时候，严格按照这个标准来测试，将能够快速地调试出标准的天线。

表 1.4.1　参数表

参　数	取值范围
t_r	Min：0 μs；Max：1.18μs
t_f	Min：0 μs；Max：1.18μs
modi(调制指数)	Min：(9.0+0.25z)%；Max：(15.0−0.25z)%
V_{pp}(负载调制)	Min：(8.5−1.375z)mV；Max：80mV
下降沿	单调下降，不能有凸起及凹陷情况
上升沿	单调上升，不能有凸起及凹陷情况

注：z 代表的意义如图 1.2.13 所示。

任务实施

1. 硬件连接

参考 1.2 节的模块连接方式，把本节任务开发用到的硬件设备连接完整。

2. 下载实验程序

(1)　通过串口，连接主板与 PC 机。

(2)　按照 1.2 节操作步骤，下载本单元的底层驱动程序(RFIDrease V1.6.4.hex)到 M3 核心板的 CPU 中，准备进行信号的获取。如果已经下载，则跳过该步骤，直接到下一步。

3. 信号采集

(1) 以上连接完成后，打开 RFID 教学实验平台主机电源，并把开关拨到“通信模式”。将 RFID 信号采集器放置在高频天线板上方约 1cm 处(采用一片厚度为 1cm 的标准测试工装标定位置，参考图 1.2.25 所示)，准备采集射频信号。

(2) 虚拟示波器的参数设置：设置采用“正常”触发(200mV/Div)，触发电平在(−000450mV～$-V_{max}$)之间都可以出现触发波形，并设置“固定采样率 200MHz”，这里 V_{max} 表示图像幅值的最大值(负方向)，示波器的参数配置参考图 1.2.26 所示。

(3) 打开串口调试工具，设置串口如图 1.3.4 所示。

(4) 通过串口调试工具先发送“取消 CRC 校验指令”，再发送“循环 TYPE B 寻卡”指令，指令执行后，每隔 500ms 会执行一次 TYPE B 类型的寻卡操作，便于抓取波形，如表 1.4.2 所示。

表 1.4.2 指令集

指令名称	数据包(十六进制)
取消 CRC 校验指令	发送：FF 55 00 00 00 00 00 00 00
	回复：FF 55 00 00 80 00 00 E8 25
TYPE B 寻卡(循环)	发送：FF 55 00 00 02 10 00 00 00
	回复：FF 55 00 00 82 10 01 00 36 28

TYPE B 波形如图 1.4.5 所示。

图 1.4.5 TYPE B 射频信号

4. 实验报告结果分析

1) t_r、t_f 参数测量分析

根据上述 TYPE B 的信号描述及图 1.4.5 可知，该信号的 t_r 和 t_f 信号分别为 0.224μs 和 0.384μs，完全在二者参数的最大值 1.18μs 之内，参数完美符合，说明达到了 ISO/ICE 14443 要求的参数范围，如图 1.4.6 和图 1.4.7 所示。

2) 调制指数测量分析

根据图 1.4.8 的数据分析。

波形的峰峰值 V_{PP}=1.5V，且调制深度为 0.18V，所以根据 1cm 处的调制指数计算方法：

调制指数的最小值为：0.18/(1.5/2)×100% = 24%，严重大于天线在 1cm 高度上 ISO 标准定义的最大值：15−0.25z=15−0.25×1=14.75，表示 14.75%。

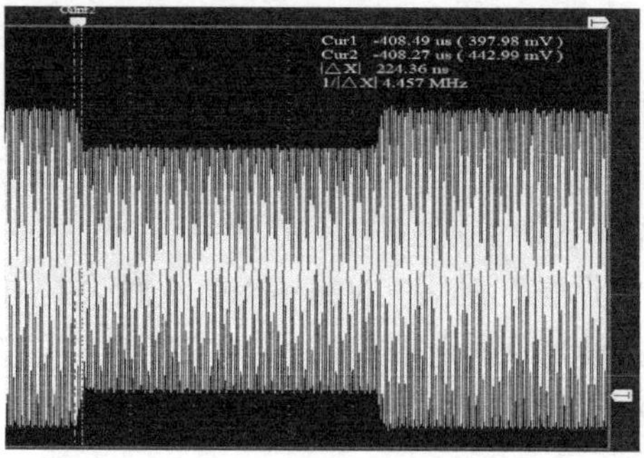

图 1.4.6　载波图像的 t_f 测量

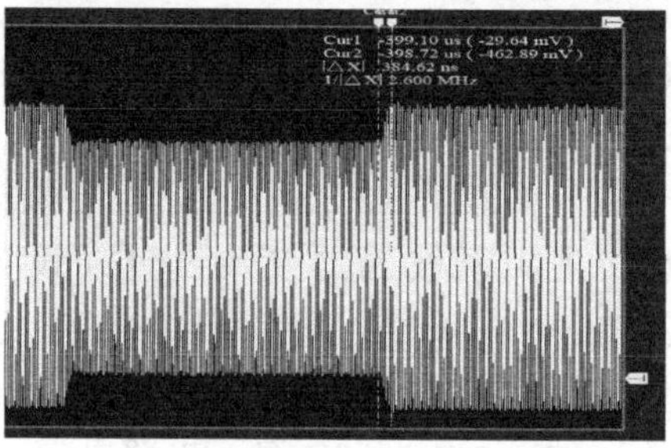

图 1.4.7　载波图像的 t_r 测量

mod$_i$	$9.0 + 0.25z$	$15.0 - 0.25z$	%

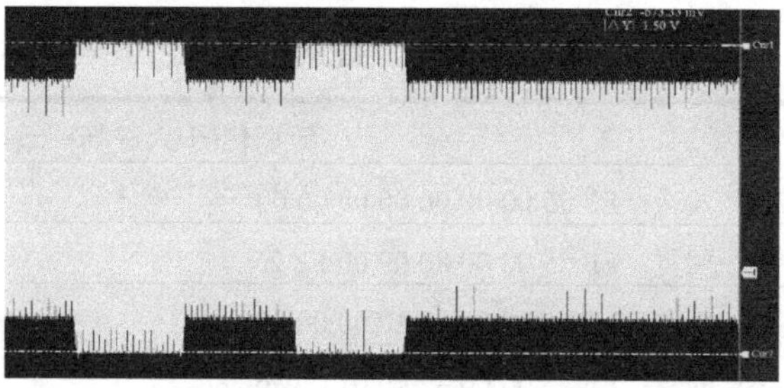

图 1.4.8　调制指数测量

调制指数大于 ISO/ICE 14443 标准要求，需要重新修改软件的调制指数。

※　学生可以根据芯片规格书，试着改变寄存器参数值来调整调制指数，使其达到合格的范围。

3)　边沿波形的单调性

放大图 1.4.9 所示的 TYPE B 调制的波形，观察载波调制边沿的平滑性(单调性)，发现边沿很平整，并无过冲及毛刺现象，说明波形调制得很好，也说明天线电路及阻抗匹配得很好。当然，如果发现波形有过冲及毛刺，且超出了 ISO/ICE 14443 标准规定的范围，则需要调节天线(详见 1.8 节)。

4)　负载调制 V_{pp} 测量分析

负载调制 V_{pp} 信号是电子标签到读卡器的数据传输信号，因此必须抓取电子标签到读卡器的载波调制信号，为此，我们通过串口调试工具，发送下面的指令，让卡片有响应，并实时抓取它的信号进行分析。

操作步骤如下。

(1)　放置 TYPE B 的逻辑卡在读卡器天线模块上。

(2)　通过串口调试工具，发送读取卡号指令：“FF 55 00 00 01 0C 00 00 00”。

(3)　通过信号采集器获取射频图像，如图 1.4.10 所示。

经过分析，上述负载调制的 V_{pp} 值为 60mV，满足最大值 80mV 之内。

5)　任务报告

上述参数测量数据是在天线上方 1cm 处测试的结果，经过测试是合格的；但还需要全部射频场内部的数据合格才算通过；因此，学生可以根据以上步骤，把空间天线工作场的其他位置的波形抓取下来，进行相关的参数测量，并填写在下面的任务报告表中(见表 1.4.3)。

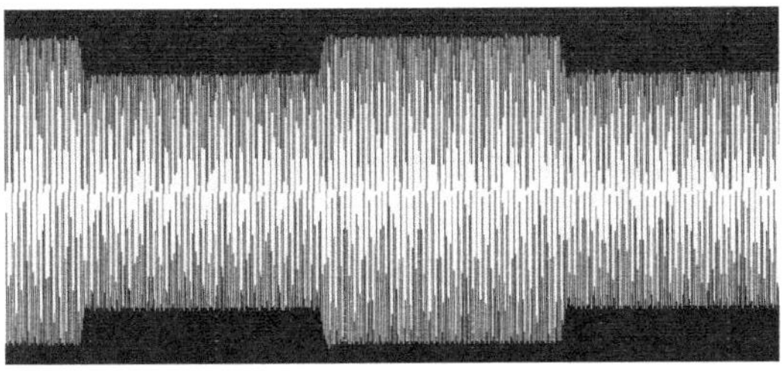

图 1.4.9　载波图像的 $t3$ 测量

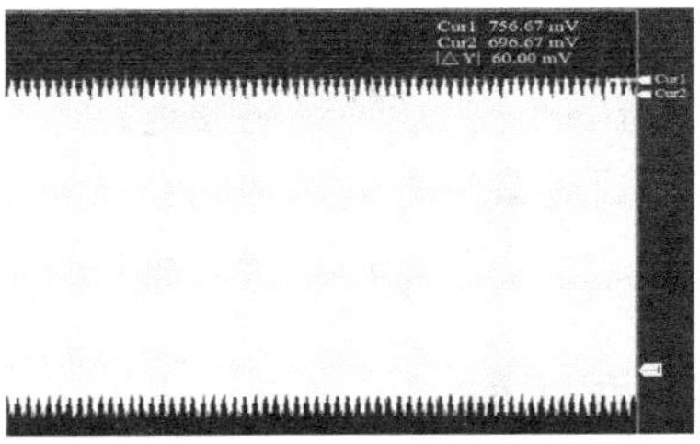

图 1.4.10　负载调制信号

表 1.4.3　任务报告表

目 次	天线工作场坐标	参　数
1	$B(z,r,\varphi) = B(0,0,0)$	t_r=　　；t_f=　　V_{pp}=
2	$B(z,r,\varphi) = B(1,0,0)$	t_r=　　；t_f=　　V_{pp}=
3	$B(z,r,\varphi) = B(2,0,0)$	t_r=　　；t_f=　　V_{pp}=
4	$B(z,r,\varphi) = B(3,0,0)$	t_r=　　；t_f=　　V_{pp}=
5	$B(z,r,\varphi) = B(4,0,0)$	t_r=　　；t_f=　　V_{pp}=
结 论		

技能拓展

1. 试着用台式示波器进行同样的信号采集及分析。
2. 修改驱动程序，改变调制指数，观察射频波形的变化情况。

本节小结

本节主要介绍了载波 ASK 10%调制的 TYPE B 接口的射频图像及标签到读卡器的负载调制信号，主要分析了读卡器天线到卡片之间的信号传输过程，第一次通过实际操作观察并测量了读卡器与天线双向 TYPE B 调制的数据传输的信号。这里我们通过可视化的射频图像，对参数进行直观的认识及理性的分析，进一步加深了学生对射频信号的学习。

1.5　TYPE A 调制信号通信与分析

任务内容

本节主要学习 TYPE A 调制下的信号通信编码方式，读卡器天线到卡片的信号传输采用的是修正米勒编码，卡片到读卡器天线的信号传输采用的是曼彻斯特编码。学生通过实地操作，通过波形分析熟悉这两种编码，并对编码时序图进行数据解析。

任务要求

- 认识米勒码及修正米勒码的编码方式。
- 认识曼彻斯特编码方式。
- 通过载波与编码对比分析，了解载波调制与编码的对应关系。
- 掌握实际波形分析编码的数据解析。

理论认知

1.5.1 米勒(Miller)编码

米勒码的编码规则：对于原始信号“1”，用码元起始不跳变而中心点出现跳变来表示，即用 10 或 01 表示；对于原始信号“0”，则分成单个“0”还是连续“0”予以不同的处理，单个“0”时，保持“0”前的电平不变，即在码元边界处电平不跳变，在码元中间点电平也不跳变；对于连续的“0”，则使连续两个“0”的边界处发生电平跳变，如图 1.5.1 所示。

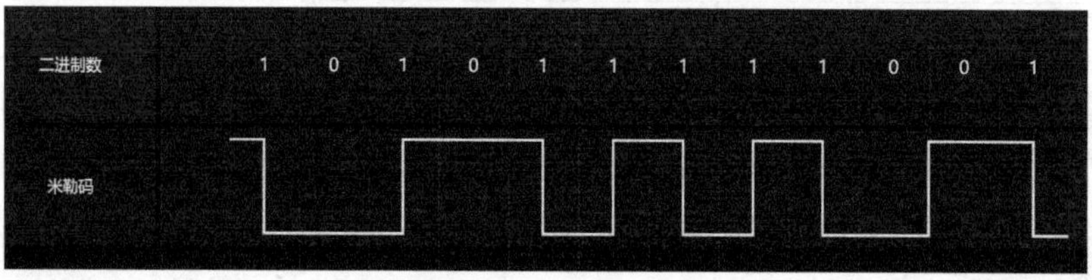

图 1.5.1 米勒码的编码时序图

米勒码的解码方法是以 2 倍时钟频率读入位值后再判定解码。首先，读出 0⟶1 的跳变后，表示获得了起始位，以后每两位进行一次转换：00 和 10 都译为 1；00 和 11 都译为 0。米勒码停止位的电位随前一位的不同而变化，既可能是 00，也可能是 11，因此，为了保证起始位的一致，停止位后必须规定位数的间歇。此外，在判别时若结束位为 00，则问题不大，后面再读入也为 00，则可判知前面一个 00 为停止位；但若停止位为 11，则再读入 4 位才为 0000，而实际上，停止位为 11，而不是第一个 00。解决这个问题的办法就是预知传输的位数或以字节为单位传输，这两种方式在 RFID 系统中均可实现。

1.5.2 修正米勒编码

修正米勒码是 ISO/ICE 14443(TYPE A)规定使用的从读写器到电子标签的数据传输编码，如图 1.5.2 所示。修正米勒码的规则为：每位数据中间有一个窄脉冲表示“1”，数据中间没有窄脉冲表示“0”，当有连续的“0”时，从第二个“0”开始在数据的其他部分增加一个窄脉冲。该标准还规定起始位的开始处也有一个窄脉冲，而结束位用“0”表示。如果有两个连续的位开始和中间部分都没有窄脉冲，则表示无信息。

米勒码及修正米勒码主要用于 TYPE A 类型的读卡器到卡的数据通信。

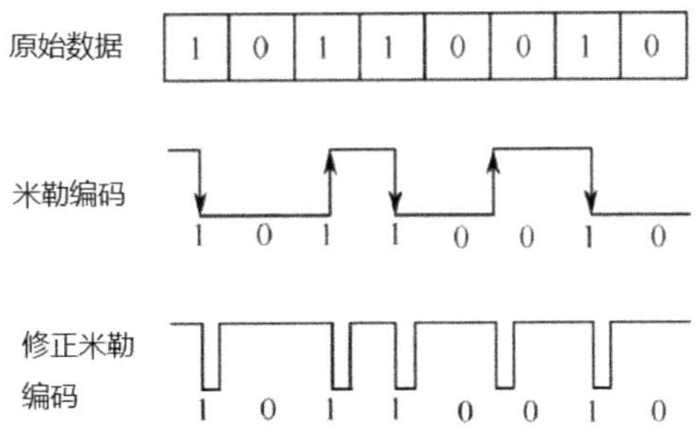

图 1.5.2 修正米勒编码

1.5.3 曼彻斯特编码

曼彻斯特编码也称为分相编码，某位的值是用半个位周期(50%)的电平变化(上升/下降)来表示的，如图 1.5.3 所示。在半个位周期时的负跳变(从 1 到 0)表示二进制 “1”，正跳变(从 0 到 1)表示二进制“0”。

在采用副载波的负载调制或者反向散射调制时，曼彻斯特编码通常用于从电子标签到读写器方向的数据传输，这有利于发现数据传输的错误。比如，当多个电子标签同时发送的数据位有不同值时，接收的上升沿和下降沿互相抵消，导致在整个位长度期间副载波信号是不跳变的，这种状态在曼彻斯特编码中是不被允许的。所以读写器利用该错误就可以判定碰撞发生的具体位置。

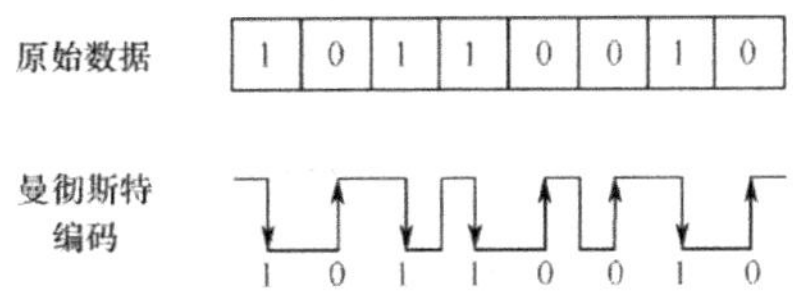

图 1.5.3 曼彻斯特编码

曼彻斯特编码是一种自同步的编码方式，其时钟同步信号隐藏在数据波形中。在曼彻斯特编码中，每一位的中间跳变既可作为时钟信号，又可作为数据信号，因此具有自同步能力和良好的抗干扰能力。

1.5.4 基于 ASK 100%的调制信号：读卡器传输数据到电子标签

基于米勒码的 ASK 100%调制信号，主要用于读卡器到电子标签的信号传输，米勒码编码的格式及定义如图 1.5.4 和图 1.5.5 所示。

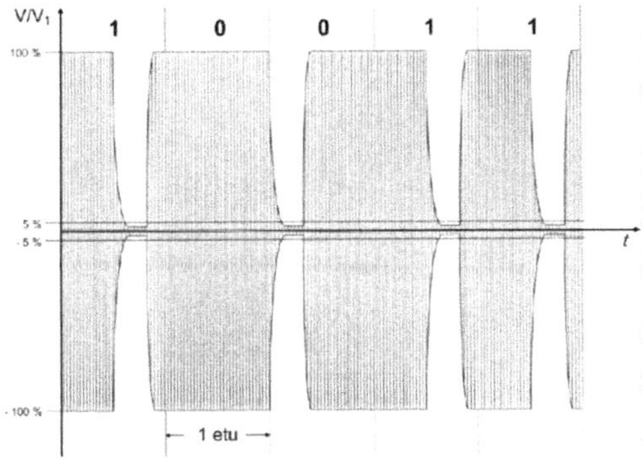

图 1.5.4 ASK 100%调制编码图

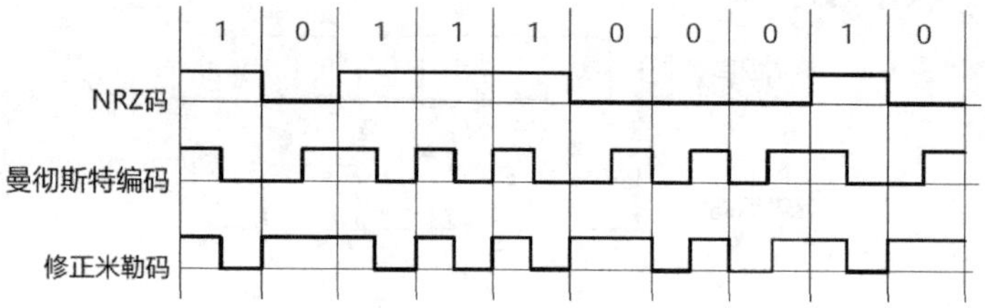

图 1.5.5　NRZ 码(不归零编码)、曼彻斯特码及修正米勒码时序图

编码定义如下。

——序列 X：前半个部分不调制，后半个部分调制为 0，即出现“1-0”跳变。

——序列 Y：在整个位持续时间，没有调制出现，即不跳变。

——序列 Z：在位周期开始时调制为 0，后半周期不调制，即出现“0-1 跳变”。

上面的序列用于编码下面的信息：

——逻辑“1”：序列 X。

——逻辑“0”：序列 Y 带下列两种异常情况：

① 如果有两个或两个以上的连续“0”，则序列 Z 从第二个“0”处开始计时。

② 如果在起始帧后的第一位是“0”，则直接采用序列 Z。

——通信开始：序列 Z。

——通信结束：逻辑“0”，后面跟随着序列 Y。

——无信息：至少两个序列 Y。

1.5.5　副载波调制信号：读卡器接收电子标签数据

在 RFID 通信中，副载波信号主要用于电子标签到读卡器的数据通信，无论是 TYPE A 接口或者 TYPE B 接口都采用这种模式进行通信，如图 1.5.6 所示。载波频率 f_c 用于驱动一个副载波 f_s(～847kHz)=f_c/16；当电子标签处于这种模式时，电子标签与读卡器天线之间有持续的电流，该电流是通过天线来驱动的。

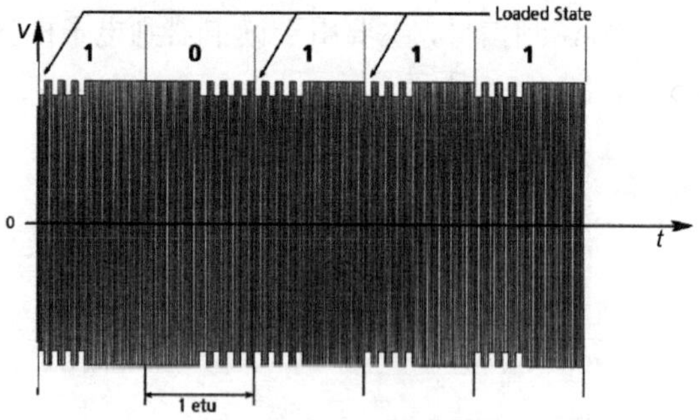

图 1.5.6　副载波图像

带副载波的曼彻斯特通信遵循如下原则。

——序列 D：在位周期的前半部分开始副载波调制。

——序列 E：在位周期的后半部分进行副载波调制。

——序列 F：整个位周期内不进行副载波调制。

上面的序列用于编码下面的信息。

——逻辑“1”：序列 D。

——逻辑“0”：序列 E。

——通信开始：序列 D。

——通信结束：序列 F。

——无信息：未调制信号。

任务实施

1. 硬件连接

参考 1.2 节的模块连接方式，把本节任务开发用到的硬件设备连接完整。

2. 下载实验程序

(1) 通过串口，连接主板与 PC 机。

(2) 按照 1.2 节操作步骤，下载本单元的底层驱动程序 RFIDrease V1.6.4(TYPE A 及输出 2-米勒码).hex 到 M3 核心板的 CPU 中，准备进行信号的获取。如果已经下载(如前序章节已操作)，则跳过该步骤，直接到下一步。

3. 信号采集

(1) 打开 RFID 教学实验平台主机电源，并把开关拨到“通信模式”。将 RFID 信号采集器放置在高频天线板上方约 1cm 处(采用一片厚度为 1cm 的标准测试工装来标定位置)，并把 M1 卡放置在天线上，如图 1.5.7 所示，准备采集射频信号。

图 1.5.7　通过 1cm 标准工装标定高度

(2) 虚拟示波器参数设置。设置采用“正常”触发(200mV/Div)，触发电平在(−000070mV～$-V_{max}$)之间都可以出现触发波形，并设置“固定采样率 200MHz”，这里 V_{max} 表示图像幅值的最大值(负方向)，示波器的参数配置参考图 1.2.26 所示。串口通信设置参考图 1.3.4 所示。

(3) 通过串口调试工具先发送“取消 CRC 指令”；再发送“循环激活 A 卡”指令，指令执行后，每隔 500ms 会执行一次 TYPE A 类型的卡激活操作，便于抓取波形，如表 1.5.1 所示。

表 1.5.1　指令集

指令名称	数据包(十六进制)
取消 CRC 校验指令	发送：FF 55 00 00 00 00 00 00 00
	回复：FF 55 00 00 80 00 00 E8 25
循环激活 TYPE A 卡指令	发送：FF 55 00 00 02 11 00 00 00
	回复：0D 0A 61 63 74 69 76 65 20 6D 31 20 63 61 72 64(因卡不同而异)

(4) 获得射频波形的方法是，采用示波器的双钟测量，信道 1 进行射频调制信号采集，信道 2 用于解码采集，此时，把信道 2 的探针放置在 MFOUT 测试环上测量，另一端接地，如图 1.5.8 所示。

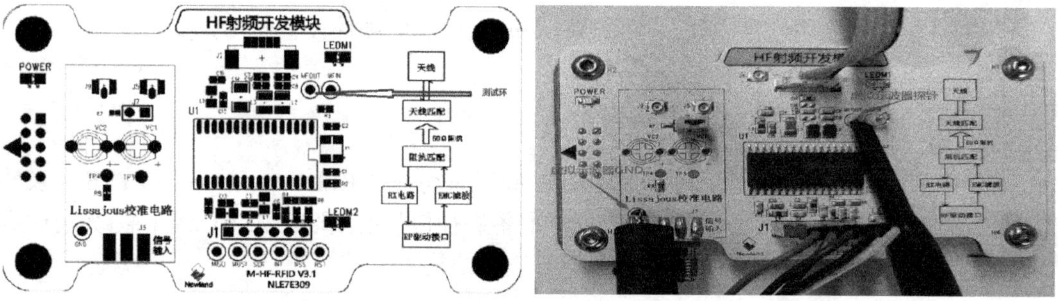

图 1.5.8　信道 2 探针测试点

4. 数据分析

1) 米勒码测量

如图 1.5.9 所示，米勒码图像相对比较简单，采用 ASK 100%调制信号解码，高电平表示逻辑“1”、低电平表示逻辑“0”，读卡器到标签的数据传输采用米勒编码，标签获得米勒码后解码得到实际的 NRZ 数字信号。

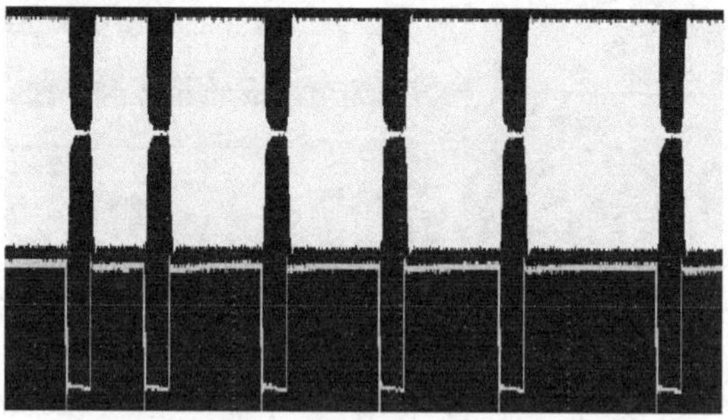

图 1.5.9　TYPE A 射频信号和 NRZ 信号输出

2) NRZ 码测量分析

- 重复“2.下载实验程序”→步骤(2)，下载程序 RFIDrease V1.6.5(TYPE A 及输出 3-NRZ 码).hex 到 M3 核心模块。
- 重复“3.信号采集”→步骤(3)，发送读卡指令，开始采集射频信息。
- 采集过程同“3.信号采集”→步骤(4)，采集射频信号及解码信号。

NRZ 码是读卡器天线向电子标签发送的米勒码的转换格式，图 1.5.9 下面的一行波形是通过射频场采集到的实际的 NRZ 数据信号，学生根据前面针对米勒码的介绍，尝试把图 1.5.9 和图 1.5.10 的两张波形图拷贝到一张图上，分析一下上述两组编码波形的对应关系，如图 1.5.11 所示。

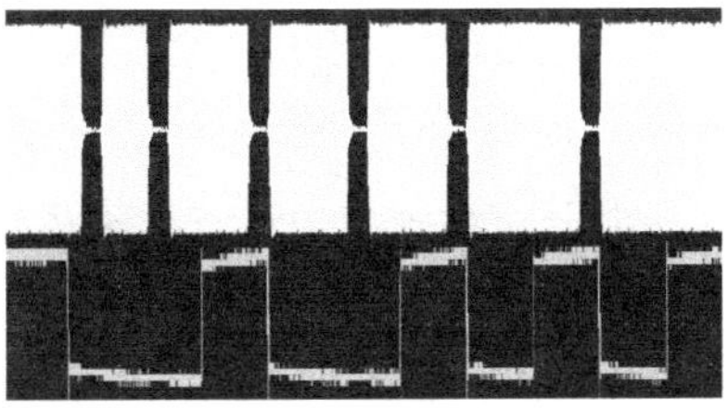

图 1.5.10　TYPE A 射频信号和米勒码

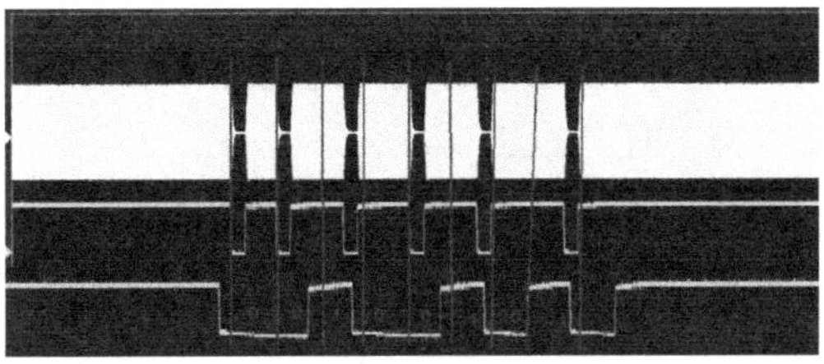

图 1.5.11　米勒码与 NRZ 码数据信号分析

我们把数据分析的重点放在卡片到读卡器的曼彻斯特编码的数据包上。

3) 带副载波的曼彻斯特测量分析

- 重复上述“2.下载实验程序”→步骤(2)，下载程序 RFIDrease V1.6.6(TYPE A 及输出 4-带载波曼彻斯特编码).hex 到 M3 核心模块。
- 重复“3.信号采集”→步骤(3)，发送读卡指令，开始采集射频信息。
- 采集过程同“3.信号采集”→步骤(4)，采集射频信号及解码信号，需要在天线上方放置一张 TYPE A 卡采集的波形如图 1.5.12 所示。

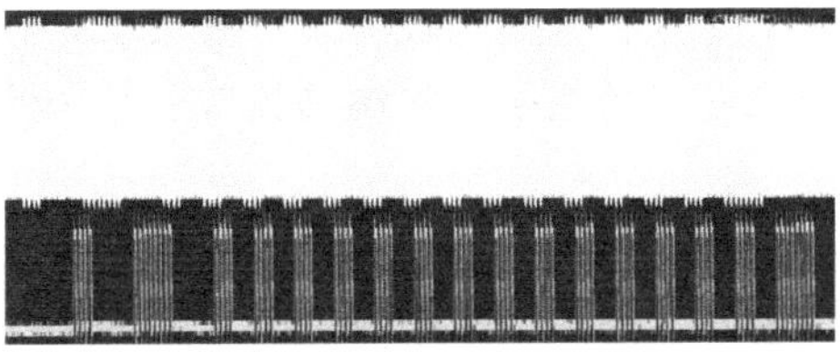

图 1.5.12　带副载波的曼彻斯特编码图

4) 曼彻斯特编码测量分析

- 重复“2.下载实验程序”→步骤(2)，下载程序 RFIDrease V1.6.7(TYPE A 及输出 5-不带载波曼彻斯特编码).hex 到 M3 核心模块。
- 重复“3.信号采集”→步骤(3)，发送读卡指令，开始采集射频信息。
- 采集过程同“3.信号采集”→步骤(4)，采集射频信号及解码信号，需要在天线上方放置一张 TYPE A 卡。采集的波形如图 1.5.13 所示，图 1.5.13 曼彻斯特编码解码数据分析如图 1.5.14 所示。

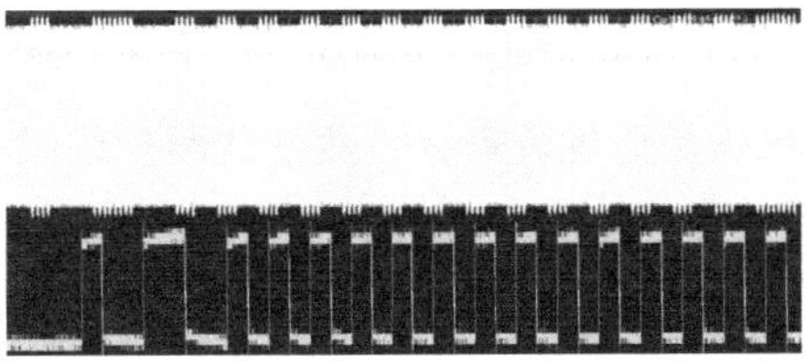

图 1.5.13　不带副载波的曼彻斯特编码测量

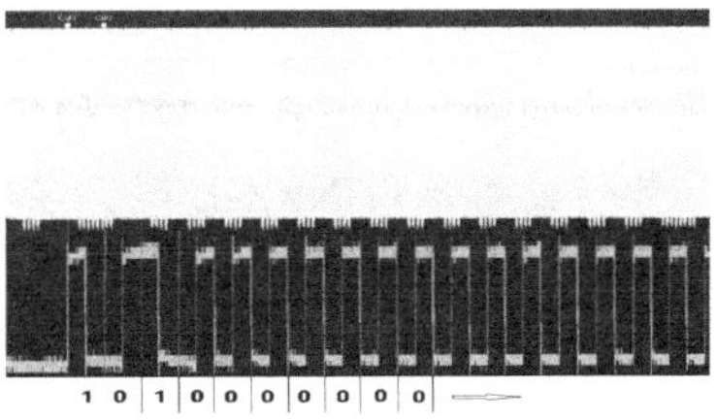

图 1.5.14　曼彻斯特编码解码

解析方法：由于曼彻斯特编码很容易找到第一个调制开始的位置(编码 etu 即时钟)，因此我们从第一个位开始计时，找出第一个 etu，根据曼彻斯特编码特征，我们定义曼彻斯特的时钟 etu 分割，由于该码制的定义：下降沿为“1”，上升沿为“0”，因此我们按照该规则进行码值分析如图 1.5.14 所示，以此类推，一直到数据流结束。学生可以根据自己的理解，继续往下面解析码值，最终把一串从电子标签到读卡器的数据流给分析出来，并确认与读卡器分析出来的数据流是否一致！

5) 任务报告

选取一张新卡(M1 卡)，让学生自己根据上述方法，通过实际操作，发送其他指令(注意用数据量不是太长的指令来实验)，获取射频波形并分析数据流，如表 1.5.2 所示。

表 1.5.2 任务报告表

目 次	天线工作场坐标	参 数
1	第一张卡：寻卡指令	
2	第二张卡：激活指令	
……		
结 论		

技能拓展

1. 学生根据上述方法，试着分析米勒码数据流，深入理解米勒码的调制方法。
2. 试着发送一串数据流比较长的指令，把编码数据全部分析出来。

本节小结

本节主要介绍了载波 ASK 100%调制的 TYPE A 接口的几种实际的编码方式，并通过信号采集器及示波器把实际的编码数据采集出来，且根据所学的知识，把编码的码值翻译出来。该实验能够提高学生的知识梯度，使学生对编码的认识有进一步的提高；通过理论的学习，并结合实际的编码图像，能够让学生真正理解那些有一定深度且枯燥的知识，真正实现理论与实践相结合的教学方式。

1.6 TYPE B 调制信号通信与分析

任务内容

本节主要学习 TYPE B 调制下的信号通信编码方式，读卡器天线到卡片、卡片到读卡器天线的信号传输都采用 NRZ-L 码。学生通过实地操作，通过波形分析熟悉这两种编码，并对编码时序图进行数据解析。

通过射频信号采集卡获得天线射频场内调制类型为 TYPE B 的载波图形及编码输出，分析读卡器到卡片的编码通信方式及卡片到读卡器的编码通信方式。

任务要求

- 认识米勒码及修正米勒码的编码方式。
- 认识曼彻斯特编码方式。
- 通过载波与编码对比分析，了解载波调制与编码的对应关系。
- 掌握实际波形分析编码的数据解析。

理论认知

1.6.1 NRZ-L 编码

反向不归零编码用高电平表示二进制的“1”，低电平表示二进制的“0”，如图 1.6.1 所示。反向不归零编码一般不宜用于实际传输中，主要有以下原因。

- 存在直流分量，信道一般难以传输零频率附近的频率分量。
- 接收端门限阈值与信号功率有关，使用不方便。
- 不能直接用来提取位同步信号，因为 NRZ 中不含有位同步频率成分。

在 RFID 系统应用中，为了能很好地解决读写器和电子标签通信时的同步问题，往往不使用数据的反向不归零编码直接对射频信号进行调制，而是将数据的反向不归零码进行某种编码后再进行射频信号的调制。

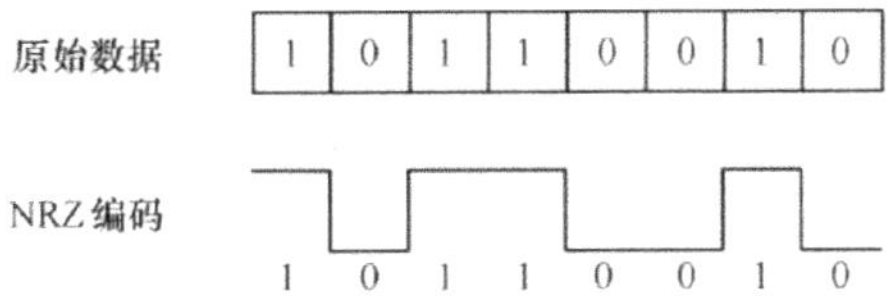

图 1.6.1 NRZ-L 编码

1.6.2 基于 NRZ-L 编码的 ASK 10%调制信号

该信号主要用于读卡器到电子标签的信号传输，如图 1.6.2 所示。

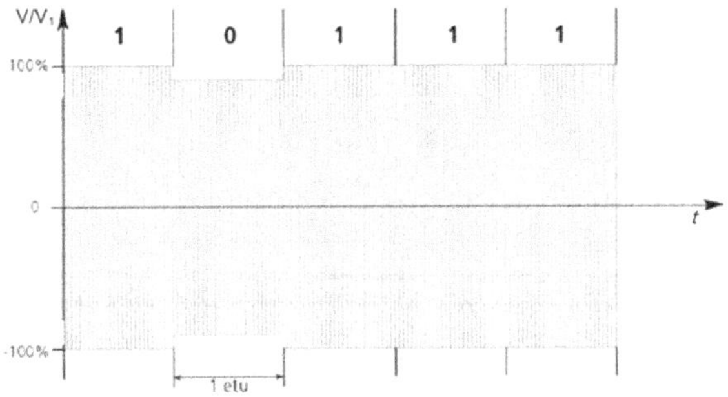

图 1.6.2 ASK 10%调制信号

逻辑“1”：100%的 ASK 信号，且满足整个位周期。

逻辑“0”：10%的 ASK 信号，且满足整个位周期。

1.6.3 副载波调制信号：电子标签发送数据到读卡器

在 RFID 通信中，副载波信号主要用于电子标签到读卡器的数据通信，无论是 TYPE A 接口或者 TYPE B 接口都采用这种模式进行通信，如图 1.6.3 所示。载波频率 f_c 用于驱动一个副载波 f_s(～847kHz)=f_c/16；当电子标签处于这种模式时，电子标签与读卡器天线之间有持续的电流，该电流是通过天线来驱动的。

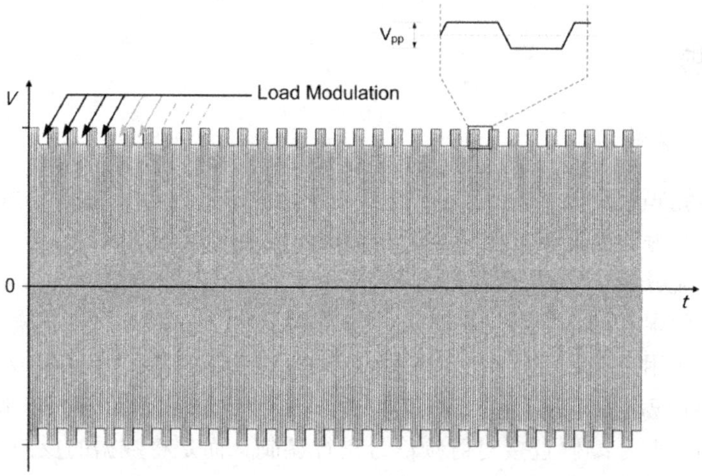

图 1.6.3　副载波图像

TYPE A 接口的副载波调制采用 OOK(On-Off Keying)模式，详见 1.4 节内容。

TYPE B 接口的副载波调制采用二进制相移键控(2PSK)方式，如图 1.6.4 所示。2PSK 有两种相位：0° 相位及 180° 相位，如果相位不变化，则信号状态保留原位(高或者低)，如果相位变化 180° (也就是说移相)则表示信号状态变化。参考相位为 0° 相位。

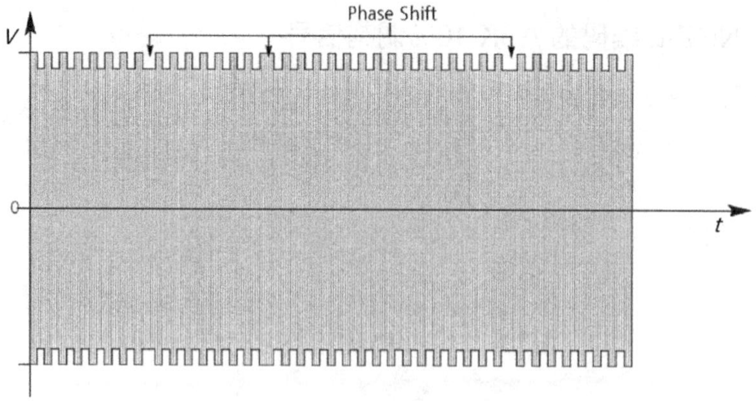

图 1.6.4　2PSK 调制

以上 2PSK 调制的原理可以参照如图 1.6.5 和图 1.6.6 所示，该内容已经在 1.2.4 节详细讲述，这里不再赘述。

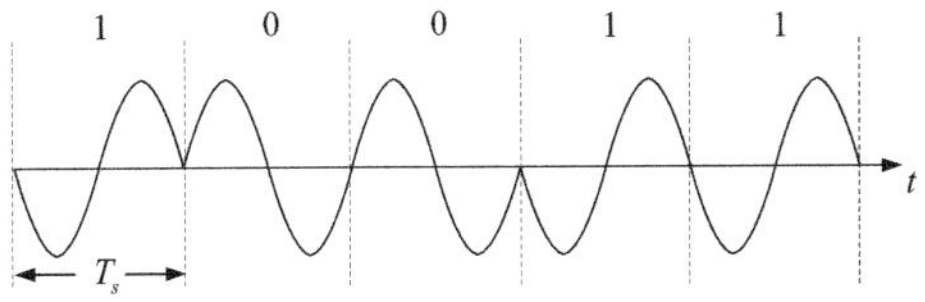

图 1.6.5　2PSK 波形

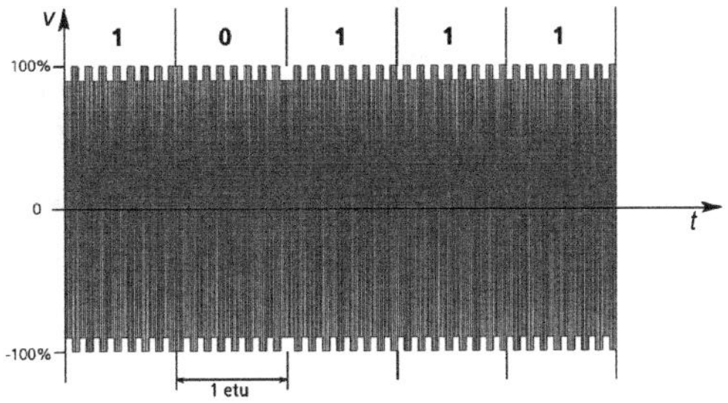

图 1.6.6　2PSK 的数据解析

NRZ-L 编码规则：

(1) 如果读卡器检测到下面的任何一种情况：

- $\varphi0$ to $\varphi0$(相位没有变化)；
- $\varphi0+180°$ to $\varphi0$。

或者整个位周期内，全部保持$\varphi0$ 相位，则读卡器认为该数据位为逻辑“1”。

(2) 如果读卡器检测到下面的任何一种情况：

- $\varphi0$ to $\varphi0+180°$；
- $\varphi0+180°$ to $\varphi0+180°$。

或者整个位周期内，全部保持$\varphi0+180°$ 相位，则读卡器解析该数据位为逻辑“0”。

任务实施

1. 硬件连接

参考 1.2 节的模块连接方式，把本节任务开发用到的硬件设备连接完整。

2. 下载实验程序

(1) 通过串口，连接主板与 PC 机。

(2) 按照 1.2 节操作步骤，下载本节的底层驱动程序 RFIDrease V1.6.3(TYPE B 及 2PSK 数据输出).hex 到 M3 核心板的 CPU 中，准备进行信号的获取。

3. 信号测量

(1) 以上连接完成后，打开 RFID 教学实验平台主机电源，并把开关拨到“通信模式”。将 RFID 信号采集器放置在高频天线板上方约 1cm 处(采用一片厚度为 1cm 标准测试工装标定位置)，并把逻辑 B 卡(型号：ST25TB512-AC)放置在天线上，准备采集射频信号，如图 1.6.7 所示。

(2) 虚拟示波器参数设置：设置采用“正常”触发(200mV/Div)，触发电平在 $-V_{max}$ 附近，并设置“固定采样率 200MHz”，这里$-V_{max}$ 表示图像幅值的最大值(负方向)，示波器的参数配置参考图 1.2.26 所示，串口设置参考图 1.3.4 所示。

图 1.6.7　通过 1cm 标准工装标定高度

(3) 通过串口调试工具先发送“取消 CRC 指令”，再发送“激活 TYPE B 卡信息”指令，指令执行后，每隔 500ms 会执行一次 TYPE B 类型的卡激活操作，便于抓取波形，如表 1.6.1 所示。

表 1.6.1　指令集

指令名称	数据包(十六进制)
取消 CRC 校验	发送：FF 55 00 00 00 00 00 00 00
	回复：FF 55 00 00 80 00 00 E8 25
循环激活 TYPE B 卡	发送：FF 55 00 00 02 12 00 00 00
	回复：FF 55 00 00 82 12 01 00 F6 89(因卡而异)

(4) 获得射频波形的方法是，采用示波器的双钟测量，信道 1 进行射频调制信号采集，信道 2 用于解码采集，此时，把信道 2 的探针放置在 MFOUT 测试环上测量，另一端接地，参考图 1.5.8 所示。

采集的数据图像如图 1.6.8 所示。

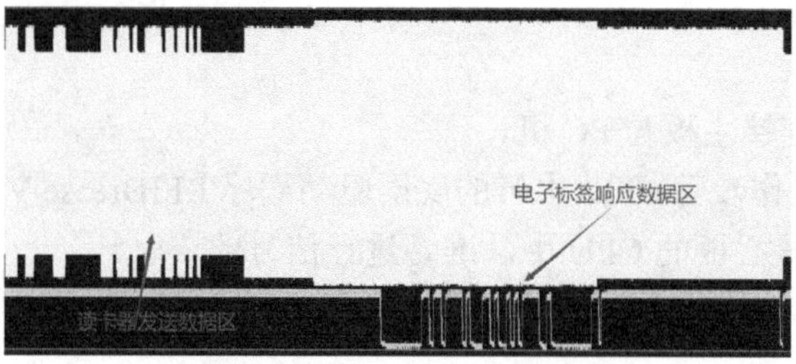

图 1.6.8　TYPE B 的数据图像

4. 实验报告结果分析

(1) 副载波 2PSK 信号(电子标签到读卡器)如图 1.6.9 所示。

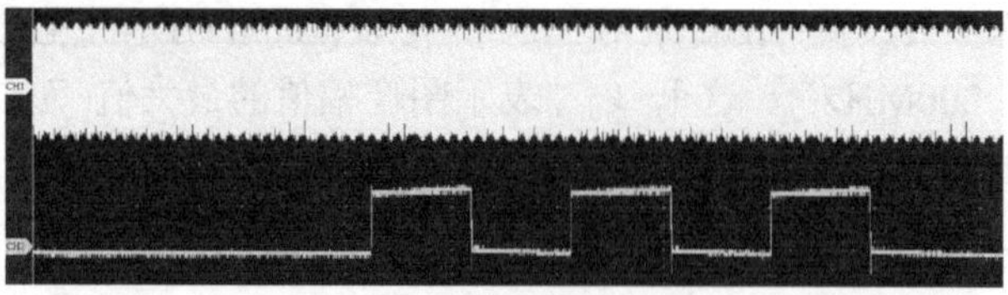

图 1.6.9　副载波 2PSK 信号

图 1.6.9 是实验实际采集来的副载波 2PSK 信号图像，从图像可以看出，2PSK 数据与副载波调制信号一一对应，很好地体现了理论讲解中数据的架构。

(2) 2PSK 信号分析：电子标签到读卡器。

副载波调制采用二进制相移键控(2PSK)方式，如图 1.6.10 所示。2PSK 有两种相位：0°相位及 180°相位，如果相位不变化则信号状态保留原位(高或者低)，如果相位变化 180°(也就是说移相)则表示信号状态变化。

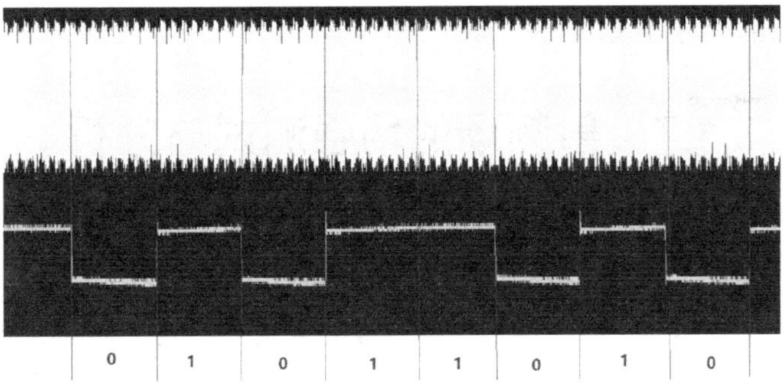

图 1.6.10　载波图像的 $t2$ 测量

从图 1.6.10 可以看出，一串数据流通过副载波调制后，严格地执行了 2PSK 的编码方式，只有按照这种编码方式传输，读卡器才能正确地翻译出电子标签的数据。

注意：实际采集出来的 2PSK 图像与解码出来的波形之间，有一点时间延迟，即上下两个图像在 X 轴有一些偏移，学生在对照波形时要注意。

(3) ASK 10%信号分析：读卡器到电子标签。

读卡器到电子标签的信号传输采用 10%调制的 ASK 信号、NRZ 编码，数据结构比较简单，学生可以自己分析。

(4) 任务。

选取一张新卡(TYPE B 卡)，让学生自己根据上述方法，通过实际操作，发送其他指令，获取射频波形并分析数据流。任务报告表如表 1.6.2 所示。

表 1.6.2　任务报告表

目 次	天线工作场坐标	参　数
1	第一张卡：寻卡指令	
2	第二张卡：激活指令	
……		
结 论		

技能拓展

1. 试着用台式示波器进行同样的信号采集及分析。
2. 采用 TYPE B 的 CPU 卡进行操作，比较信号特征是否有变化。

本节小结

本节主要介绍了载波 ASK 10%调制的 TYPE B 接口的几种实际的编码，并通过信号采集器及示波器把实际的编码数据采集出来，并根据所学的知识，把编码的码值翻译出来。该实验能够提高学生的知识梯度，使学生对编码的认识有进一步的提高；通过理论的学习，并结合实际的编码图像，能够让学生真正理解那些有一定深度、且枯燥的知识，真正实现理论与实践相结合的学习方式。

1.7 射频场的场强测试与分析

任务内容

本节重点学习射频通信的能量传输原理，了解电场及磁场的转换、电场强度的定义及测试认知，并根据电场强度的变化概括了解射频场的大致空间架构，感性地了解射频场的存在。

通过射频信号采集卡获得天线射频场实际的电场强度，(包括 TYPE A 和 TYPE B 架构)的数据分析，了解 TYPE A 和 TYPE B 电磁场的特点及电磁场的空间分布情况，有条件的话可以试着画出射频场的空间大概形状及空间各点场强的大小。

任务要求

- 认识电磁场及原理。
- 测量 TYPE A 及 TYPE B 电磁场空间各点的场强大小。
- 根据测量数据的结果，分析 TYPE A 和 TYPE B 电磁场的特点。
- 画出射频场空间的大概形状。

理论认知

1.7.1 射频通信的能量传输

读卡器(PCD)天线和无源电子标签之间的能量传输使用变压器的工作原理，它要求读卡器有天线线圈，电子标签卡也有线圈。图 1.7.1(a)是基本的变压器工作原理和等效的电路图，图 1.7.1(b)是天线和能量传输的原理。

天线线圈的电流 I 产生一个磁力线。磁力线部分穿过卡的线圈，在卡的线圈感应出一个电压。电压被整流，当到达工作电压后，卡的 IC 被激活。感应电压会随着读卡器天线和 PICC 卡的距离不同而变化。由于电压会变化，工作距离受到传输的功率限制。

也就是说，PCD 天线和 PICC 卡片之间是通过磁力线来传递能量的，磁通量的变化率是产生励磁能量的源泉。

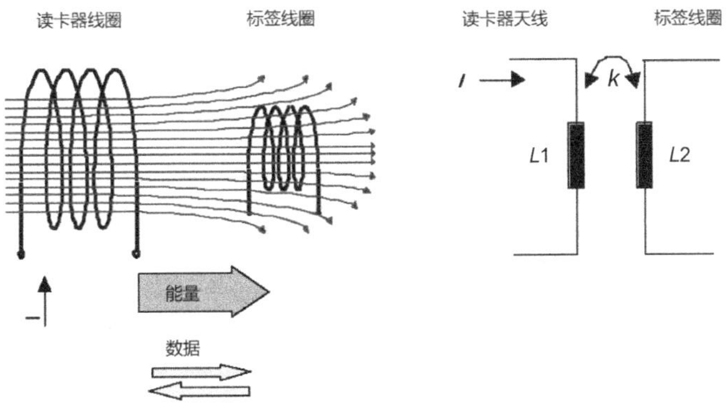

(a) 变压器工作原理

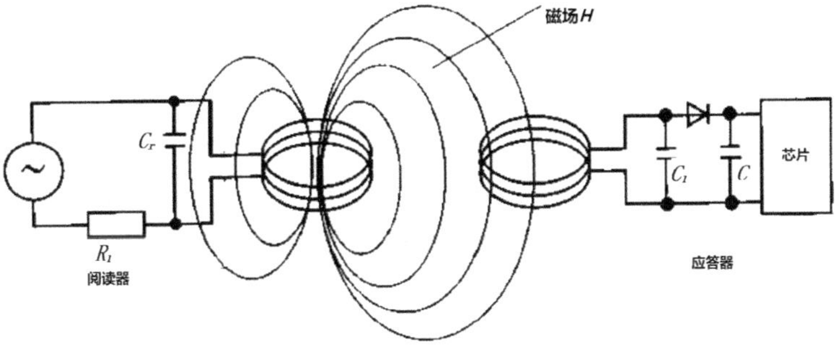

(b) 电感耦合应答器的能量来自阅读器交变磁场的能量

图 1.7.1　射频通信的能量传输

应答器的天线线圈和电容 C_1 构成振荡回路，调谐到阅读器的发射频率。通过该回路的振荡，应答器线圈上的电压达到最大值。

1.7.2　场强

每个运动的电荷(导线或真空中的电子)，或者说电流，都伴随有磁场。磁场的大小用场强 H 表示，与所在空间的物质属性无关，如图 1.7.2 所示。

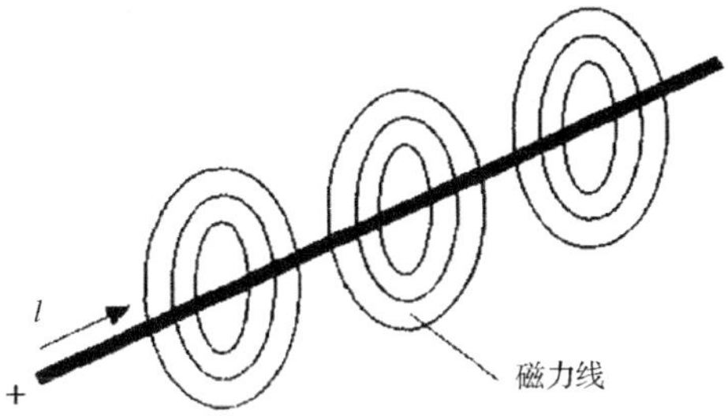

图 1.7.2　每个载流导体的周围都有磁力线

对于直线载流体来说，在半径为 r 的环形磁力线上，磁场强度 H 是恒定的。公式为

$$H = I/2nr$$

为了在电感耦合的射频识别(RFID)系统的读/写设备中产生交变磁场，采用了所谓的“短圆柱形线圈”或用导体回路来做磁性天线，如图 1.7.3 所示。

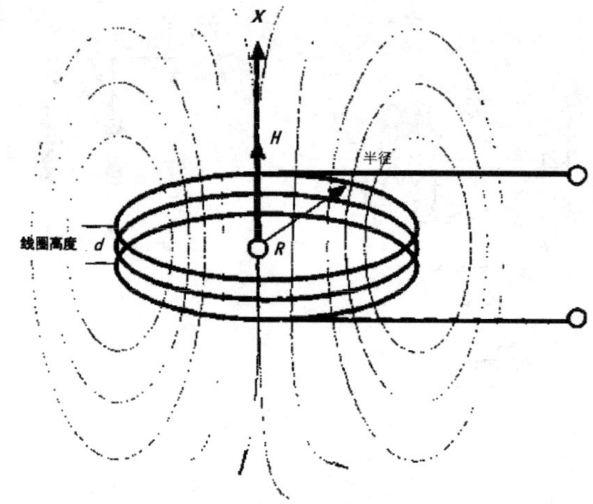

图 1.7.3　“短”圆柱形线圈周围的磁力线的路径

如果被测点沿线圈轴(x 轴)方向离开线圈中心，那么场强 H 随着距离 x 的增加不断减弱。较深入的研究表明，从线圈的半径(或面积)到一定距离的场强几乎是不变的，而后则急剧下降，如图 1.7.4 所示。在自由空间，线圈的近场中场强的衰减大约为每 10 倍距离衰减 60db。

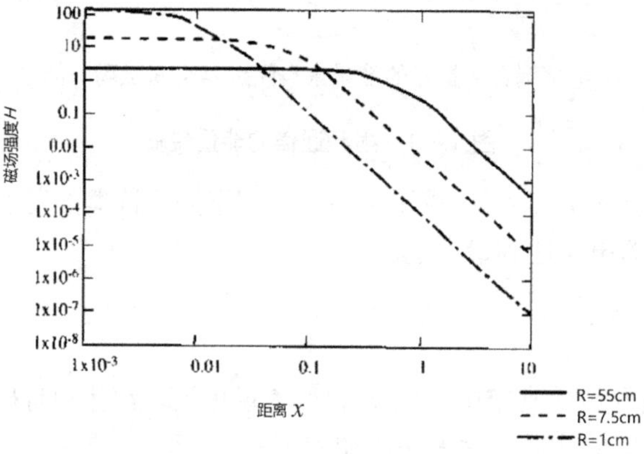

图 1.7.4　场强随距离变化的曲线图

下面的公式可以计算沿着圆柱形线圈(等于导体回路)的 x 轴的场强曲线，此线圈与电感耦合的射频识别系统用的发射天线类似。

$$H=\frac{I\cdot N\cdot R^2}{\sqrt[2]{(R^2+x^2)^3}}$$

式中：N 代表线圈匝数；R 代表圆半径；x 代表沿 x 方向与线圈轴中心的距离，如图 1.7.3 所示。

1.7.3　磁感应定律

磁通量 Φ 的任何变化都将产生电场强度 E_i。用感应定律可以说明磁场的这种特性。

在变化的磁通量中，产生电场的作用取决于环绕区域的物质性能。图 1.7.5 表明了几种可能的作用。

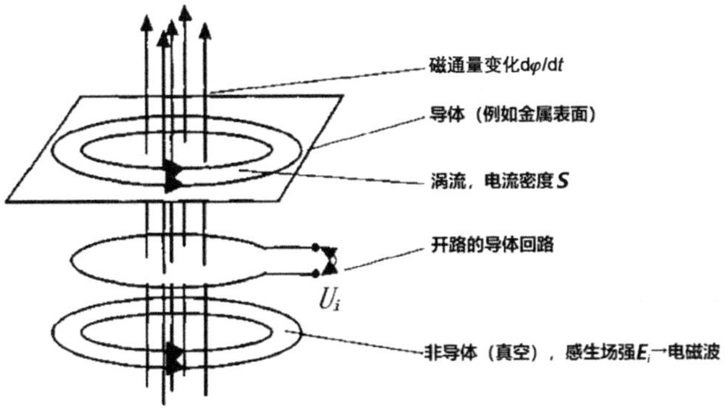

图 1.7.5　在不同材料中的感应电场强度 E_i

- 真空：在真空中，磁场强度 H 引起一种旋转电场。磁通量(天线线圈里的高频电流)的周期性改变，会形成一种向远方传播的电磁场。
- 开路的导体回路：在几乎闭合的导体回路的端点，形成开路的电压，通常被称作感应电压。
- 金属表面：在金属表面也能感应出电场强度 E_i。这使得自由电荷载流子沿电场强度的方向流动，产生环形电流，即所谓的涡流。这种电流抵抗激励的磁通量(楞次定律)，使得金属表面的磁通量大大衰减。这种效应对电感耦合的射频识别系统(在金属表面安装应答器或者阅读器的天线)来说不是所期望的。因此，必须采取适当的对策予以防止。

1.7.4　场强参数表(ISO/IEC 14443 标准)

射频场中的场强参数如表 1.7.1 所示，其中 z 的定义可参见图 1.2.13。

表 1.7.1　场强参数范围

项　目	参　数	最小值	最大值	单　位
PCD ⟶ 电子标签	$V(0\leqslant z\leqslant 2)$	3.1～0.05z	8.2	V
	$V(2\leqslant z\leqslant 4)$	3.45～0.225z	8.2	V

射频场中的场强范围及典型值如表 1.7.2 所示，其中 z、r、φ 的定义可参见图 1.2.13 和图 1.2.14。

表 1.7.2　射频场各点的场强值范围及典型值

位置及方向	场强范围	典型值	备　注
$B(z,r,\varphi)=B(0,0,0)$	3.1～8.1V	4.16V	零距离原点
$B(z,r,\varphi)=B(0,1,0)$	3.1～8.1V	5.02V	零距离内圈
$B(z,r,\varphi)=B(0,1,\pi/2)$	3.1～8.1V	3.83V	零距离外圈
$B(z,r,\varphi)=B(0,1,\pi)$	3.1～8.1V	5.08V	零距离外圈

续表

位置及方向	场强范围	典型值	备　注
$B(z,r,\varphi)=B(0,1,3\pi/2)$	3.1～8.1V	4.49V	零距离外圈
$B(z,r,\varphi)=B(1,0,0)$	3.05～8.1V	5.12V	1cm 距离原点
$B(z,r,\varphi)=B(1,2,0)$	3.05～8.1V	4.96V	1cm 距离外圈
$B(z,r,\varphi)=B(1,2,\pi/2)$	3.05～8.1V	5.04V	1cm 距离外圈
$B(z,r,\varphi)=B(1,2,\pi)$	3.05～8.1V	4.90V	1cm 距离外圈
$B(z,r,\varphi)=B(1,2,3\pi/2)$	3.05～8.1V	4.96V	1cm 距离外圈
$B(z,r,\varphi)=B(2,0,0)$	3.00～8.1V	4.95V	2cm 距离原点
$B(z,r,\varphi)=B(2,2,0)$	3.00～8.1V	4.26V	2cm 距离外圈
$B(z,r,\varphi)=B(2,2,\pi/2)$	3.00～8.1V	4.13V	2cm 距离外圈
$B(z,r,\varphi)=B(2,2,\pi)$	3.00～8.1V	4.26V	2cm 距离外圈
$B(z,r,\varphi)=B(2,2,3\pi/2)$	3.00～8.1V	4.10V	2cm 距离外圈
$B(z,r,\varphi)=B(3,0,0)$	2.775～8.1V	4.06V	3cm 距离原点
$B(z,r,\varphi)=B(3,2,0)$	2.775～8.1V	3.33V	3cm 距离外圈
$B(z,r,\varphi)=B(3,2,\pi/2)$	2.775～8.1V	3.16V	3cm 距离外圈
$B(z,r,\varphi)=B(3,2,\pi)$	2.775～8.1V	3.40V	3cm 距离外圈
$B(z,r,\varphi)=B(3,2,3\pi/2)$	2.775～8.1V	3.07V	3cm 距离外圈
$B(z,r,\varphi)=B(4,0,0)$	2.55～8.1V	3.07V	4cm 距离原点
$B(z,r,\varphi)=B(4,1,0)$	2.55～8.1V	2.79V	4cm 距离外圈
$B(z,r,\varphi)=B(4,1,\pi/2)$	2.55～8.1V	2.82V	4cm 距离外圈
$B(z,r,\varphi)=B(4,1,\pi)$	2.55～8.1V	2.89V	4cm 距离外圈
$B(z,r,\varphi)=B(4,1,3\pi/2)$	2.55～8.1V	2.83V	4cm 距离外圈

注意：学生在做实验报告时，可以参照上述参数表的范围，把实际的射频场中各点的场强值测量出来，并进行分析。

任务实施

1. 硬件连接

参考 1.2 节的模块连接方式，把本节任务开发用到的硬件设备连接完整。

2. 下载实验程序

(1) 通过串口，连接主板与 PC 机。

(2) 按照 1.2 节操作步骤，下载本节的底层驱动程序 RFIDrease V1.6.4.hex 到 M3 核心板的 CPU 中，准备进行信号的获取。

3. 信号测量

(1) 将信号采集套件连接好，按照图 1.7.6 所示的拓扑结构连接，其中万用表连接到采集器的 DC-OUT 口。

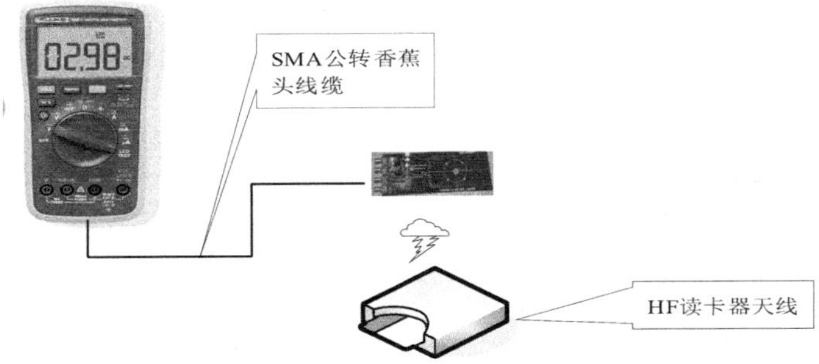

图 1.7.6　硬件连接

万用表与采集卡的连接如图 1.7.7 所示。

SMA 端子的信号输出为 DC-OUT，连接到万用表的“+”端；SMA 端子的外壳为 GND，连接到万用表的“-”端，并把万用表拨到“DC 挡”，以便测试电压值。

(2) 采集卡 J8 跳线拨到最左侧，便于 DC 输出，如图 1.7.8 所示。

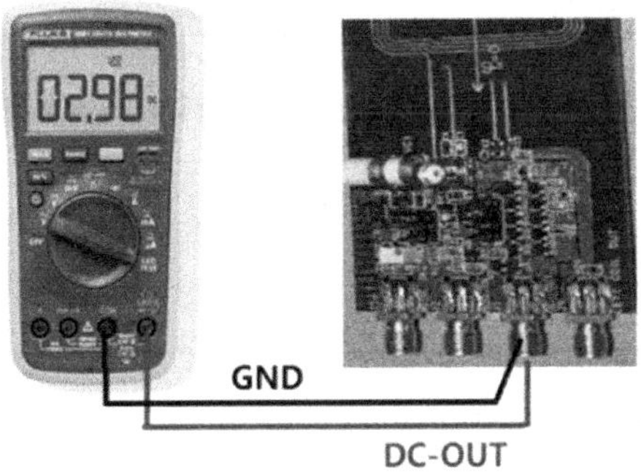

图 1.7.7　万用表与采集卡的连接

图 1.7.8　J8 跳线拨到最左侧

(3) 以上连接完成后，打开 RFID 教学实验平台主机电源，并把开关拨到“通信模式”。将 RFID 信号采集器放置在高频天线板上方约 0cm 处(第一步先测试 0cm 高度，后续采用厚度为 1cm 标准测试工装标定高度，依次增大距离，参见图 1.2.25)，准备采集射频信号。

(4) 通过串口调试工具先发送“取消 CRC 校验指令”，再发送“打开天线”指令，指令执行后，会有载波出现，便于抓取波形，如表 1.7.3 所示。

表 1.7.3　指令集

指令名称	数据包(十六进制)
取消 CRC 校验指令	发送：FF 55 00 00 00 00 00 00 00
	回复：FF 55 00 00 80 00 00 E8 25
打开天线	发送：FF 55 00 00 02 03 00 00 00
	回复：FF 55 00 00 82 03 01 00 F3 D9

4. 实验报告结果分析

1) 场强测量分析

场强测量方法如图 1.7.9 所示。

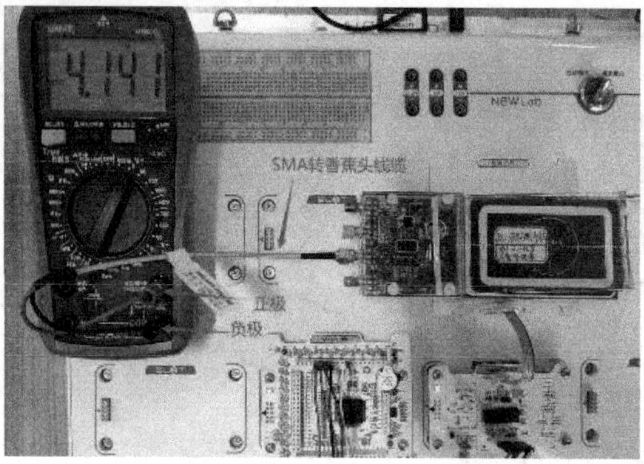

图 1.7.9　场强测量方法

几个常用点的测试记录如表 1.7.4 所示。

表 1.7.4　常用点的测试记录

目 次	天线工作场坐标	测量值(单位：V)	标准值/V
1	$B(z,r,\varphi) = B(0,0,0)$	4.31	3.1～8.2
2	$B(z,r,\varphi) = B(1,0,0)$	4.81	3.1～8.2
3	$B(z,r,\varphi) = B(2,0,0)$	3.88	3.45～8.2
4	$B(z,r,\varphi) = B(3,0,0)$	2.74	3.45～8.2
5	$B(z,r,\varphi) = B(4,0,0)$	1.67	2.45～8.2

分析：场强是一个在射频领域非常重要的参数，需要测试射频场中各个区域、各个角度的数据，只有所有的数据全部达标，天线调节才算合格。在表 1.7.4 中，我们只测试了几个常用点的参数，可以看出：$B(z,r,\varphi) = B(3,0,0)$和 $B(z,r,\varphi) = B(4,0,0)$位置的场强只有 2.74V 和 1.67V，没有达到标准范围。这也说明天线还没有达到最优值，还需要进行调谐及硬件参数调节。

2)　任务报告

学生根据以上实验步骤，把空间天线射频场其他位置的波形抓取下来，进行相关的参数测量，并填写在表 1.7.5 中。

表 1.7.5　任务报告表

场空间位置及方向	测量值
$B(z,r,\varphi) = B(0,0,0)$	
$B(z,r,\varphi) = B(0,1,0)$	
$B(z,r,\varphi) = B(0,1,\pi/2)$	
$B(z,r,\varphi) = B(0,1,\pi)$	
$B(z,r,\varphi) = B(0,1,3\pi/2)$	
$B(z,r,\varphi) = B(1,0,0)$	
$B(z,r,\varphi) = B(1,2,0)$	
$B(z,r,\varphi) = B(1,2,\pi/2)$	

续表

场空间位置及方向	测量值
$B(z,r,\varphi)=B(1,2,\pi)$	
$B(z,r,\varphi)=B(1,2,3\pi/2)$	
$B(z,r,\varphi)=B(2,0,0)$	
$B(z,r,\varphi)=B(2,2,0)$	
$B(z,r,\varphi)=B(2,2,\pi/2)$	
$B(z,r,\varphi)=B(2,2,\pi)$	
$B(z,r,\varphi)=B(2,2,3\pi/2)$	
$B(z,r,\varphi)=B(3,0,0)$	
$B(z,r,\varphi)=B(3,2,0)$	
$B(z,r,\varphi)=B(3,2,\pi/2)$	
$B(z,r,\varphi)=B(3,2,\pi)$	
$B(z,r,\varphi)=B(3,2,3\pi/2)$	
$B(z,r,\varphi)=B(4,0,0)$	
$B(z,r,\varphi)=B(4,1,0)$	
$B(z,r,\varphi)=B(4,1,\pi/2)$	
$B(z,r,\varphi)=B(4,1,\pi)$	
$B(z,r,\varphi)=B(4,1,3\pi/2)$	

技能拓展

从市场上购买或者自己制作一个射频天线，采用本节的方法测试其射频场的场强，测试是否满足 ISO/IEC 14443 标准的要求。

思　考

1. 为什么天线的场强参数在射频场中各个点的值不全都满足标准要求的情况下，还能够正确地读取电子标签？

2. 距离天线越远场强值会发生怎样的变化？这样的变化对电子标签识读率有什么影响？

3. 是不是所有的天线近距离场强都大于远距离场强？

本节小结

本节主要介绍了射频场强的概念、测试方法等，让学生在学习理论知识的基础上，通过实验了解场强转换为电场值的测量方法，并能够通过测试场强，对射频天线的性能做一个评判，为下一节天线调试的学习打下基础。

1.8 射频天线调试(选修)

任务内容

本节通过一套实际的可调节天线的调试，按照 1.7 节的测量方法，通过多次循环迭代的方式掌握射频天线的调试技能，并能基于天线调试的过程，理解阻抗匹配的原理及能量传输的原理。

任务要求

- 了解射频调试的原理。
- 了解天线参数对天线性能的影响。
- 通过调试一个天线，了解天线调谐的过程和方法。

理论认知

1.8.1 调试与测试

下面我们先了解以下两个重要的概念。

(1) 调试。属于开发类工作，根据开发者储备的知识，并结合自己的经验，在半成品的天线上，通过调试及完善，开发出一套符合需求的设备。调试是一个闭环过程，包括测试、错误(或误差)定位、纠正(更正)、解决问题、测试。

(2) 测试。测试是具有试验性质的测量，即测量和试验的结合。测试工具是仪器仪表。测试的基本任务是借助专用的仪器、设备，设计合理的试验方法及必要的信号分析与数据处理，从而获得与被测对象有关的信息。测试只客观地体现产品的特性、做记录及稽核，提交测试报告反馈给用户。

1.8.2 电路设计

在动手设计天线之前，必须要知道天线的性能受哪些因素的制约，以及如何对这些因素进行简单的计算，并获得良好的设计效果。

估算天线的等效电路和计算品质因子是天线设计的第一步。

1. 信号输出阻抗变换

射频电路常以 50Ω阻抗线来传输信号，为此，在设计电路时，要确保射频接口芯片的输出阻抗转换到 50Ω阻抗线缆上，然后再与同阻抗(50Ω)的天线连接。

输出阻抗匹配不是本节要讲的主要内容，因此图 1.8.1 所示的电路已经进行了阻抗输出转换。

2. 确定天线的等效电路

我们用 50Ω天线来说明天线的等效电路，首先要构造天线线圈，它的电感要通过测量或者用计算天线电感的公式来估算。要想将它连接到 50Ω 的电缆，需要一个阻抗匹配电路。

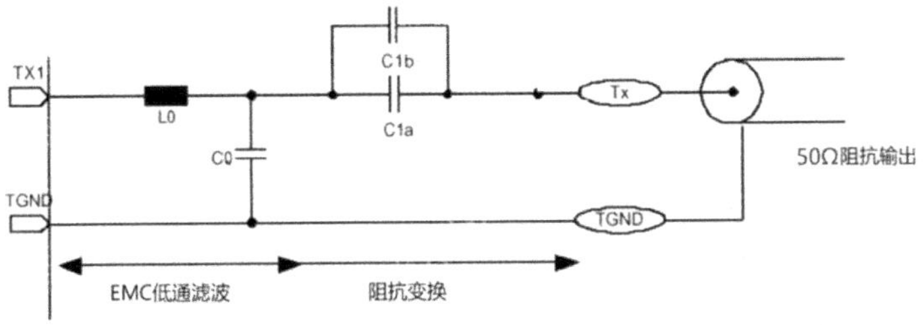

图 1.8.1　用转换电路实现 50Ω的阻抗转换

天线的线圈可以用图 1.8.2 的等效电路来表示。线圈本身有电感，标识为 L_{ant}；另外，无线线圈还串联一个表示电阻损耗的电阻 R_{ant}、一个表示线圈的电感 L_{ant} 和连接器之间一个表示电容损耗的并联电容 C_{ant}。

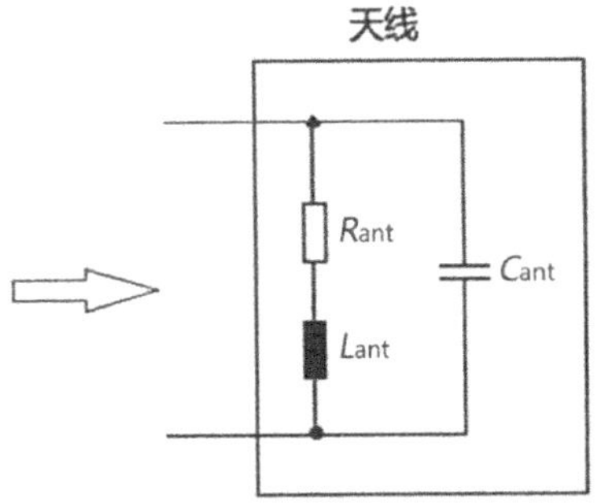

其中Lant=300~1500nH，Cant=10~40pF，Rant=0.3~1.2Ω

图 1.8.2　天线线圈的等效电路图

一般用阻抗分析仪来测量等效天线电路的输入阻抗。

3. 天线输入阻抗匹配

阻抗匹配是射频电路设计的精髓，它要求信号输出的阻抗与天线的输入阻抗相等，此时能达到最佳的功率输出。

图 1.8.3 显示了将天线线圈匹配到 50Ω的电路，匹配用一个串联和一个并联电容来实现，输入电阻 Z 要求为 50Ω。

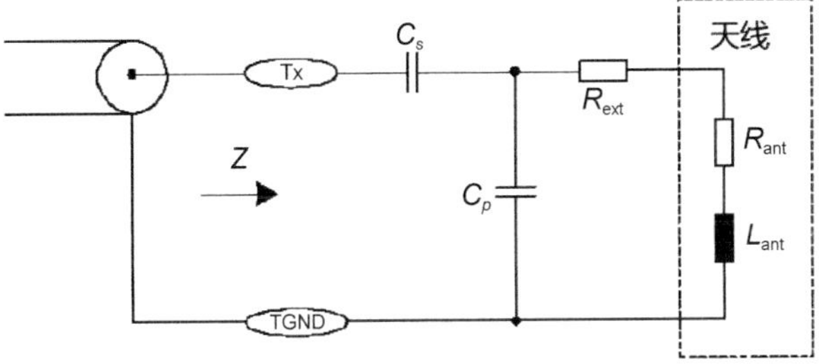

图 1.8.3　无线的输入阻抗匹配

如图 1.8.3 所示，Z 是从匹配电路方向看进去的输入阻抗，这个阻抗要和射频芯片的低通滤波器输出端的输出阻抗匹配(即 50Ω)。此时的阻抗一致，这样才能确保射频芯片有较好的功率输出。

在实际开发过程中，由于开发者对此参数了解不深入，设计出来的 Z 有时候远远大于 50Ω；这样往往会得到如下两种不良的结果。

(1) 射频芯片的负载过重，射频设备实际应用中会发现芯片发热严重，即使在 PCB 板上做大面积覆铜用来散热也无法解决问题，严重时会导致芯片烧坏。

(2) 设备启动不正常。设备无法正常开机，经过检测发现射频芯片根本没有载波输出信号。这样的现象，往往要考虑的是芯片负载过重，使其无法正常启动所致。

图 1.8.3 所示的参数，可以通过如下公式进行简单的估算，这些公式是通过理论推导得出的简易的计算公式，公式的推导过程这里不再详述，而且在很多射频教材中也有详细的推导过程。

直接匹配天线的输入阻抗 Z(50Ω)，可以通过如下的公式计算 C_S 和 C_P：

$$C_s = \frac{1}{w^2 L_{\text{ant}}} \sqrt{\frac{R_{\text{ext}} + R_{\text{ant}}}{Z}} \tag{1.8.1}$$

而 $C_P = \frac{1}{w^2 L_{\text{ant}}} - C_s$

$$C_S = \frac{1}{w^2 L_{\text{ant}}} \left(1 - \sqrt{\frac{R_{\text{ext}} + R_{\text{ant}}}{Z}}\right) \tag{1.8.2}$$

说明：C_S 和 C_P 应当是 NPO 电解质的电容，它有很好的温度稳定性。

上面的计算公式较复杂，计算一个电路的这些参数，需要花费很长时间，在实际开发过程中，这种计算会大大延长开发周期、增加人力成本。

1.8.3 天线调谐

要获得天线最优的性能，必须对其进行正确的调谐。调谐的前提条件是把天线放置在最终的环境(如装配到外壳)中进行调试，否则调试无法完全接近现实。

调谐的目的是达到以下两个方面。

(1) 通过调谐获得最优的工作距离，也就是说天线有最佳的能量传输。

(2) 调整天线的品质因子，确保数据正确传输。

1. 用阻抗分析仪调谐

调谐天线最简单、最精确的方法是使用阻抗分析仪(如 HP 4195)。将天线直接连接到校准的分析仪上，并用图 1.8.4 的迭代过程调谐天线。

阻抗分析仪的使用方法这里不再赘述，但要注意的是：使用前，阻抗分析仪必须先热身(warmed up)、校准(范围 1～30MHz)，并用测量电缆正确地补偿后才可以测量。

由于 C_S 和 C_P 的值只能通过计算得出，而且有 20%的误差，因此最后的电路参数要用下面的迭代过程决定。

我们以图 1.8.4 的阻抗匹配流程图为例，来介绍一下迭代过程。

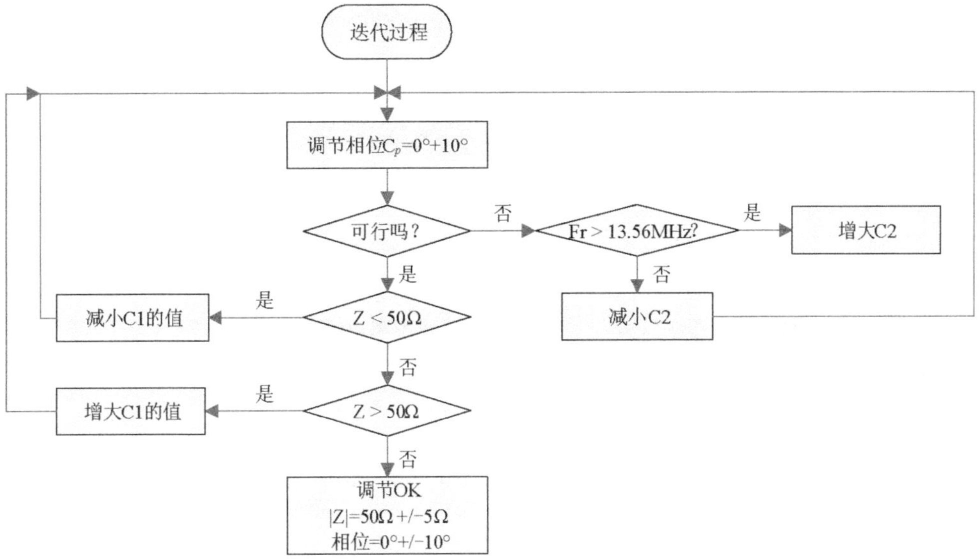

图 1.8.4　用阻抗分析仪迭代调谐 50Ω直接匹配电路

在 13.56MHz 下，输入阻抗的容差是：$|Z|=50\Omega\pm5\Omega$，相位$\Phi=0^\circ\pm10^\circ$。

分析：这种通过阻抗分析仪来调试的方法重点是迭代过程，从阻抗入手，只要阻抗调到和射频芯片输出一致，基本上负载也就定了，这个迭代过程可能需要几轮，因为天线的几个参数是互相干扰的，某个参数调整到位了，其他参数又超标了，所以要多试几次，最终的目标是找到一个平衡。

优点：采用此种模式调谐，形式上比较简单，测量比较精确，且比较实用。

缺点：迭代过程多，有可能要经过多轮迭代；无法兼顾到载波脉冲波形等电气信号(如载波过冲、波形参数、周期等)。

2. 示波器调谐

根据 1.8.2 节的阻抗匹配理论，我们采用示波器做简单的调谐，虽然这种方法不能完全把天线调谐到非常理想的状态，但该方法作为天线调谐的一种方法，学生可以尝试体验一下。

1)　Lissajous(李萨如)图形

Lissajous 图形是法国科学家李萨如(jules Lissajous)在 1875 年发现的，它是指相互垂直的两个波形，当频率成简单比时，所得到的有一定规律的合振动轨迹曲线具有稳定性与封闭性，如果这两个相互垂直的振动的频率为任意值，那么它们的合成运动就比较复杂。随着 Lissajous 图形在系统检测与频率计算等方面的广泛应用而逐渐被人们所重视，人们对 Lissajous 图形的研究也越来越广泛。

大部分 Lissajous 图形都是以正弦波或者余弦波作为 X 轴方向和 Y 轴方向的信号，通过同频率的正弦信号来讨论相位差对 Lissajous 图的影响，得出只要 X 轴和 Y 轴方向振动方向的相位差确定，Lissajous 图形的形状也就确定了，与初始相位的取值无关。

图 1.8.5 是 Lissajous 图形的形成原理，也可用作图的方法来说明。

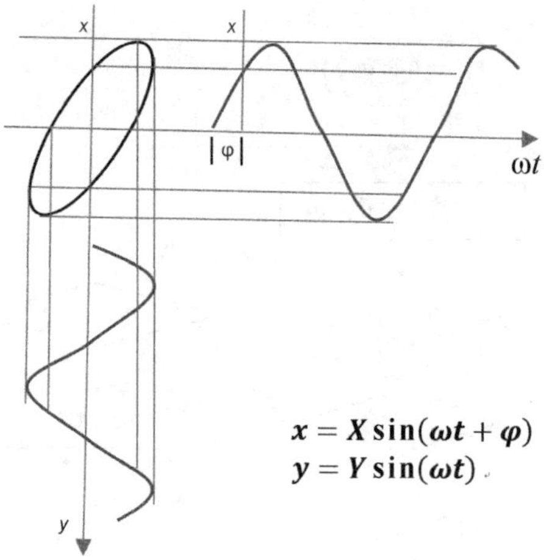

图 1.8.5　正弦波合成的李萨如图形

2)　校准电路

测试工具有以下三种。

(1)　信号发生器(至少满足 20MHz 输出)，本实验用示波器自带的 DDS 信号源。

(2)　低阻抗探头的示波器。

(3)　匹配校准电路(李萨如校准电路)。

示波器调谐只需要调谐一个并联电容(C_P)，这种情况比较适合批量生产使用。示波器调谐原理图如图 1.8.6 所示。

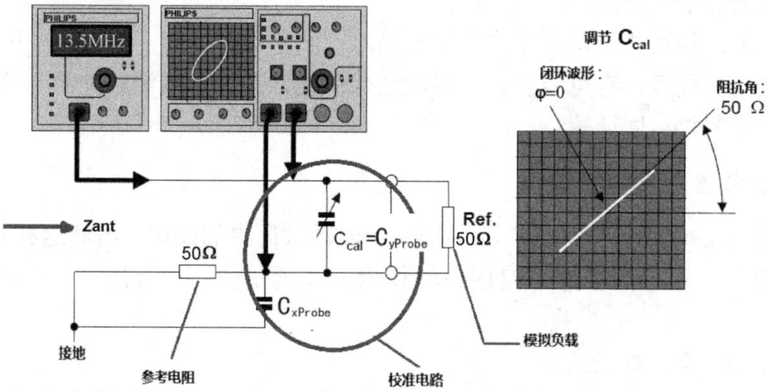

图 1.8.6　示波器调谐原理图

下面先介绍一下校准电路，因为这是一切调谐过程的先决条件，如图 1.8.7 所示。

(1)　匹配校准电路解析。

①　Zant=50Ω(需要精密电阻，比如 2%精度)相当于射频接口芯片的输出阻抗，对于校准电路来说相当于天线的输入阻抗。

②　参见图 1.8.6，示波器的两个探针并联到参考电阻(图中 Ref 电阻)，两端元器件 C_{yProbe} 和 C_{xProbe} 表示示波器的探针输入电容。用来调节两个探针的电容补偿。其中 C_{xProbe} 只影响发生器的振幅，对输出调谐没有影响；C_{yProbe} 影响相位的偏移，改变 Lissajous 图的区域。并联电容 C_p 用来补偿。

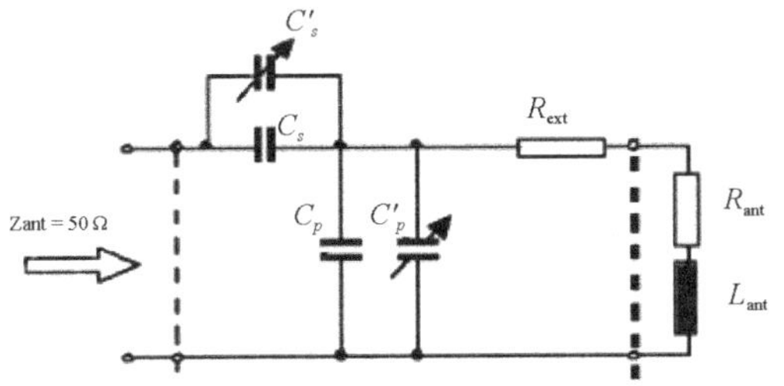

图 1.8.7　校准电路

③　调节 C_{yProbe} 和 C_{xProbe} 的值，示波器会显示一个 Lissajous 图形，可以获得绝对幅值和相位。在没有调校之前，示波器显示的 Lissajous 图形应该是一个椭圆，参见图 1.8.6。

(2)　校准电路的调校。

第一步：按照直接匹配电路的输入阻抗为 50Ω进行调校；在负载端接入一个 50Ω的负载电阻(见图 1.8.6 中的 Ref，该电阻将来会被实际天线替代)。

第二步：信号发生器输出 13.56MHz 的正弦波波形，振幅为 2～5V，把它连接到校准电路，见图 1.8.6。

第三步：调节 C_{yProbe} 和 C_{xProbe} 的阻值，使得示波器显示的 Lissajous 图从椭圆变换成一个 45° 倾角的直线，此时的校准电容 C_{cal} 就等于 C_{yProbe}，y 探针的电压同相幅值正好是函数发生器电压(x 探针)的一半。

第四步：这样调节好的校准电路就可以用来测试天线了，但是要特别注意，这个电路调校好之后，就不能随便变动了，最好保持一个稳定的状态，以免出现偏差。

第五步：去掉 50Ω的参考负载，在负载电路的两端，准备接入要调校的天线实物。

(3)　天线接入。

校准后的电路，用实际天线接入，替代校准电路的参考电阻，如图 1.8.8 所示。

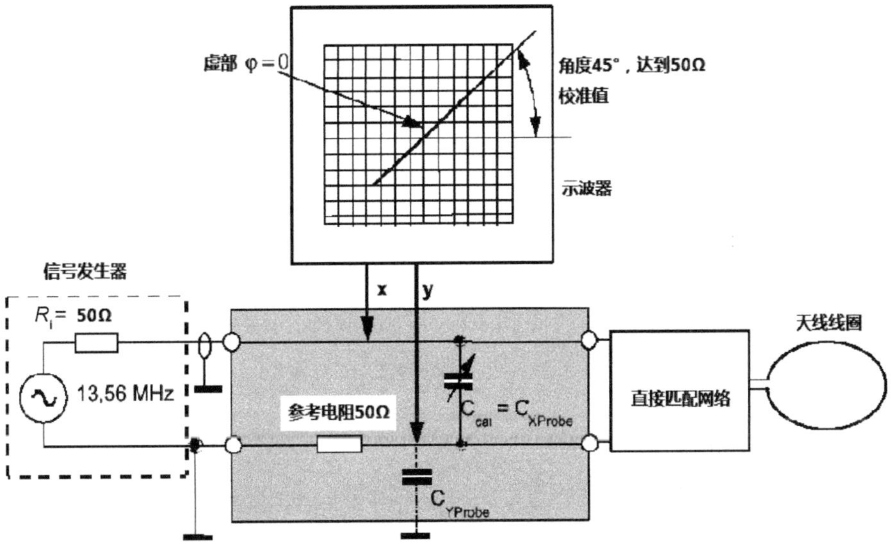

图 1.8.8　接入实际天线

注意：探针的接地电缆避免成环形，以减少与天线的电感耦合。

通过理论计算配置的天线，接入到校准电路后，得出的 Lissajous 图形肯定不是一条直线(即两条图像重合)。因每个天线的材质及生产工艺不同，故最终的天线参数也有所差异。如果生产工艺的各个环节控制得好，生产出的天线接入后，那么示波器上显示的图像会无限地接近重合，但并没有完全重合。

3) 矢量网络分析仪调谐

采用矢量网络分析仪(简称网分仪)调谐，首先需要测量射频芯片的输出阻抗(可以用阻抗测量仪测量)，并把网分仪的频率调整到 13.56MHz。例如，射频芯片的输出阻抗是：$Z = 43 - j1.5\ \Omega$，则天线匹配网络的阻抗是射频芯片输出阻抗的共轭阻抗：$Z = 43 + j1.5\Omega$。把网分仪接入匹配电路，调节匹配电路的阻容值，使网分仪的图像在 13.56MHz 频点处经过 50Ω点。如图 1.8.9 所示。

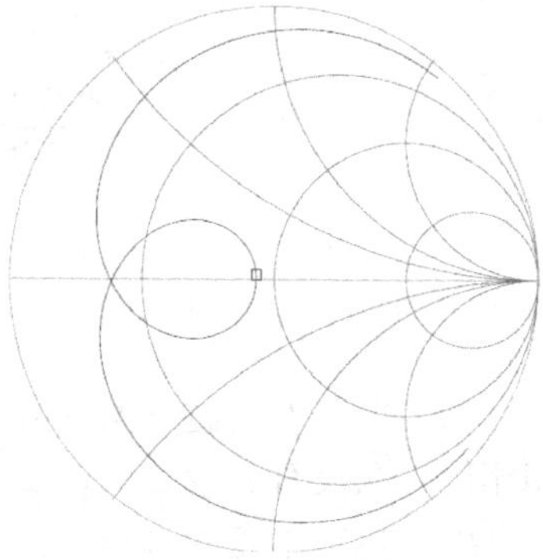

图 1.8.9　网分仪调谐的史密斯圆图

网分仪调谐过程虽然比较简单，但涉及的射频电子及无线电知识比较多，且网分仪设备价值比较高，并不是所有的学校都有配备，因此采用网分仪调谐的方法不作为本节调谐的重点。有兴趣的学生或者有条件的学校，可以参照相关书籍尝试着调谐，并与本节的调谐方法做比较，检验两种调谐方法所得出的结果是否一致。

任务实施

1. 硬件连接

参考 1.2 节的模块连接方式，把硬件设备连接完整。

2. 下载实验程序

(1) 通过串口，连接主板与 PC 机。

(2) 下载本节的底层驱动程序 RFIDrease V1.6.4.hex 到 M3 核心板的 CPU 中，如果已经下载(如前序章节已操作)，则跳过该步骤。

3. 硬件连接与调试

1) Lissajous 校准调谐

(1) 将信号采集套件连接好，按照图 1.8.10 所示的拓扑结构连接。

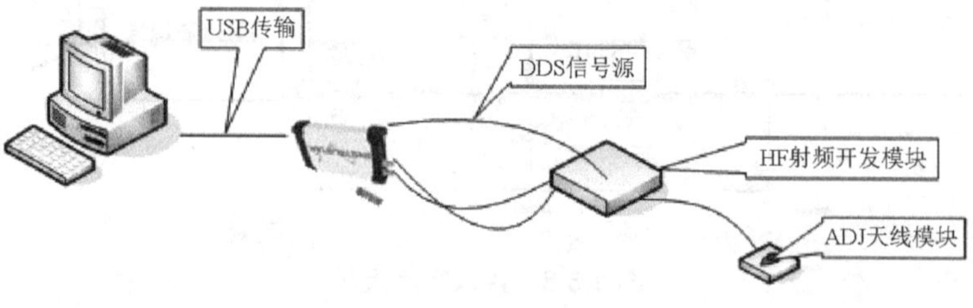

图 1.8.10　拓扑结构

虚拟示波器与 HF 射频开发模块的连接如图 1.8.11 所示。

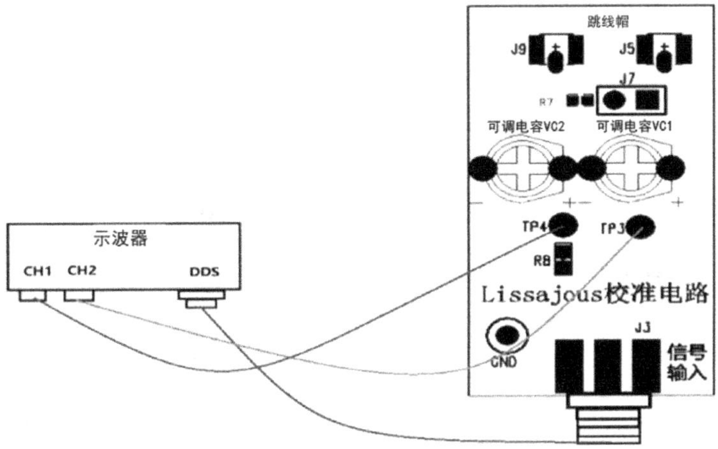

图 1.8.11　虚拟示波器与 HF 射频开发模块的连接图

注：DDS 与校准电路的连接用 SMA 同轴线缆。

(2) 校准电路校准。把 HF 射频开发模块上的标注为 J7 跳线帽短接，虚拟示波器在 DDS 模式下输出 13.56MHz(振幅调到最大)，再打开示波器界面，设置示波器显示模式为“李萨如图形”界面，如图 1.8.12 所示，开始测量校准。

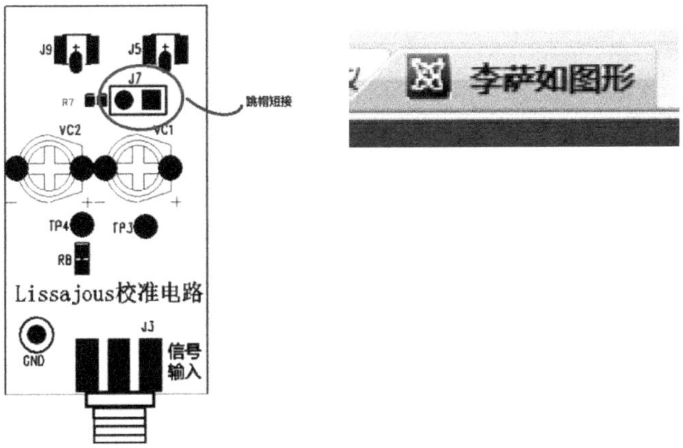

图 1.8.12　“李萨如图形”界面

(3) 调节 Lissajous 校准电路的两个可调电容 VC1、VC2，使示波器“李萨如图形”显示约 45° 倾角的直线，如图 1.8.13 所示。

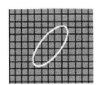

图 1.8.13　“李萨如图形”显示一条 45° 倾角的直线

注意：测量的时候需要用同规格的、低电容的探针测量，同时，探针的接地电缆要避免成环形，以减少与天线的电感耦合，如图 1.8.14 所示。

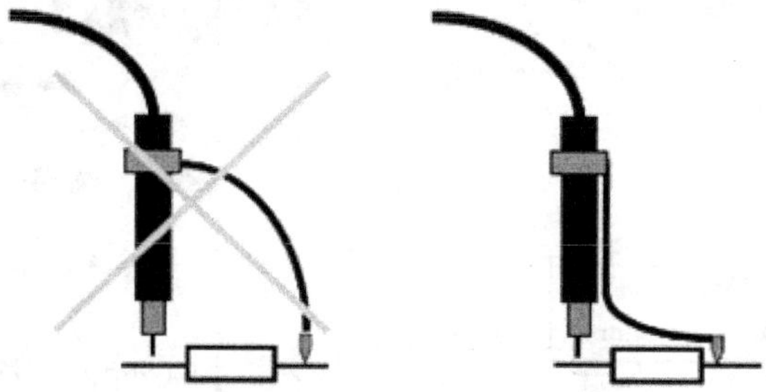

图 1.8.14　使用探针时要避免成环形

本试验中采用的“HF 射频开发模块”的 Lissajous 校准电路，已经严格按照 50Ω阻抗生产、测试，因此没有可调电容，无需自校准就可以直接测量天线，但在进行下一步之前，需要确认“HF 射频开发模块”的校准电路是否为 45° 的直线。如果不为直线，则不能进行后续调试，需要找出原因重新调节。

(4) 接入负载：断开 Lissajous 电路中的 J7 跳线帽，并通过 SMA 同轴线缆把“ADJ 天线模块”接入校准电路(见图 1.8.15)，“ADJ 天线模块”上标注为 J1 跳线帽断开。注意在接入之前，用无感螺丝刀把“ADJ 天线模块”的可调电阻 R_2 的阻值调节到 1Ω(初始值，表示 R_{ext}=1Ω)，R_2 和 R_3(空焊盘)是并连结构，调试时，可以用万用表分别测试 R_3 的两端，边测量边调试可调电阻。

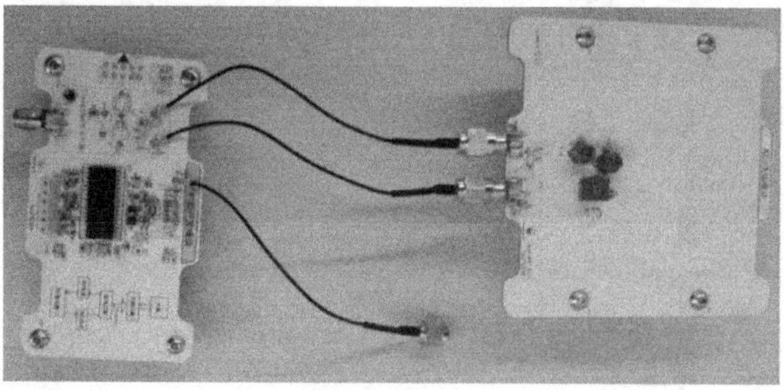

图 1.8.15　ADJ 天线模块接入校准电路

(5) 根据李萨如图形调试。

① 调节示波器的 DDS 功能(如果手头有信号发生器，最好采用信号发生器，其振幅较高，效果较好)，输出 13.56MHz(振幅 2～5V)的励磁信号，给校准电路一个输入波信号。

② 打开虚拟示波器的电脑端界面，采用“李萨如图形”界面；分别按照图 1.8.11 所示的测量方式，把示波器的 CH1 探针点在校准电路的 JP4 测试点、CH2 探针点在校准电路的 JP3 测试点，两个探针的共地端连接在 GND 测试环上，如图 1.8.16 所示。

注意：探针 GND 信号线的布局方式，不要形成环形。

③ 观察图像。由于初始阻抗不匹配，因此通过示波器看到的李萨如图形是一个椭圆状图形，如图 1.8.17 所示。

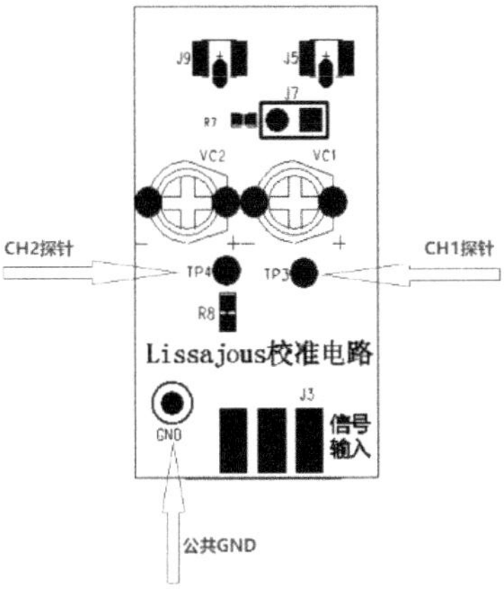

图 1.8.16 探针测量位置

图 1.8.17 李萨如图形显示椭圆形

用无感螺丝刀分别调节“ADJ 天线模块”上的 C2 和 C3 两个可调电容，如图 1.8.18 所示，两个调谐的电容分别处在天线对称两翼上，线圈方向相反，磁通量叠加以增加能量；因此，调节 C2 和 C3 的时候，要尽可能使二者相等，以达到最佳信号强度。

小心缓慢调节 C2 和 C3 电容，使示波器显示的李萨如图形尽可能为直线，如图 1.8.19 所示，这样，ADJ 天线的阻抗就是 50Ω，达到相对最佳的天线调谐。

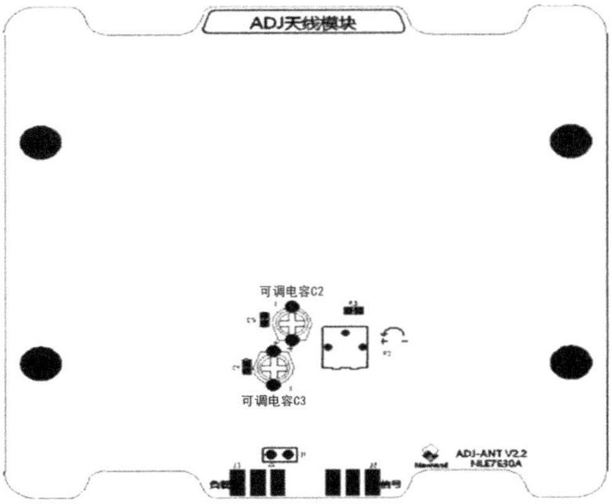

图 1.8.18 ADJ 天线模块

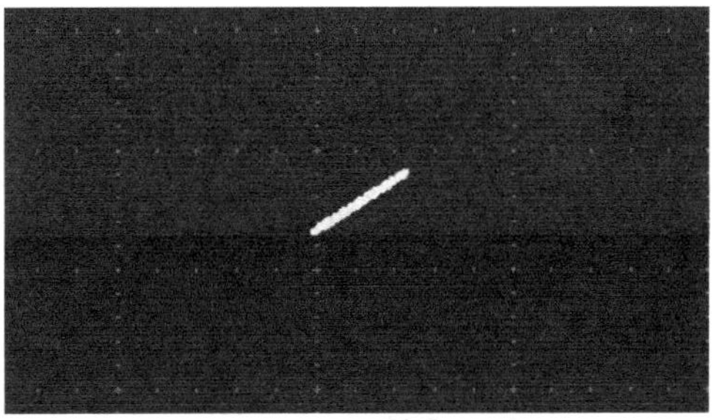

图 1.8.19 调谐后的李萨如图形

(6) 接入天线。经过以上过程之后，天线已基本调试好，为了进一步测试天线的性能，必须把天线接入系统。

① 拔掉两根 SMA 同轴线缆，使 Lissajous 校准电路与 ADJ 天线模块脱离。

② 用跳线帽把 ADJ 天线模块的 J1 短接，使用 SMA 同轴线缆把 ADJ 天线接入“HF 开发模块”(见图 1.8.20)，天线调谐完成，可以进行整机功能验证。

注意：通过这种方式调谐的天线，一般效果不会达到最佳，只能是粗略调节，不能确保每个参数都能够达标，但天线基本可以使用。

要想进行比较精确的调试，需要借助矢量网络分析仪进行矢量调节。

2) 网分仪调谐

采用网分仪测量的主要精髓是“HF 射频开发模块”天线输出的阻抗能够与“ADJ 天线

模块”的输入阻抗匹配，达到 50Ω阻抗匹配。

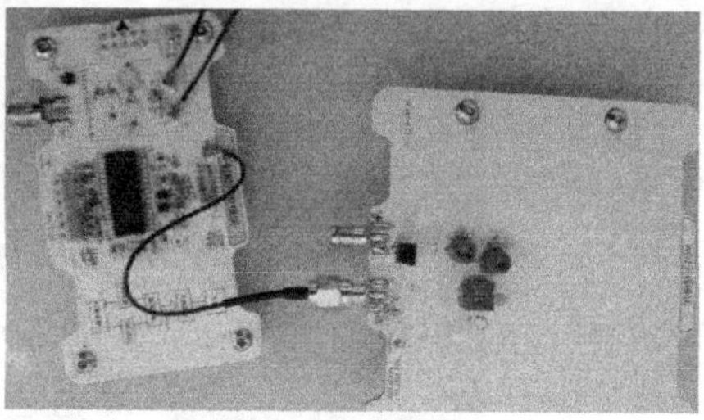

图 1.8.20　ADJ 天线接入系统

HF 射频开发模块的 J4 同轴电缆的端子的输出口已经是 50Ω阻抗，因此我们在测试 ADJ 天线模块时，只要使其输入阻抗尽量满足 50Ω即可。

在使用网分仪之前，需要对网分仪进行模式校准，即开路、短路及 50Ω负载校准三种模式，校准完毕后才可以进行测试。应当注意的是，我们测试的天线是工作在 13.56MHz 频率下，在设置网分仪 mark 点的时候，也应当把 mark 点设置为 13.56MHz。

网分仪与 ADJ 天线模块的连接方式如图 1.8.21 所示。

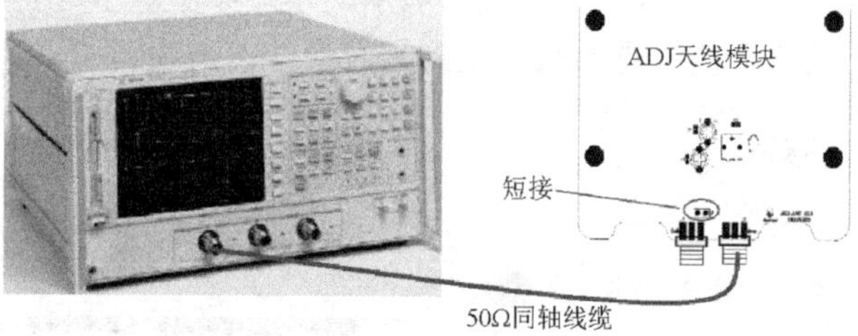

图 1.8.21　网分仪与 ADJ 天线模块的连接

设置网分仪的起始(start)频率为 10MHz，截止(stop)频率为 50MHz。我们接入的 ADJ 天线模块的初始史密斯圆图可能是下面的情形，如图 1.8.22 所示。

根据这个位置，我们看到它处在下半圆，说明天线目前处于容性负载下，我们尽量让它往上走，以靠近中心(即 50Ω位置)，因此需要并入一个电感，让 mark 点的位置上行，如图 1.8.23 所示。

通过观察该图我们发现，mark 点已经非常接近图 1.8.23 的理想状态，此时的天线已经可以用了，有兴趣的同学可以继续进行匹配，让 mark 点尽量无限接近中心点(50Ω位置)。

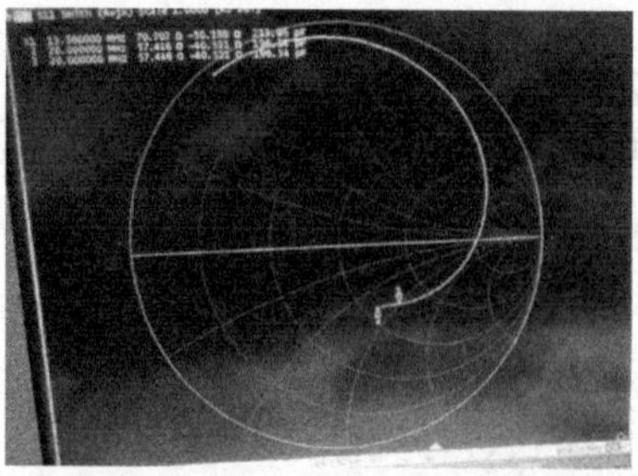

图 1.8.22　初始的 mark 点位置

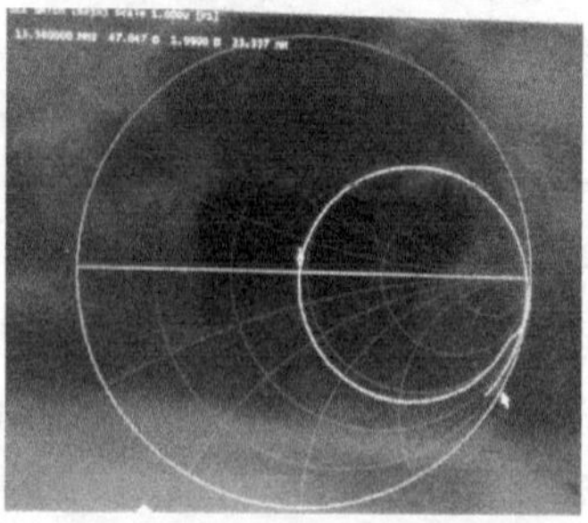

图 1.8.23　阻抗匹配后的史密斯圆图

由上述两种调谐方法的结果可以看出，网分仪调谐的方法最准确。这部分知识需要额外的知识储备(如网分仪的使用方法等)，本节不做详细赘述。

技能拓展

学生可以自己设计一个天线，采用矢量网络分析仪来测量、调谐，最终获得一个合格的天线产品。

本节小结

本节是射频电子学工程实验的最后一个小节，也是理论与实际相结合最紧密的一个小节。通过本节的实验操作，可以让学生完整体验射频开发、调试过程，能够深刻地认识到射频知识的关键点及相互联系，能够对 RFID 技术有更深刻的认识。

第 2 章

低频卡功能验证与应用

教学目标

知识目标	1. 学习低频 RFID 卡的工作原理；
	2. 掌握低频卡信息的获取；
	3. 掌握低频卡初始化操作；
	4. 掌握低频卡地址空间常规读写操作；
	5. 掌握低频卡加密、解除密码操作；
	6. 掌握低频卡保护读块操作。
技能目标	1. 会使用教材提供的 RFID 教学实验平台及 RFID 低频射频模块；
	2. 掌握 Java 串口通信编程；
	3. 能对各个实验结果进行分析，达到理论与实际的认知统一。
素质目标	1. 掌握 RFID 低频卡的基本信息操作；
	2. 初步养成项目组成员之间的沟通、协同合作。

2.1 低频卡数据读写仿真

任务内容

本节主要介绍低频 RFID 卡读写块操作的原理，认识低频卡读写套件：M3 核心模块、LF 射频模块，掌握 RFID 教学实验平台的低频 RFID 相关硬件电路基本原理及低频卡数据读写等。

任务要求

- 掌握低频卡(型号：T5557)常规读写块的操作。
- 了解低频卡数据存储结构。

理论认知

1. 仿真平台简介

仿真平台以软件仿真方式模拟各种物联网感知设备，通过拓扑的方式，自由组成各种应用。仿真设备支持串口方式连接，数据接口与实际硬件设备完全一致，在仿真环境下开发的应用场景支持连接实际硬件运行。仿真平台能够让学生直接观察到上位机与仿真平台的交互信息及内部存储信息，方便学生掌握相应的基本原理，同时，配置的环境模拟器还可以为各种传感器提供指定的数据输入界面，方便仿真应用的调试，如图 2.1.1 所示。

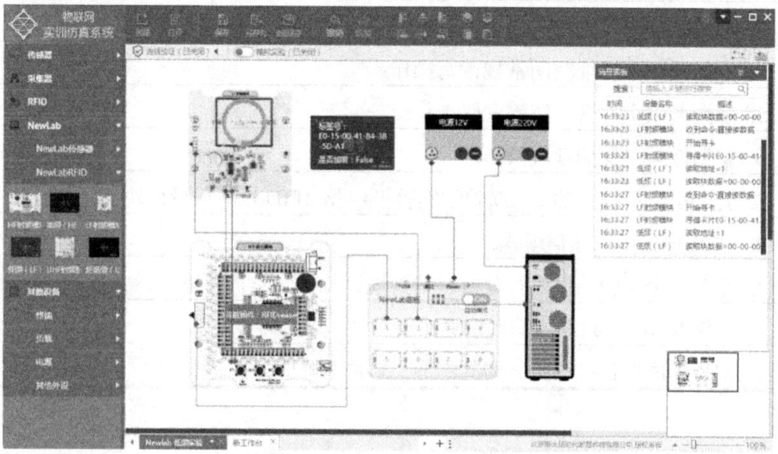

图 2.1.1　仿真平台

2. 仿真平台的启动

1)　基于 C/S 版本的仿真平台

(1)　在已经安装了 PC 端仿真平台的电脑桌面上双击快捷方式。

(2)　等待系统启动，开启仿真平台界面，如图 2.1.2 所示。

图 2.1.2　仿真平台界面

2)　基于 B/S 版本的仿真平台

(1)　打开浏览器，输入平台网址(提示：输入在本校部署的服务器地址)，如图 2.1.3 所示。

图 2.1.3　浏览器版本的仿真平台登录

(2)　单击【实验中心】选项卡，进入仿真登录界面，如图 2.1.4 所示。

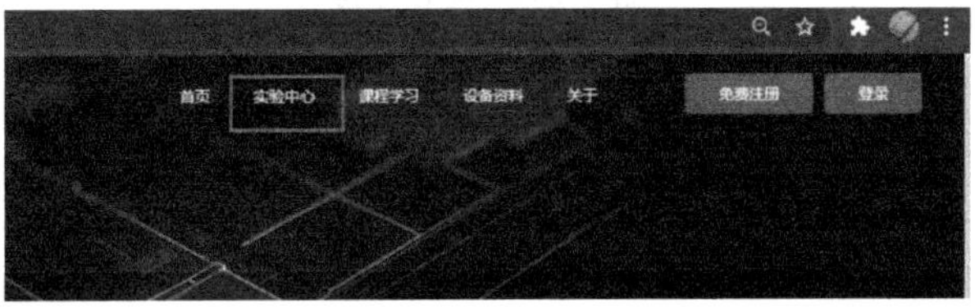

图 2.1.4　进入实验中心

(3)　输入账号名、密码，并登录系统，参见图 1.1.1。

(4)　单击仿真平台界面左侧的【仿真工具】选项，进入仿真环境，如图 2.1.5 所示。

图 2.1.5　仿真环境界面

3. 仿真平台基本操作

1)　设备选择

在仿真平台界面左侧设备栏中展开对应设备目录，即可找到对应设备，如图 2.1.6 所示。

2)　设备拖曳

找到对应设备后，按住鼠标左键拖动图标到右边的工作台，释放鼠标即可完成设备的选择，如图 2.1.7 所示。

图 2.1.6　设备目录

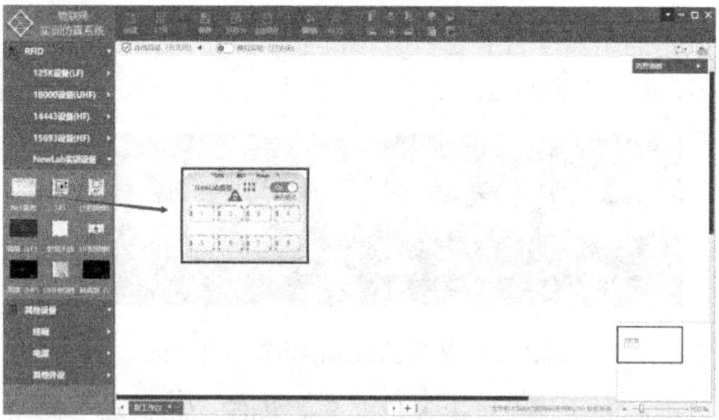

图 2.1.7　设备选择

3)　设备连线

如图 2.1.8 所示，单击设备端口 A，鼠标移动到设备端口 B，再次单击鼠标，即可完成连线。

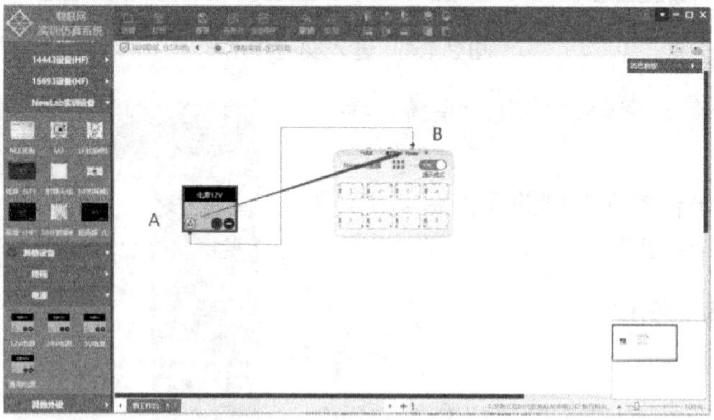

图 2.1.8　设备连线

4. T5557 芯片数据存储器

T5557 芯片数据存储器 EEPROM 的结构如表 2.1.1 所示，它由 10 个块构成，每块 33 位。第 0 位为锁存位，共 330 位，包括锁存位(LOCK 位)都是可编程的。页 0 的块 0 包含模式/配置数据，在“规则读”时数据不被传送。页 0 的块 7 可以被作为写保护的密码。每块的 0 位是本块的锁位，一旦上锁，本块的数据“只读”，不能再被改写。

表 2.1.1 存储器 EEPROM 的结构

页	位 0	位 1～32	块
Page1	H	追溯数据	2
Page1	H	追溯数据	1
Page0	L	用户数据或密码(口令)	7
Page0	L	用户数据	6
Page0	L	用户数据	5
Page0	L	用户数据	4
Page0	L	用户数据	3
Page0	L	用户数据	2
Page0	L	用户数据	1
Page0	L	配置数据	0

(1) 块 0 为芯片工作的模式数据，不能作为一般的数据被读取，块 1 至块 6 为用户数据；块 7 为用户口令，若不需要口令保护，则块 7 也可作为用户数据存储区。

(2) 存储器的数据以串行方式送出，从块 1 的位 1 开始到最大块(MAXBLK)的位 32，最大块(MAXBLK)为用户设置的最大块参数值，各块的锁存位 L 不能被传送。

任务实施

1. 设备连接

所需设备：RFID 教学实验平台、M3 核心模块、LF 射频模块、低频卡、PC、电源适配器。

硬件接线图如图 2.1.9 所示，实物连接图可参见图 2.1.17。

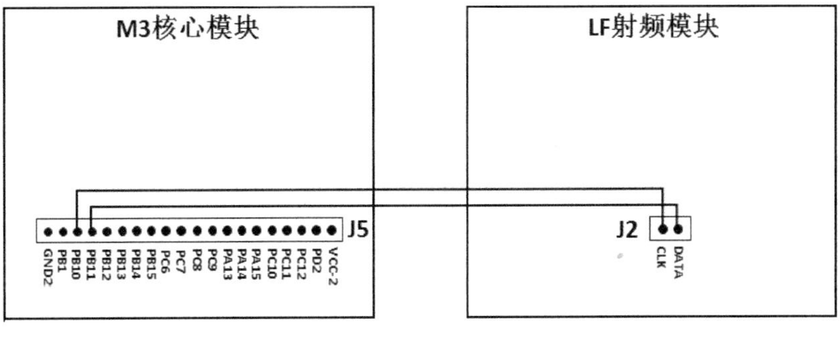

图 2.1.9 硬件模块连接示意图

仿真设备连接线路图如图 2.1.10 所示。

M3 核心模块设置：选择 RFIDrease 固件，如图 2.1.11 所示。

PC：选择串口，如图 2.1.12 所示。

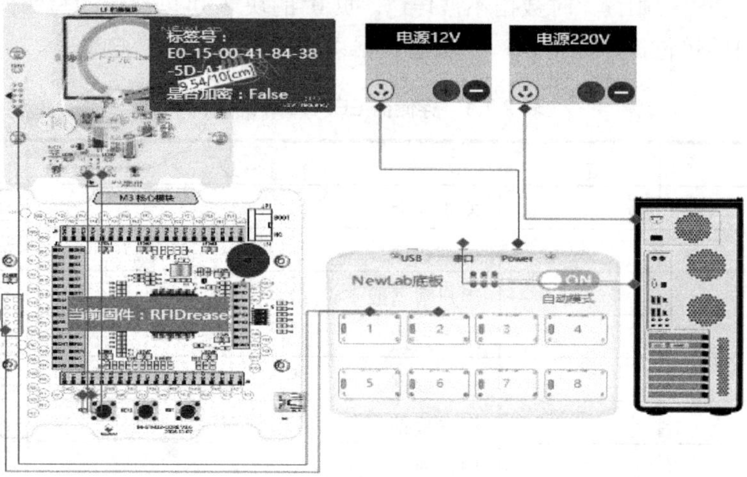

图 2.1.10　仿真设备连接线路图

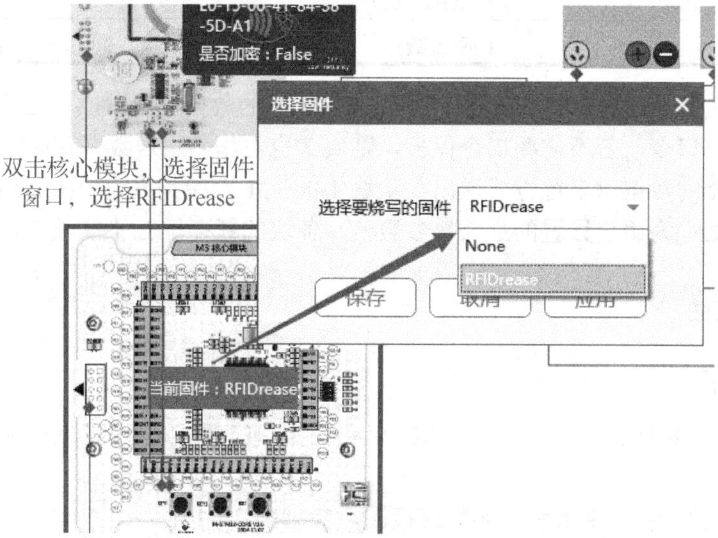

图 2.1.11　选择固件

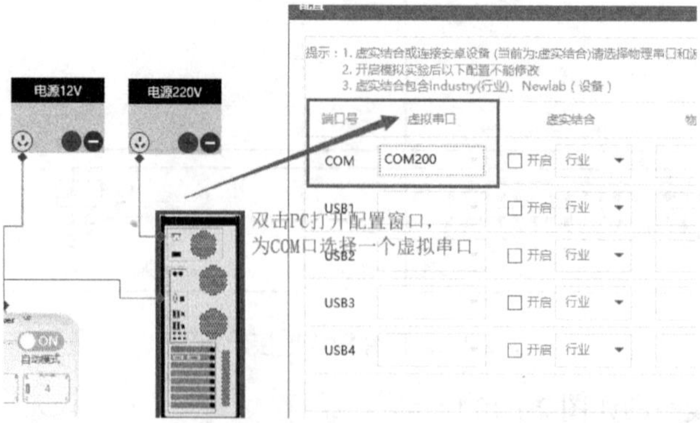

图 2.1.12　选择串口

仿真平台：打开【模拟实验】开关，如图 2.1.13 所示。

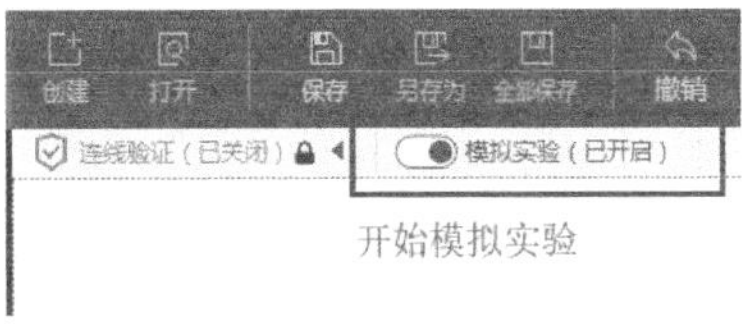

图 2.1.13 开始模拟实验

2. 实验系统操作步骤

提示：实验系统程序在 U 盘的“低频卡读写实验”压缩包内。

1) 读卡

(1) 打开串口，选择的串口必须与仿真平台打开的串口号一致。

(2) 初始化。

(3) 读取卡号。

(4) 选择块地址，然后单击【读取】按钮。

(5) 查看读取结果(第一次读取到的数据一定是“00000000”，转码后即为空数据)，如图 2.1.14 所示。

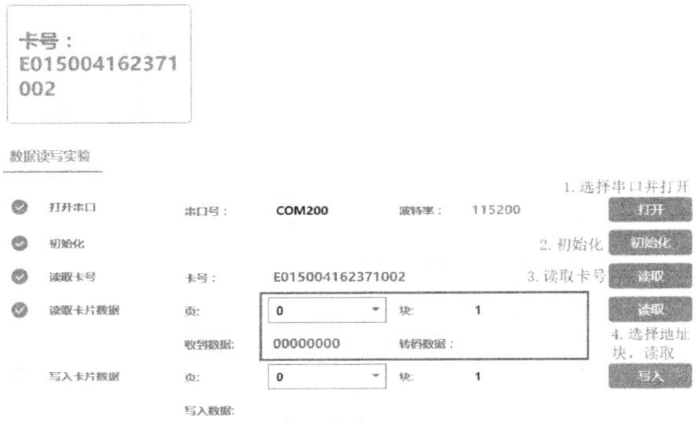

图 2.1.14 数据读取界面

2) 写卡

(1) 写入，选择块地址，输入写入数据，然后单击【写入】按钮。

(2) 读取，选择被写入的块地址，然后单击【读取】按钮。

(3) 查看读取结果(读取结果与写入的数据一样)，如图 2.1.15 和图 2.1.16 所示。

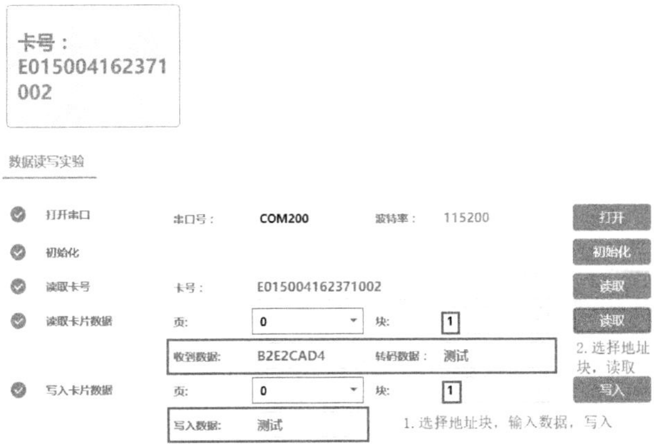

图 2.1.15 写入数据界面

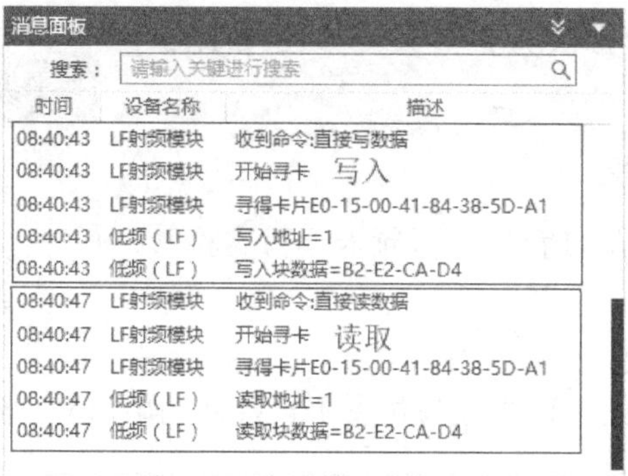

图 2.1.16　消息面板

3. 虚实结合实验

1)　硬件连接

串口线：连接 PC 串口与 RFID 教学实验平台串口。

电源适配器：连接电源适配器 DC12V 到 RFID 教学实验平台。

I/O 口：M3 核心模块的 PB10、PB11 分别连接 LF 射频模块的 CLK、DATA 引脚，如图 2.1.17 所示。连接好后，接通电源，将 RFID 教学实验平台的拨动开关置于“通信模式”。

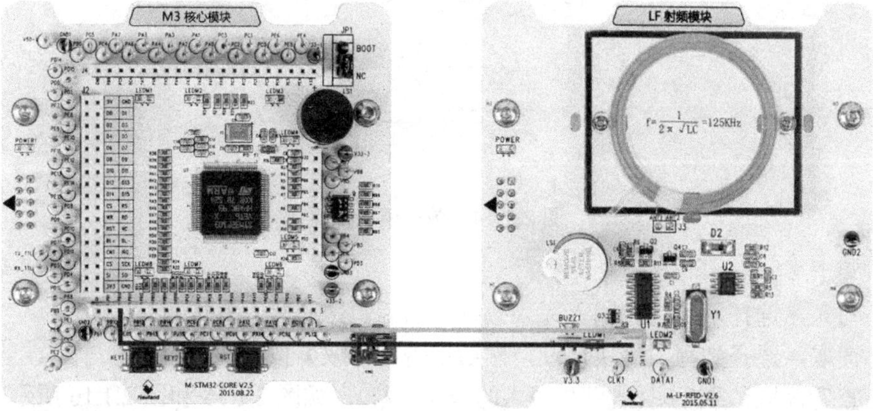

图 2.1.17　硬件模块连接线路图

2)　仿真平台设置

在模拟实验停止的状态下，物理串口选择与 RFID 教学实验平台连接的物理串口，虚拟串口选择与实验系统连接的虚拟串口，如图 2.1.18 所示。设置完成后关闭配置窗口，打开模拟实验，如图 2.1.19 所示。

3)　仿真操作

虚实结合操作过程与模拟实验操作过程基本一样，不同之处在于，虚实结合的状态下系统读取的信息是物理设备返回的数据。仿真平台收到物理串口返回的数据，会根据数据内容判断是否生成一张卡片到仿真平台，并用粉色字体显示卡号，表示该卡是真实卡片的映射(虚拟卡片是白色卡号)，如图 2.1.20 所示。

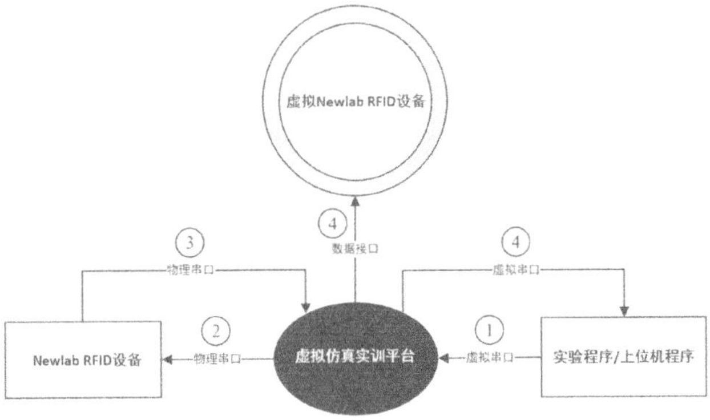

图 2.1.18 虚实结合数据流向图

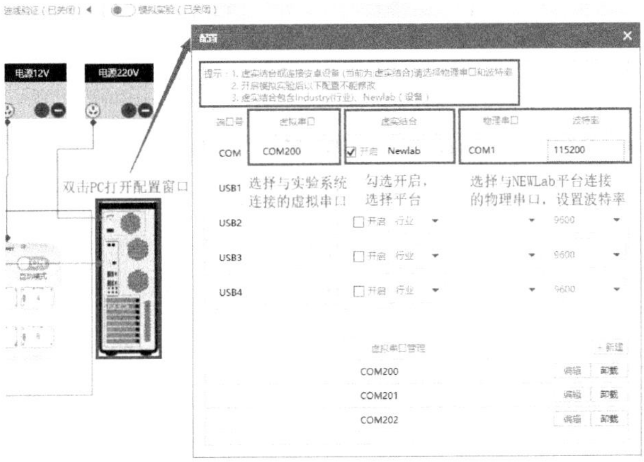

图 2.1.19 仿真平台 PC 配置

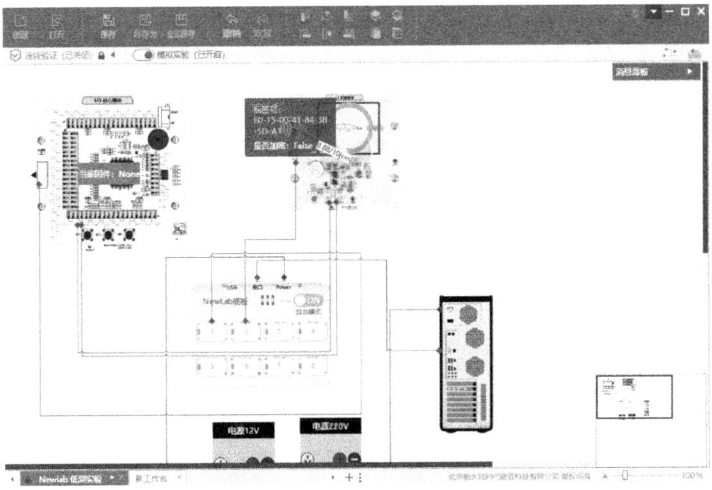

图 2.1.20 仿真平台虚实结合界面

4) 结果验证

虚实结合实验可以在仿真界面展示真实卡片的卡号和通信过程，实验系统也可以脱离仿真平台，通过 PC 的物理串口直接与 RFID 教学实验平台物理设备进行实验。

关闭仿真平台的模拟实验，再将实验系统的串口设置为 RFID 教学实验平台物理设备与 PC 连接的串口号即可进行实验，实验过程与上述实验操作一样，然后通过对比仿真平台与连接仿真平台写入和读取的数据是否一致来验证实验结果。

(1) 虚实结合写入数据。

实验系统的串口选择仿真平台上指定的虚拟串口号。打开串口，选择块地址并写入数据，如图 2.1.21 和图 2.1.22 所示。

图 2.1.21　实验系统-写入数据

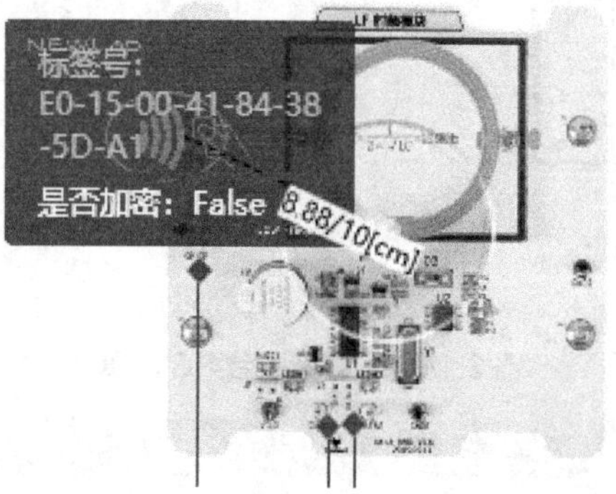

图 2.1.22　仿真平台-虚实结合界面

(2) 连接物理设备读取数据。

关闭仿真平台的模拟实验(否则串口会被占用)，再将实验系统的串口设置为物理设备与 PC 连接的串口，如图 2.1.23 所示，打开串口，选择块地址并读取数据。

图 2.1.23　实验系统-制卡界面

(3) 对比两次实验获取的写入和读取的数据是否一致。

技能拓展

1. 在虚实结合的状态下，在读卡器上放入一张低频卡，读取卡数据，观察实验现象，分析并记录结果。

2. 在虚实结合的状态下，在读卡器上依次放入多张低频卡，读取卡数据，并记录结果。

3. 在虚实结合的状态下，在读卡器上不放任何低频卡，读取卡数据，观察实验现象，分析并记录结果。

4. 在虚实结合的状态下，同时放两张卡，读取卡数据，观察实验现象，并分析原因。

本节小结

本节主要介绍了低频 RFID 卡读“块”操作的原理，认识低频卡读写套件：M3 核心模块、LF 射频模块、低频卡等。掌握 RFID 教学实验平台的低频 RFID 卡相关硬件电路基本知识。

2.2 低频卡串口通信实验

任务内容

本节主要介绍 RFID 教学实验平台、低频 RFID 技术、T5557 电子标签、RFID 教学实验平台通信协议等实验原理。通过对低频电子标签的操作，了解低频卡的数据结构及通信协议等知识。

任务要求

- 学习低频 RFID 卡的工作原理。
- 掌握获取低频 RFID 串口通信的指令，能够读懂反馈信息。
- 了解低频卡片的数据结构及通信数据包结构，掌握串口调试助手的使用。
- 学习 Java 串口通信环境配置。

理论认知

1. 低频 RFID 技术概述

低频段射频标签简称低频标签，其工作频率范围为 30～300kHz。典型工作频率有：125kHz，133kHz。低频标签一般为无源标签，其工作能量通过电感耦合方式从阅读器耦合线圈的辐射场中获得。低频标签与阅读器之间传送数据时，低频标签必须位于阅读器天线辐射的近场区内。一般情况下，低频标签的阅读距离小于 1 米。与低频标签相关的国际标准有：ISO 11784/11785(用于动物识别)、ISO 18000-2(125～135 kHz)。低频标签的典型应用有：动物识别、容器识别、工具识别、电子闭锁防盗(带有内置应答器的汽车钥匙)等。

低频标签的主要优势体现在：标签芯片一般采用普通的 CMOS 工艺，具有省电、廉价的特点；工作频率不受无线电频率管制约束；可以穿透水、有机组织、木材等；非常适合近距离、低速度、数据量要求较少的识别应用(如动物识别)等。低频标签的劣势主要体现在：标签存储数据量较少；只能适合低速、近距离识别应用；与高频标签相比，低频标签天线匝数更多，成本也更高一些。

2. T5557 电子标签

1) 技术特性

T5557 是美国 Atmel 公司生产的多功能非接触式读写辨识集成电路，适用于 125kHz 频率范围。芯片需要连接一个天线线圈，该线圈被视为芯片电路的电力驱动补给和双向信息的沟通接口。天线和芯片一起构成感应卡片或标签。T5557 主要升级替换早期的 E5550/5551 芯片，现在的升级替代产品为 T5567，该卡片被广泛应用于多种形式的身份识别，如交通旅游、医疗通信、教育娱乐等多样化的应用场合。T5557 卡具有以下主要特性。

(1) 非接触能量供给和读写数据。

(2) 工作频率范围为 100～150 kHz。

(3) 小容量，其结构与 ISO/IEC 11784/785 相兼容。

(4) 与 E5550 产品兼容并扩展的应用模式。

(5) 在芯片上有 75pF 的谐振电容器(掩模选项)。

(6) 包括 32bit 密码区在内的 7×32bit 的 EEPROM 数据存储空间。

(7) 单独的 64bit 存储区为厂商可追溯的数据区。

(8) 具有块写保护。

(9) 采用请求应答(Answer On Request，AOR)实现防碰撞。

(10) 可编程选择传输速率(波特率)、编码调制方式。

(11) 可工作于密码(口令)方式。

2) 内部电路组成

T5557 电子标签内部集成 T5557 芯片，其内部电路组成框图如图 2.2.1 所示，该图给出了 T5557 芯片和读写器之间的耦合方式。读写器向 T5557 芯片传送射频能量和读写命令，同时接收 T5557 芯片以负载调制方式送来的数据信号。

T5557 芯片由模拟前端、写解码、波特率产生器、调制器、模式寄存器、控制器、测试逻辑、存储器、编程用高压产生器等部分构成。T5557 芯片在射频工作时，仅使用 Coil1(引脚 8)和 Coil2(引脚 1)及外接电感 L2 和电容器 C2，构成谐振回路。在测试模式时，V_{DD} 和 V_{SS} 引脚为外加电压正端和地端，通过测试引脚实现测试功能。

(1) 模拟前端(射频前端)。

模拟前端(Analog Front End，AFE)电路包括所有和线圈相连的电路，提供卡片所需的电能，并且处理与读卡器之间的双向数据通信，主要包括如下功能块。

① 对线圈交流整流，提供直流电源。

② 提取时钟信号。

③ 卡到读卡器的数据传送过程中，在 Coil1 和 Coil2 之间信息的装入。

④ 在基站到卡的数据传送过程中，场时隙(gap)的检测。

⑤ 静电保护电路。

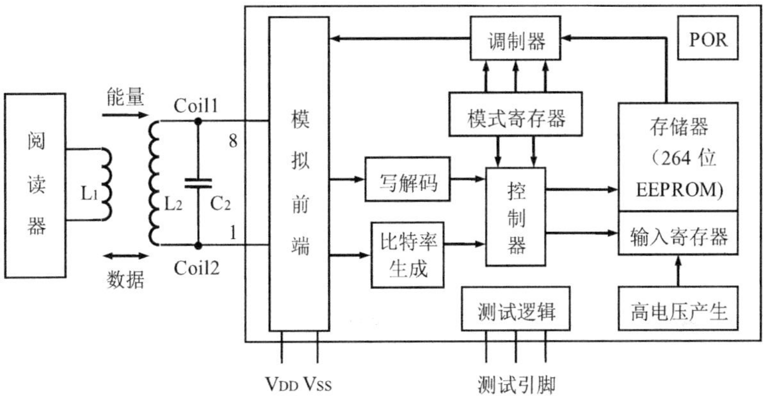

图 2.2.1　T5557 内部电路组成框图

(2) 控制器。

控制器主要完成以下 4 种功能。

① 从配置存储器 EEPROM 区块 0 的配置数据装载到模式寄存器，以保证芯片设置方式工作。

② 控制对存储器的访问(读、写)。

③ 处理写命令和数据、写的错误模式。

④ 在密码模式中，接收操作码后面的 32 位值与存储的密码进行比较和判别。

(3) 比特率生成。

在普通模式下，通过编程可产生与 E5550/E5551/E5554 相同的波特率；在扩展模式下，通过编程可产生 RF/(2n+2)，n=0,1,2,…,63，即 RF/2 到 RF/128 射频之间的数据比特率。

(4) 写解码。

写解码电路在写操作期间解读有关写操作码，并对写数据流进行检验。

(5) 高压(HV)产生器。

在写入时，它产生 EEPROM 编程时所需的 18V 高电压。

(6) 直流(DC)产生器。

通过对 RF 源整流，其提供所需的直流电源。

(7) 模式寄存器。

模式寄存器存储从 EEPROM 的 Block0 来的配置数据，该寄存器在每“块”读之前连续被刷新，并且在上电复位或复位命令之后被重装。

(8) 上电复位(POR)。

延时到一个稳定的供电电压，保证可靠工作。

3) T5557 芯片的工作过程

T5557 芯片的工作过程如图 2.2.2 所示，如果要进行写操作，需要执行如下流程。

(1) 系统上电。

(2) 设置工作模式。

(3) 进入规则读模式。

(4) 启动等待。

(5) 根据命令编码进行不同的操作(重启、写命令、测试模式)。

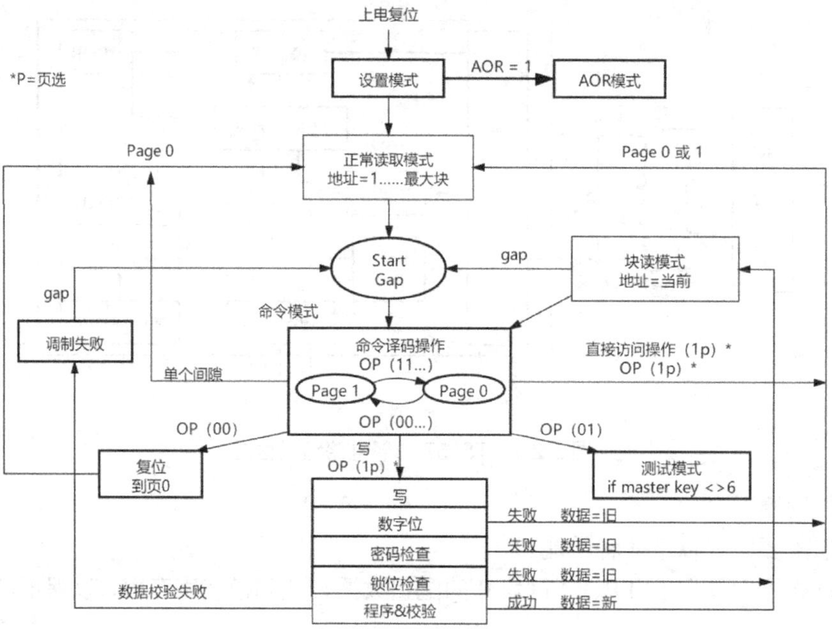

图 2.2.2　T5557 芯片的工作过程

(6) 执行写操作(数据位、命令检查、锁存位检查、命令校验)，如果失败重新进入规则读模式。

3. RFID 教学实验平台通信协议

1) 主从设备通信协议

(1) 协议格式如表 2.2.1 所示。

表 2.2.1　协议格式

SYNC		ID		Command		Size	Data Data0->Data255		CRC16	
0xFF	0x55	X1	X2	X1	X2	XX	X1	Xn	XX	XX

(2) 协议段定义如表 2.2.2 所示。

表 2.2.2　协议段定义

SYNC	通信协议同步帧，固定为 0xFF 0x55
ID	从设备地址 当主机与从设备进行通信时，通过设定从设备地址，将通信内容发送到从设备，当从设备接收到通信内容作出相应操作，并返回操作结果时，从设备的 ID 需填写本设备 ID 号 主机 ID 从设备 ID 号 从机 ID 本设备 ID 号 假如“FF FF”则为广播方式

续表

SYNC	通信协议同步帧，固定为 0xFF 0x55
Command	X1(主命令)0x00 系统定义功能码区，用户不得随意添加 X1(主命令)0x01 用户定义功能码区，查询主命令 X1(主命令)0x02 用户定义功能码区，设置主命令 X1(主命令)0x03 用户定义功能码区，数据传输主命令 X1(主命令)0x04 用户定义功能码区，从机随机发送 X2(从命令)0x00 禁能 CRC16 校验 X2(从命令)0x01 使能 CRC16 校验 X2(从命令)0x02 查询设备信息 X2(从命令)0x03 ping 从设备 X2(从命令)0x04 设置设备 ID
Command	从机应答主机信号，将主命令或 0x80
Size	数据段大小，一个字节，最大 0xFF
Data	数据段
CRC16	采用 CRC16 校验方式 校验段：ID + Command + Size + Data

2) T5557 电子标签通信协议

T5557 电子标签通信协议如表 2.2.3 所示。

表 2.2.3 电子标签通信协议

主命令	从命令	描 述	样 例
01	01	读取低频卡信息	FF 55 00 00 01 01 00 50 74
响应		返回数据长度为 01，说明为错误；返回数据长度为 08，说明读取到卡号信息	FF 55 00 00 81 01 08 07 A8 50 32 49 5A 05 70 42 53
03	03	常规读块数据(要求必须先清楚密码，才能常规读写) 01 00 中，00 代表哪一块(第 8 块等同于第 0 块，第 9 块等同于第 1 块)	FF 55 00 00 03 03 01 00 CF F1
响应		返回数据长度为 01，说明为错误；返回数据长度为 04，说明读取到数据	
03	04	低频常规写块数据 格式：地址(1 字节)+数据(4 字节) 01 代表写入哪一块 说明：地址范围 0～7，最高位为 0 时，不固化，为 1 时，固化该块数据块	FF 55 00 00 03 04 05 01 00 00 00 00 47 48

续表

主命令	从命令	描 述	样 例
响应		返回数据域为 0，说明操作成功	
03	05	低频保护读操作	FF 55 00 00 03 05 05 01 12 34 56 78 B3 23
响应		返回数据长度为 01，说明为错误；返回数据长度为 04，说明读取到数据	
03	06	低频保护写操作 格式：地址(1 字节)+数据(4 字节) 说明：地址范围 0～7，最高位为 0 时，不固化，为 1 时，固化该块数据块	FF 55 00 00 03 06 09 01 11 22 33 44 12 34 56 78 08 20
响应		返回数据域为 0，说明操作成功	
02	04	低频初始化卡片(无密码)	FF 55 00 00 02 04 00 00 87
响应		返回数据域为 0，说明操作成功	FF 55 00 00 82 04 01 00 EE 33 FF 55 00 00 82 04 01 01 7E 32
02	05	低频卡加密(要求先验证密码，初始化后，才能更改密码)	FF 55 00 00 02 05 04 12 34 56 78 91 A3
响应		返回数据域为 0，说明操作成功	
02	06	低频卡密码清除，变成无密码卡	FF 55 00 00 02 06 04 12 34 56 78 A2 A3
响应		返回数据域为 0，说明操作成功	

任务实施

1. 硬件连接

串口连接：连接 PC 串口与 RFID 教学实验平台串口。

电源适配器：连接电源适配器 DC12V 到 RFID 教学实验平台。

I/O 口：M3 核心模块的 PB10、PB11 分别连接 LF 射频模块的 CLK、DATA 引脚，参见图 2.1.9 和图 2.1.17。连接好后，接通电源，将 RFID 教学实验平台的拨动开关置于“通信模式”。

2. 操作步骤

(1) 将低频卡靠近 LF 射频模块。

(2) 安装 CH340 系列 USB-COM 驱动，安装成功后，打开设备管理器，观察串口号，如图 2.2.3 所示。

(3) 打开串口调试助手，设置串口号、波特率，勾选【十六进制显示】和【十六进制发送】复选框，然后单击【打开】按钮，打开串口。在输入框输入“FF 55 00 00 01 01 00 50

74”，按 Enter 键，即读取低频卡信息，单击【发送】按钮，观察反馈的信息，如图 2.2.4 所示。

图 2.2.3　设备管理器查看串口号

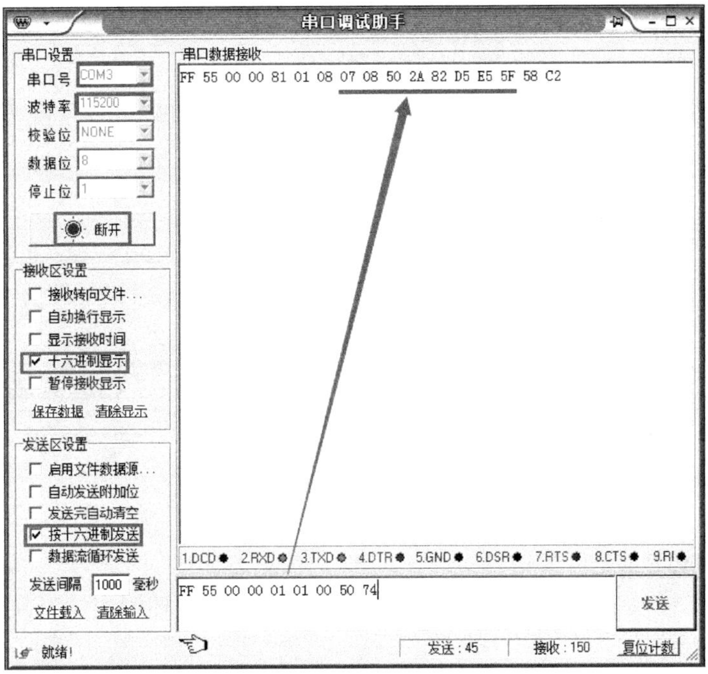

图 2.2.4　串口调试助手测试命令协议

3. 结果分析

串口操作，读取低频卡信息。

(1) 发送十六进制数据：FF 55 00 00 01 01 00 50 74，其中 FF 55 为通信协议同步帧；00 00 为主从设备地址；01 01 为主从命令码；01 为数据段大小，一个字节，最大 FF；00 为命令信息数据，50 74 为 CRC16 校验位。

(2) 接收十六进制数据：FF 55 00 00 81 01 08 07 08 50 2A 82 D5 E5 5F 58 C2，其中：FF 55 为通信协议同步帧；00 00 为主从设备地址；81 01 为主从命令码；08 为读取的有效字节数；07 08 50 2A 82 D5 E5 5F 为读取的低频卡信息数据，58 C2 为 CRC16 校验位。

4. JDK 环境安装及配置

(1) 从官方网站下载 JDK 32 位版本(建议 1.7 及以上版本)，下载地址：
https://www.oracle.com/downloads/#category-java
(2) JDK 安装完成后，配置 Java 环境变量。
新建 JAVA_HOME 环境变量，变量值为 JDK 的安装目录，如图 2.2.5 所示。

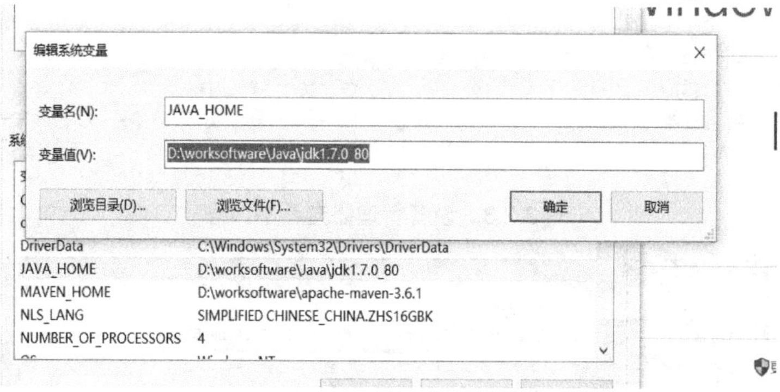

图 2.2.5　配置 JAVA_HOME

配置 Path 路径，如图 2.2.6 所示。

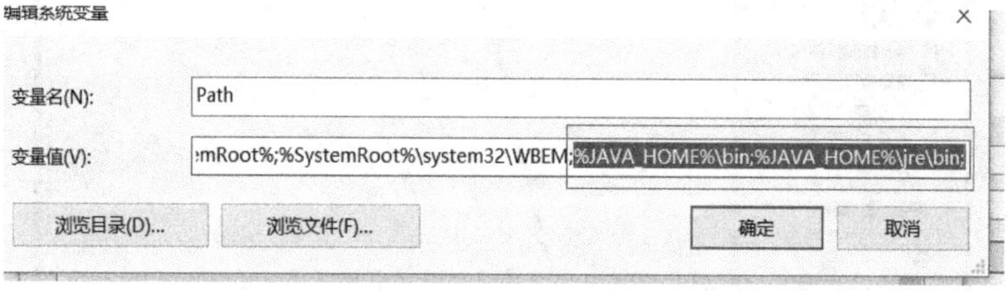

图 2.2.6　配置 Path 路径

(3) 验证环境变量是否成功。

打开 CMD，输入 java-version，如果出现 Java 版本，则环境变量配置成功，否则配置失败，如图 2.2.7 所示。

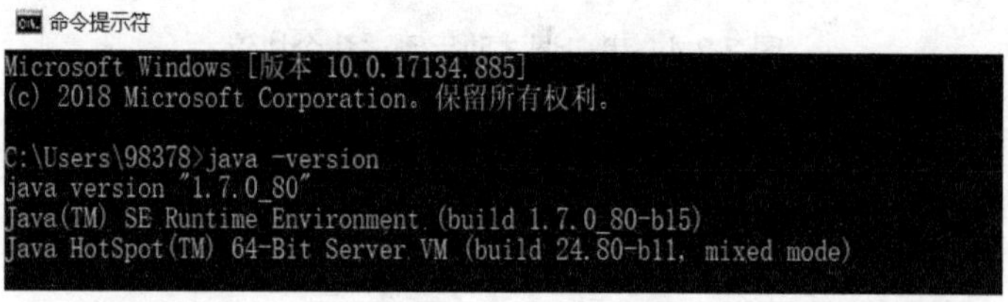

图 2.2.7　Java 环境验证

5. Java 串口通信环境配置

从资源包中将 rxtxParallel.dll、rxtxSerial.dll 文件复制到 jdk 安装目录下的 jre\bin 下，如图 2.2.8 所示。

6. 创建一个空 Java 工程

创建 Java 工程，然后将【资源包】下的 Rfid.jar、RXTXcomm.jar 导入工程，如图 2.2.9 所示。

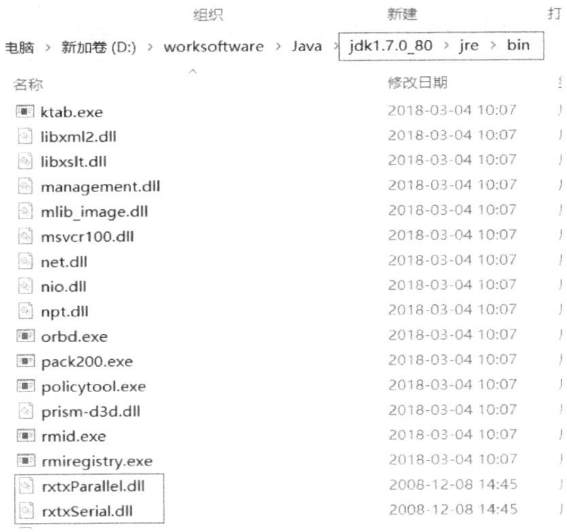

图 2.2.8 Java 串口通信环境配置

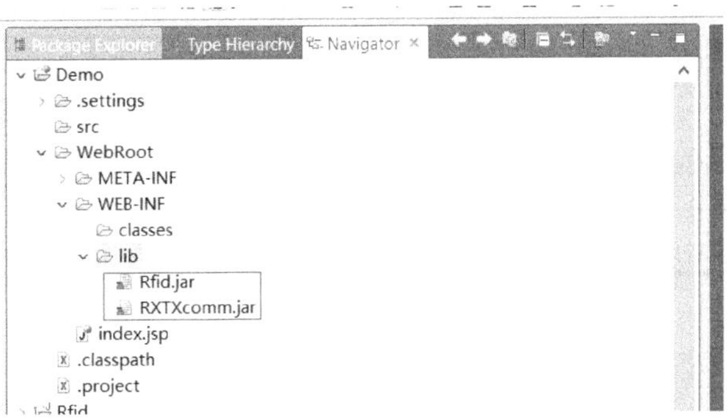

图 2.2.9 Java 工程环境配置

7. 串口通信 API 介绍

(1) SerialPortManager 串口管理工具类 API 介绍，如表 2.2.4 所示。

表 2.2.4 SerialPortManager 串口管理工具类 API

序 号	方 法 名	入 参	出 参	说 明
1	List<String> findPorts()	无	可用串口号集合	寻找当前可用串口号
2	SerialPort openSerielPort(String portName,int boudRate,int dataBits,int stopBits,int parity)	portName 端口号，boudRate 波特率，dataBits 数据位，stopBits 停止位，parity 奇偶校验	串口对象	打开串口，并返回串口对象

续表

序 号	方 法 名	入 参	出 参	说 明
3	void closeSerielPort()	无	无	关闭串口
4	void sendBytes(byte[] bytes)	待发送字节码数组	无	发送字节码
5	byte[] getReqBytes()	无	请求字节码数组	获取发送字节码
6	byte[] getResBytes()	无	响应字节码数组	获取响应字节码

(2) StringUtil 字符串常用工具类 API 介绍，如表 2.2.5 所示。

表 2.2.5 StringUtil 字符串常用工具类 API

序 号	方 法 名	入 参	出 参	说 明
1	byte[] hexToByte(String hex)	待转换字节数组字符串	转换后字节数组	字符串转字节数组
2	String bytesToHexString(byte[] src)	待转换字节数组	转换后字符串	字节数组转字符串
3	byte[] crc16(byte[] data, int len)	待计算字节数据，长度	计算后字节数组	CRC 计算方法
4	String intToHex(int n)	待转换整型	转换后十六进制字符串	整型转十六进制
5	String toHexStr(byte b)	待转换字节	转换后字符串	字节转字符串
6	short getShort(byte[] b, int index)	待转换字节数组，开始位置	转换后短整型	字节数组转短整形
7	byte[] reverseBytes(byte[] bytes)	待转换字节数组	转换后字节数组	字节数组倒置

技能拓展

1. 在读卡器上放入一张低频卡，进行串口发送操作命令，观察实验现象，分析并记录结果。

2. 在读卡器上依次放入多张低频卡，记录结果。

3. 在读卡器上不放任何低频卡，进行串口发送操作命令，观察实验现象，分析并记录结果。

本节小结

本节主要介绍了 RFID 教学实验平台、低频 RFID 技术、T5557 电子标签、RFID 教学实验平台通信协议等实验原理。通过对低频 RFID 标签的通信操作，使学生能够对低频卡的数据结构及基本操作有更深刻的认识。

2.3 获取低频卡信息

任务内容

本节主要介绍低频 RFID 卡可追溯数据空间等实验原理。学习低频 RFID 卡可追溯数据空间读取操作，利用 Java 串口通信技术获取低频卡信息，能够读懂低频 RFID 卡的反馈信息。

任务要求

- 学习低频 RFID 卡可追溯数据空间读取操作方法。
- 利用 Java 编程实现串口通信技术，并获取低频卡信息。
- 针对获取低频 RFID 卡信息的指令，能够读懂反馈信息。

理论认知

T5557 芯片存储器 EEPROM 的结构参见表 2.1.1，它由 10 块构成，每块 33 位，第 0 位为锁存位，共 330 位，包括锁存位(LOCK 位)都是可编程的。

T5557 芯片页 1 的块 1 和块 2 包含可追溯数据，并且在芯片制造期间进行数据研磨和锁定，即锁存位为“1”，其结构如图 2.3.1 所示。这些可追溯数据是生产商所保留的识别数据，可供查证。其中，块 1 的最重要字节固定为“E0h”，是在标准 ISO/IEC 15963-1 定义的分类级别；第二个字节也因此被定义为厂商 ID“15h”；接下来的 8 位(ICR)被作为 IC 的参考字节，高 3 位被定义为 IC 和/或制造商的版本，低 5 位默认为“00h”，也可以是客户特殊要求的设定。接下来的 40 位是唯一串码，分为 5 位十进制 LotID 和 20 位 DPW。

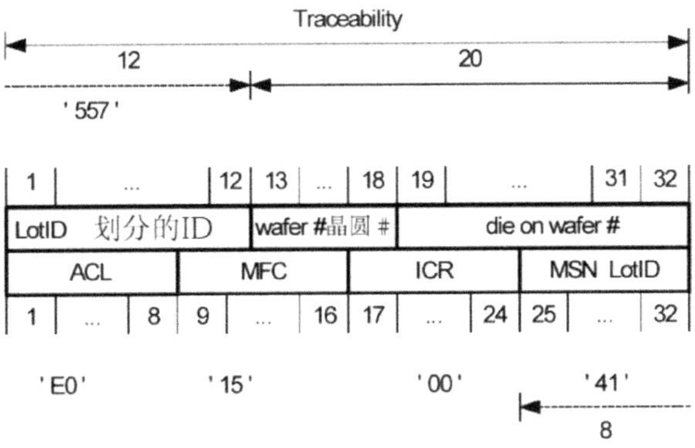

图 2.3.1 追溯数据结构

其中：

ACL：分类级别，ISO/IEC 15693-1=E0H。

MFC：制造商代码，Atmel 公司所定义的 ISO/IEC 7816-6=15H。

ICR：IC 涉及的硅材料及标签制造商的集成电路参考，高 3 位定义集成电路版本，低 5 位可能包含一个正在请求的用户代码。

MSN：制造商序列号组成。

LotID：5 个数字划分为一组代码，如“38765”。

DPW：20 位编码作为连续晶圆序列号(高 5 位=晶圆#)。

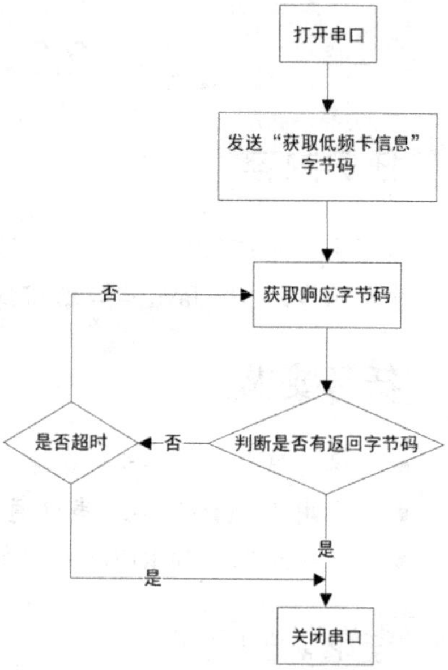

图 2.3.2　获取低频卡信息流程图

任务实施

1. 操作步骤

(1) 在 2.2 节的基础上，创建一个类“ILowFrequency”，实现“ILowFrequency”接口，并实现获取低频卡信息“getLowFrequencyCardInfo”方法，然后返回“SerialPortParam”对象，该对象包含发送的字节码和返回的字节码。

(2) “getLowFrequencyCardInfo”方法实现流程如图 2.3.2 所示。

(3) 完成“getLowFrequencyCardInfo”方法调用。

(4) 解析获取低频卡信息返回的命令如下。

```
ILowFrequency lowFrequency = new LowFrequency(serialPort,Integer.parseInt(boundRate),
        Integer.parseInt(dataBits),Integer.parseInt(stopBits),Integer.parseInt(parity));
SerialPortParam param = lowFrequency.getLowFrequencyCardInfo();
Map<String,Object> dataMap = new HashMap<>();
dataMap.put("resData", StringUtil.bytesToHexString(param.getResBytes()));
dataMap.put("reqData", StringUtil.bytesToHexString(param.getReqBytes()));
if(param.getResBytes()==null || param.getResBytes().length==0){
    dataMap.put("opMsg", "读取卡信息失败");
    return  RetResult.handleSuccess(dataMap);
}
if(!"8".equals(Byte.toString(param.getResBytes()[6]))){
    dataMap.put("opMsg", "读取卡信息失败");
}else{

    String resData = dataMap.get("resData").toString();
    dataMap.put("opMsg", "读取卡信息成功,卡号:"+resData.substring(21, resData.length()-6));
    dataMap.put("cardNo", resData.substring(21, resData.length()-6));
}
```

(5) 参考界面如图 2.3.3 所示。

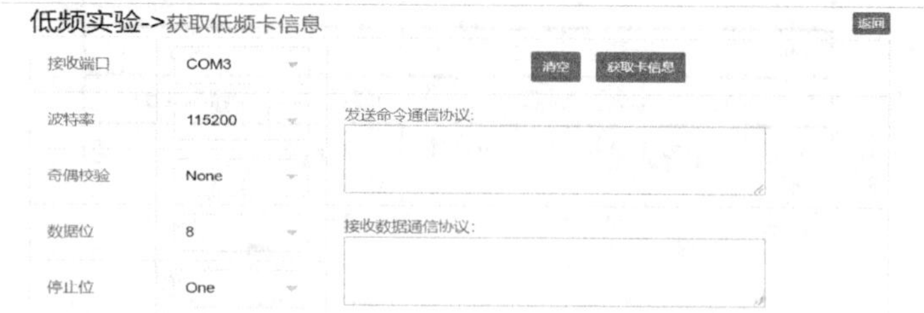

图 2.3.3　获取低频卡信息界面参考图

2. 结果分析

(1) 有卡时，获取卡信息结果。

发送十六进制数据：FF 55 00 00 01 01 01 00 50 74，其中 FF 55 为通信协议同步帧；00 00 为主从设备地址；01 01 为主从命令码；01 为数据段大小，一个字节，最大 FF；00 为命令信息数据，50 74 为 CRC16 校验位。

接收十六进制数据：FF 55 00 00 81 01 08 07 08 50 2A 82 D5 E5 5F 48 76，其中：FF 55 为通信协议同步帧；00 00 为主从设备地址；81 01 为主从命令码；08 为读取的有效字节数；07 08 50 2A 82 D5 E5 5F 为读取的低频卡信息数据，即厂商块信息，48 76 为 CRC16 校验位。读取的有效字节数为 08，表示成功读取到低频卡信息，读卡成功。

(2) 无卡时，获取卡信息结果。

发送十六进制数据：FF 55 00 00 01 01 01 00 50 74，其中 FF 55 为通信协议同步帧；00 00 为主从设备地址；01 01 为主从命令码；01 为数据段大小，一个字节，最大 FF；00 为命令信息数据，50 74 为 CRC16 校验位。

接收十六进制数据：FF 55 00 00 81 01 01 01 B7 B9，其中：FF 55 为通信协议同步帧；00 00 为主从设备地址；81 01 为主从命令码；01 为读取的有效字节数；01 为读取的信息数据，B7 B9 为 CRC16 校验位。读取的信息数据为 01，表示没有成功读取到低频卡信息，读卡不成功。

技能拓展

1. 在读卡器上依次放入多张低频卡，单击【获取卡信息】选项，记录结果。
2. 在读卡器上不放任何卡，单击【获取卡信息】选项，观察实验现象，分析并记录结果。
3. 同时放两张卡，单击【获取卡信息】选项，观察实验现象并分析原因。

本节小结

本节主要介绍了 RFID 低频卡厂商可追溯数据空间的实验原理。学习低频 RFID 卡厂商可追溯数据空间读取操作。利用 Java 编程实现串口通信，并通过指令获取低频卡信息。掌握获取低频 RFID 卡信息的指令，能够读懂反馈信息。

2.4 低频初始化操作

任务内容

本节主要介绍 RFID 低频卡初始化操作原理。学习低频 T5557 芯片的存储结构、初始化原理。利用 Java 编程实现串口通信，实现通过低频卡进行初始化操作。掌握低频 RFID 卡初始化指令，能够读懂反馈信息。

任务要求

- 了解低频 T5557 卡的存储结构、初始化原理。
- 利用 Java 编程实现串口通信技术，并通过 RFID 教学实验平台对低频卡进行初始化操作。
- 掌握低频 RFID 卡初始化指令，并对初始化操作的数据包进行分析。

理论认知

RFID 低频卡初始化操作原理具体如下。

1. T5557 芯片数据存储器

T5557 芯片存储器 EEPROM 的结构参见 2.1 节的表 2.1.1，它由 10 块构成，每块 33 位，第 0 位为锁存位，共 330 位，包括锁存位(LOCK 位)都是可编程的。页 0 的块 0 包含模式/配置数据，在“规则”读时不被传送。页 0 的块 7 可以被作为写保护的密码使用。每块的 0 位是本块的锁位，一旦上锁，本块数据只能读，不能再被改写。

(1) 块 0 为芯片工作的模式数据，它不能作为通常的数据被传送，块 1 至块 6 为用户数据；块 7 为用户口令，若不需要口令保护，则块 7 也可作为用户数据存储区。

(2) 存储器的数据以串行方式送出，从块 1 的位 1 开始到最大块(MAXBLK)的位 32，MAXBLK 为用户设置的最大块的参数值，各块的锁存位 L 不能被传送。

2. 配置存储器

T5557 卡的配置寄存器用于控制卡的各种操作特性，如同步信号、数据流格式、数据流长度、加密、口令唤醒和停止发射等功能的启用关闭等。配置寄存器位于 EEPROM 的第 0 块数据区，可进行编程控制(用户向卡发送写命令给该区写入一定格式的数据即可)。一般一个应用系统的卡的模式块的值是统一的，在发卡时建议写入数据后将该块的锁存位置“1”，这样可以防止因对控制块的错误修改而引起卡的操作不正常。配置存储器各位的编码含义如图 2.4.1 所示。

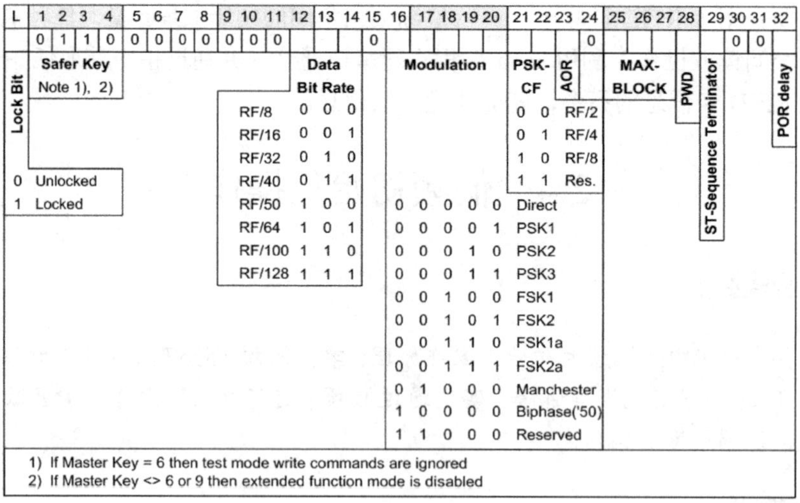

L 1 2 3 4 5 6 7 8 9 10 11 12 13 14 15 16 17 18 19 20 21 22 23 24 25 26 27 28 29 30 31 32
0 1 1 0 0 0 0 0 0 0 0 0 0 0 0
Lock Bit
Safer Key
Note 1), 2)
0 Unlocked
1 Locked
Data
Bit Rate
RF/8 0 0 0
RF/16 0 0 1
RF/32 0 1 0
RF/40 0 1 1
RF/50 1 0 0
RF/64 1 0 1
RF/100 1 1 0
RF/128 1 1 1
Modulation
0 0 0 0 0 Direct
0 0 0 0 1 PSK1
0 0 0 1 0 PSK2
0 0 0 1 1 PSK3
0 0 1 0 0 FSK1
0 0 1 0 1 FSK2
0 0 1 1 0 FSK1a
0 0 1 1 1 FSK2a
0 1 0 0 0 Manchester
1 0 0 0 0 Biphase('50)
1 1 0 0 0 Reserved
PSK-
CF
0 0 RF/2
0 1 RF/4
1 0 RF/8
1 1 Res.
AOR
MAX-
BLOCK
PWD
ST-Sequence Terminator
POR delay
1) If Master Key = 6 then test mode write commands are ignored
2) If Master Key <> 6 or 9 then extended function mode is disabled

图 2.4.1　配置存储器的数据编码

在 T5557 卡中配置寄存器的第 0 位是锁存位：置 0，模式寄存器的第 1～32 位都可以改写；置 1，其余模式寄存器的各位都不能更改。

第 1～4 位的值为 6，测试模式就被禁止。

第 5～11 位之间为保留位，没有被使用，可以写入任何值，一般写入“0” 用来和其他功能位区别。

从第 12～14 位为比特率(Bit Rate)设置位，设置这三位的值可以决定卡发射数据时的比特率。

配置寄存器中的第 15～24 位必须写入“0”，否则卡将不能正常工作。

第 16～20 位及 21～22 位结合在一起设定卡发射数据的编码及调制方法。设置 16 和 17 位为“00”时，18～20 位的设置有效，如果 18～20 位设置为“001”“010”“011”时可继续使用第 21～22 位设置在 PSK 调制方法下的频率变化。具体的编码和调制方式如下。

(1) 编码。

① 曼彻斯特编码：逻辑 0 为倍频率 NRZ 码的 10(下降沿)，逻辑 1 为倍频率 NRZ 码的 01(上升沿)。

② Biphase：每个位的开始电平跳变，数位 0 时位中间附加一跳变。

(2) 调制方式。

PSK 调制的脉冲频率为 RF/2、RF/4 或 RF/8，RF 为载波频率 f_c。它的相位变化情况有以下 3 种。

① PSK1：相位输入变换，即数位从 1 变为 0 或从 0 变为 1 时，相位改变 180。

② PSK2：在时钟输入高时相位变化，即每当数位 1 结束时，相位改变 180。

③ PSK3：数位从 0 变为 1(上升沿)时，相位改变 180。

FSK 调制有以下 4 种。

① FSK1：数位 1 和 0 的脉冲频率为 RF/8 和 RF/5。

② FSK1a：数位 1 和 0 的脉冲频率为 RF/5 和 RF/8。

③ FSK2：数位 1 和 0 的脉冲频率为 RF/8 和 RF/10。

④ FSK2a：数位 1 和 0 的脉冲频率为 RF/10 和 RF/8。

第 23 位用来控制是否启动 AOR (Answer-On-Request) 功能。该位设置为“1”时启动 AOR 功能，这时 T5557 卡进入射频区域后不主动发射数据，而要由阅读器给 T5557 卡发射唤醒命令后再发射数据。该功能要求首先启动口令加密功能，也就是说，阅读器要唤醒一个 T5557 卡时必须在唤醒命令序列中向 T5557 卡发射口令密码，当 T5557 卡检测到包含合法口令的唤醒命令时才恢复发送数据。

要启动口令加密功能就要求将配置寄存器的第 28 位设置为“1”。启动口令加密功能后，第 7 块数据区将保存 T5557 卡的口令密码，所以启动加密功能之前应该事先写入密码。如果允许修改密码，则不用锁定块 7；如果密码永久有效，则要在写入密码的同时锁定块 7，这样密码将不能被修改。在加密模式下用户对卡中数据进行任何修改，均要求提供密码验证，密码正确时修改操作有效，密码错误时则修改无效。

为了保护密码不被未知用户截获，在启动加密功能后还应该对配置寄存器的第 25～27 位进行设置。这三位设置为 T5557 卡发射数据时发射的最大数据块数(MAXBLK)。

当 MAXBLK 设置为“0”时，T5557 卡只发射块 0 的数据给阅读器；

当 MAXBLK 设置为“1”时，T5557 卡只发射块 1 的数据给基站；

当 MAXBLK 设置为“2”时，T5557 卡发射块 1 和块 2 的数据给阅读器；

当 MAXBLK 设置为“3”时，T5557 卡发射块 1 至块 3 的数据给阅读器；

其他的设置依次类推；

当 MAXBLK 设置为“7”时，T5557 卡发射块 1 至块 7 的数据给阅读器。

注意：在启动口令模式后 MAXBLK 的值应小于“7”，这样 T5557 卡将不发射存放在第 7 块中的数据。

除了设置以上各项设置项以外，还可以配置第 29 位(序列终止符 Sequence Terminator)，设置 T5557 卡发射数据时的同步信号类型，序列终止符在每个数据循环开始时出现。

此外，配置数据的默认配置为十六进制数：00 14 80 00，即连续通信模式、曼彻斯特编码、RF/64 调制速率。

3. 初始化操作

T5557 上电后，要进行读写操作，必须进行初始化，具体的工作过程如下。

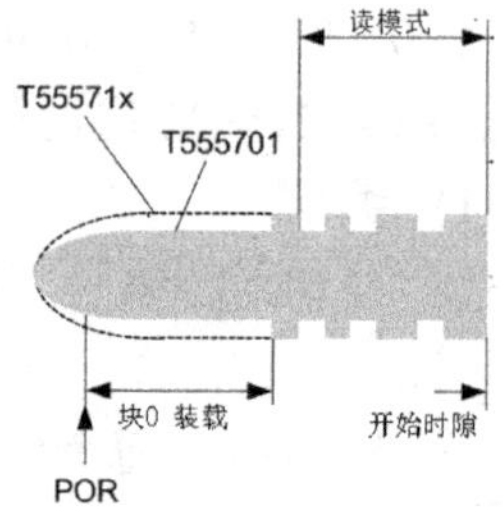

图 2.4.2　T5557 初始化操作时序

在电压达到门限电平以前，T5557 芯片上电复位电路一直都处在激活状态，并触发默认的启动延时。在接下来的 192 个时钟的配置周期内，T5557 用 EEPROM 的块 0 中存储的配置数据完成初始化，如图 2.4.2 所示。

如果 POR 延迟位(EEPROM 的块 0 第 32 位)被复位，那么配置周期完成以后就没有附加延时，T5557 卡经过大约 3ms 进入规则读模式；如果 POR 延迟位被置位，那么 T5557 会保持在持续阻尼状态，持续 8190 个时钟周期(在 125kHz 工作频率下约为 67ms)，再进入规则读模式。

T_{INIT}=(192+8192 · POR 延时) · T_C=67ms；在 125kHz 时，T_C=8μs

在初始化期间，任何时钟空隙(gap)都会引起上面过程的重新开始。经过初始化过程以后，T5557 进入规则读状态，并自动开始启用配置寄存器的设置进行通信。

任务实施

1. 操作步骤

(1)　在 2.3 节的基础上，实现“LowFrequency”类的“initLowFrequencyCard” 低频卡初始化方法。返回 “SerialPortParam” 对象，该对象包含发送的字节码和返回的字节码。

(2)　低频卡初始化方法实现流程如图 2.4.3 所示。

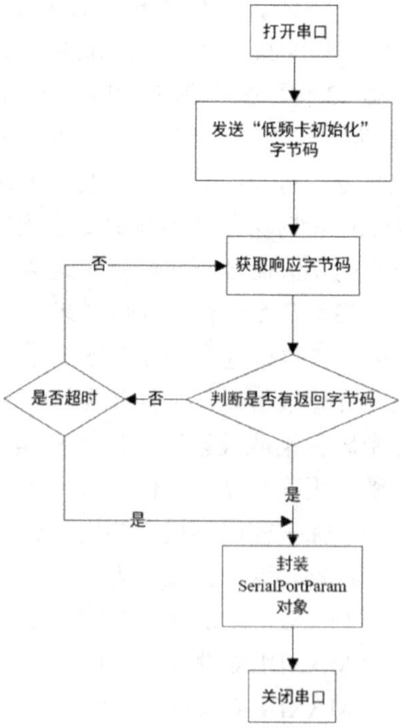

图 2.4.3　低频卡初始化流程

(3)　完成“initLowFrequencyCard” 方法调用。

(4)　解析低频卡初始化操作返回的指令如下。

```
lowFrequency = new LowFrequency(serialPort,Integer.parseInt(boundRate),
        SerialPort.DATABITS_8,SerialPort.STOPBITS_1,SerialPort.PARITY_NONE);
SerialPortParam param =  lowFrequency.initLowFrequencyCard();
Map<String,Object> dataMap = new HashMap<>();
dataMap.put("resData", StringUtil.bytesToHexString(param.getResBytes()));
dataMap.put("reqData", StringUtil.bytesToHexString(param.getReqBytes()));


if(param.getResBytes()==null || param.getResBytes().length==0){
    dataMap.put("opMsg", "初始化失败");
    return  RetResult.handleSuccess(dataMap);
}else{

    String resData = dataMap.get("resData").toString();
    if (resData.indexOf("FF 55 00 00 82 04 01 00") > -1) {
        dataMap.put("opMsg",
                "初始化成功");
    } else {
        dataMap.put("opMsg", "初始化失败");
    }
}
```

(5) 低频卡初始化界面如图 2.4.4 所示。

图 2.4.4 低频卡初始化界面参考图

2. 结果分析

(1) 有卡时，低频卡初始化操作实验结果。

发送十六进制数据：FF 55 00 00 02 04 00 00 87，其中 FF 55 为通信协议同步帧；00 00 为主从设备地址；02 04 为主从命令码；00 为数据段大小，一个字节，最大 FF；没有命令信息数据，00 87 为 CRC16 校验位。

接收十六进制数据：FF 55 00 00 82 04 01 00 32 68，其中 FF 55 为通信协议同步帧；00 00 为主从设备地址；82 04 为主从命令码；01 为读取的有效字节数；00 为读取的低频卡信息数据，32 68 为 CRC16 校验位。

返回信息数据为 00，说明正确进行了初始化操作。

(2) 无卡时，低频卡初始化操作实验结果。

发送十六进制数据：FF 55 00 00 02 04 00 00 87，其中 FF 55 为通信协议同步帧；00 00 为主从设备地址；02 04 为主从命令码；00 为数据段大小，一个字节，最大 FF；没有命令信息数据，00 87 为 CRC16 校验位。

接收十六进制数据：FF 55 00 00 82 04 01 01 F2 A9，其中 FF 55 为通信协议同步帧；00 00 为主从设备地址；82 04 为主从命令码；01 为读取的有效字节数；01 为读取的低频卡信息数据，F2 A9 为 CRC16 校验位。

返回信息数据为 01，说明无法进行初始化，或者初始化操作不成功。

技能拓展

1. 在读卡器上放入一张低频卡，单击【初始化低频卡】选项，观察实验现象，分析并记录结果。

2. 在读卡器上依次放入多张低频卡，单击【初始化低频卡】选项，记录结果。

3. 在读卡器上不放任何低频卡，单击【初始化低频卡】选项，观察实验现象，分析并记录结果。

4. 同时放两张卡，单击【初始化低频卡】选项，观察实验现象并分析原因。

本节小结

本节主要介绍了 RFID 低频卡初始化操作过程。学习低频 T5557 芯片的存储结构、初始化原理。利用 Java 语言对通信技术编程，实现对低频卡进行初始化操作并对卡片在各种情况下回送的数据包进行分析，掌握低频卡初始化的操作过程。

2.5 低频卡地址空间常规读写块操作

任务内容

本节主要介绍标签到阅读器的通信、阅读器到标签的通信等实验原理。学习低频 RFID 卡常规读写原理，利用 Java 串口通信技术完成低频卡地址空间常规读写块操作。

任务要求

- 学习低频 RFID 卡常规读写工作原理。
- 利用 Java 串口通信技术完成低频卡地址空间常规读写块操作。
- 掌握常规读取低频 RFID 卡地址空间的指令，能够读懂反馈信息。

理论认知

1. 标签到阅读器的通信

在 T5557 卡与读写器进行通信时，通常由卡将存储在 EEPROM 中的数据以负载调制方式循环送至读写器，并且这种调制能被读卡器检测到。根据传送数据循环组织方式的不同，EEPROM 中的数据传送又可分为“规则”读模式、块读模式和序列终止符模式。

(1) “规则”读模式。

在“规则”读模式下，存储器中的数据被连续传送，开始是块 1 的 bit1，直到最后一块(如块 7)的第 32 位。被读的最后一块会通过 EEPROM 中的块 0 中的模式参数 MAXBLK 设置，当最后一块被读完以后又由第一块的第一位重新开始。用户可以通过设置 MAXBLK 来更改循环数据流中的数据量，如图 2.5.1 所示。

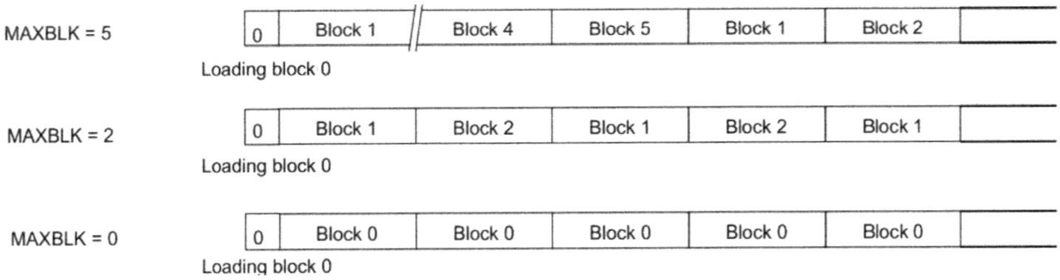

图 2.5.1　不同 MAXBLK 设置举例

(2) 块读模式。

当在直接访问命令下工作时，只有指定的块被重复读，这种模式被称作块读模式。当读一个单独的块时，所用命令码为 10 或 11，后跟单独位 0 和地址(3 位块号)。

(3) 序列终止符模式。

序列终止符是在第一块被传送之前插入的特别阻尼形式，可被读卡器用来同步。序列终止符的采用与否是可选的，它由配置存储器第 29 位置“1”设置，其数据格式如图 2.5.2 所示。

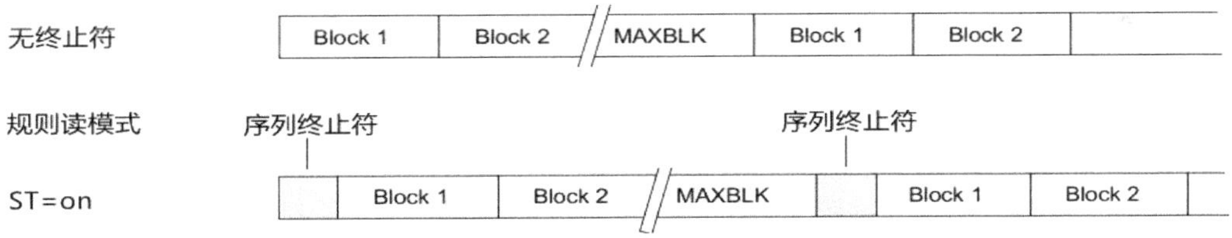

图 2.5.2　读取数据的序列终止符格式

T5557 的序列终止符由 4 个位“1”组成，但在第 2 和第 4 个位周期时调制被关闭，该序列仅用于 FSK 和曼彻斯特编码调制方式。序列第 2 和第 4 位时段负载调制在 FSK 模式时一直关断，在曼彻斯特编码时一直接通，如图 2.5.3 所示。

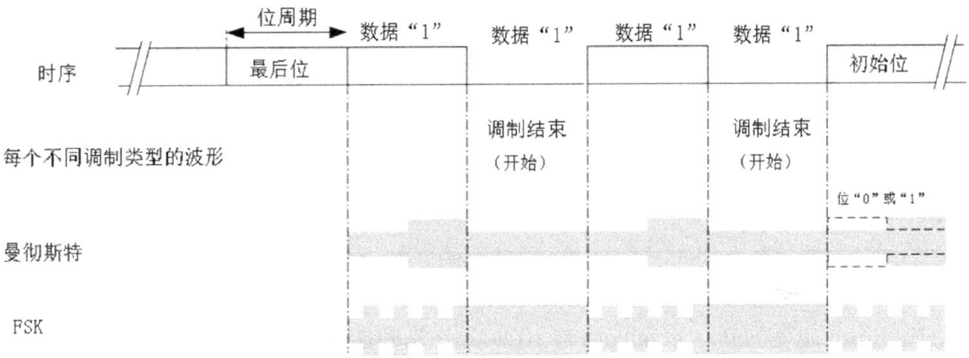

图 2.5.3　T5557 数据终止符编码格式

2. 阅读器到标签的通信

读写器发出的命令和写数据可由中断载波形成时隙(gap)的方法来实现，并以两个时隙之间的持续时间来编码 0 和 1，如图 2.5.4 所示。当时隙时间为 50～150μs 时，两个时隙之

间的 $24T_c$(T_c 为载波周期)时间长为 0，$56T_c$ 时间长为 1。当大于 $64T_c$ 时间长而无时隙再出现时，T5557 芯片退出写模式。若在写过程中出现错误，则 T5557 芯片进入“规则”读模式，从块 1 的位开始传输数据。

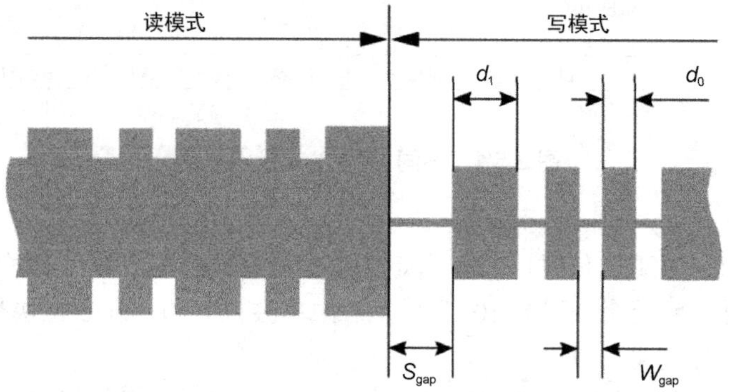

图 2.5.4　写模式和时隙

为了便于 T5557 芯片的检测，在一般情况下，起始时隙应长于其后的时隙，如表 2.5.1 所示。

表 2.5.1　写数据编码规则

参　数	说　明	符　号	最小值	最大值	单位
开始时隙(gap)		S_{gap}	10	50	FC
写时隙(gap)	常规写模式	W_{gap}	8	30	FC
常规模式写数据模式	“0”数据	d_0	16	31	FC
	“1”数据	d_1	48	63	FC

1)　写数据协议

读写器发出双位码，作为命令传送至 T5557。命令的有关构成如表 2.5.2 所示。

表 2.5.2　命令的构成

命　令	命 令 码	后续位构成
规则读(PWD=0)	1P	0+地址(第 2～0 位)
规则写	1P	锁定位 L+数据(第 1～32 位)+地址(第 2～0 位)
页 0/1 常规读	1P	
Reset	00	

注：表中 P 为页选择(P=0，第 0 页；P=1，第 1 页)

其中，Reset 命令为 00，页常规读为 10 或 11，规则读为 10 或 11(其中 10 为页 0“规则”读，11 为页 1“规则”读)；规则写为 10 或 11(其中 10 为页 0“规则”写，11 为页 1“规则”写)。当所有写信息已被 T5557 正确接收时，便可编程写入。在写序列传送结束和编程之间有一段延迟。编程写入时间为 5.6ms。编程写入成功后，T5557 进入块读模式，并传送刚编程写入的块。编程写入的时序和一个完整的“规则”写序列成功的过程分别如图 2.5.5 和图 2.5.6 所示。

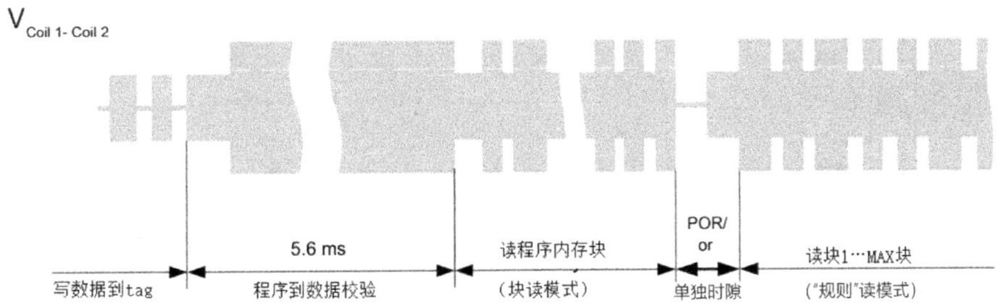

图 2.5.5 编程写入的时序

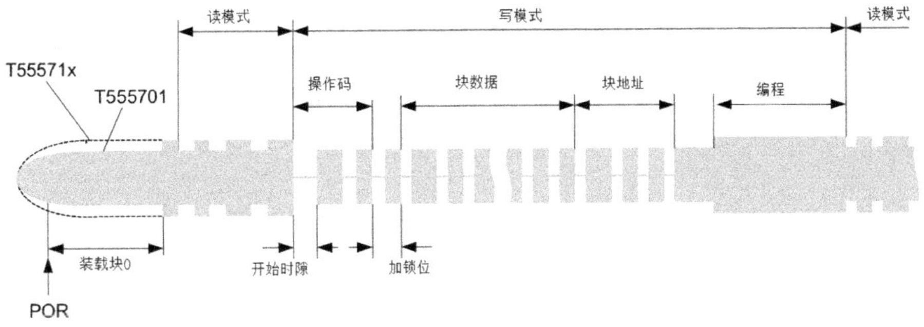

图 2.5.6 完整“规则”写过程的卡射频场图

2) 编程芯片的错误处理

T5557 芯片可检测出若干错误的出现，以保证只能是有效位才能写入 EEPROM。错误的种类有两种：一种是写序列进入期间出现的错误，另一种是编程时出现的错误。

(1) 写序列进入期间出现的错误。

① 在两个时隙之间的时间长度错误。

② 命令码既不是 10 也不是 11。

③ 密码操作模式有效，但密码不匹配。

④ 接收到的位数不正确。

正确的位数应该是：

① 标准写 38 位。

② 口令模式 70 位。

③ AOR 唤醒命令 34 位。

④ 直接密码访问 38 位。

⑤ 直接访问 6 位。

⑥ 复位命令 2 位。

⑦ 页 0/1“规则”读 2 位。

当检测到上面的任何一个错误时，E5551 芯片在离开写模式后立即进入读模式，从块 1 开始传送。

(2) 编程期间出现的错误。

① 寻址块的锁存位为 1。

② 编程电压 V_{pp} 过低。

如果写序列正确但出现上述错误，则 T5557 芯片立即停止编程并转至读模块，送出数据从被寻址的数据块开始。

任务实施

1. 操作步骤

(1) 在 2.4 节的基础上，实现“LowFrequency”类的“writeBlock” 低频卡常规写方法、“readBlock”低频卡常规读方法。返回“SerialPortParam”对象，该对象包含发送的字节码和返回的字节码。

(2) “writeBlock”低频卡常规写、“readBlock”低频卡常规读方法实现流程如图 2.5.7 所示。

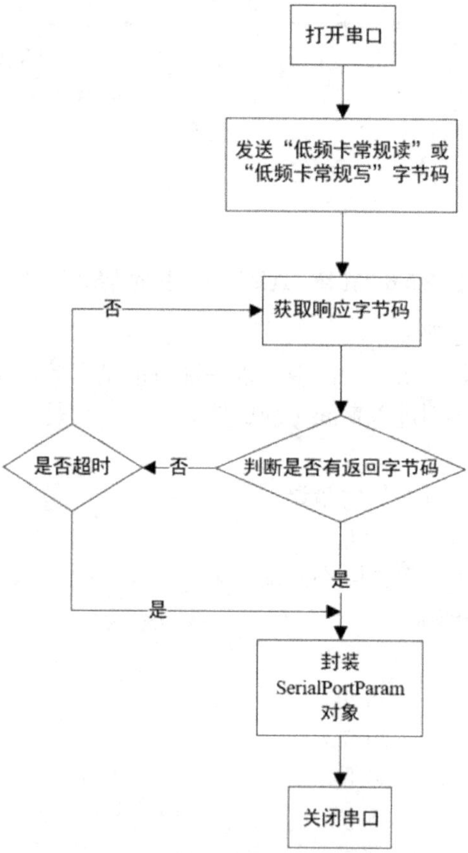

图 2.5.7　低频卡常规读、写方法实现流程图

(3) 完成“writeBlock”低频卡常规写、“readBlock”低频卡常规读方法调用。

(4) 实现方法。

① 解析低频卡常规写返回的指令：

```
lowFrequency = new LowFrequency(serialPort,Integer.parseInt(boundRate),
        Integer.parseInt(dataBits),Integer.parseInt(stopBits),Integer.parseInt(parity));
SerialPortParam param =  lowFrequency.writeBlock(block, data);
Map<String,Object> dataMap = new HashMap<>();
dataMap.put("resData", StringUtil.bytesToHexString(param.getResBytes()));
dataMap.put("reqData", StringUtil.bytesToHexString(param.getReqBytes()));

if(param.getResBytes()==null || param.getResBytes().length==0){
    dataMap.put("opMsg", "读失败");
    return  RetResult.handleSuccess(dataMap);
}else{
    String resData = dataMap.get("resData").toString();
    if (resData.indexOf("FF 55 00 00 83 04 01 00") > -1) {
        dataMap.put("opMsg",
                "写入成功");
        dataMap.put("data", data);
    } else {
        dataMap.put("opMsg", "写入失败");
    }
}
```

② 解析低频卡常规读返回的指令：

```
lowFrequency = new LowFrequency(serialPort,Integer.parseInt(boundRate),
        Integer.parseInt(dataBits),Integer.parseInt(stopBits),Integer.parseInt(parity));
SerialPortParam param =  lowFrequency.readBlock(block);
Map<String,Object> dataMap = new HashMap<>();
dataMap.put("resData", StringUtil.bytesToHexString(param.getResBytes()));
dataMap.put("reqData", StringUtil.bytesToHexString(param.getReqBytes()));

if(param.getResBytes()==null || param.getResBytes().length==0){
    dataMap.put("opMsg", "读失败");
    return  RetResult.handleSuccess(dataMap);
}else{
    String resData = dataMap.get("resData").toString();
    if (resData.indexOf("FF 55 00 00 83 03 04") > -1) {

        resData = resData.replaceAll("FF 55 00 00 83 03 04 ", "");
        String data = resData.substring(0, 11);
        dataMap.put("opMsg",
                "读成功,块数据:"+data);
        dataMap.put("data", data);
    } else {
        dataMap.put("opMsg", "读失败");
    }
}
```

(5) 参考界面如图 2.5.8 所示。

图 2.5.8 低频卡常规读、写方法界面参考图

2. 结果分析

1) 有卡时，常规读块操作结果

发送十六进制数据：FF 55 00 00 03 03 01 06 CD 71，其中：

(1) 通信协议同步帧：FF 55。

(2) 主从设备地址：00 00。

(3) 主从命令码：03 03。

(4) 数据段大小：01(表示 1 个字节，最大 FF)。

(5) 信息数据：06(表示 06 地址块)。

(6) CRC16 校验位：CD 71。

接收十六进制数据：FF 55 00 00 83 03 04 12 34 56 78 FF 32，其中：

(1) 通信协议同步帧：FF 55。

(2) 主从设备地址：00 00。

(3) 主从命令码：83 03。

(4) 读取的有效字节数：04(表示 4 个字节)。

(5) 信息数据：12 34 56 78。

(6) CRC16 校验位：FF 32。

返回信息数据为 04，说明常规读块操作成功，读到数据为 12 34 56 78。

2) 无卡时，常规读块操作结果

发送十六进制数据：FF 55 00 00 03 03 01 06 CD 71，其中：

(1) 通信协议同步帧：FF 55。

(2) 主从设备地址：00 00。

(3) 主从命令码：03 03。

(4) 数据段大小：01(表示 1 个字节，最大 FF)。

(5) 信息数据：06。

(6) CRC16 校验位：CD 71。

接收十六进制数据：FF 55 00 00 83 03 01 01 CF 19，其中：

(1) 通信协议同步帧：FF 55。

(2) 主从设备地址：00 00。

(3) 主从命令码：83 03。

(4) 读取的有效字节数：01(表示 1 个字节)。

(5) 信息数据：01。

(6) CRC16 校验位：CF 19。

返回信息数据为 01，说明常规读块操作不成功，未读到数据。

3) 有卡时，常规写块操作结果

发送十六进制数据：FF 55 00 00 03 04 05 06 11 22 33 44 72 4C，其中：

(1) 通信协议同步帧：FF 55。

(2) 主从设备地址：00 00。

(3) 主从命令码：03 04。

(4) 数据段大小：05(表示 5 个字节，最大 FF)。

(5) 信息数据：06(表示 06 地址块)。

(6) 数据信息：11 22 33 44。

(7) CRC16 校验位：72 4C。

接收十六进制数据：FF 55 00 00 83 04 01 00 CE 69，其中：

(1) 通信协议同步帧：FF 55。

(2) 主从设备地址：00 00。

(3) 主从命令码：83 04。

(4) 读取的有效字节数：01(表示 1 个字节)。

(5) 信息数据：00。

(6) CRC16 校验位：CE 69。

返回信息数据为 00，说明常规写块操作成功。

4) 无卡时，常规写块操作结果

发送十六进制数据：FF 55 00 00 03 04 05 06 11 22 33 44 72 4C，其中：

(1) 通信协议同步帧：FF 55。

(2) 主从设备地址：00 00。

(3) 主从命令码：03 04。

(4) 数据段大小：05(表示 5 个字节，最大 FF)。

(5) 信息数据：06(表示 06 地址块)。

(6) 数据信息：11 22 33 44。

(7) CRC16 校验位：72 4C。

接收十六进制数据：FF 55 00 00 83 04 01 01 0E A8，其中：

(1) 通信协议同步帧：FF 55。

(2) 主从设备地址：00 00。

(3) 主从命令码：83 04。

(4) 读取的有效字节数：01(表示 1 个字节)。

(5) 信息数据：01。

(6) CRC16 校验位：0E A8。

返回信息数据为 01，说明常规写块操作不成功，未写入数据。

技能拓展

1. 将低频卡靠近 LF 射频模块天线，选择【常规读写块操作】页面，分别选择数据块 00～07，单击【常规读】选项，进行常规读块操作，记录读到的数据。

2. 将低频卡靠近 LF 射频模块天线，选择【常规读写块操作】页面，分别选择数据块 00～07，输入不同数据并记录，单击【常规写】选项，进行常规写块操作；然后分别选择数据块 00～07 进行常规读块操作，对比写入的和读出的是否相同。

3. 用多张低频卡，先放一张，读取块地址信息；第一张不取走，然后再放一张，读取块地址信息并分析原因。

4. 同时放两张卡，读取空间地址块信息并分析原因。

本节小结

本节主要介绍了 RFID 低频卡标签到阅读器的通信、阅读器到标签的通信等实验原理。学习低频 RFID 卡常规读写块操作的原理，利用 Java 语言对串口通信技术进行编程，实现低频卡地址空间常规读写操作。

2.6 低频卡加密解密实验

任务内容

本节主要介绍 RFID 低频卡密码应用、AOR 模式和防碰撞机制等实验原理。学习低频 RFID 卡加密解密的工作原理、低频 RFID 卡 AOR 和防碰撞机制，利用 Java 语言对串口通信技术编程，实现对低频卡加密解密操作。

任务要求

- 学习低频 RFID 卡加密、解密的工作原理。
- 学习低频 RFID 卡 AOR 和防碰撞机制。
- 利用 Java 串口通信技术完成对低频卡加密解密操作。
- 掌握低频 RFID 卡加密指令，能够读懂反馈信息。

理论认知

1. RFID 低频卡密码应用

T5557 芯片存储器 EEPROM 由 10 块构成，每块 33 位，块 7 为用户口令，若不需要口令保护，则块 7 也可作为用户数据存储区。要启动口令加密功能就要求将块 0 中配置寄存器的第 28 位设置为“1”。启动口令加密功能后，第 7 块数据区将保存 T5557 卡的口令密码，可以通过常规读、写模式进行密码设置。如果允许修改密码，则不用锁定块 7；如果密码永久有效，则要在写入密码的同时锁定块 7。

在加密模式下用户对卡中数据进行任何修改，均要求提供密码验证，密码正确时修改操作有效，密码不正确则修改无效。

此外，在口令模式下，MAXBLK 应当设置为小于 7 的一个值，以防止口令被 T5557 发送。假如每次发送 2 位操作码和 32 位口令，加上 3 位地址码，总共 37 位，大约需要 18ms。若试验全部 2^{32} 种可能的组合(大约 4.3 亿种)，即要花费超过两年的时间。可见，这对于一般目的的低频 RFID 应用已经具备非常高的安全等级。

2. AOR 模式和防碰撞机制

(1) AOR 应答模式。

在块 0 配置寄存器中，第 23 位用来控制是否启动 AOR (Answer-On-Request) 功能。该位设置为“1”时启动 AOR 功能，这时 T5557 卡进入射频区域后不主动发射数据，而要由阅读器给 T5557 卡发射唤醒命令后再发射数据。该功能要求首先启动口令加密功能，也就是说阅读器要唤醒一个 T5557 卡时必须在唤醒命令序列中向 T5557 卡发射口令密码，T5557 卡检测到包含合法口令的唤醒命令时才恢复发送数据。

在 PWD 和 AOR 位被置位后，T5557 在“规则”读模式下，当配置数据被装入以后则不进行调制，此时，等待来自读写器的有效 AOR 命令，以备唤醒，AOR 模式时序如图 2.6.1 所示。

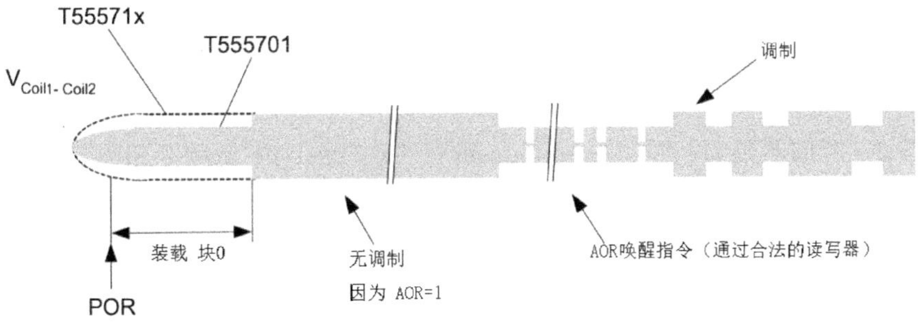

图 2.6.1　AOR 模式时序图

唤醒命令由操作码(10)加有效的密码组成，命令格式如图 2.6.2 所示。操作码后的开始 32 位被作为密码，与 EEPROM 中的块 7 逐位比较，如果比较失败 T5557 不会编程内存，一旦命令传送完成，它会进入“规则”读模式。

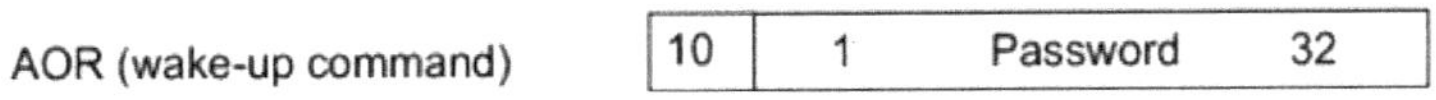

图 2.6.2　AOR 模式命令格式

(2)　防碰撞技术。

AOR 命令利用密码激活匹配的 T5557 芯片，该命令可用于防止冲突，以选择所要的卡读写。在防碰撞模式下，配置数据中 PWD=1，AOR=1，T5557 芯片的防碰撞过程如图 2.6.3 所示。

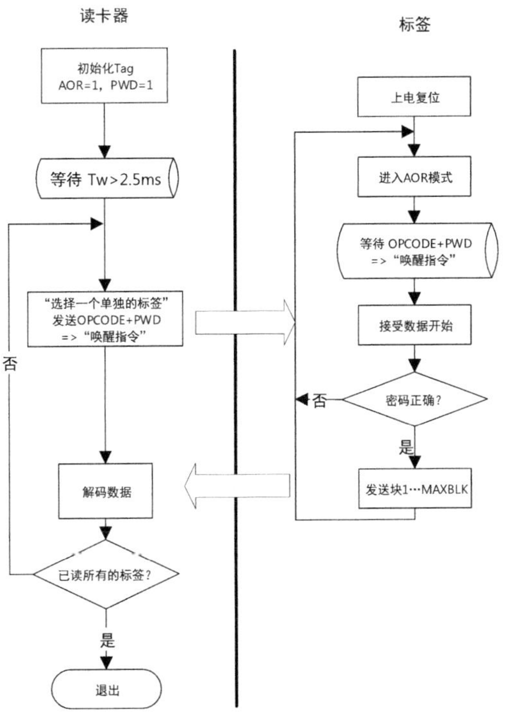

图 2.6.3　防碰撞技术

任务实施

1. 操作步骤

(1) 在 2.5 节的基础上，实现“LowFrequency”类的“encrypt”低频卡加密方法、“dencrypt”低频卡解密方法。返回“SerialPortParam”对象，该对象包含发送的字节码和返回的字节码。

(2) “cncrypt”低频卡加密方法、“dencrypt”低频卡解密方法实现流程如图 2.6.4 所示。

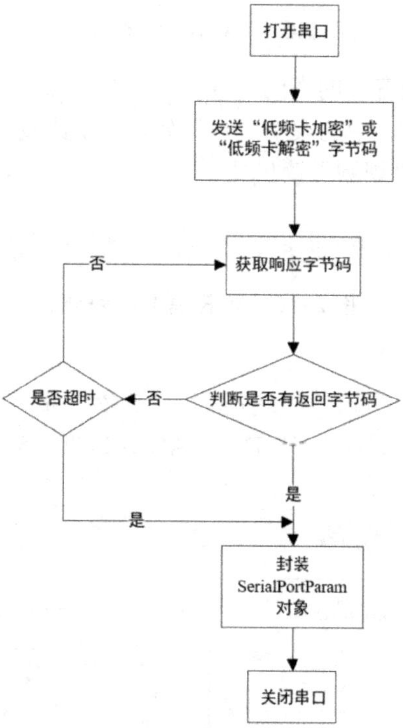

图 2.6.4 加解密方法实现流程图

(3) 完成“encrypt”低频卡加密方法、“dencrypt”低频卡解密方法的调用。

(4) 实现方法。

① 解析低频卡加密返回的指令：

```
ILowFrequency lowFrequency = new LowFrequency(serialPort,Integer.parseInt(boundRate),
        Integer.parseInt(dataBits),Integer.parseInt(stopBits),Integer.parseInt(parity));
SerialPortParam param =  lowFrequency.encrypt(data);
Map<String,Object> dataMap = new HashMap<>();
dataMap.put("resData", StringUtil.bytesToHexString(param.getResBytes()));
dataMap.put("reqData", StringUtil.bytesToHexString(param.getReqBytes()));

if(param.getResBytes()==null || param.getResBytes().length==0){
    dataMap.put("opMsg", "加密失败");
    return  RetResult.handleSuccess(dataMap);
}else{
    String resData = dataMap.get("resData").toString();
    if (resData.indexOf("FF 55 00 00 82 05 01 00") > -1) {
        dataMap.put("opMsg", "加密成功");
    } else {
        dataMap.put("opMsg", "加密失败");
    }
}
```

② 解析低频卡解密返回的指令：

```
ILowFrequency lowFrequency = new LowFrequency(serialPort,Integer.parseInt(boundRate),
        Integer.parseInt(dataBits),Integer.parseInt(stopBits),Integer.parseInt(parity));
SerialPortParam param =  lowFrequency.dencrypt(data);
Map<String,Object> dataMap = new HashMap<>();
dataMap.put("resData", StringUtil.bytesToHexString(param.getResBytes()));
dataMap.put("reqData", StringUtil.bytesToHexString(param.getReqBytes()));
if(param.getResBytes()==null || param.getResBytes().length==0){
    dataMap.put("opMsg", "解密失败");
    return  RetResult.handleSuccess(dataMap);
}else{
    String resData = dataMap.get("resData").toString();
    if (resData.indexOf("FF 55 00 00 82 06 01 00") > -1) {
        dataMap.put("opMsg",
                "解密成功");
    } else {
        dataMap.put("opMsg", "解密失败");
    }
}
```

(5) 参考界面如图 2.6.5 所示。

图 2.6.5 低频卡加解密界面参考图

2. 结果分析

1) 有卡时，加密操作结果

发送十六进制数据：FF 55 00 00 02 05 04 12 34 56 78 91 A3，其中：

(1) 通信协议同步帧：FF 55。

(2) 主从设备地址：00 00。

(3) 主从命令码：02 05。

(4) 数据段大小：04(表示 4 个字节，最大 FF)。

(5) 信息数据：12 34 56 78(密码一定要记住，否则这个卡就无法用了)。

(6) CRC16 校验位：91 A3。

接收十六进制数据：FF 55 00 00 82 05 01 00 F2 39，其中：

(1) 通信协议同步帧：FF 55。

(2) 主从设备地址：00 00。

(3) 主从命令码：82 05。

(4) 读取的有效字节数：01(表示 1 个字节)。

(5) 信息数据：00。

(6) CRC16 校验位：F2 39。

返回信息数据为 00，说明常规加密操作成功。

2) 有卡时，解除密码操作结果

发送十六进制数据：FF 55 00 00 02 06 04 12 34 56 78 A2 A3，其中：

(1) 通信协议同步帧：FF 55。

(2) 主从设备地址：00 00。

(3) 主从命令码：02 06。

(4) 数据段大小：04(表示 4 个字节，最大 FF)。

(5) 信息数据：12 34 56 78(密码一定要记住，否则这个卡就无法用了)。

(6) CRC16 校验位：A2 A3。

接收十六进制数据：FF 55 00 00 82 06 01 00 F2 C9，其中：

(1) 通信协议同步帧：FF 55。

(2) 主从设备地址：00 00。

(3) 主从命令码：82 06。

(4) 读取的有效字节数：01(表示 1 个字节)。

(5) 信息数据：00。

(6) CRC16 校验位：F2 C9。

返回信息数据为 00，说明低频卡解除密码操作成功。

技能拓展

1. 加密后，能否获取卡信息？能否进行常规读写？

2. 加密前，单击【获取低频卡信息】选项，并记录；进行加密，一定要记录密码，再次单击【获取低频卡信息】选项时无法获取卡信息，为什么？

3. 加密低频卡，单击【常规读】选项时，为什么操作未成功？

4. 解除密码，再次单击【获取低频卡信息】选项，能够获取卡信息、常规读，为什么？

5. 加密低频卡，两组进行交换，猜猜密码，单击【低频卡解除密码】选项多少次，可以解除密码？

本节小结

本节主要介绍了 RFID 低频卡密码应用、AOR 模式和防碰撞机制等实验原理。通过实验掌握低频 RFID 卡加密、解密的工作过程，学习了低频 RFID 卡 AOR 和防碰撞机制；并通过 Java 语言编程实现低频卡加密解密操作。

2.7 低频卡地址空间保护读写块操作

任务内容

本节主要介绍 RFID 低频卡保护读写模式、芯片的错误处理等实验原理。学习低频 RFID 卡地址空间保护读写块的原理，并利用 Java 语言对串口通信技术进行编程，实现对低频卡地址空间保护读写块操作。

任务要求

- 学习低频 RFID 卡地址空间保护读写块的原理。
- 利用 Java 串口通信技术对低频卡地址空间进行保护读写块操作。
- 掌握低频 RFID 卡地址空间保护读块的指令，能够读懂反馈信息。

理论认知

1. RFID 低频卡保护读写模式

当配置存储器(块 0)的 PWD(使用口令)位为 1 时，进入保护读模式。当读一个单独的块时，除命令码为 10 或 11，后跟单独位 0 和地址(3 位块号)外，还需要紧接着输入 32 位的密码，如表 2.7.1 所示。如果密码不正确，则 T5557 进入“规则”读模式。

在保护写数据过程中，读写器发出双位码 10 或 11，作为命令传送至 T5557 芯片，所有的写操作要遵循表 2.7.1 的规则。

表 2.7.1　命令格式

命　令	命令码	后续位构成
保护读(PWD=1)	1P	密码(第 1～32 位)+0+地址(第 2～0 位)
保护写	1P	密码(第 1～32 位)+锁定位 L+数据(第 1～32 位)+地址(第 2～0 位)

注：表中 P 为页选择(P=0，第 0 页；P=1，第 1 页)

2. 芯片的错误处理

T5557 芯片可检测出若干错误的出现，以保证只能是有效位才能写入 EEPROM。错误的种类有两种：一种是写序列进入期间出现的错误，另一种是编程时出现的错误。

1) 写序列进入期间出现的错误

(1) 在两个时隙(gap)之间的时间长度错误。

(2) 命令码既不是 10 也不是 11。

(3) 密码操作模式有效，但密码不匹配。

(4) 接收到的位数不正确。

正确的位数应该是：

(1) 标准写　　38 位。

(2) 口令模式　　70 位。

(3) AOR 唤醒命令　　34 位。

(4) 直接密码访问　　38 位。

(5) 直接访问　　6 位。

(6) 复位命令　　2 位。

(7) 页 0/1 规则读　　2 位。

当检测到上面的任何一个错误时，E5551 芯片在离开写模式后立即进入读模式，从块 1 开始传送。

2) 编程期间出现的错误

(1) 寻址块的锁存位为 1。

(2) 编程电压 V_{pp} 过低。

如果写序列正确但出现上述错误，则 T5557 芯片立即停止编程并转至读模块，送出数据从被寻址的数据块开始。

任务实施

1. 操作步骤

(1) 在 2.6 节的基础上，实现“LowFrequency”类的“protectedRead”低频卡保护读方法、“protectedWrite”低频卡保护写方法。返回“SerialPortParam”对象，该对象包含发送的字节码和返回的字节码。

(2) “protectedRead”低频卡保护读方法、“protectedWrite”低频卡保护写方法实现流程如图 2.7.1 所示。

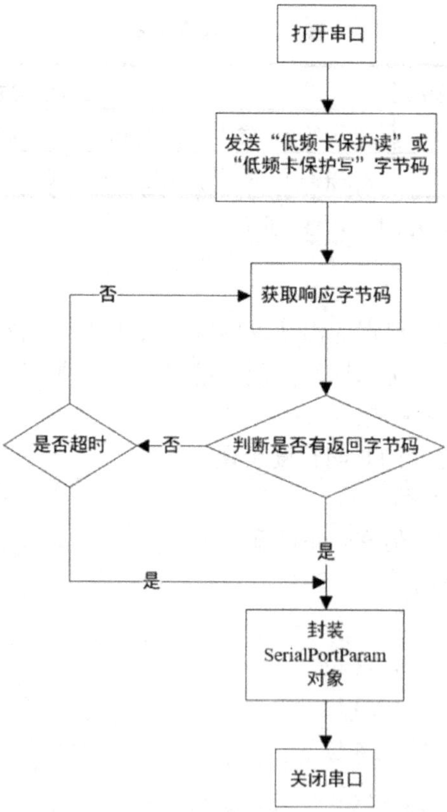

图 2.7.1 低频卡地址保护读、写方法实现流程图

(3) 完成“protectedRead”低频卡保护读方法、“protectedWrite”低频卡保护写方法的调用。

(4) 实现方法。

① 解析保护读块返回的指令：

```
ILowFrequency lowFrequency = new LowFrequency(serialPort,Integer.parseInt(boundRate),
        Integer.parseInt(dataBits),Integer.parseInt(stopBits),Integer.parseInt(parity));
SerialPortParam param =  lowFrequency.protectedRead(block, pwd);
Map<String,Object> dataMap = new HashMap<>();
dataMap.put("resData", StringUtil.bytesToHexString(param.getResBytes()));
dataMap.put("reqData", StringUtil.bytesToHexString(param.getReqBytes()));
if(param.getResBytes()==null || param.getResBytes().length==0){
    dataMap.put("opMsg", "保护读操作失败");
    return  RetResult.handleSuccess(dataMap);
}else{
    String resData = dataMap.get("resData").toString();
    if (resData.indexOf("FF 55 00 00 83 05 04") > -1) {
        resData = resData.replace( target: "FF 55 00 00 83 05 04 ",  replacement: "");
        dataMap.put("opMsg", "保护读操作成功, 数据:"+resData.substring(0, 11));
        dataMap.put("data", resData.substring(0, 11));
    } else {
        dataMap.put("opMsg", "保护读操作失败");
    }
}
```

② 解析保护写块返回的指令：

```
ILowFrequency lowFrequency = new LowFrequency(serialPort,Integer.parseInt(boundRate),
        Integer.parseInt(dataBits),Integer.parseInt(stopBits),Integer.parseInt(parity));
SerialPortParam param =  lowFrequency.protectedWrite(block,pwd, data);
Map<String,Object> dataMap = new HashMap<>();
dataMap.put("resData", StringUtil.bytesToHexString(param.getResBytes()));
dataMap.put("reqData", StringUtil.bytesToHexString(param.getReqBytes()));
if(param.getResBytes()==null || param.getResBytes().length==0){
    dataMap.put("opMsg", "保护写操作失败");
    return  RetResult.handleSuccess(dataMap);
}else{
    String resData = dataMap.get("resData").toString();
    if (resData.indexOf("FF 55 00 00 83 06 01 00") > -1) {
        dataMap.put("opMsg", "保护写操作成功");
    } else {
        dataMap.put("opMsg", "保护写操作失败");
    }
}
```

(5) 参考界面如图 2.7.2 所示。

图 2.7.2 低频卡地址保护读、写界面参考图

2. 结果分析

1) 密码错误时，保护读块数据结果

发送十六进制数据：FF 55 00 00 03 05 05 01 11 22 33 44 72 E9，其中：

(1) 通信协议同步帧：FF 55。

(2) 主从设备地址：00 00。
(3) 主从命令码：03 05。
(4) 数据段大小：05(表示 5 个字节，最大 FF)。
(5) 信息数据：01(表示 01 数据块)。
(6) 信息数据：11 22 33 44(密码一定要正确，否则这个卡就无法读出)。
(7) CRC16 校验位：72 E9。
接收十六进制数据：FF 55 00 00 83 05 01 01 CE F9，其中：
(1) 通信协议同步帧：FF 55。
(2) 主从设备地址：00 00。
(3) 主从命令码：83 05。
(4) 读取的有效字节数：01(表示 1 个字节)。
(5) 信息数据：01。
(6) CRC16 校验位：CE F9。
返回信息数据为 01，说明密码错误或其他原因，无法读出数据。
2) 密码正确时，保护读块数据结果
发送十六进制数据：FF 55 00 00 03 05 05 01 12 34 56 78 B3 23，其中：
(1) 通信协议同步帧：FF 55。
(2) 主从设备地址：00 00。
(3) 主从命令码：03 05。
(4) 数据段大小：05(表示 5 个字节，最大 FF)。
(5) 信息数据：01(表示 01 数据块)。
(6) 信息数据：12 34 56 78(密码一定要正确，否则这个卡就无法读出)。
(7) CRC16 校验位：B3 23。
接收十六进制数据：FF 55 00 00 83 05 04 08 91 19 22 A9 91，其中：
(1) 通信协议同步帧：FF 55。
(2) 主从设备地址：00 00。
(3) 主从命令码：83 05。
(4) 读取的有效字节数：04(表示 4 个字节)。
(5) 信息数据：08 91 19 22(块中数据)。
(6) CRC16 校验位：A9 91。
返回信息数据为 04，说明密码正确，正常读出数据。
3) 密码正确时，保护写块数据
发送十六进制数据：FF 55 00 00 03 06 09 01 12 34 56 78 12 34 56 78 2C 4E，其中：
(1) 通信协议同步帧：FF 55。
(2) 主从设备地址：00 00。
(3) 主从命令码：03 06。
(4) 数据段大小：09(表示 9 个字节，最大 FF)。
(5) 信息数据：01(表示 01 数据块)。
(6) 信息数据：12 34 56 78(密码一定要正确，否则这个卡就无法读出)。

(7) 信息数据：12 34 56 78(块的数据)。
(8) CRC16 校验位：2C 4E。
接收十六进制数据：FF 55 00 00 83 06 01 00 0E C8，其中：
(1) 通信协议同步帧：FF 55。
(2) 主从设备地址：00 00。
(3) 主从命令码：83 06。
(4) 读取的有效字节数：01(表示 1 个字节)。
(5) 信息数据：00(块中数据)。
(6) CRC16 校验位：0E C8。
返回信息数据为 00，说明密码正确，正常写入数据。

技能拓展

1. 加密后，在【保护读写块操作】页面，进行块读操作；在【保护读写块操作】页面，进行块写操作。解除密码，在【常规读写块操作】页面，进行块读操作；在【常规读写块操作】页面，进行块写操作，记录写入的数据是否一致。
2. 加密低频卡，两组进行交换，告诉对方密码，请对方读出 05 数据块内部数据。
3. 加密低频卡，两组进行交换，不告诉对方密码，请对方读出 05 数据块内部数据。
4. 解除密码后，在【保护读写块操作】页面，实验一下能不能进行保护块读操作。

思考

1. 加密后，为什么不能获取卡信息？为什么不能进行常规读写？
2. 加密后，怎样才能获取卡信息？
3. 加密后，怎样才能进行数据块读写？

本节小结

本节主要介绍了 RFID 低频卡保护读写模式、芯片的错误处理等实验。学习低频 RFID 卡地址空间保护读写块的原理，并通过 Java 语言编程实现低频卡地址空间保护读写块操作。

2.8 低频卡门禁系统综合实验

任务内容

本节主要介绍 RFID 低频卡门禁系统、门禁系统组成、门禁系统逻辑框图、工作流程等实验。利用 Java 编程技术，完成门禁系统综合实验开发。

任务要求

利用 Java 编程技术，实现门禁系统综合实验。

理论认知

1. 门禁系统

门禁系统顾名思义就是对出入口通道进行管制的系统，它是在传统的门锁基础上发展而来的。传统的门锁仅仅是单纯的机械装置，无论结构设计多么合理、材料多么坚固，人们总能通过各种手段把它打开。在出入人员较多的通道(如办公大楼、酒店客房)钥匙的管理很麻烦，如果钥匙丢失或人员变更，要把锁和钥匙一起更换。为了解决这些问题，就出现了电子磁卡锁，这从一定程度上提高了人们对出入口通道的管理，使通道管理进入了电子时代。最近几年随着感应卡技术的发展，门禁系统得到了飞跃式的发展，进入了成熟期，出现了感应卡式门禁系统，它在安全性、方便性、易管理性等方面优势显著，门禁系统的应用领域也越来越广。

2. 门禁系统组成

典型的门禁系统如图 2.8.1 所示，包括门禁控制器、读卡器、电控锁以及其他设备。

图 2.8.1　门禁系统示意图

(1)　门禁控制器。

门禁系统的核心部分，相当于计算机的 CPU，它负责整个系统输入、输出信息的处理和储存，控制等。

(2)　读卡器。

读取卡片中数据的设备。

(3)　电控锁。

门禁系统中锁门的执行部件。用户应根据门的材料、出门要求等需求，选取不同的锁具。目前主要采用电磁锁，并且电磁锁断电后为开门状态，符合消防要求。

(4)　其他设备。

出门按钮：按一下即可打开门的设备，适用于对出门无限制的情况。

门磁：用于检测门的安全/开关状态等。

电源：整个系统的供电设备，分为普通和后备式(带锂电池)两种。

传输部分：传输部分主要包含电源线和信号线。

3. 门禁系统逻辑框图及工作流程

门禁系统逻辑框图，如图 2.8.2 所示。

(1)　门禁系统上电后进行初始化，等待功能选择。

(2)　如果选择“注册”功能：①放低频卡到读卡器。②单击获取卡信息。③填写学号信息。④单击【注册】按钮写入系统。

(3)　如果选择“门禁”功能：①等待低频卡。②有低频卡，获取低频卡信息。③对比门禁系统中注册卡的信息，如果有信息则报告注册卡并开门，如果无信息则报告非注册卡(或报警)。

(4)　继续等待。

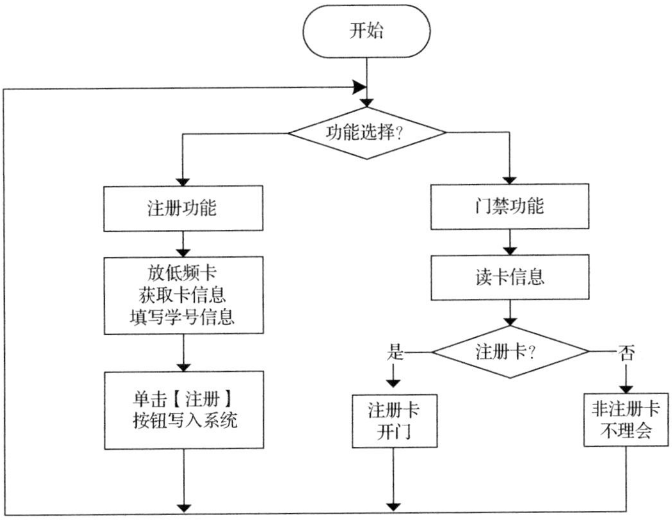

图 2.8.2　门禁系统逻辑框图

任务实施

1. 操作步骤

(1) 门禁注册参考界面如图 2.8.3 所示。

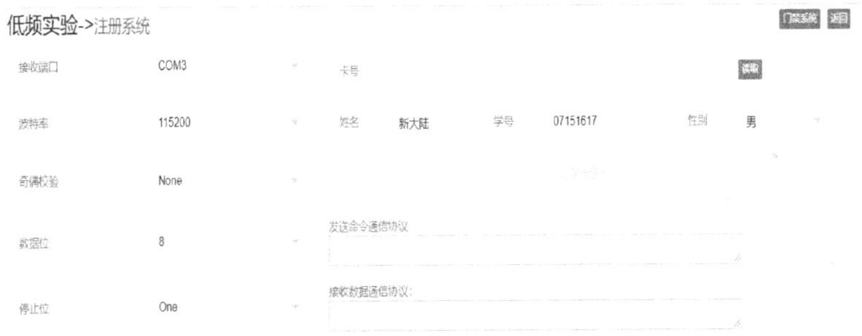

图 2.8.3　门禁注册参考界面

(2) 门禁系统参考界面如图 2.8.4 所示。

图 2.8.4　门禁系统参考界面

2. 结果分析

1) 注册界面

(1) 填写个人信息(姓名、学号、性别)。

(2) 将低频卡信息、个人信息(姓名、学号、性别)写入门禁系统。

(3) 如果注册成功，显示“注册成功”。

2) 门禁功能

(1) 单击【门禁功能】选项。

(2) 如果低频卡已经注册，则显示低频卡信息、显示个人信息(姓名、学号、性别)，提示“注册卡、开门”。

3) 存储功能

(1) 建立文本文件。

(2) 注册时，将信息写入文件，如图 2.8.5 所示。

(3) 门禁时，调出文件，调出路径：apache-tomcat-7.0.85\webapps\RfidWebDemo\temp。

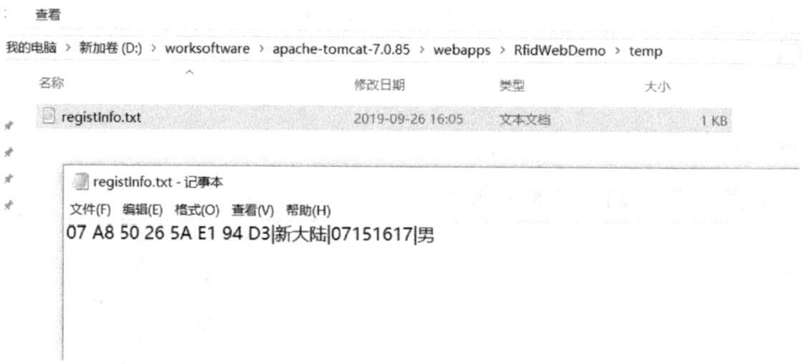

图 2.8.5 门禁信息存储界面

技能拓展

1. 取一张低频空白卡，完成注册功能、门禁功能。
2. 取多张低频空白卡，完成注册功能、门禁功能。
3. 取一张低频卡，在一台设备上完成注册后，在其他设备上完成门禁功能。
4. 取多张低频卡，在一台设备上完成注册后，在多台设备实现门禁功能。

本节小结

本节主要介绍了低频 RFID 卡作为门禁系统，实现门禁系统完整的应用场景的开发、实现过程，并通过 Java 编程实现门禁的功能。通过本节的学习，学生可以对低频的操作知识有一个整体的应用实践，对低频卡操作有更深刻的认识。

第 3 章

高频卡功能验证与应用开发

教学目标

知识目标	1. 学习高频卡的工作原理；
	2. 学习高频卡相关协议；
	3. 掌握高频 M1 卡信息的获取；
	4. 掌握高频 M1 卡天线操作；
	5. 掌握高频 M1 卡激活操作；
	6. 掌握高频 M1 卡密钥验证操作；
	7. 掌握高频 M1 卡读写操作；
	8. 掌握 NFC 卡基本操作；
	9. 掌握非接触 CPU 卡基本操作；
	10. 掌握 CPU B 卡基本操作；
	11. 掌握逻辑 B 卡基本操作。
技能目标	1. 会使用教材提供的 RFID 教学实验平台及 RFID 高频模块、射频天线模块；
	2. 掌握 Java 串口通信编程；
	3. 能对各个实验结果进行分析，达到理论与实际的认知统一。
素质目标	初步掌握 RFID 高频基础知识，并能学以致用。

3.1 高频卡存储结构仿真

任务内容

本节主要介绍高频 M1 卡数据存储结构。了解高频 M1 卡数据存储基本概念，了解扇区的概念和包含的块类型，学习数据块、厂商块、控制块之间的区别和联系等。

任务要求

- 了解高频卡数据存储结构。
- 了解高频 M1 卡中块的概念。
- 了解高频 M1 卡特殊块的概念。
- 为读写仿真和权限控制仿真做铺垫。

理论认知

通过精心设计的动画和操作让学生能够直观、形象地了解图 3.1.1 所示的存储结构概念。

扇区	区块	地址块	扇区	区块	地址块	扇区	区块	地址块	扇区	区块	地址块
扇区0	区块0	0	扇区4	区块0	16	扇区8	区块0	32	扇区12	区块0	48
	区块1	1		区块1	17		区块1	33		区块1	49
	区块2	2		区块2	18		区块2	34		区块2	50
	区块3	3		区块3	19		区块3	35		区块3	51
扇区1	区块0	4	扇区5	区块0	20	扇区9	区块0	36	扇区13	区块0	52
	区块1	5		区块1	21		区块1	37		区块1	53
	区块2	6		区块2	22		区块2	38		区块2	54
	区块3	7		区块3	23		区块3	39		区块3	55
扇区2	区块0	8	扇区6	区块0	24	扇区10	区块0	40	扇区14	区块0	56
	区块1	9		区块1	25		区块1	41		区块1	57
	区块2	10		区块2	26		区块2	42		区块2	58
	区块3	11		区块3	27		区块3	43		区块3	59
扇区3	区块0	12	扇区7	区块0	28	扇区11	区块0	44	扇区15	区块0	60
	区块1	13		区块1	29		区块1	45		区块1	61
	区块2	14		区块2	30		区块2	46		区块2	62
	区块3	15		区块3	31		区块3	47		区块3	63

图 3.1.1　高频 M1 卡数据存储结构

任务实施

(1) 学习扇区概念。

单击【16 个区扇】按钮。循环高亮播放 16 个扇区动画，如图 3.1.2 所示，同时显示扇区基本概念介绍。

(2) 学习块概念。

单击【64 个块】按钮。循环高亮播放 64 个块动画，如图 3.1.3 所示，同时显示块区基本概念介绍。

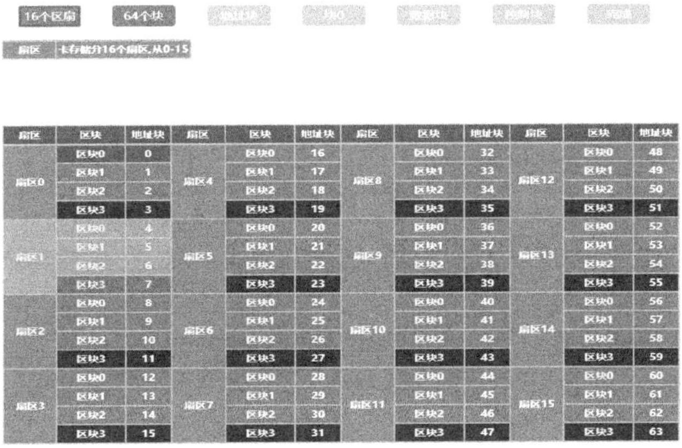

图 3.1.2　扇区

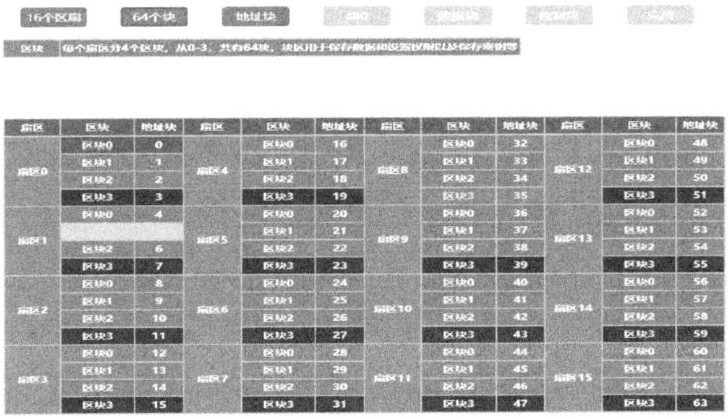

图 3.1.3　块区

(3) 学习地址块概念。

单击【地址块】按钮。循环高亮播放 64 个地址块动画，如图 3.1.4 所示，同时显示地址块的作用和意义。

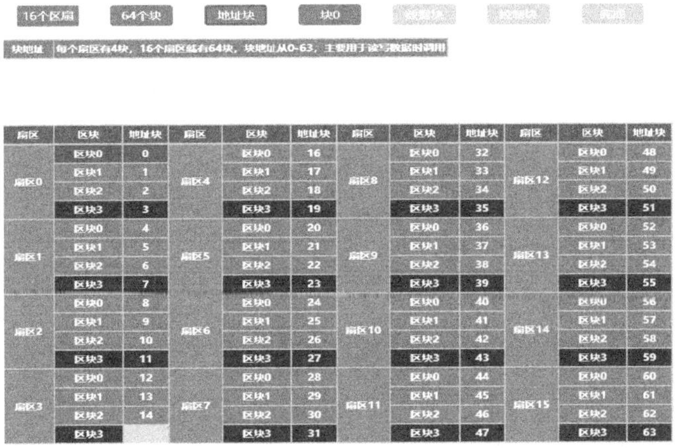

图 3.1.4　地址块

(4) 学习块 0(厂商块)概念。

单击【块 0】按钮。块 0 显示高亮闪烁动画，如图 3.1.5 所示，同时显示块 0 代表的意义。

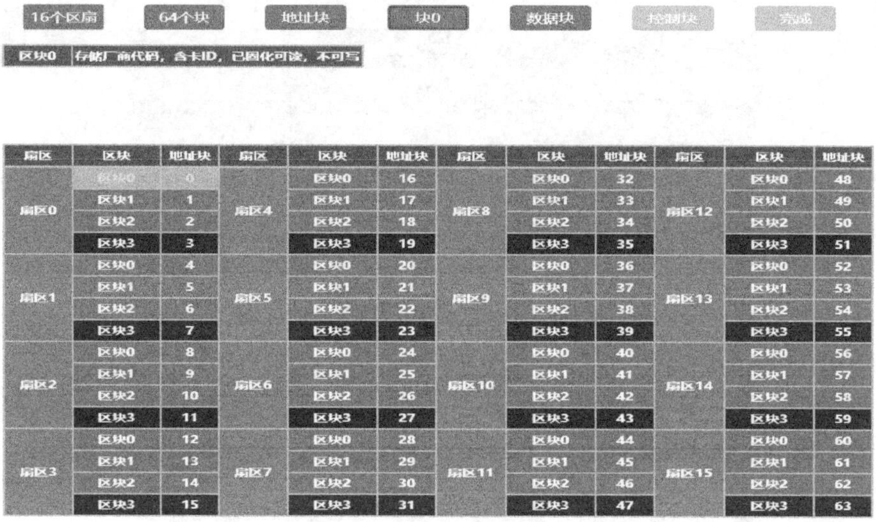

扇区	区块	地址块	扇区	区块	地址块	扇区	区块	地址块	扇区	区块	地址块
扇区0	区块0	0	扇区4	区块0	16	扇区8	区块0	32	扇区12	区块0	48
	区块1	1		区块1	17		区块1	33		区块1	49
	区块2	2		区块2	18		区块2	34		区块2	50
	区块3	3		区块3	19		区块3	35		区块3	51
扇区1	区块0	4	扇区5	区块0	20	扇区9	区块0	36	扇区13	区块0	52
	区块1	5		区块1	21		区块1	37		区块1	53
	区块2	6		区块2	22		区块2	38		区块2	54
	区块3	7		区块3	23		区块3	39		区块3	55
扇区2	区块0	8	扇区6	区块0	24	扇区10	区块0	40	扇区14	区块0	56
	区块1	9		区块1	25		区块1	41		区块1	57
	区块2	10		区块2	26		区块2	42		区块2	58
	区块3	11		区块3	27		区块3	43		区块3	59
扇区3	区块0	12	扇区7	区块0	28	扇区11	区块0	44	扇区15	区块0	60
	区块1	13		区块1	29		区块1	45		区块1	61
	区块2	14		区块2	30		区块2	46		区块2	62
	区块3	15		区块3	31		区块3	47		区块3	63

图 3.1.5　块 0

(5) 学习数据块概念。

单击【数据块】按钮。播放数据块高亮动画，如图 3.1.6 所示，同时显示数据块的作用和意义。

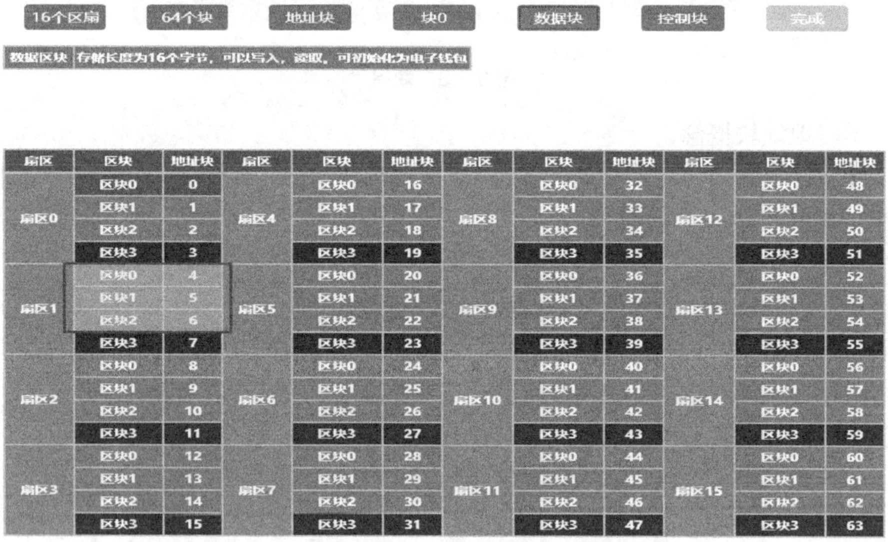

扇区	区块	地址块	扇区	区块	地址块	扇区	区块	地址块	扇区	区块	地址块
扇区0	区块0	0	扇区4	区块0	16	扇区8	区块0	32	扇区12	区块0	48
	区块1	1		区块1	17		区块1	33		区块1	49
	区块2	2		区块2	18		区块2	34		区块2	50
	区块3	3		区块3	19		区块3	35		区块3	51
扇区1	区块0	4	扇区5	区块0	20	扇区9	区块0	36	扇区13	区块0	52
	区块1	5		区块1	21		区块1	37		区块1	53
	区块2	6		区块2	22		区块2	38		区块2	54
	区块3	7		区块3	23		区块3	39		区块3	55
扇区2	区块0	8	扇区6	区块0	24	扇区10	区块0	40	扇区14	区块0	56
	区块1	9		区块1	25		区块1	41		区块1	57
	区块2	10		区块2	26		区块2	42		区块2	58
	区块3	11		区块3	27		区块3	43		区块3	59
扇区3	区块0	12	扇区7	区块0	28	扇区11	区块0	44	扇区15	区块0	60
	区块1	13		区块1	29		区块1	45		区块1	61
	区块2	14		区块2	30		区块2	46		区块2	62
	区块3	15		区块3	31		区块3	47		区块3	63

图 3.1.6　数据块

(6) 学习控制块概念。

单击【控制块】按钮。播放控制块高亮动画，如图 3.1.7 所示，同时显示控制块的作用和意义。

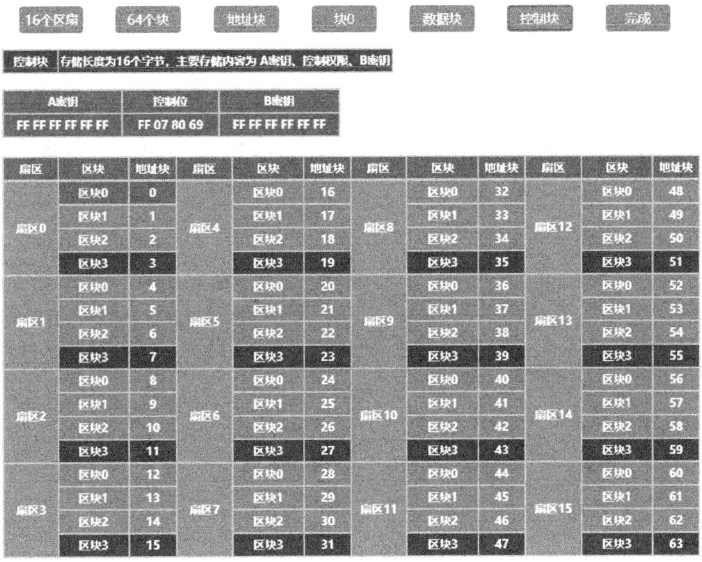

16个区扇
64个块
地址块
块0
数据块
控制块
完成
控制块
存储长度为16个字节，主要存储内容为 A密钥、控制权限、B密钥
A密钥
控制位
B密钥
FF FF FF FF FF FF
FF 07 80 69
FF FF FF FF FF FF
扇区 区块 地址块 扇区 区块 地址块 扇区 区块 地址块 扇区 区块 地址块
扇区0 区块0 0 区块1 1 区块2 2 区块3 3
扇区1 区块0 4 区块1 5 区块2 6 区块3 7
扇区2 区块0 8 区块1 9 区块2 10 区块3 11
扇区3 区块0 12 区块1 13 区块2 14 区块3 15
扇区4 区块0 16 区块1 17 区块2 18 区块3 19
扇区5 区块0 20 区块1 21 区块2 22 区块3 23
扇区6 区块0 24 区块1 25 区块2 26 区块3 27
扇区7 区块0 28 区块1 29 区块2 30 区块3 31
扇区8 区块0 32 区块1 33 区块2 34 区块3 35
扇区9 区块0 36 区块1 37 区块2 38 区块3 39
扇区10 区块0 40 区块1 41 区块2 42 区块3 43
扇区11 区块0 44 区块1 45 区块2 46 区块3 47
扇区12 区块0 48 区块1 49 区块2 50 区块3 51
扇区13 区块0 52 区块1 53 区块2 54 区块3 55
扇区14 区块0 56 区块1 57 区块2 58 区块3 59
扇区15 区块0 60 区块1 61 区块2 62 区块3 63

图 3.1.7　控制块

思　考

1. 思考厂商块是如何划分的。
2. 思考控制块内的控制位代表的意义，以及它是如何工作的。

本节小结

虽然这一节没有连接仿真平台，但是通过生动的动画仿真，能够使读者对 M1 内的存储结构有形象的概念认识，为学习仿真打下基础。

3.2　高频电子钱包仿真

任务内容

本节主要介绍了 RFID 高频电子钱包仿真，通过 RFID 教学实验平台模拟电子钱包的充值、消费和初始化电子钱包仿真，了解高频卡片的数据结构及通信数据包结构，了解高频 RFID 卡反馈信息的意义。

任务要求

- 掌握电子钱包的工作流程和原理思路。
- 初步了解每个块的权限值概念。
- 掌握初始化电子钱包的详细步骤和规律。

理论认知

制卡初始化钱包：例如选择 2 扇区第 0 块，块地址 8 作为电子钱包时，会将十六进制值“00000000FFFFFFFF0000000008F708F7”写入地址为 8 的块中；其中“08F708F7”的十六进制值就是标记该块为电子钱包；“08”是块地址的值，“F7” 则是“08”十六进制值的取反。

注意： 如果该块地址没有写入的权限，这时初始化钱包就会失败。

在制卡操作中选择扇区成功后，需要完成设置该扇区哪个块区为电子钱包，仿真是对扇区 2 的区块 0 和区块 1(块地址 8 和块地址 9)进行电子钱包的设置，如图 3.2.1 所示。

扇区	区块	地址块	扇区	区块	地址块	扇区	区块	地址块	扇区	区块	地址块
扇区0	区块0	0	扇区4	区块0	16	扇区8	区块0	32	扇区12	区块0	48
	区块1	1		区块1	17		区块1	33		区块1	49
	区块2	2		区块2	18		区块2	34		区块2	50
	区块3	3		区块3	19		区块3	35		区块3	51
扇区1	区块0	4	扇区5	区块0	20	扇区9	区块0	36	扇区13	区块0	52
	区块1	5		区块1	21		区块1	37		区块1	53
	区块2	6		区块2	22		区块2	38		区块2	54
	区块3	7		区块3	23		区块3	39		区块3	55
扇区2	区块0	8	扇区6	区块0	24	扇区10	区块0	40	扇区14	区块0	56
	区块1	9		区块1	25		区块1	41		区块1	57
	区块2	10		区块2	26		区块2	42		区块2	58
	区块3	11		区块3	27		区块3	43		区块3	59
扇区3	区块0	12	扇区7	区块0	28	扇区11	区块0	44	扇区15	区块0	60
	区块1	13		区块1	29		区块1	45		区块1	61
	区块2	14		区块2	30		区块2	46		区块2	62
	区块3	15		区块3	31		区块3	47		区块3	63

图 3.2.1　高频卡数据存储结构

注意： 除了 0 扇区的第 1 块和每个扇区的第 4 块不能设置电子钱包外，其他块区都是可以的。原因是块地址为 0 的块区用于存储厂商信息，每个扇区的第 4 块用于控制块存储该扇区的密钥和控制权限。

金额以整数的形式进行存储和增值减值操作，所以在传输过程中会把金额乘以 100(去除小数点)，展示到界面的时候再除以 100，显示金额精确到两位小数。

(1) 读值。读取该块地址的值。只有作为电子钱包的块区才可读取成功，否则失败；如果没有读取权限，读取也会失败。

例如：假设充值 20 元，对该块地址读取十六进制的值为“14000000EBFFFFFF1400000008F708F7”。十进制 20 转换为十六进制为“14”，“14”取反后是“EB”。所以在第一个字节中写入 20 的十六进制值“14”，在第 5 个字节中写入“EB”，在第 9 个字节中写入“14”。

(2) 增值与减值。在增值与减值之前，先读取当前钱包的值，然后进行加减运算，得到的值重新按照电子钱包的设置规律进行设置。

任务实施

1. 设备连接

参照 2.1 节的仿真平台开启步骤，按图 3.2.2 和图 3.2.3 接线，引脚定义如表 3.2.1 所示。

所需设备：RFID 教学实验平台底板、M3 核心模块、HF 射频模块、高频卡、PC、电源适配器。

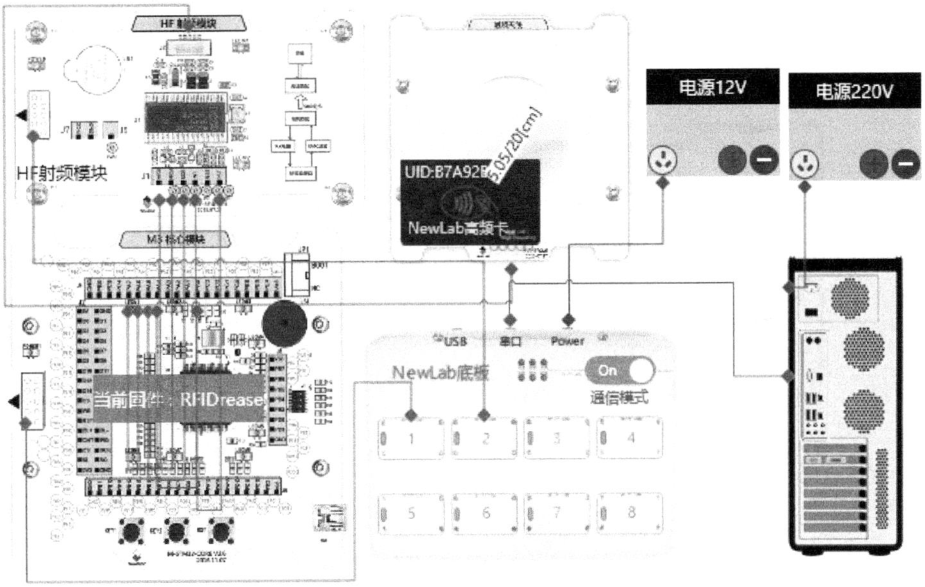

图 3.2.2　仿真设备连接线路图

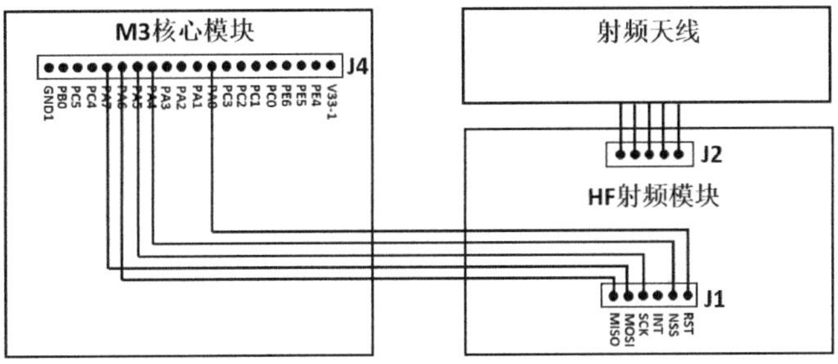

图 3.2.3　硬件模块连接示意图

表 3.2.1　引脚定义

射频模块	M3 核心模块	备　注
MOSI	PA7	SPI 总线主机输出/ 从机输入(SPI Bus Master Output/Slave Input)
MISO	PA6	SPI 总线主机输入/ 从机输出(SPI Bus Master Input/Slave Output)
SCK	PA5	时钟信号，由主设备产生
NSS	PA4	从设备使能信号，由主设备控制(Chip Select，或称 CS)
RST	PA0	Reset 复位信号

M3 核心模块设置：选择 RFIDrease 固件，如图 3.2.4 所示。

PC：选择串口号，如图 3.2.5 所示。

仿真平台：打开“模拟实验”开关，如图 3.2.6 所示。

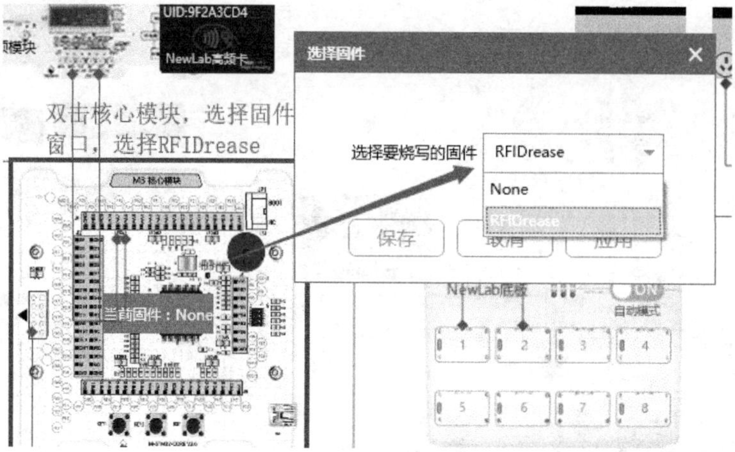

图 3.2.4　选择固件

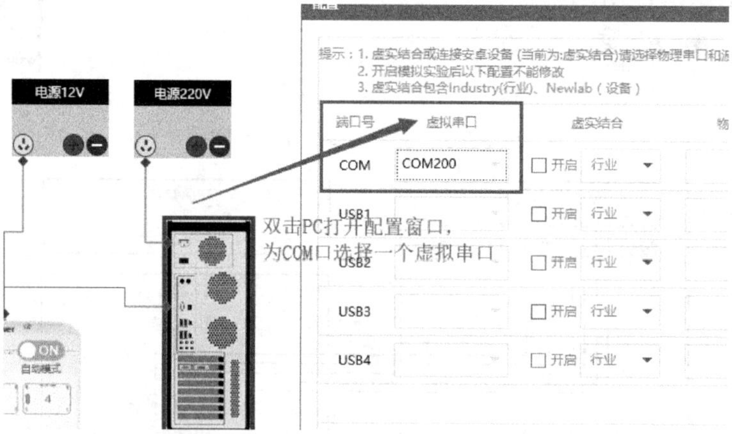

图 3.2.5　选择串口

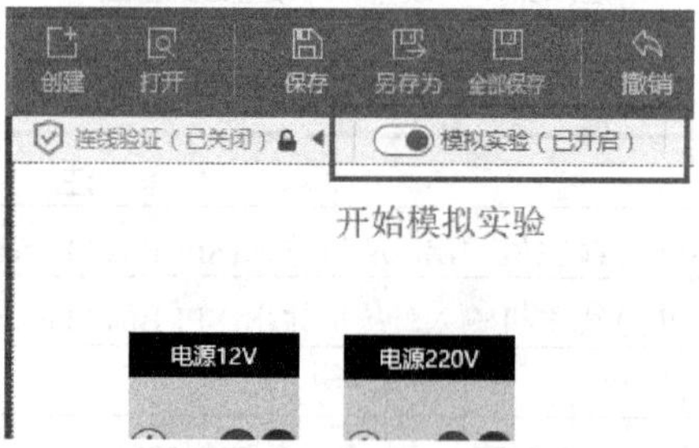

图 3.2.6　开始模拟仿真

2. 实验系统操作步骤

打开实验系统软件。

1)　制卡

(1)　制卡流程如图 3.2.7 所示，单击系统软件【制卡】按钮，下方会出现制卡界面。

(2)　选择与仿真平台 PC 的 COM 口一致的虚拟串口，打开串口，打开成功会自动读取卡号(如果读卡器天线范围内有多张卡片时，系统会触发防冲突碰撞机制，防冲突机制将在

3.7 节的实验中详细说明)。

(3) 制卡，本次仿真默认以第 2 扇区第 0 块，块地址是 8 的区块作为电子钱包，单击【制卡】按钮会先设置卡密钥，并将初始金额 100 写入地址块 8，如图 3.2.8 和图 3.2.9 所示。

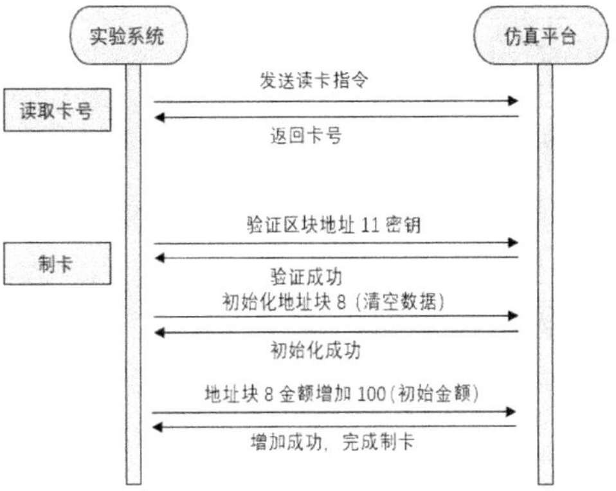

图 3.2.7 制卡通信流程

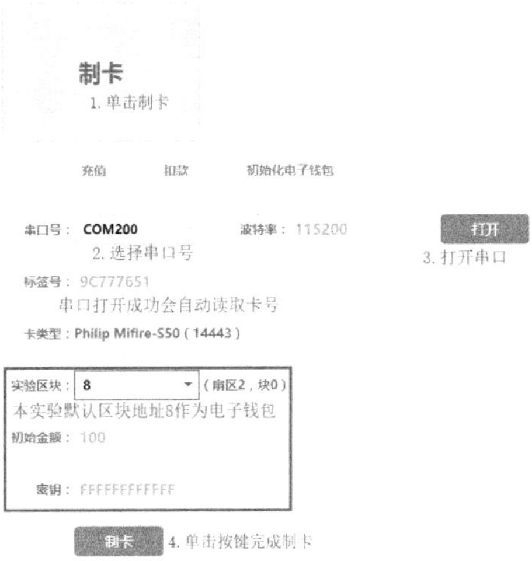

图 3.2.8 仿真系统-制卡界面

图 3.2.9 仿真系统-制卡成功

制卡完成后可在仿真平台的消息面板中查看具体的通信过程及通信内容，如图 3.2.10 所示。

图 3.2.10 消息面板-制卡消息

制卡成功后地址块 8 的数据将发生变化，如图 3.2.11 所示。

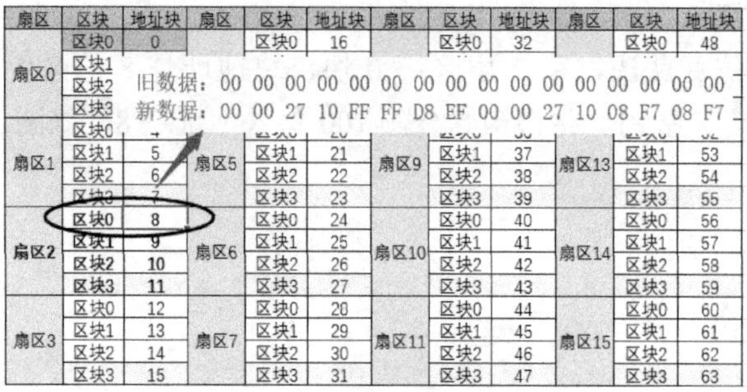

图 3.2.11　卡存储结构数据示意图

2)　充值

(1)　打开串口(要与制卡时打开的串口号相同)。

(2)　单击【寻卡】按钮获取卡号，仿真平台会返回天线场区范围内的任意一张卡片的卡号。

(3)　选卡，激活卡片准备对此卡进行更多操作。

(4)　验证，验证扇区 2 中区块 3(控制块)的密钥。

(5)　输入要充值的金额，金额以整数的形式进行存储、增值减值操作，所以要将金额乘以 100，这样可以消除金额的两位小数。

(6)　确定充值，充值界面如图 3.2.12 所示，流程图如图 3.2.13 所示。

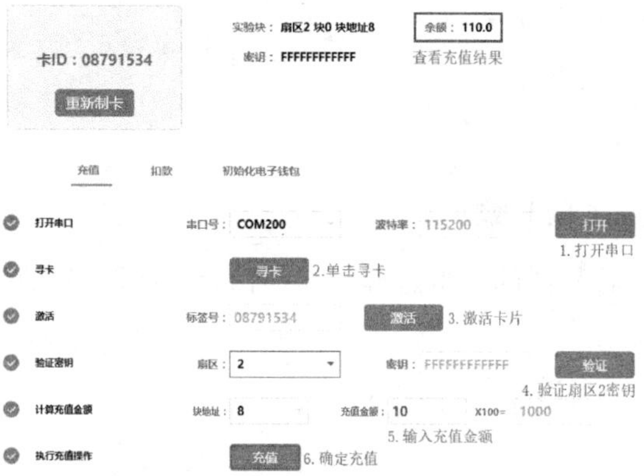

图 3.2.12　仿真系统-充值界面

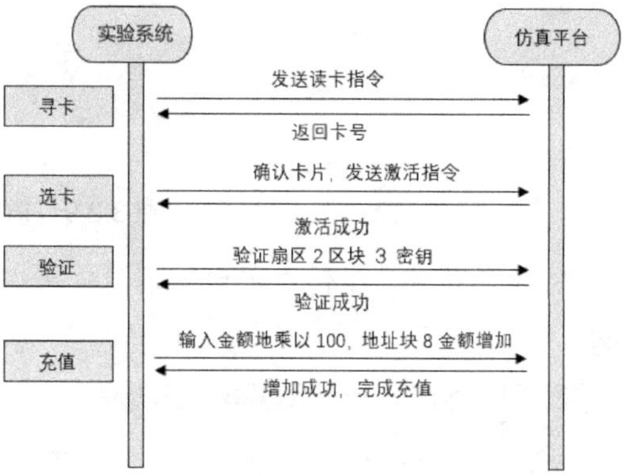

图 3.2.13　充值通信流程

3)　扣款

(1)　打开串口(要与制卡时打开的串口号相同)。

(2)　单击【寻卡】按钮获取卡号，仿真平台会返回天线场区范围内的任意一张卡片的卡号。

(3)　选卡，激活卡片准备对此卡进行更多操作。

(4)　验证，验证扇区 2 中区块 3(控制块)的密钥。

(5)　输入要扣款的金额，金额以整数的形式进行存储、增值减值操作，所以要将金额乘以 100，这样可以消除金额的两位小数。

(6)　确定扣款。扣款界面如图 3.2.14 所示，流程图如图 3.2.15 所示。

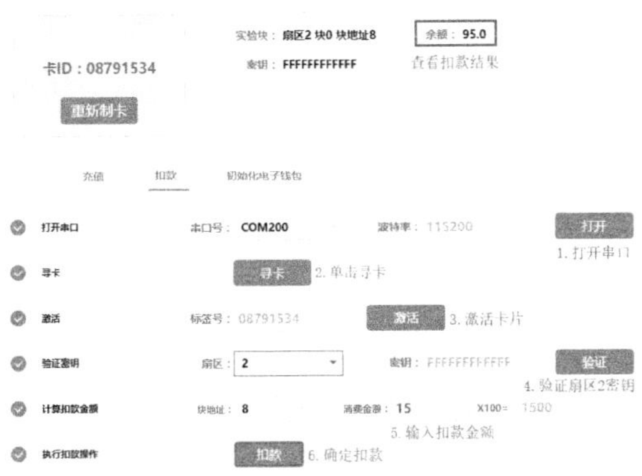

图 3.2.14　仿真系统-扣款界面

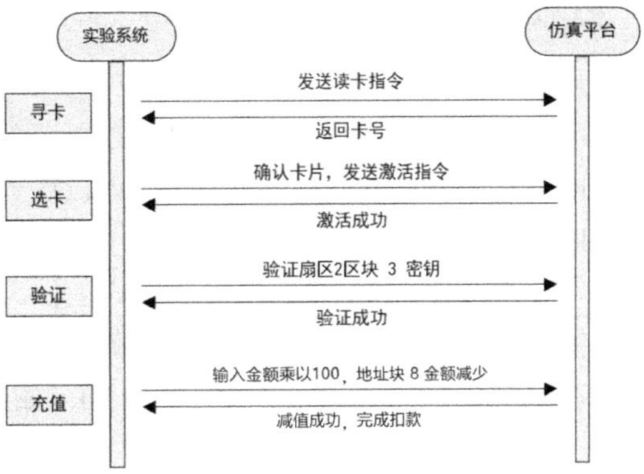

图 3.2.15　扣款通信流程

4)　初始化电子钱包

以扇区 2 地址块 9 初始金额 100 为例，详细说明初始化过程。

打开串口、寻卡、选卡及验证，和上述充值、扣款操作步骤一样。初始化电子钱包界面如图 3.2.16 所示。

图 3.2.16　仿真系统-初始化电子钱包界面 1

计算初始字符串，如将初始金额 100 乘以 100(即将 100 转成 10000)，把 10000 转换成十六进制的 4 个字节数组{0x10,0x27,0x00,0x00}，将数组内的数据取反得到{0xEF,0xD8,0xFF,0xFF}，地址位 9 转换成 1 字节十六进制数 0x09，0x09 取反得到 0xF6，再按【金额正】【金额反】【金额正】【区块正】【区块反】【区块正】【区块反】的形式拼成最终要写入地址块 9 的 16 个字节的数据{10,27,00,00,EF,D8,FF,FF,10,27,00,00,09,F6,09,F6}，最后写入卡片，完成初始化。初始化电子钱包界面如图 3.2.17 和图 3.2.18 所示。

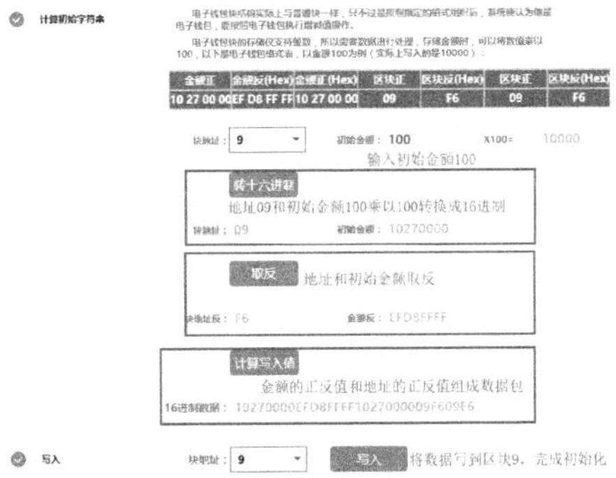

图 3.2.17　仿真系统-初始化电子钱包界面 2

图 3.2.18　仿真系统-初始化电子钱包界面 3

3. 虚实结合实验

1)　硬件连接

串口线：连接计算机串口与 RFID 教学实验平台串口。

电源适配器：连接电源适配器 DC12V 到 RFID 教学实验平台。

I/O 口：HF 射频模块和 M3 核心模块采用 SPI 通信方式。SPI(Serial Peripheral Interface)是串行外设接口。SPI 通信以主从方式工作，这种模式通常有一个主设备和一个或多个从设备，需要至少 5 根信号线。HF 射频模块 MISO、MOSI、SCK、NSS、RST 分别连接 M3 核心模块的 PA6、PA7、PA5、PA4、PA0，如图 3.2.19 所示。

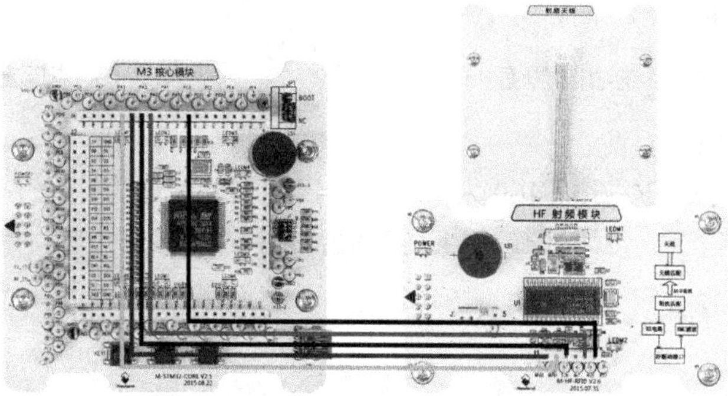

图 3.2.19　硬件模块连接线路图

2)　仿真平台设置

在模拟仿真停止的状态下，双击 PC 打开配置界面，虚拟串口选择要与仿真系统连接的虚拟串口一致，勾选虚实结合实验界面的开启按键，物理串口选择与 RFID 教学实验平台连接的物理串口，并设置波特率，如图 3.2.20 所示。设置完成后关闭配置窗口，打开模拟仿真。

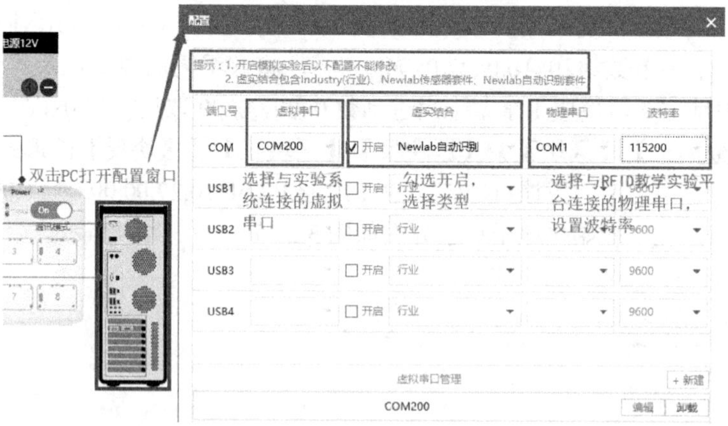

图 3.2.20　仿真平台 PC 配置

3)　仿真操作

虚实结合仿真过程与仿真过程操作一样，在虚实结合的状态下仿真系统读取的信息是物理设备反馈的数据。仿真平台收到物理串口返回的数据，仿真平台会根据数据内容判断是否生成一张卡片到仿真平台，并用粉色字体显示卡号，表示该卡是真实卡片的映射，如

图 3.2.21 所示。

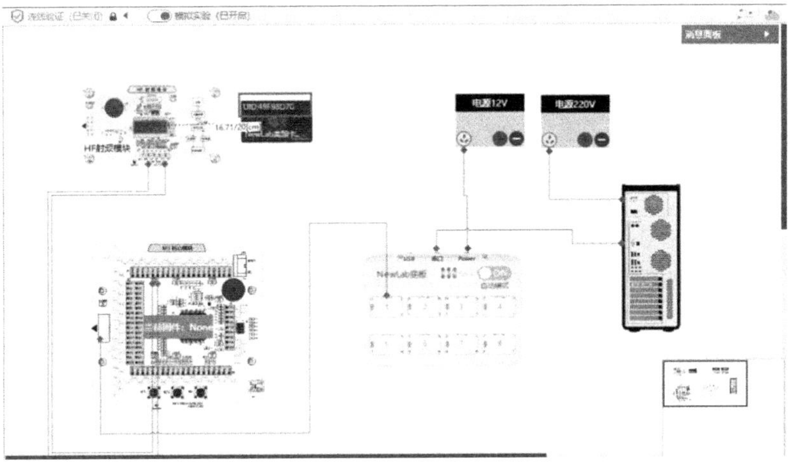

图 3.2.21 仿真平台的虚实结合界面

4) 结果验证

虚实结合仿真可以在仿真界面展示真实标签的卡号和通信过程，仿真系统也可以脱离仿真平台通过 PC 的物理串口直接与 RFID 教学实验平台的物理设备进行仿真，如图 3.2.22 所示。

关闭仿真平台的模拟仿真，再将仿真系统的串口设置为 RFID 教学实验平台物理设备与 PC 连接的串口号即可进行仿真，仿真过程与上述仿真操作一样，通过对比脱离仿真平台与连接仿真平台获取的标签号是否一致来验证仿真结果。

(1) 虚实结合获取标签号。

仿真系统的串口选择仿真平台上指定的虚拟串口号，如图 3.2.23 所示。打开串口获取标签号。

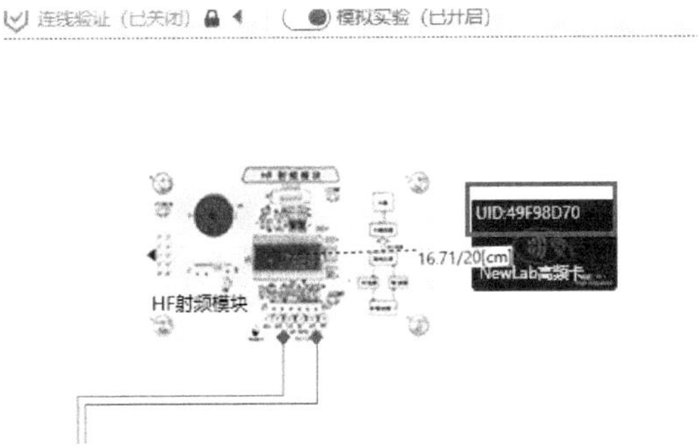

图 3.2.22 进行仿真

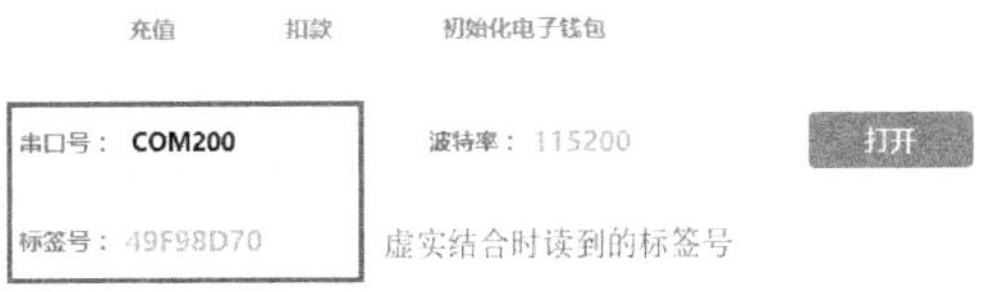

图 3.2.23 虚实结合获取标签号

(2) 直连物理设备获取标签号。

关闭仿真平台的模拟仿真(否则串口会被占用)，再将仿真系统的串口设置为物理设备与 PC 连接的串口，如图 3.2.24 所示。打开串口获取标签号。

(3) 验证两次仿真获取到的标签号是否一致。例如本次虚实结合获取到卡号“49F98D70”，脱离仿真平台，直接连接物理设备是否也能获取到卡号“49F98D70”。

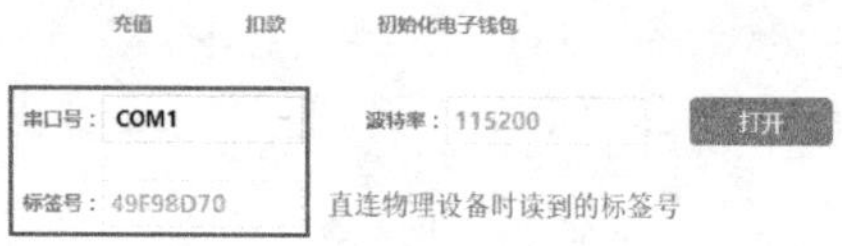

图 3.2.24　直连物理设备获取标签号

思　考

思考每个扇区中的控制权限的权限规律，初步认识控制位。

本节小结

本节主要介绍了 RFID 高频电子钱包仿真，通过 RFID 平台模拟电子钱包的充值、消费和初始化电子钱包仿真，了解高频卡片的数据结构及通信数据包结构，认识高频 RFID 卡反馈信息的意义。

3.3　高频公交 E 卡通应用仿真

任务内容

本节主要介绍了 RFID 高频公交 E 卡通应用仿真，通过 RFID 教学实验平台模拟公交 E 卡通的制卡、充值、消费和销卡仿真，了解字符集编码、公交 E 卡通的系统的基本概念及 E 卡通系统的开发手段、步骤和调试方法。

任务要求

- 了解高频卡数据存储结构。
- 了解高频 M1 卡密钥验证规则。
- 理解高频卡读写器如何读写高频 M1 卡。
- 掌握公交 E 卡通的充值消费的基本原理。
- 了解字符集编码。

理论认知

1. 公交 E 卡通应用原理

仿真系统和仿真平台之间利用高频协议进行通信，每条指令可完成读卡、卡片激活、密钥验证、读取指定地址块、写入指定地址块等操作。公交 E 卡通应用仿真将 M1 卡扇区 1 作为用户信息块，用来存储乘客的姓名、电话和身份证信息，将扇区 2 作为电子钱包块，用来存储公交卡金额，如图 3.3.1 所示。

扇区	区块	地址块	扇区	区块	地址块	扇区	区块	地址块	扇区	区块	地址块
扇区0	区块0	0	扇区4	区块0	16	扇区8	区块0	32	扇区12	区块0	48
	区块1	1		区块1	17		区块1	33		区块1	49
	区块2	2		区块2	18		区块2	34		区块2	50
	区块3	3		区块3	19		区块3	35		区块3	51
扇区1	区块0	4	扇区5	区块0	20	扇区9	区块0	36	扇区13	区块0	52
	区块1	5		区块1	21		区块1	37		区块1	53
	区块2	6		区块2	22		区块2	38		区块2	54
	区块3	7		区块3	23		区块3	39		区块3	55
扇区2	区块0	8	扇区6	区块0	24	扇区10	区块0	40	扇区14	区块0	56
	区块1	9		区块1	25		区块1	41		区块1	57
	区块2	10		区块2	26		区块2	42		区块2	58
	区块3	11		区块3	27		区块3	43		区块3	59
扇区3	区块0	12	扇区7	区块0	28	扇区11	区块0	44	扇区15	区块0	60
	区块1	13		区块1	29		区块1	45		区块1	61
	区块2	14		区块2	30		区块2	46		区块2	62
	区块3	15		区块3	31		区块3	47		区块3	63

图 3.3.1　高频卡数据存储结构

2. GB 2312 编码

仿真中采用 GB 2312 编码，GB 2312 标准共收录了 6763 个汉字，其中一级汉字 3755 个，二级汉字 3008 个，如表 3.3.1 所示；同时，GB 2312 收录了包括拉丁字母、希腊字母、日文平假名及片假名字母、俄语西里尔字母在内的 682 个全角字符。整个字符集分成 94 个区，每区有 94 个位。本仿真使用 GB 2312 编码表将汉字转换成十六进制数据，再保存到卡片的存储区域内，读取的时候再把十六进制数据对比 GB 2312 编码表转换成汉字。

一个汉字占两个字节，即用两个最大值为 FF 的十六进制数表示，如表 3.3.1：汉字“张”转成 GB 2312 编码为“D5 C5”，汉字“三”转成 GB 2312 编码为“C8 FD”，所以仿真中“张三”将会转换成“D5C5C8FD”，再写入卡片存储区的指定块地址内。

表 3.3.1　部分 GB 2312 编码表

第 53 区	0	1	2	3	4	5
D5A0		铡	闸	眨	栅	榨
D5B0	瞻	毡	詹	粘	沾	盏
D5C0	绽	樟	章	彰	漳	张
D5D0	招	昭	找	沼	赵	照
D5E0	锗	蔗	这	浙	珍	斟
D5F0	震	振	镇	阵	蒸	挣
第 40 区	0	1	…	+D	+E	+F
C8A0		取	…	拳	犬	券
C8B0	劝	缺	…	冉	染	瓤
C8C0	壤	攘	…	韧	任	认
C8D0	刃	妊	…	容	绒	冗
C8E0	揉	柔	…	软	阮	蕊
C8F0	瑞	锐	…	三	叁	

任务实施

1. 制卡

(1) 选择串口号，选择与仿真平台 PC 的 COM 口一致的虚拟串口，如图 3.3.2 所示。

(2) 打开串口。

(3) 读取卡号，读写器根据协议识别 M1 卡片的卡号。

(4) 填写乘客信息，将乘客所填信息转换为十六进制，仿真平台会在单击【确定制卡】时进行进制转化。转化的值有 16 个字节，如果值少于 16 个字节则用 0 代替。

(5) 确定制卡，将填写的用户信息转化后的十六进制值写入扇区的块中(注：1 个扇区有 4 个区块，每个区块都有自己的块地址)。并且从扇区中选择某块设置电子钱包，用来存取金额。再选一块作为制卡状态(注：本仿真中 1 扇区的 0 块、1 块、2 块分别用来存储乘客姓名、电话、身份证信息。2 扇区中的 0 块用来做电子钱包)，如图 3.3.3 所示，流程图如图 3.3.4 所示。

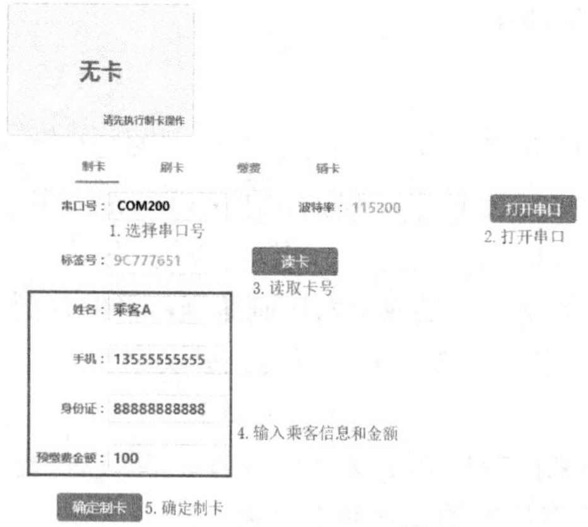

图 3.3.2 仿真系统-制卡界面

图 3.3.3 仿真系统-制卡成功

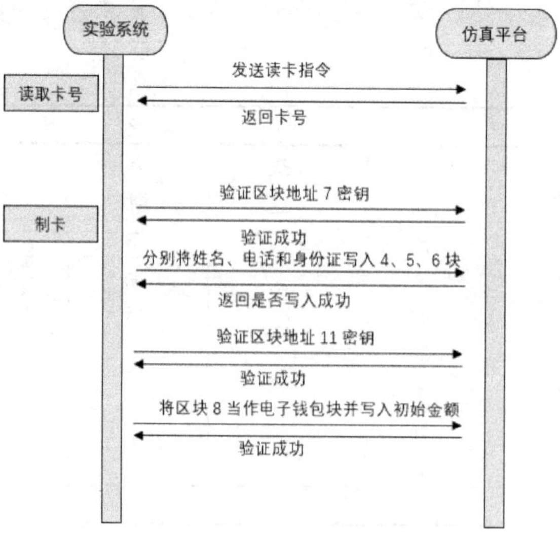

图 3.3.4 制卡通信流程

2. 刷卡

(1) 打开与仿真平台 PC 的 COM 口一致的虚拟串口，如图 3.3.5 所示。

(2) 读取卡片信息。

(3) 输入刷卡要减去的金额。

(4) 确定刷卡，将在当初制卡时作为电子钱包的块区中减去输入金额的值。流程图如图 3.3.6 所示。

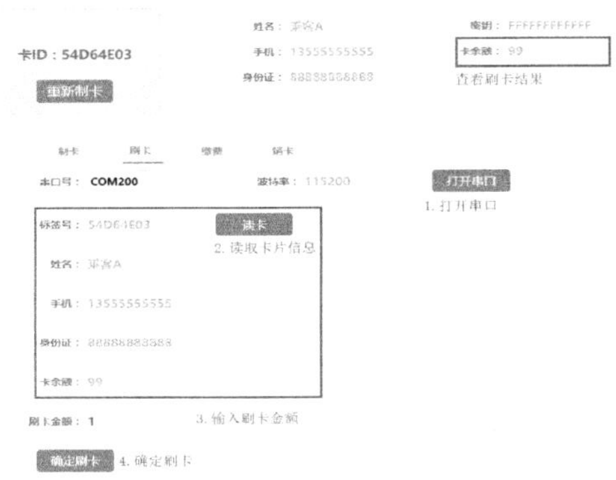

图 3.3.5 仿真系统-刷卡消费界面

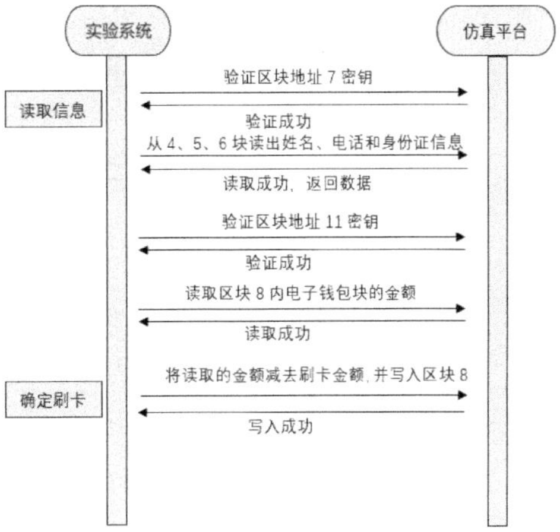

图 3.3.6 刷卡通信流程

3. 缴费

(1) 打开与仿真平台 PC 的 COM 口指定的虚拟串口，如图 3.3.7 所示。

(2) 读取卡片信息。

(3) 输入刷卡要缴费的金额。

(4) 确定缴费，将在当初制卡时作为电子钱包的块区中加上输入金额的值。流程图如图 3.3.8 所示。

图 3.3.7 仿真系统-缴费充值界面

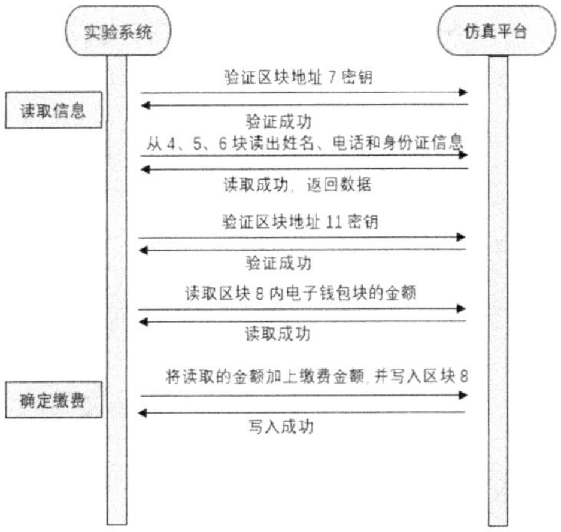

图 3.3.8 缴费通信流程

4. 销卡

销卡操作是将信息全部删除，还原密钥和控制权限。当再去执行充值、消费操作时，都是不允许的。销卡界面如图 3.3.9 所示；销卡成功界面如图 3.3.10 所示，销卡流程图如

图 3.3.11 所示。

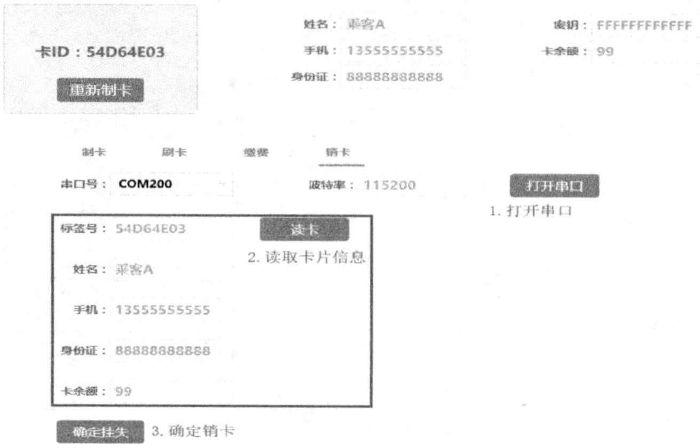

图 3.3.9　仿真系统-销卡界面

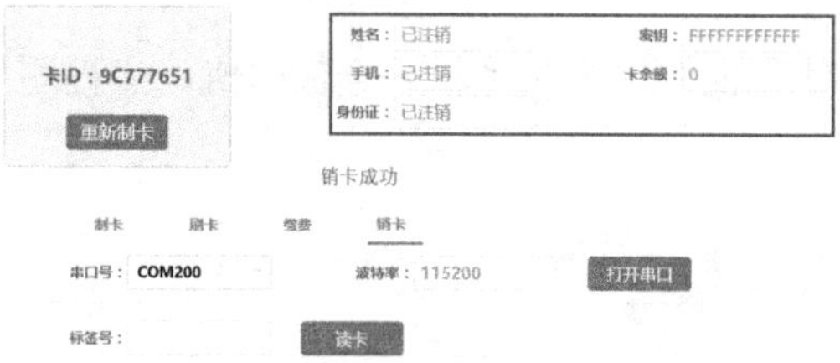

图 3.3.10　仿真系统-销卡成功

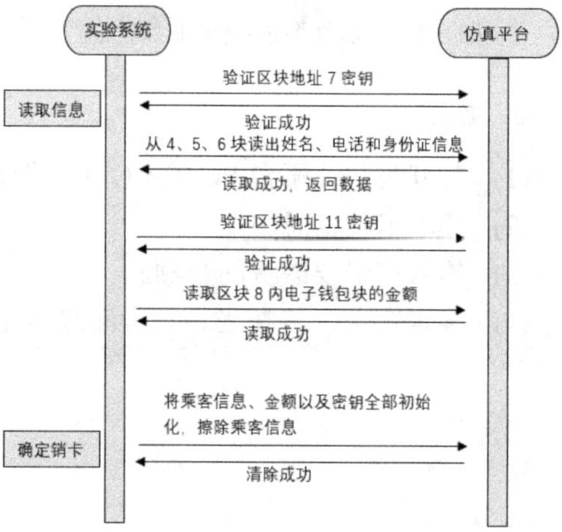

图 3.3.11　销卡通信流程

技能拓展

1. 了解读写权限控制。
2. 了解作为电子钱包块的数据块进行增值减值的具体操作。

本节小结

本节主要介绍了 RFID 高频公交 E 卡通应用仿真，通过实验模拟公交 E 卡通的制卡、充值、消费和销卡的过程仿真，并了解字符集编码。

3.4 高频 RFID 串口通信实验

任务内容

本节主要介绍 RFID 教学实验平台高频卡模块实验原理。了解串口通信技术，掌握串口配置，认识高频 RFID 卡串口通信协议，认识高频卡读写套件：RFID 教学实验平台、M3 核心模块、HF 射频模块、射频天线、高频卡片等板块。

任务要求

- 了解串口通信技术。
- 掌握串口配置。
- 认识高频 RFID 卡串口通信协议。
- 认识高频卡读写套件：RFID 教学实验平台、M3 核心模块、HF 射频模块、射频天线、高频卡片等板块。

理论认知

1. 高频读卡器

高频电子标签的典型工作频率为 13.56MHz，高频标签一般以无源为主，其工作能量同低频标签一样，也是通过电感(磁)耦合方式从阅读器耦合线圈的辐射近场中获得。高频标签的阅读距离一般小于 1 米，该频率的感应器可以通过腐蚀或者印刷的方式制作天线。感应器一般通过负载调制的方式进行工作，也就是通过感应器上的负载电阻的接通和断开促使读写器天线上的电压发生变化，实现用远距离感应器对天线电压进行振幅调制。如果通过数据控制负载电压的接通和断开，那么这些数据就能够从感应器传输到读写器。RFID 教学实验平台中高频读卡核心芯片采用 32 位微处理器，并通过 SPI 总线控制高频读卡器。

2. 串口通信技术

(1) 串行接口。

串行接口 (Serial Interface) 是指数据一位一位地顺序传送，其特点是通信线路简单，只要一对传输线就可以实现双向通信(可以直接利用电话线作为传输线)，从而大大降低了成本，特别适用于远距离通信，但传送速度较慢。一条信息的各位数据被逐位按顺序传送的通信方式称为串行通信。串行通信的特点是：按位的顺序进行数据的传送，只需一根传输线即可完成；成本低且传送速度慢。串行通信的距离可以从几米到几千米；根据信息的传送方向，串行通信可以进一步分为单工、半双工和全双工三种。

(2) RS-232 串口通信。

RS-232 也称标准串口，是最常用的一种串行通信接口。如图 3.4.1 所示，RS-232 采取不平衡传输方式，即所谓单端通信。由于其发送电平与接收电平的差仅为 2V 至 3V 左右，所以其共模抑制能力差，再加上双绞线上的分布电容，其传送距离最大约为 15 米，最高速率为 20kb/s。RS-232 是为点对点通信而设计的，其驱动器负载为 3～7kΩ。所以 RS-232 适合本地设备之间的短距离通信。

(3) USB 转 RS-232 数据线。

目前大部分笔记本、台式机都没有 RS-232 接口，针对这种情况，一般是购买 USB 转串口线，如图 3.4.2 所示。

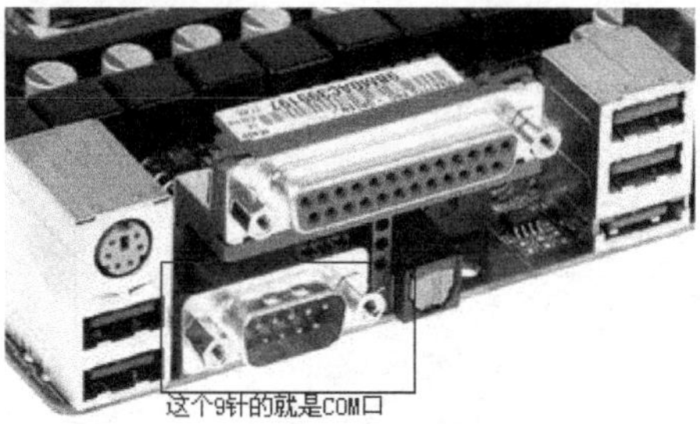
这个9针的就是COM口

图 3.4.1　PC 机 9 针串口

图 3.4.2　USB 转串口线

3. RFID 教学实验平台高频模块主从设备通信协议格式

(1) 协议格式如表 3.4.1 所示。

表 3.4.1　协议格式

SYNC		ID		Command		Size	Data		CRC16	
							Data0->Data255			
0xFF	0x55	X1	X2	X1	X2	XX	X1	Xn	XX	XX

(2) 协议段定义。

同步帧：

SYNC	通信协议同步帧，固定为 0xFF,0x55

从设备地址：

ID	从设备地址 当主机与从设备进行通信时，通过设定从设备地址，可将通信内容发送到从设备。当从设备接收到通信内容后会做出相应操作，并返回操作结果，此时从设备的 ID 需填写本设备 ID 号 主机 ID 号　从设备 ID 号 从机 ID 号　本设备 ID 号 0xFFFF 广播方式

命令：

Command	X1(主命令)0x00 系统定义功能码区，用户不得随意添加 X1(主命令)0x01 用户定义功能码区，查询主命令 X1(主命令)0x02 用户定义功能码区，设置主命令 X1(主命令)0x03 用户定义功能码区，数据传输主命令 X1(主命令)0x04 用户定义功能码区，从机随机发送

Command	X2(从命令)0x00 禁能 CRC16 校验 X2(从命令)0x01 使能 CRC16 校验 X2(从命令)0x02 查询设备信息 X2(从命令)0x03 ping 从设备 X2(从命令)0x04 设置设备 ID

数据段大小：

Size	数据段大小，一个字节，最大 0xFF

数据段：

Data	数据段

CRC16 校验：

CRC16	校验段：ID + Command + Size + Data

4. 主从设备通信协议

主从设备通信协议如表 3.4.2 所示。

表 3.4.2 主从设备通信协议

主命令	从命令	描 述	示 例
02	02	关闭高频天线	FF 55 00 00 02 02 00 A0 84
02	03	打开高频天线	FF 55 00 00 02 03 00 30 85
01	00	读取高频 CPU A 卡信息	FF 55 00 00 01 00 00 C0 75
01	09	高频 CPU A 卡寻卡	FF 55 00 00 01 09 00 90 73
05	04	高频 CPU A 卡防冲突检测	FF 55 00 00 05 04 00 C1 36
01	08	高频 CPU A 卡选卡	FF 55 00 00 01 08 00 00 72
02	08	高频激活 CPU A 卡	FF 55 00 00 02 08 00 00 82
03	00	高频 APDU 命令处理(仅对 CPU 卡有效)	FF 55 00 00 03 00 07 00 05 00 84 00 00 08 88 FC
01	03	读取高频 M1 卡信息	FF 55 00 00 01 03 00 30 75
01	07	高频 M1 寻卡	FF 55 00 00 01 07 00 F0 77
05	03	高频 M1 卡防冲突检测	FF 55 00 00 05 03 00 F1 34
01	06	高频 M1 选卡	FF 55 00 00 01 06 00 60 76
02	00	高频激活 M1 卡 设备收到此命令后，依次执行【寻卡】【防冲突】【选卡】动作	FF 55 00 00 02 00 00 C0 85
05	01	高频卡移开检测	FF 55 00 00 05 01 00 91 35
05	02	高频 M1 卡密码认证	FF 55 00 00 05 02 08 00 FF FF FF FF FF FF 00 ED 9A
03	01	高频 M1 卡块数据块读取	FF 55 00 00 03 01 01 01 CF 91

续表

主命令	从命令	描　述	示　例
03	02	高频 M1 卡块数据块写入	FF 55 00 00 03 02 11 11 11 11 11 11 11 11 11 11 11 11 11 11 11 11 01 96 05
02	09	高频 M1 卡 Halt	FF 55 00 00 02 09 00 90 83
01	0D	身份证卡寻卡	FF 55 00 00 01 0D 00 50 71
01	0F	高频 CPU B 卡寻卡	FF 55 00 00 01 0F 00 30 70
05	05	高频 CPU B 卡防冲突检测	FF 55 00 00 05 05 00 51 37
01	0E	高频 CPU B 卡选卡	FF 55 00 00 01 0E 00 A0 71
02	0E	高频激活 CPU B 卡	FF 55 00 00 02 0E 00 A0 81
00	00	禁止 CRC16 校验	FF 55 00 00 00 00 00 00 00
00	01	使能 CRC16 校验	FF 55 00 00 00 01 00 90 25
80	02	无法识别命令	FF 55 00 00 80 02 02 X1 X2 00 00

任务实施

1. 硬件连接

串口线：连接计算机串口与 RFID 教学实验平台串口。

电源适配器：连接电源适配器 DC12V 到 RFID 教学实验平台。

I/O 口：HF 射频模块和 M3 核心模块采用 SPI 通信方式。HF 射频模块 MISO、MOSI、SCK、NSS、RST 分别连接 M3 核心模块的 PA6、PA7、PA5、PA4、PA0，详见参考图 3.2.19 和图 3.2.3 及表 3.2.1。

RFID 教学实验平台拨动开关：置于“通信模式”。

RFID 教学实验平台电源开关：按下电源开关，接通电源。

2. 安装驱动

(1) 查找 CH340 系列 USB-COM 驱动，进行安装。

(2) 安装成功后，打开设备管理器，观察串口号。

(3) USB 转串口插入前和插入后，如图 3.4.3 所示。

图 3.4.3　观察串口(USB 转串口插入前和插入后)

插入前无串口，插入后出现映射后的 COM 口，请记住该串口号，后面会用到。

3. 操作步骤

(1) 将高频卡靠近射频天线模块。

(2) 打开串口调试助手，选择串口号(如当前为 COM3)，如图 3.4.4 所示。

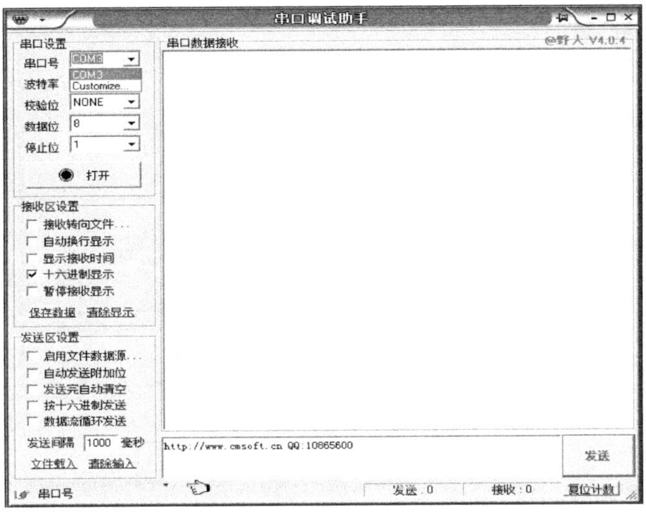

图 3.4.4　选择串口

(3) 设置波特率为 115200bps。

(4) 打开串口。

勾选【十六进制显示】复选框，然后单击【打开】按钮，打开串口。

(5) 设置发送区。

勾选【按十六进制发送】复选框，然后在输入框输入“FF 55 00 00 01 03 00 30 75”，如图 3.4.5 所示，即读取高频 M1 卡信息命令。

图 3.4.5　设置发送区

(6) 单击【发送】按钮，观察反馈的信息，如图 3.4.6 所示。

图 3.4.6　接收反馈数据

4. 结果分析

发送读取高频 M1 卡信息命令：“FF 55 00 00 01 03 00 30 75”，接收到反馈信息：“FF 55 00 00 81 03 08 E3 64 41 21 06 41 B5 00 9B C7”，高频 M1 卡信息为“E3 64 41 21 06 41 B5 00”，其中卡序列号为“E3 64 41 21”。

技能拓展

1. 查阅资料，分析反馈信息“E3 64 41 21”的含义。

2. 测试本实验中主从设备通信协议中读取高频 CPU 型 Type A 卡信息协议，观察反馈数据，并尝试分析、解释。

本节小结

本节主要介绍了 RFID 教学实验平台高频卡模块等实验原理。学习串口通信技术及 RFID 教学实验平台的使用方法，掌握串口配置，认识高频 RFID 卡串口通信协议，认识高频卡读写套件：RFID 教学实验平台、M3 核心模块、HF 射频模块、射频天线、高频电子标签卡片等模块。

3.5　获取高频 M1 卡信息

任务内容

本节主要介绍高频 RFID 技术实验原理。了解高频卡，认识 M1 卡基本存储结构，掌握厂商块信息，并采用 Java 语言对串口通信协议编程，实现高频 M1 卡信息获取。

任务要求

- 了解高频卡。
- 认识 M1 卡基本存储结构，掌握厂商块信息。
- 采用 Java 语言编程，通过实验完成高频 M1 卡信息获取。

理论认知

1. 高频 RFID 特性

高频系统具有以下的特性。

(1) 工作频率为 13.56MHz，该频率的波长大概为 22m。

(2) 除了金属材料外，该频率的波长可以穿过大多数材料，但是往往会降低读取距离，电子标签需要与金属保持一定距离。

(3) 该频段在全球都得到认可并没有特殊的限制。

(4) 虽然该频率的磁场区域下降很快，但是能够产生相对均匀的读写区域。

(5) 该系统具有防冲撞特性，可以同时读取多个电子标签。

(6) 可以把某些数据信息写入标签中。

(7) 数据传输速率比低频要快，价格便宜。

鉴于此，高频 RFID 技术在图书管理系统、服装生产线和物流系统的管理、三表预收费系统、酒店门锁的管理、大型会议人员通道系统、固定资产的管理系统、医药物流系统的管理、智能货架的管理系统等方面得到了大量的应用。

2. 非接触式 IC 卡

IC 卡全称为集成电路卡(Integrated Circuit Card)，又称智能卡(Smart Card)。可读写，容量大，有加密功能，数据记录可靠，使用方便，如一卡通系统、消费系统等。IC 卡按连接方式分为接触式和非接触式：接触式卡片存在操作慢、环境适应性差、可靠性欠佳等问题；非接触式 IC 卡，又称射频卡，是射频识别技术和 IC 卡技术有机结合的产物，它解决了无源(卡中无电源)和免接触这一难题，具有使用更加方便、快捷的特点。

非接触式 IC 卡属于 RFID 范畴，主要用于公交、轮渡、地铁的自动收费系统，也应用在门禁管理、身份证明和电子钱包等方面。

非接触式 IC 卡由 IC 芯片、感应天线组成，封装在一个标准的 PVC(聚氯乙烯)卡片内，芯片及天线无任何外露部分。卡片在一定距离范围(通常为 5～10mm)靠近读写器表面，通过无线电波的传递来完成数据的读写操作。读写器向 IC 卡发出一组固定频率的电磁波，卡片内有一个 LC 串联谐振电路，其频率与读写器发射的频率相同，在电磁波的激励下，LC 谐振电路产生共振，从而使电容内有了电荷，在这个电容的另一端，接有一个单向导通的电子泵，将电容内的电荷传送到另一个电容内储存，当所积累的电荷达到 2V 时，此电容可作为电源为其他电路提供工作电压，将卡内数据发射出去或接收读写器的数据。

通常，IC 卡的存储容量在 256bit 到 72kbit 之间，目前最流行的技术有 Legic、Mifare、

Desfire、ICode 和 HID class 等，非接触式 IC 卡所使用的芯片以飞利浦公司出品的 Mifare 1 标准型号为 S50 或 S70 芯片居多，约占到 80%。

3. 防冲突机制

ISO/IEC 14443-3 规定了 Type A、Type B 两种类型卡的防冲突机制，二者防冲突机制的原理完全不同。前者是基于位冲突检测协议，后者则是通过字节、帧及命令完成防冲突。Type B 与 Type A 相比，具有传输能量不中断、速率更高、抗干扰能力更强的优点。RFID 的核心是防冲突技术，这也是和接触式 IC 卡的主要区别。

Type A 类型卡片需要的基本命令如下。

(1) REQA：对 Type A 型卡的请求。

(2) ANTICOLLISION：防冲突。

(3) SELECT：选择命令。

(4) RATS：应答响应。

Type B 类型卡片需要的基本命令如下。

(1) REQB：对 Type B 型卡的请求。

(2) ATTRIBPICC：选择命令。

从以上的比较可以看出：Type B 类型卡片具有使用更少的命令、以更快的响应速度来实现防冲突和选择卡片的能力。Type A 的防冲突需要卡片上具有较高和较精确的时序。因此，需要在卡和读写器中分别加更多的硬件，而 Type B 的防冲突更容易实现。

目前 Type A 的产品(如 Mifare 卡)具有更高的市场普及率，代表产品如公交系统；但是 Type B 在安全性、高速率和适应性方面有更好的前景，代表产品如二代身份证。

4. M1 卡

根据 ISO/IEC 14443A 标准，飞利浦开发了无线智能卡芯片 S50，它是 Mifare 1 IC 卡(简称 M1 卡)的核心。该芯片的通信层 Mifare RF 接口遵从 ISO/IEC 14443A 标准，保密层(security layer)使用经区域验证的流密码(field-proven CRYPTO1 stream cipher)，使典型 Mifare 系列芯片的数据交换得到保密。S50 卡内建 4 或 7 字节 UID、1K 数据存储区，数据有密钥保护功能，可提供白卡、印刷卡、纸质不干胶标签、钥匙链，且有多种大小规格及薄卡和厚卡，如图 3.5.1 所示。

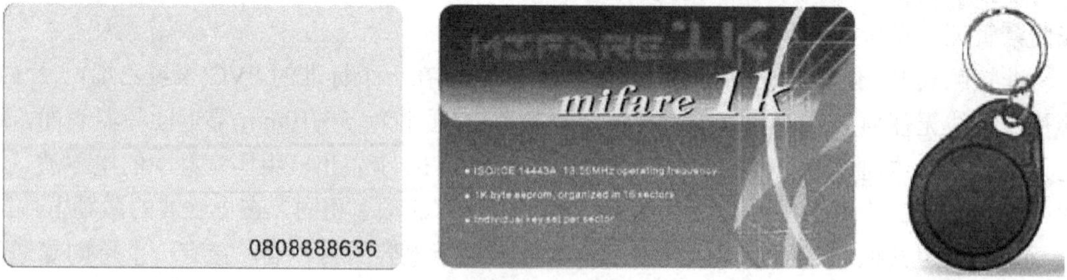

图 3.5.1　各种不同类型的 M1 卡

1) M1 卡技术指标

(1) 容量为 8K 位(bit)=1KB(Byte)EEPROM。

(2) 分为 16 个扇区，每个扇区为 4 块，每块 16 个字节，以块为存取单位。

(3) 每个扇区有独立的一组密码及访问控制。

(4) 每张卡有唯一序列号，为 32 位。

(5) 具有防冲突机制，支持多卡操作。

(6) 无电源，自带天线，内含加密控制逻辑和通信逻辑电路。

(7) 数据保存期限为 10 年，可改写 10 万次，读无限次。

(8) 工作温度：-20～50℃(湿度为 90%)。

(9) 工作频率：13.56MHz。

(10) 通信速率：106 kb/s。

(11) 读写距离：10 cm 以内(与读写器有关)。

2) M1 卡厂商块信息

第 0 扇区的块 0(即绝对地址 0 块)为厂商块。厂商块是存储器第 1 个扇区(扇区 0)的第 1 个数据块(块 0)，它包含了 IC 卡厂商的数据。基于保密性和系统的安全性，这一块在 IC 卡厂商编程之后被置为写保护，不能再复用为应用数据块。

其中，第 0～3 个字节为卡片的序列号；第 4 个字节为序列号的校验码；第 5 个字节为卡片的容量 Size；第 6～7 个字节为卡片的类型号，即 TagType 字节；其他字节由厂商另加定义。

例如，一张 M1 卡扇区 0 中的块 0(block 0)存储的 16 个字节的内容为 420A7E00368804004481740630373937H，则其序列号为 420A7E00H，序列号的校验码为 36H，容量字节 Size 为 88H，卡片类型号为 0400H。

任务实施

1. 操作步骤

(1) 创建一个类“IHightFrequency”，实现“IHightFrequency”接口，并实现获取高频 M1 卡信息 “getCardInfo”方法，返回“SerialPortParam”对象，该对象包含发送的字节码和返回的字节码。

(2) 获取高频 M1 卡信息“getCardInfo”方法的实现流程如图 3.5.2 所示。

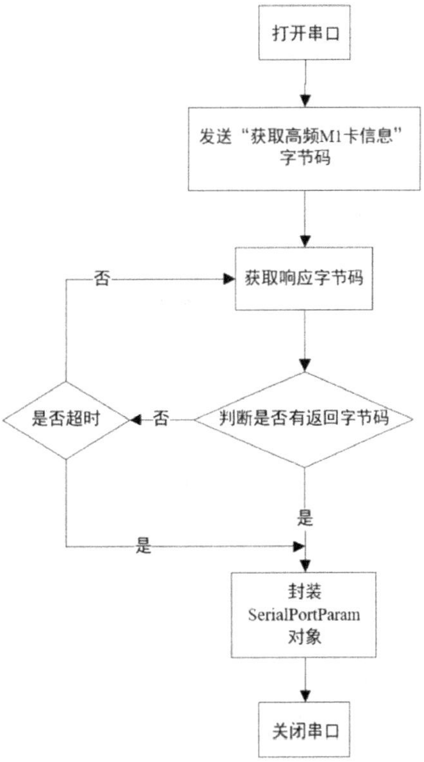

图 3.5.2 获取高频 M1 卡信息流程图

(3) 完成“getCardInfo”方法的调用。

(4) 解析获取高频 M1 卡信息返回的命令：

```
IHightFrequency hightFrequency = new HightFrequency(serialPort,
        boundRate, dataBits, stopBits, parity);
SerialPortParam param = hightFrequency.getCardInfo();
Map<String, Object> dataMap = new HashMap<>();
dataMap.put("resData",
        StringUtil.bytesToHexString(param.getResBytes()));
dataMap.put("reqData",
        StringUtil.bytesToHexString(param.getReqBytes()));
if (param.getResBytes() != null && param.getResBytes().length > 0) {
    String resData = dataMap.get("resData").toString();
    if (resData.indexOf("FF 55 00 00 81 03 08") > -1) {
        resData = resData.replace( target: "FF 55 00 00 81 03 08 ",  replacement: "");
        dataMap.put("opMsg",
                "读取卡信息成功,卡号:" + resData.substring(0, 12));
        dataMap.put("cardNo", resData.substring(0, 11));
    } else {
        dataMap.put("opMsg", "读取卡信息失败");
    }
}else{
    dataMap.put("opMsg", "未读到卡信息");
}
```

(5) 参考界面如图 3.5.3 所示。

图 3.5.3　获取高频 M1 卡信息界面

2. 结果分析

有卡时获取卡信息如下。

发送：FF 55 00 00 01 03 00 30 75

(1) 通信同步帧：FF 55。

(2) 主从设备地址：00 00。

(3) 主从命令码：01 03(表示读取高频 M1 卡信息)。

(4) 块地址：00(表示读取 00 块的信息)。

(5) CRC16 校验位：30 75。

接收：FF 55 00 00 81 03 08 83 A1 5C 9F 83 A1 5C 00 43 18

(1) 通信同步帧：FF 55。

(2) 主从设备地址：00 00。

(3) 主从命令码：81 03。

(4) 数据段大小：08(表示 8 个字节，最大 FF)。

(5) 卡信息：83 A1 5C 9F(即为高频 M1 卡 32 位的序列号)。

(6) 序列号校验码：83。

(7) 卡片容量：A1。

(8) 卡片类型字节：5C 00。

(9) CRC16 校验位：43 18。

技能拓展

1. 读取多个高频卡，并记录卡信息。
2. 在不同设备上读取高频卡，观察卡信息是否相同。
3. 认识各种类型的高频卡。

本节小结

本节主要介绍了高频 RFID 的基本技术、原理，认识高频卡的类型及应用领域，对 M1 卡的存储结构做了详细的分析；最后，采用 Java 语言，通过实验的方式对串口协议进行开发，实现从 M1 卡读取卡信息的基本操作。

3.6　高频 M1 卡天线操作

任务内容

本节主要介绍高频卡与阅读器的能量耦合、高频 M1 卡工作过程。认识高频卡天线技术，理解高频卡与阅读器的能量耦合方式，掌握高频卡天线打开、关闭的方法，了解高频卡片的数据结构及通信数据包结构，学习 Java 编程技术。

任务要求

- 认识高频卡天线技术。
- 理解高频卡与阅读器的能量耦合原理。
- 学习高频卡片的数据结构及通信数据包结构。
- 使用 Java 语言串口通信技术编程，完成高频 M1 卡天线操作的开发。

理论认知

1. 高频卡与阅读器的能量耦合

(1)　天线技术。

天线是一种以电磁波形式把前端射频信号功率接收或辐射出去的装置，是电路与空间的界面器件，用来实现导行波与自由空间波能量的转化。

电子标签和读写器通过各自的天线构建起两者之间的非接触信息传输通道，如图 3.6.1 所示。无论是射频标签还是读写器的正常工作，都离不开天线或耦合线圈：一方面，无源射频标签芯片要启动电路工作，需要通过天线在读写器天线产生的电磁场中获得足够的能量；另一方面，天线决定了射频标签与读写器之间的通信信道和通信方式，它在射频标签与读写器实现数据通信的过程中起到了关键性作用，因此，对 RFID 天线的研究具有重要意义。

小于 1m 的近距离应用系统的 RFID 天线一般采用工艺简单、成本低的线圈型天线，它们主要工作在中低频段。而 1m 以上远距离的应用系统需要采用微带贴片型或偶极子型的天线(即 ID 天线)，它们工作在高频及微波频段。

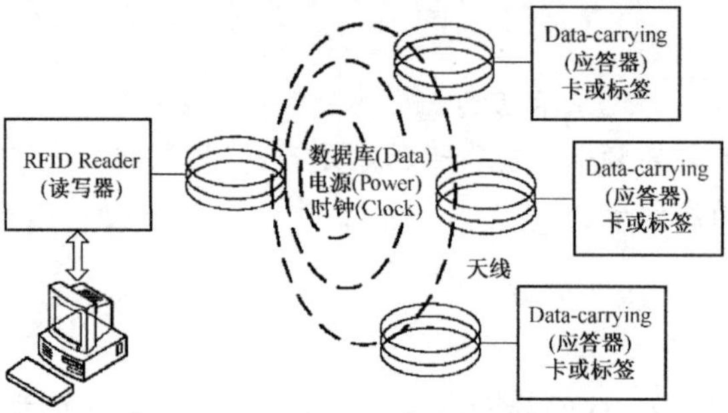

图 3.6.1　RFID 读写器、标签天线构成示意图

(2)　能量耦合。

根据阅读器和标签天线的工作原理可分为电感耦合与电磁场反向散射耦合 RFID 系统。电感耦合为变压器耦合型，即阅读器上的天线线圈与标签上的天线线圈之间的耦合，标签天线进入读写器的交变磁场中，该标签就可以从磁场中获得能量，一般在低频和高频 RFID 系统中采用。电磁场反向散射耦合与雷达原理类似，阅读器检测来自标签天线的反向散射波，通过改变散射的功率进行通信，阅读器与标签的天线相互处于对方的远场区，它们之间通过电磁波进行数据的传输，一般在超高频和微波频段的 RFID 系统中采用。

在高频 RFID 系统中，电感耦合工作方式对应于 ISO/IEC 14443 协议，关于射频通信的能量传输的内容参照本书第 1.7 节。

2. 高频 M1 卡工作过程

1)　发射原理

高频 M1 卡与读卡器之间通过无线电波来完成读写操作，二者之间的通信频率为 13.56MHz。通常，高频 M1 卡本身是无源卡，当读写器对卡进行读写操作时，读写器发出的信号由两部分叠加组成：一部分是电源信号，该信号由卡接收后，与本身的 L/C 产生一个瞬间能量来供给芯片工作；另一部分则是指令和数据信号，指挥芯片完成数据的读取、修改、储存等，并返回信号给读写器，完成一次读写操作。读写器则一般由单片机、专用智能模块和天线组成，并配有与 PC 的通信接口、打印口、I/O 口等，以便应用于不同的领域。

相对于接触式 IC 卡，M1 卡需要解决的问题主要有以下三个方面。

(1)　M1 卡如何取得工作电压。

(2)　读写器与 M1 卡之间如何交换信息。

(3)　防冲突问题：多张卡同时进入读写器发射的能量区域(即发生冲突)时如何对卡逐一进行处理。

2)　信息与能量传递

典型的射频识别系统由应答器(M1 卡)和读写器构成。M1 卡和读写器均设有发射和接收射频用的线圈(天线)。由于卡内无电源，因此 M1 卡工作所需的电压和功率也是通过线圈发送的，如图 3.6.2 所示。

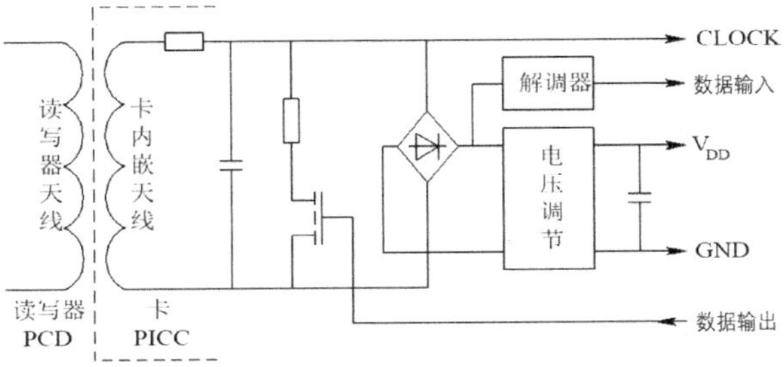

图 3.6.2　M1 卡与读写器接口系统框图

3)　工作过程

(1)　读写器发射激励信号(一组固定频率的电磁波)。

(2)　M1 卡进入读写器工作区内，被读写器信号激励。在电磁波的激励下，卡内的 LC 串联谐振电路产生共振，从而使电容内有了电荷，在这个电容的另一端，接有一个单向导通的电子泵，将电容内的电荷传送到另一个电容内储存，当所积累的电荷达到 2V 时，此电容可以作为电源为其他电路提供工作电压，供卡内集成电路工作所需。

(3)　同时卡内的电路对接收到的信息进行分析，判断发自读写器的命令，如需在 EEPROM 中写入或修改内容，还需将 2V 电压提升到 5V 左右，以满足写入 EEPROM 的电压要求。

(4)　M1 卡对读写器的命令进行处理后，发射应答信息给读写器。

(5)　读写器接收 M1 卡的应答信息。

任务实施

1. 操作步骤

(1)　在 3.5 节的基础上，实现“HightFrequency”类“openAerial”打开天线方法、“closeAerial”关闭天线方法，返回“SerialPortParam”对象，对象包含请求字节码和响应字节码。

(2)　打开天线方法、关闭天线方法的实现流程如图 3.6.3 所示。

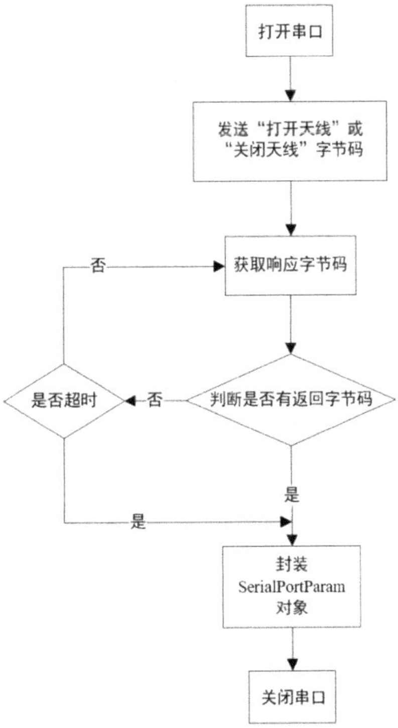

图 3.6.3　打开天线和关闭天线流程

(3)　完成“openAerial”打开天线、“closeAerial”关闭天线方法调用。

(4)　实现方法。

①　解析打开天线返回的命令：

```java
IHightFrequency hightFrequency = new HightFrequency(serialPort,
        boundRate, dataBits, stopBits, parity);
SerialPortParam param = hightFrequency.openAerial();
Map<String, Object> dataMap = new HashMap<>();
dataMap.put("resData",
        StringUtil.bytesToHexString(param.getResBytes()));
dataMap.put("reqData",
        StringUtil.bytesToHexString(param.getReqBytes()));
if (param.getResBytes() != null && param.getResBytes().length > 0) {
    String resData = dataMap.get("resData").toString();
    if (resData.indexOf("FF 55 00 00 82 03 01 00") > -1) {
        dataMap.put("opMsg", "打开天线成功");
    } else {
        dataMap.put("opMsg", "打开天线失败");
    }
}
```

② 解析关闭天线返回的命令：

```java
IHightFrequency hightFrequency = new HightFrequency(serialPort,
        boundRate, dataBits, stopBits, parity);
SerialPortParam param = hightFrequency.closeAerial();
Map<String, Object> dataMap = new HashMap<>();
dataMap.put("resData",
        StringUtil.bytesToHexString(param.getResBytes()));
dataMap.put("reqData",
        StringUtil.bytesToHexString(param.getReqBytes()));
if (param.getResBytes() != null && param.getResBytes().length > 0) {
    String resData = dataMap.get("resData").toString();
    if (resData.indexOf("FF 55 00 00 82 02 01 00") > -1) {
        dataMap.put("opMsg", "关闭天线成功");
    } else {
        dataMap.put("opMsg", "关闭天线失败");
    }
}
```

(5) 参考界面如图 3.6.4 所示。

图 3.6.4　高频 MI 卡天线操作界面

2. 结果分析

(1) 关闭高频天线。

发送数据：FF 55 00 00 02 02 00 A0 84，其中 FF 55 为通信协议同步帧；00 00 为主从设备地址；02 02 为主从机命令；00 为关闭高频天线命令；A0 84 为 CRC16 校验位。

接收数据为十六进制数：FF 55 00 00 82 02 01 00 33 88，其中 FF 55 为通信协议同步帧；00 00 为主从设备地址；82 02 为主从命令码；01 为读取到的有效字节数；00 为读取的有效数据；33 88 为 CRC16 校验位。

(2) 打开高频天线。

发送数据：FF 55 00 00 02 03 00 30 85，其中 FF 55 为通信协议同步帧；00 00 为主从设备地址；02 03 为主从机命令；00 为关闭高频天线命令；30 85 为 CRC16 校验位。

接收数据为十六进制数：FF 55 00 00 82 03 01 00 F3 D9，其中 FF 55 为通信协议同步帧；00 00 为主从设备地址；82 03 为主从命令码；01 为读取到的有效字节数；00 为读取的有效数据；F3 D9 为 CRC16 校验位。

技能拓展

1. 反复单击【清空】【关闭天线】按钮，观察接收框数据，观察数据是否一致。
2. 反复单击【清空】【打开天线】按钮，观察接收框数据，观察数据是否一致。
3. 打开高频天线，将 RFID 信号采集(HF-TEST PICC)分别放在距离高频天线 10cm、5cm、0cm 处，观察数值变化。
4. 关闭高频天线，将 RFID 信号采集(HF-TEST PICC)分别放在距离高频天线 10cm、5cm、0cm 处，观察数值变化。

本节小结

本节主要介绍了高频卡与阅读器的能量耦合的实验原理、高频卡天线技术、高频卡与阅读器的能量耦合方式等知识；介绍了高频卡天线打开、关闭的方法；分析了高频卡片的数据结构及通信数据包结构；最后通过实验，采用 Java 语言对串口通信技术编程，实现对高频 M1 卡天线的操作。

3.7 标签防冲突仿真

任务内容

本节通过仿真的方式形象地诠释了电子标签防冲突算法的过程，了解帧时隙、动态帧时隙及二进制树形搜索算法的原理，为电子标签的防冲突实验操作打基础。

任务要求

- 了解帧时隙防冲突的原理与实现过程。
- 了解动态帧时隙防冲突的原理与实现过程。
- 了解二进制树形搜索算法的原理与实现过程。
- 了解动态二进制树形搜索算法的原理与实现过程。

任务实施

1. 仿真软件登录与进入 RFID 仿真

参考 1.1 节的图 1.1.1 和图 1.1.2 所示。

2. 选择进入“帧时隙算法”仿真

帧时隙 ALOHA 算法实验默认界面如图 3.7.1 所示。

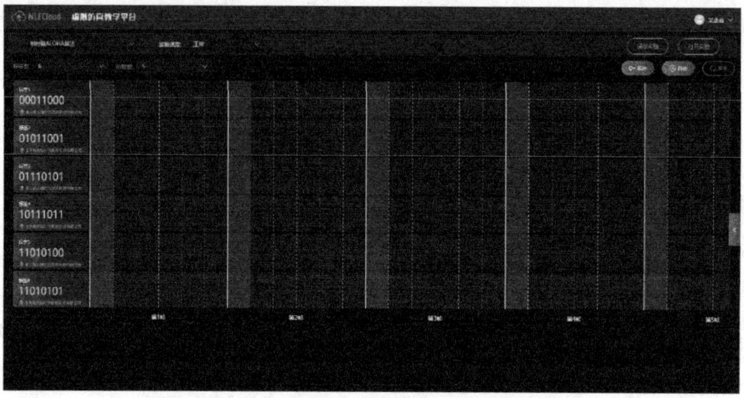

图 3.7.1　帧时隙 ALOHA 算法仿真界面

图 3.7.1 左上角所示可配置实验的标签数量和每一帧的时隙数；每一帧的第一个时隙表示读卡器的请求时隙，紧接着到下一请求时隙之前的时隙是当前帧标签可选的通信时隙；实验时标签将随机选择一时隙向读卡器发送标签 ID 号。

鼠标移动到标签上的时候，标签右侧会出现按钮，单击按钮，可编辑标签 ID 号，如图 3.7.2 所示。

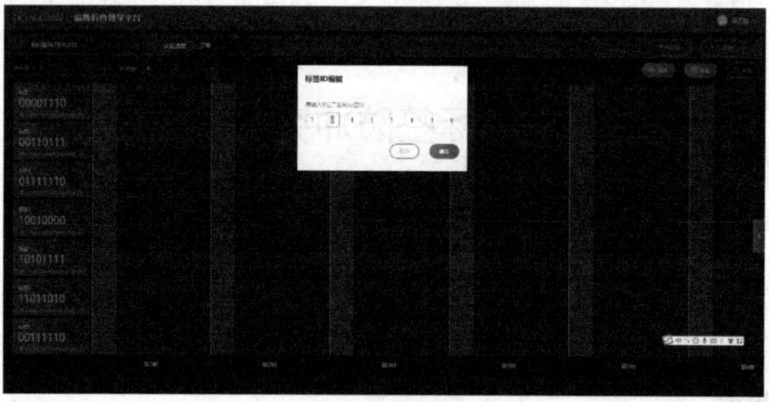

图 3.7.2　设置卡片 ID 号

配置好标签数、每帧时隙数和标签 ID 号后可单击右侧的【单步】或【自动】按钮开始实验；未筛选出的标签将在当前帧中随机选择一个时隙向读卡器发送标签 ID；默认标签 ID 波形为黄色，当判断当前时隙标签存在冲突时，当前帧标签 ID 波形将设置为红色，若不冲突，标签 ID 波形将设置成绿色；被筛选出的标签，在往后时隙中被挂起(Halt)，如图 3.7.3 所示。

若要重新开始实验，可单击【重置】按钮，系统将标签状态重置为开始实验前的状态。在主界面上下拨动鼠标滚轮可调整时基；或单击右侧的【<<】按钮，在展开的侧边栏中单击【-】或【+】按钮也可调整时基。

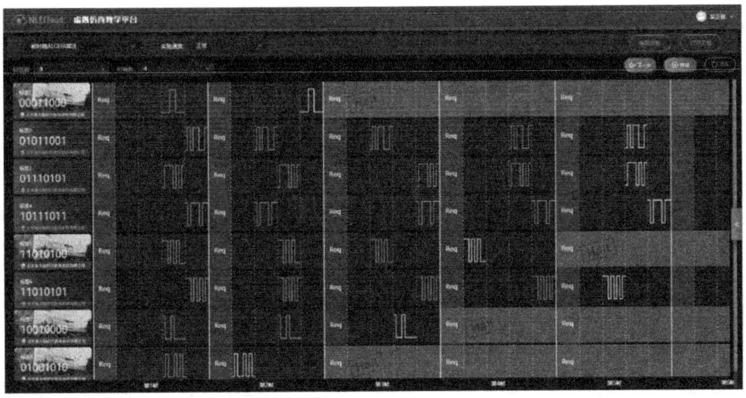

图 3.7.3　帧时隙 ALOHA 仿真

3. 选择进入“动态帧时隙算法”仿真

每一帧的第一个时隙表示读卡器的请求时隙，紧接着到下一请求时隙之前的时隙是当前帧标签可选的通信时隙；实验时标签将随机选择一个时隙向读卡器发送标签 ID 号。

鼠标移动到标签上的时候，标签右侧会出现按钮，单击按钮，可编辑标签 ID 号，如图 3.7.4 所示。

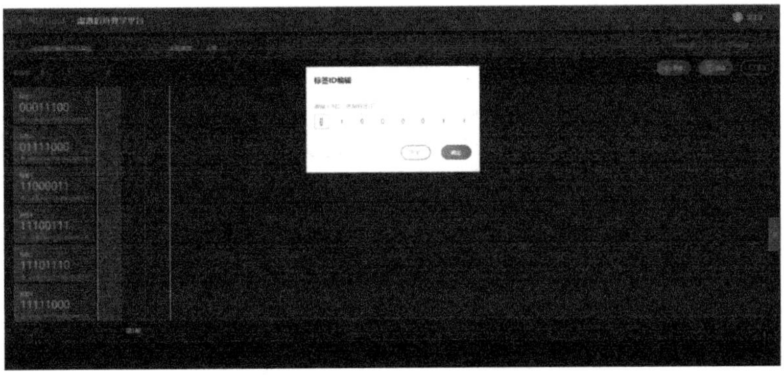

图 3.7.4　动态 ALOHA 时隙算法界面

实验仿真过程如图 3.7.5 所示。

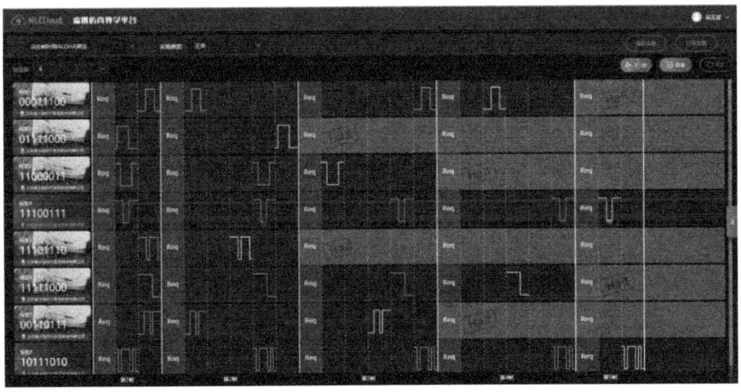

图 3.7.5　动态 ALOHA 时隙算法仿真选卡过程

4. 选择进入“动态二进制搜索”仿真

动态二进制树形搜索默认界面如图 3.7.6 所示。

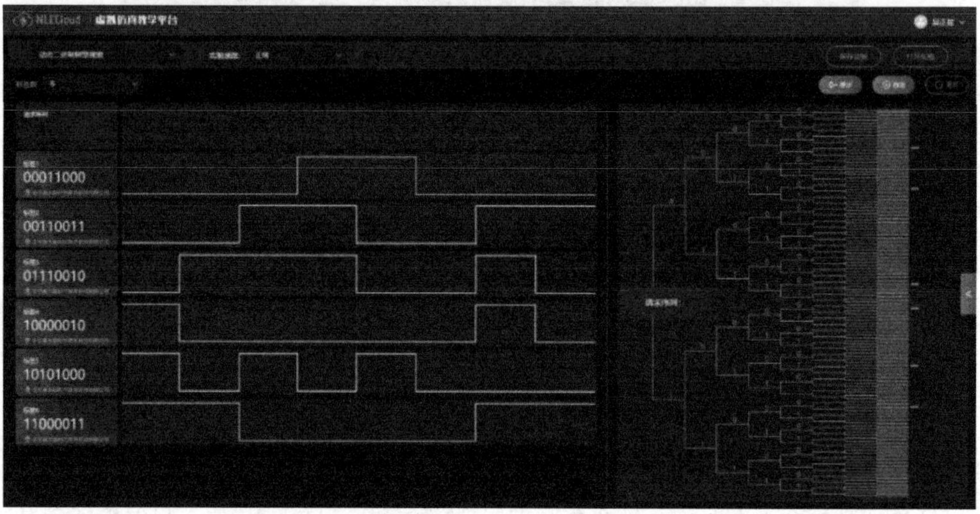

图 3.7.6　动态二进制搜索算法界面

左侧为标签 ID 号波形列表，右侧为标签 ID 号二叉树分布图。系统默认生成 6 张 ID 号码为随机的八位二进制数，可在右上角标签数栏中选中参与实验的标签数量，在顶部实验速度栏中设置本次实验的步骤速度。

鼠标移动到标签上的时候，标签右侧会出现按钮，单击按钮，可编辑标签 ID；当实验开始或结束时，将无法编辑 ID，系统将出现相应提示。

配置好标签数和标签 ID 后，单击【单步】或【自动】按钮开始实验；请求序列将实时展示本次搜索时读卡器广播的请求序列。

第一次请求，读卡器将产生全部是 1 的广播序列；当标签 ID 号小于请求序列的时候，标签会响应本次请求，往读卡器发送标签 ID 号。

读写器判断有碰撞的最高位 X，将该位置为 0；然后传输 N～X 位的数据，标签收到这个查询信号后，判断是否和自己的序列号匹配，如果匹配就发送自己的 X-1～0 位给读写器。

读写器检测第二次返回的最高位碰撞位数 X′，并把前一次检测的次高位置为 0，然后广播查询信息，要求查询条件的位数为 N～X′，满足条件的标签只要传输自己的 X′-1～0 位信息。如果没有碰撞，则选出该卡。

识别出序列号最小的标签后，使其进入 Halt(挂起)状态，后续读写器发出请求时，该标签不再响应，为其他标签留出筛选条件。

重复以上步骤，选出另外没有冲突的标签。

实验过程如图 3.7.7 所示。

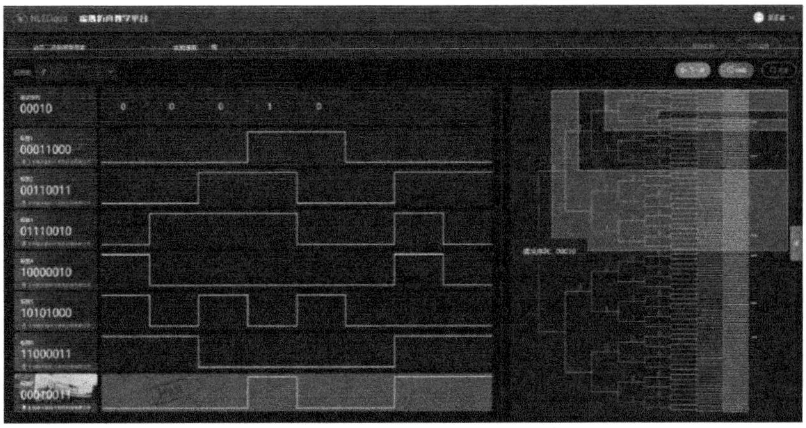

图 3.7.7　动态二进制搜索算法仿真过程

技能拓展

二进制树形搜索算法仿真：请读者按照上述方法独立完成该仿真过程。

3.8　高频 M1 卡激活操作

任务内容

本节主要介绍高频 M1 卡的激活操作的实验原理、高频 M1 卡内部功能结构、激活概念等；简单介绍寻卡、防冲突、选卡动作；掌握高频 M1 卡激活方法及高频 M1 卡 Halt 停止、防止重复操作的方法；学习 Java 串口通信技术；学习并分析高频卡片的数据结构及通信数据包结构、高频 RFID 卡反馈信息的意义。

任务要求

- 了解高频 M1 卡内部功能结构、激活概念。
- 了解高频 M1 卡寻卡、防冲突、选卡动作。
- 掌握高频 M1 卡激活方法。
- 掌握高频 M1 卡停止(Halt)、防止重复操作的方法。
- 通过 Java 语言对串口通信技术编程实验。
- 了解高频卡片的数据结构及通信数据包结构。
- 了解高频 RFID 卡反馈信息的意义。

理论认知

1. 高频 M1 卡的功能组成

M1 卡由 RF 射频接口电路和数字电路两部分构成，如图 3.8.1 所示。

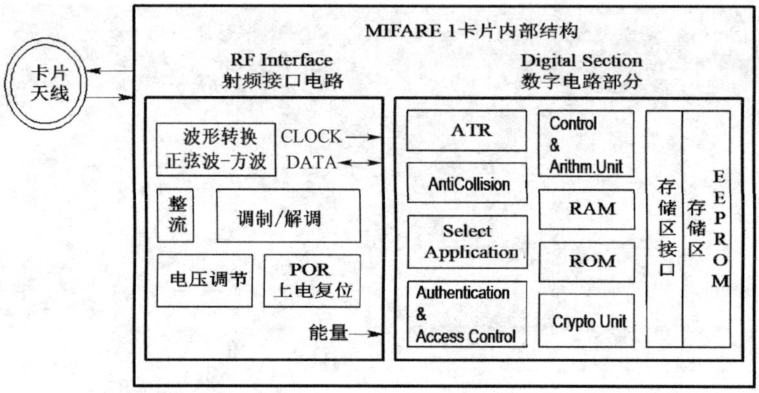

图 3.8.1　M1 卡的功能组成图

(1)　RF 射频接口电路。

M1 卡的 RF 射频接口电路中，波形转换模块接收读写器所发送的 13.56 MHz 的无线电调制信号。一方面送调制/解调模块，经解调得到相应的数字信息送数字电路模块；另一方面进行波形转换，将正弦波转换为方波，然后对其整流滤波，由电压调节模块对电压进行进一步的处理，包括稳压等，最终输出提供卡片上各电路的工作电压。

(2)　数字电路部分模块。

数字电路部分由 ATR 模块(寻卡模块)、AntiCollision 模块(防冲突模块)、Select Application 模块(卡片选择)、Authentication & Access Control 模块(认证和访问控制)、Control & Arithmetic Unit(控制及算术运算单元)、Crypto Unit(数据加密单元)、RAM/ROM 单元、EEPROM 存储器及其接口电路组成。

其中，ATR 模块、AntiCollision 模块、Select Application 模块完成 M1 卡的激活操作。Control & Arithmetic Unit 是整个卡的控制中心，是卡的“头脑”，主要对卡的各个单元进行操作控制，协调卡的各个步骤；同时它还对各种收/发的数据进行算术运算处理、递增/递减处理和 CRC 运算处理等，是卡中内建的中央微处理器(MCU)单元。RAM 主要配合控制及算术运算单元，将运算的结果进行暂时存储，如将需存储的数据由控制及算术运算单元取出送到 EEPROM 存储器中；将需要传送给读写器的数据由控制及算术运算单元取出，经过 RF 射频接口电路的处理后，通过卡片上的天线传送给读写器。RAM 中的数据在卡失掉电源后(卡片离开读写器天线的有效工作范围)将会丢失。同时，ROM 中则固化了卡运行所需要的必要的程序指令，可由控制及算术运算单元取出，对每个单元进行指令控制，使卡能有条不紊地与读写器进行数据通信。Crypto Unit 单元完成对数据的加密处理及密码保护。加密的算法可以为 DES 标准算法或其他。EEPROM 存储器及其接口电路单元主要用于存储用户数据，在卡失掉电源后(卡片离开读写器天线的有效工作范围)数据不会丢失，仍将被保存。

2. 高频 M1 卡激活操作

当高频阅读器设备收到激活 M1 卡命令后，依次执行【寻卡】【防冲突】【选卡】动作，完成上述三个步骤后，读写器对卡进行读/写操作之前，必须对卡上已经设置的密码进行认证，如果匹配，则允许进一步的读/写操作。M1 卡上有 16 个扇区，每个扇区都可分别设置各自的密码，互不干涉，必须分别加以认证，才能对该扇区进行下一步的操作。因此每个扇区可独立地应用于一个应用场合，整个卡可以设计成一卡多用(一卡通)的形式来应用。M1 卡与读写器的通信框图如图 3.8.2 所示。

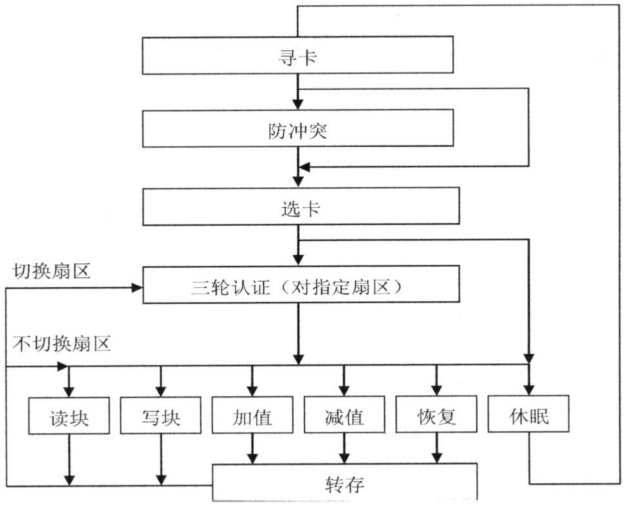

图 3.8.2 M1 卡与读写器的通信框图

(1) 寻卡。

当一张M1卡处在读写器的天线工作范围之内时，读写器向卡发出Request all(或Request std)命令后，卡的 ATR 将启动，将卡片块 0 中 2 个字节的卡类型号(TagType)传送给读写器，建立卡与读写器的第一步通信联络。如果不进行第一步的 ATR 工作，读写器对卡的其他操作(读/写操作等)将不会进行。

(2) 防碰撞及防碰撞算法。

如果有多张标签处于读写器天线工作范围之内，读卡器就启动防碰撞算法，从而把天线场之内的所有标签一一识别出来。此时，读卡器 AntiCollision 模块的防冲突功能将被启动。

标签防碰撞协议可以分为两大类，即基于 ALOHA 协议和基于二进制树形协议，基于 ALOHA 协议减少标签碰撞的出现概率，因为每个标签试图在随机选择的时间内传输 ID 号，如表 3.8.1 所示。

① 时隙 S-ALOHA 算法。

时隙 ALOHA(Slotted-ALOHA)法是一种时分随机多址方式，可以提高 ALOHA 法的吞吐率。它是将通信分成多个时隙(Slot)，每个时隙时间正好传送一个分组。时隙的长度由系统时钟决定，各控制单元必须与此同步。射频电子标签只在规定的同步时隙内才能传输数据包，因此，所有的射频电子标签都必须由读写器控制同步。

表 3.8.1 防碰撞命令集

命 令	功能描述
REQUEST	同步射频读写器作用范围内的所有电子标签，促使射频电子标签在下一个时隙将其序列号传送给读写器

续表

命　令	功能描述
SELECT	将事先确定的序列号作为参数发送给射频电子标签。具有此射频电子标签的应答器执行写入和读出命令
READ-DATA	被 SELECT 选中的射频电子标签将存储的数据发送给读写器

假设一个系统有 3 段时隙可以使用，如图 3.8.3 所示，处于等待状态的射频读写器在周期循环的时隙内发送一个 REQUEST 命令，读写器天线范围内的所有电子标签一旦识别出 REQUEST 命令，每个电子标签以随机发生器方式选择 3 个时隙的某个时隙将自己的 ID 号传送给读写器。在本例中时隙 1 和时隙 2 发生了碰撞，只有时隙 3 中射频电子标签 5 的序列号被无误地传输。

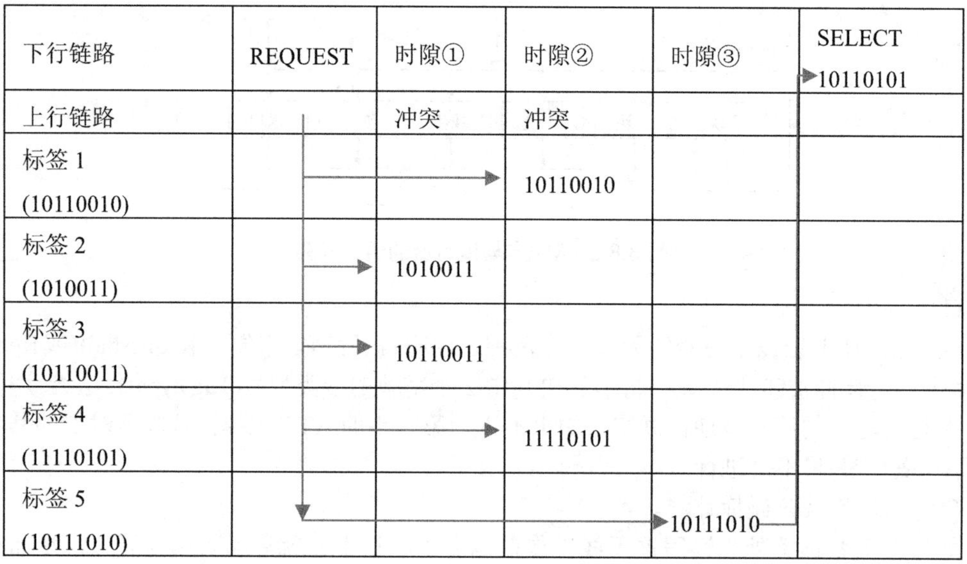

图 3.8.3　S-ALOHA 防碰撞识别系统

②　动态时隙 ALOHA 算法。

动态时隙 ALOHA 算法的基本原理是：用请求命令传送可供电子标签使用的时隙数，读写器在等待状态中的循环时隙段内发送请求命令，使在读写器作用范围内的所有电子标签同步，并促使电子标签在下一个时隙里将它的序列号传输给读写器。然后有 1～2 个时隙给可能存在的电子标签使用。如果有较多的射频电子标签在两个时隙内发生碰撞，就用下一个请求命令增加可供使用的时隙数量(按照一定的算法随机)，直到能够发现一个唯一的电子标签为止。

动态帧时隙 ALOHA 算法是根据碰撞问题本身的这一数学特性的防碰撞方法，它既没有检测机制也没有恢复机制，只是通过某种数据编码检测冲突的存在，动态地调整下一帧时隙的数量，从而达到将数据帧接收错误率降低到所要求的范围。

③　二进制树形搜索防碰撞算法。

二进制树搜索技术是以唯一的序列号来识别电子标签为基础。为了从一簇电子标签中选择其中之一，射频读写器发送一个读命令，将电子标签序列号传送时的数据碰撞引导到读写器，即由读写器判断是否有碰撞发生，如果有，则进一步搜索。在二进制树搜索算法中，起决定作用的是读写器，所使用的信号编码必须能够确定碰撞发送的准确位置，曼彻斯特编码具有这种特点，所以二进制搜索采用曼彻斯特编码来检测碰撞。

二进制搜索算法的详细步骤可参考 3.7 节的仿真过程。

读写器经过防碰撞算法后，将会选一张卡进行通信，被选中的卡将被激活，可以与读写器进行数据交换；而未被选中的卡处于等待状态，随时准备与读写器进行通信。AntiCollision 模块(防重叠功能)启动工作时，读写器将得到卡片的序列号(Serial Number)。序列号存储在卡的块 0 中，共有 5 个字节，实际上有用的只有 4 个字节，另一个字节为序列号的校验字节。

(3) 选卡。

当卡与读写器完成了寻卡、防冲突两个步骤，读写器要想对卡进行读/写操作时，必须对卡进行 Select 操作，以使卡真正地被选中。被选中的卡会将卡片上存储在块 0 中的卡容量 Size 字节传送给读写器。当读写器收到这一字节后，方可对卡进行进一步的操作，如密码验证等。

密码的认证采用了三次相互认证的方法，具有很高的安全性。如果事先不知道卡的密码，那么试图靠猜测密码而打开卡上一个扇区的可能性几乎为零。特别需要注意的是，无论是程序员还是卡的使用者，都必须牢记卡中的 16 个扇区的每一个密码，否则，遗忘某一扇区的密码将使该扇区中的数据不能读写。没有任何办法可以挽救这种低级错误。但是，卡上的其他扇区可以照样使用。

(4) 休眠(Halt)。

卡被选中后，如果不需要进一步操作，可以将卡进行中止(Halt)操作，使 M1 卡置于“暂停”工作状态。

任务实施

1. 操作步骤

(1) 在 3.6 节的基础上，实现“HightFrequency”类“active”激活方法、“deActive”反激活方法，返回“SerialPortParam”对象，此对象包含入参字节码和响应字节码。

(2) “active”激活方法、“deActive”反激活方法实现流程如图 3.8.4 所示。

(3) 完成“active”激活方法、“deActive”反激活方法调用。

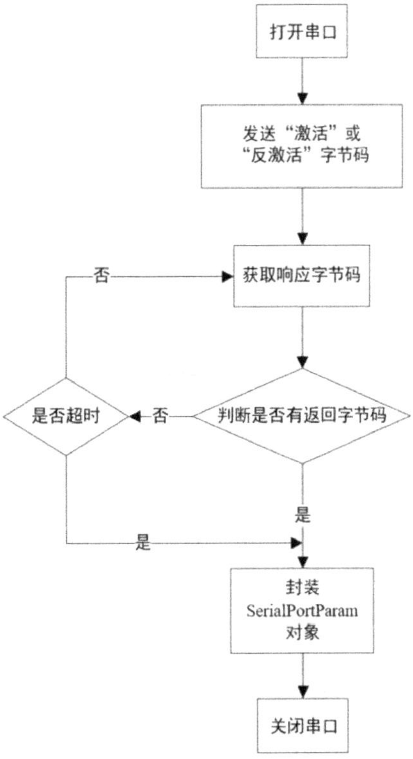

图 3.8.4 激活、反激活实现流程

(4) 实现方法。

① 解析激活返回的指令：

```
IHightFrequency hightFrequency = new HightFrequency(serialPort,
        boundRate, dataBits, stopBits, parity);
SerialPortParam param = hightFrequency.active();
Map<String, Object> dataMap = new HashMap<>();
dataMap.put("resData", StringUtil.bytesToHexString(param.getResBytes()));
dataMap.put("reqData", StringUtil.bytesToHexString(param.getReqBytes()));
if(param.getResBytes()==null || param.getResBytes().length==0){
    dataMap.put("opMsg", "高频卡激活失败");
}else{
    String resData = dataMap.get("resData").toString();
    if(resData.indexOf("FF 55 00 00 82 00 04")>-1){
        resData = resData.replace( target: "FF 55 00 00 82 00 04 ",  replacement: "");
        dataMap.put("opMsg",
                "高频卡激活成功,卡号:" + resData.substring(0, 11));
    }else{
        dataMap.put("opMsg", "高频卡激活失败");
    }
}
```

② 解析反激活返回的指令：

```
IHightFrequency hightFrequency = new HightFrequency(serialPort,
        boundRate, dataBits, stopBits, parity);
SerialPortParam param = hightFrequency.deActive();
Map<String, Object> dataMap = new HashMap<>();
dataMap.put("resData", StringUtil.bytesToHexString(param.getResBytes()));
dataMap.put("reqData", StringUtil.bytesToHexString(param.getReqBytes()));
if (param.getResBytes() != null && param.getResBytes().length > 0) {
    String resData = dataMap.get("resData").toString();
    if (resData.indexOf("FF 55 00 00 82 09 01 00") > -1) {
        dataMap.put("opMsg", "高频卡HALT成功");
    } else {
        dataMap.put("opMsg", "高频卡HALT失败");
    }
}
```

(5) 参考界面如图 3.8.5 所示。

图 3.8.5　激活、反激活参考界面

2. 结果分析

(1) 高频卡激活。

发送数据：FF 55 00 00 02 00 00 C0 85，其中 FF 55 为通信协议同步帧；00 00 为主从设

备地址；02 00 为主从命令码；00 表示信息数据长度为 0；C0 85 为 CRC 校验位。

接收数据为十六进制数：FF 55 00 00 82 00 04 C3 6C EA 1D 08 2A，其中 FF 55 为通信协议同步帧；00 00 为主从设备地址；82 00 为主从命令码；04 为数据段长度；C3 6C EA 1D 为高频 M1 卡序列号；08 2A 为 CRC 校验位。

(2) 高频卡 Halt。

发送数据：FF 55 00 00 02 09 00 90 83，其中 FF 55 为通信协议同步帧；00 00 为主从设备地址；02 09 为主从命令码；00 表示信息数据长度为 0；90 83 为 CRC 校验位。

接收数据为十六进制数：FF 55 00 00 82 09 01 00 F1 F9，其中 FF 55 为通信协议同步帧；00 00 为主从设备地址；82 09 为主从命令码；01 为数据段长度；00 为数据段信息，表示停止成功；F1 F9 为 CRC 校验位。

技能拓展

将单独一张高频卡执行以下操作。

1. 放入高频卡，执行激活操作，观察反馈数据并分析。
2. 执行 Halt 操作，观察反馈数据并分析。
3. 再次执行激活操作，观察反馈数据并分析。
4. 移开高频卡，执行激活操作，观察反馈数据并分析。(参考数据 FF 55 00 00 82 00 01 FF 19 33)
5. 执行 Halt 操作，观察反馈数据并分析。(参考数据 FF 55 00 00 82 09 01 01 18 F1)

本节小结

本节主要介绍了高频 M1 卡激活操作的实验原理、激活概念等；简单介绍了高频 M1 卡寻卡、防冲突、选卡动作的过程，重点介绍了高频 M1 卡激活方法及高频 M1 卡 Halt 停止、防止重复操作的方法等；学习并通过具体的实验，采用 Java 语言对串口通信技术编程，实现对高频 M1 卡的激活操作；通过实验分析高频卡片的数据结构及通信数据包结构、高频 RFID 卡反馈信息的意义。

3.9 高频卡数据读写仿真

任务内容

本节主要介绍高频 M1 卡读写操作等仿真原理。了解高频 M1 卡数据存储的概念、格式，了解高频防冲突机制，掌握高频 M1 卡块数据读写仿真的步骤和方法，了解高频 RFID 卡反馈信息的意义。

任务要求

- 通过仿真学习高频卡数据存储结构。
- 通过仿真了解高频防冲突机制。

- 通过高频 M1 卡块数据读写仿真学习数据读写的方法。
- 分析高频 M1 卡反馈信息的意义。

理论认知

1. 高频卡数据存储结构

仿真系统和仿真平台之间利用高频协议进行通信，每条指令可完成读卡、卡片激活、密钥验证、读取指定地址块、写入指定地址块等操作。本仿真对扇区 1 区块 0 进行读写仿真，如图 3.9.1 所示。

扇区	区块	地址块	扇区	区块	地址块	扇区	区块	地址块	扇区	区块	地址块
扇区0	区块0	0	扇区4	区块0	16	扇区8	区块0	32	扇区12	区块0	48
	区块1	1		区块1	17		区块1	33		区块1	49
	区块2	2		区块2	18		区块2	34		区块2	50
	区块3	3		区块3	19		区块3	35		区块3	51
扇区1	区块0	4	扇区5	区块0	20	扇区9	区块0	36	扇区13	区块0	52
	区块1	5		区块1	21		区块1	37		区块1	53
	区块2	6		区块2	22		区块2	38		区块2	54
	区块3	7		区块3	23		区块3	39		区块3	55
扇区2	区块0	8	扇区6	区块0	24	扇区10	区块0	40	扇区14	区块0	56
	区块1	9		区块1	25		区块1	41		区块1	57
	区块2	10		区块2	26		区块2	42		区块2	58
	区块3	11		区块3	27		区块3	43		区块3	59
扇区3	区块0	12	扇区7	区块0	28	扇区11	区块0	44	扇区15	区块0	60
	区块1	13		区块1	29		区块1	45		区块1	61
	区块2	14		区块2	30		区块2	46		区块2	62
	区块3	15		区块3	31		区块3	47		区块3	63

图 3.9.1　高频卡数据存储结构

2. 防冲突机制

RFID 读写器正常情况下一个时间点只能对磁场中的一张卡进行读或写操作，但是实际应用中经常有多张卡片同时进入读写器的射频场，读写器怎么处理呢？读写器需要选出特定的一张卡片进行读或写操作，这就是标签防碰撞。高频的防冲突机制，其原理是基于卡片有一个全球唯一的序列号。比如 M1 卡，每张卡片有一个全球唯一的 32 位二进制序列号。显而易见，卡号的每一位不是“1”就是“0”，而且由于是全世界唯一，所以任何两张卡片的序列号总有一位的值是不一样的，也就是说总存在某一位一张卡片上是“0”，而另一张卡片上是“1”的情况。

当两张以上卡片同时进入射频场，读写器向射频场发出卡呼叫命令，询问射频场中有没有卡片，这些卡片同时回答“有卡片”；然后读写器发送防冲突命令“把你们的卡号告诉我”，收到命令后所有卡片同时回送自己的卡号。

可能这些卡片卡号的前几位都是一样的。比如前四位都是 1010，第五位上有一张卡片是“0”而其他卡片是“1”，于是所有卡片在一起说自己的第五位卡号的时候，由于有卡片说“0”，有卡片说“1”，读写器听出来发生了冲突。

读写器检测到冲突后，对射频场中的卡片说，让卡号前四位是“1010”，第五位是“1”的卡片继续说自己的卡号，其他的卡片就不要发言了。

结果第五位是“1”的卡片继续发言，可能第五位是“1”的卡片不止一张，于是在这些卡片回送卡号的过程中又发生了冲突，读写器仍然用上面的办法让冲突位是“1”的卡片继续发言，其他卡片禁止发言，最终经过多次的防冲突循环，当只剩下一张卡片的时候，就没有冲突了，最后胜出的卡片把自己完整的卡号回送给读写器，读写器发出卡选择命令，这张卡片就被选中了，而其他卡片只有等待下次卡呼叫时才能再次参与防冲突过程。

上述防冲突过程中，当冲突发生时，读写器总是选择冲突位为“1”的卡片胜出，当然也可以指定冲突位为“0”的卡片胜出。

上述过程有点拟人化了，实际情况下读写器是怎么知道发生冲突了呢?在前面的数据编码中我们已经提到，卡片向读写器发送命令使用副载波调制的曼彻斯特编码，副载波调制码元的右半部分表示数据“0”，副载波调制码元的左半部分表示数据“1”，当发生冲突时，由于同时有卡片回送“0”和“1”，导致整个码元都有副载波调制，读写器收到这样的码元，就知道发生冲突了。

任务实施

1. 制卡

(1) 选择串口号，选择与仿真平台 PC 的 COM 口指定的虚拟串口，如图 3.9.2 所示。

(2) 打开串口，串口打开成功会自动读取卡号，读写器根据协议识别 M1 卡片的卡号，当场区内有多张卡片时，会触发防冲突机制以筛选卡片，下面将详细说明。

(3) 单击【制卡】按钮完成制卡，本仿真用 1 扇区的 0 块做读写仿真，制卡完成会将初始数据写入 1 扇区的 0 块，如图 3.9.3 所示。

图 3.9.2 仿真系统-制卡界面

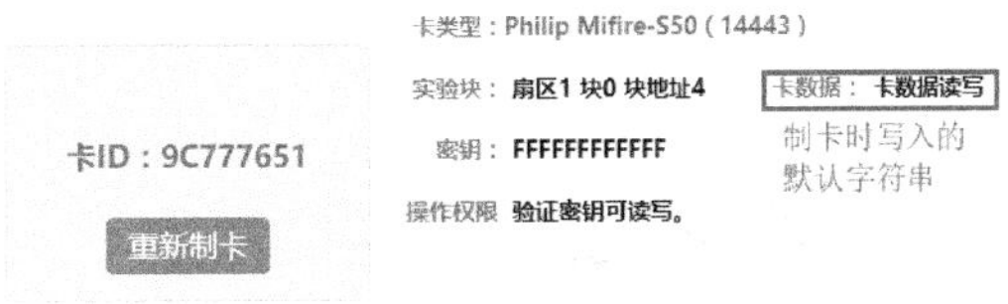

图 3.9.3 仿真系统-制卡成功

制卡完成后可在仿真平台的消息面板中查看具体的通信过程及通信内容，如图 3.9.4 和图 3.9.5 所示。

初始化完成后扇区 1 区块 0(地址块 4)的数据被修改，如图 3.9.6 所示。

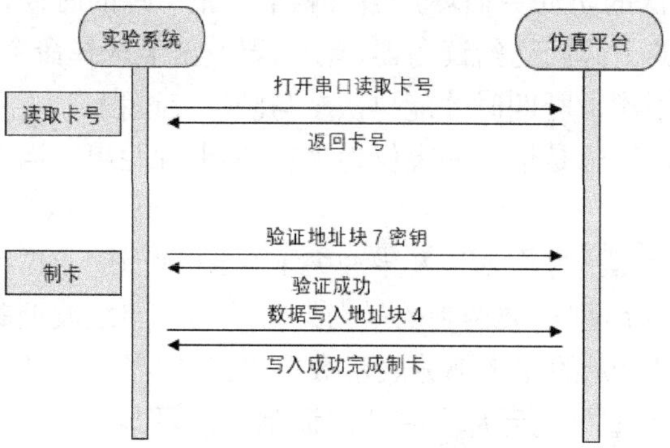

图 3.9.4　制卡通信流程

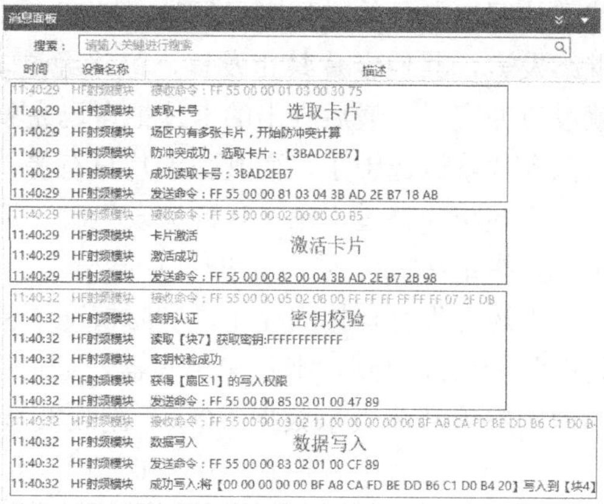

图 3.9.5　消息面板-制卡消息

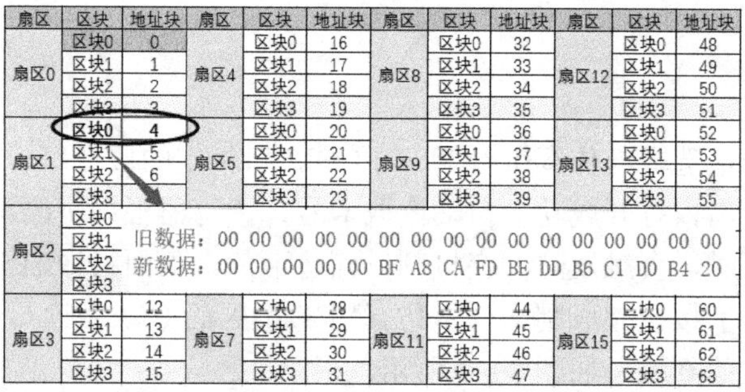

图 3.9.6　卡存储结构数据示意图

防碰撞过程说明如下。

(1) 为了方便观察实验，在仿真平台双击高频卡片可选择有序卡号进行实验，如图 3.9.7 所示。

(2) 实验系统打开串口自动读取卡号时，如果读取范围内有多张卡片就会触发防冲突碰撞机制，如图 3.9.8 所示。

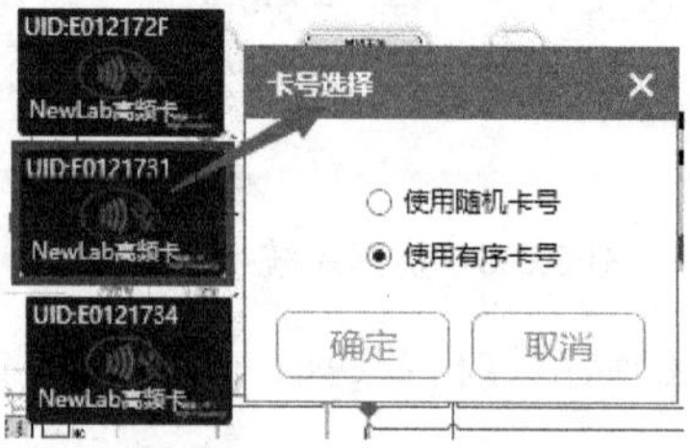

图 3.9.7　仿真平台卡号选择

图 3.9.8　实验系统防冲突窗口

(3) 在仿真平台双击 HF 射频模块打开防冲突过程的窗口，可以查看碰撞的步骤和波形，如图 3.9.9 所示。

(4) 在实验系统的防冲突窗口单击【继续】按钮，可以继续查看二阶和三阶的碰撞过程和筛选结果，如图 3.9.10 所示。

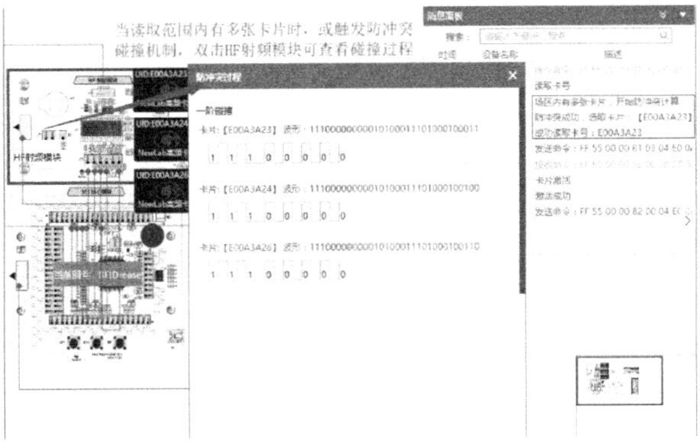

图 3.9.9 仿真平台防冲突窗口

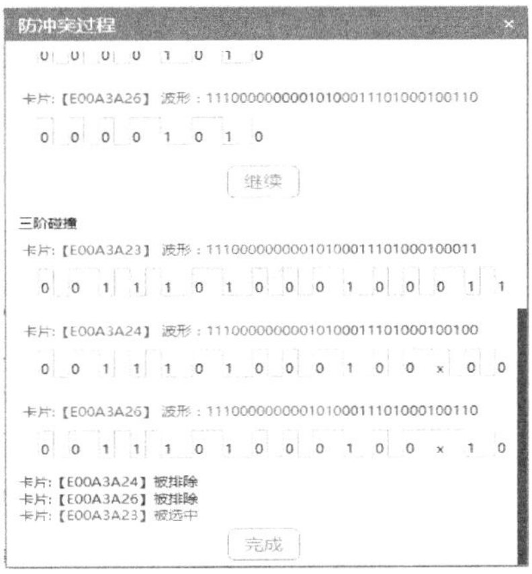

图 3.9.10 实验系统和仿真平台防冲突窗口

2. 密钥读卡

(1) 打开串口。
(2) 单击【寻卡】按钮获取卡号，如图 3.9.11 所示。
(3) 选卡，确认卡片。
(4) 验证扇区 1 密钥。
(5) 读取区块 4 的数据，得到一串十六进制数据。
(6) 转码，把十六进制数据转换成文本数据。

密钥读卡通信流程如图 3.9.12 所示。

图 3.9.11 仿真系统-密钥读卡界面

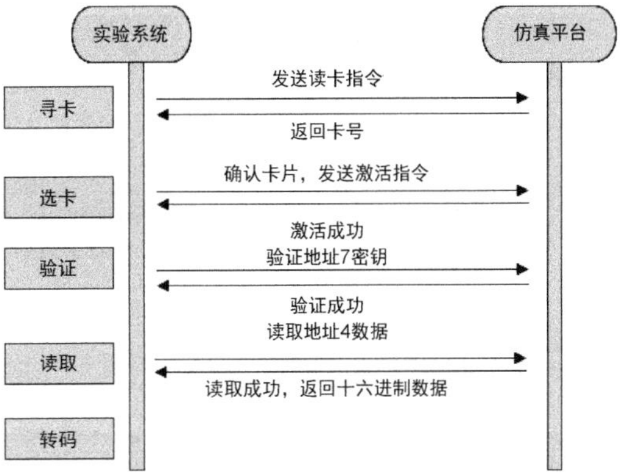

图 3.9.12 密钥读卡通信流程

3. 密钥写卡

(1) 打开串口。
(2) 单击【寻卡】按钮获取卡号，如图 3.9.13 所示。

(3) 选卡，确认卡片。
(4) 验证扇区 1 密钥。
(5) 转码，填写文本数据，再转换成十六进制数据。
(6) 写入，把十六进制数据写到地址块 4。

密钥写卡通信流程如图 3.9.14 所示。

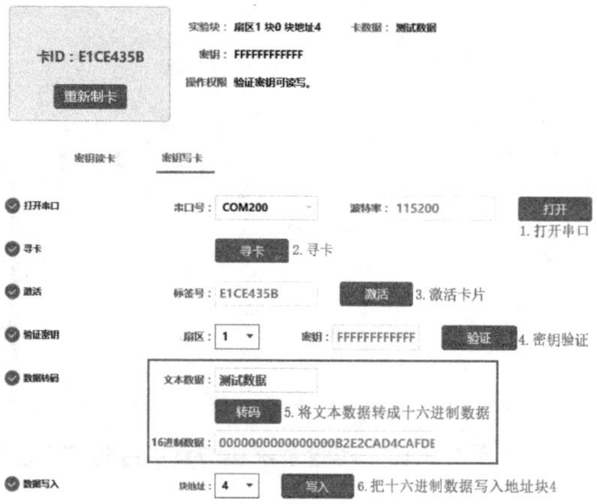

图 3.9.13　仿真系统-密钥写卡界面

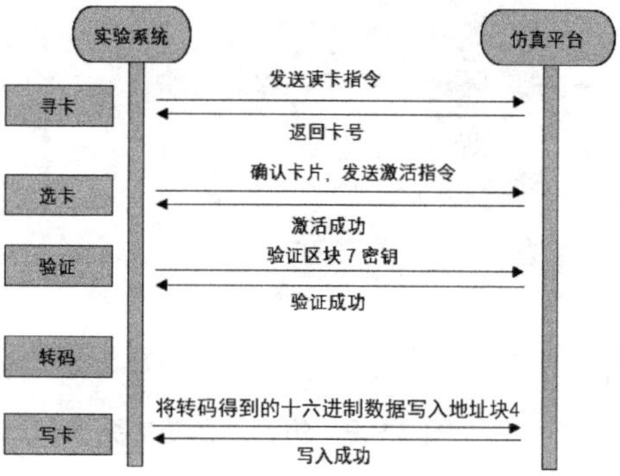

图 3.9.14　密钥写卡通信流程

技能拓展

1. 思考如何将汉字转换为十六进制数，又如何将十六进制数转换成汉字。
2. 思考数据块除了能写入数据外，还能用作什么用途。

本节小结

本节主要介绍了高频M1卡读写操作等仿真原理。通过仿真介绍了M1卡的防冲突机制、带密钥的读写卡步骤和方法，并对数据格式及通信过程进行了模拟。通过本节的仿真学习，使读者对M1卡片的结构、读写方法等有更深刻的认识。

3.10　高频 M1 卡密钥验证

任务内容

本节介绍 M1 卡密钥验证的原理。了解高频 M1 卡密钥验证的概念，掌握高频 M1 卡密钥验证的实验步骤和方法，使用 Java 串口通信技术完成高频 M1 卡密钥验证，了解高频卡片通信数据包结构，学习高频 RFID 卡反馈信息的意义。

任务要求

- 了解高频 M1 卡密钥验证的概念。

- 通过仿真学习高频 M1 卡密钥验证的实验步骤和方法。
- 使用 Java 语言开发串口通信技术，实现高频 M1 卡密钥验证。
- 通过仿真学习高频卡片的数据结构及通信数据包结构。
- 分析高频 RFID 卡反馈信息的意义。

理论认知

1. M1 卡数据访问机制

M1 卡是将带有硬件逻辑电路的 EEPROM 芯片封装在卡片上，外部读写设备必须通过硬件逻辑电路的判断后才能访问到 EEPROM 中的数据。由于在 M1 卡中存在一组硬件逻辑加密电路，EEPROM 芯片的接口并不直接对外，在初始状态 M1 卡芯片中的数据开关处于断开状态。外部读写设备在访问 M1 卡芯片中的 EEPROM 单元之前，必须首先发送一串数据到硬件逻辑电路，硬件逻辑电路在判断数据的合法性后，才决定是否将 M1 卡内的开关闭合。只有密码校验正确后，硬件逻辑电路才能将开关闭合，这时外部读写设备才能对 EEPROM 中的数据进行读写操作，这样 M1 卡就可以对外部合法和非法的读写设备进行识别判断。

2. M1 卡密钥认证

M1 卡激活后，要进行密钥验证才能对数据块进行基本的操作。密钥的认证采用了三次相互认证的方法，具有很高的安全性。如果事先不知道卡的密钥，那么试图靠猜测密钥而打开卡上一个扇区的可能性几乎为零。特别需要注意的是，无论是程序员还是卡的使用者，都必须牢记卡中的 16 个扇区的每一个密钥，否则，遗忘某一扇区的密钥将使该扇区中的数据不能读写。没有任何办法可以挽救这种低级错误。但是，卡上的其他扇区可以照样使用。

M1 卡上 16 个扇区，每个扇区都可分别设置各自的密钥，互不干涉，必须分别加以认证，才能对该扇区进行下一步的操作。阅读器与 M1 卡三次相互认证的过程如图 3.10.1 所示。

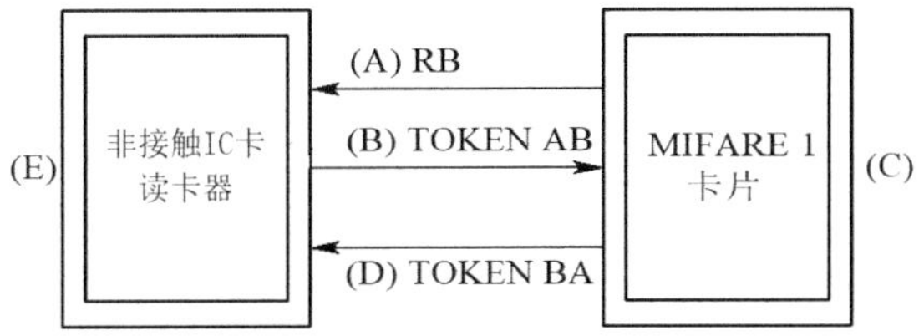

图 3.10.1 三次相互认证的令牌原理框图

(1) (A)环：由 M1 卡片向读写器发送一个随机数据 RB。

(2) (B)环：由读写器收到 RB 后向 M1 卡片发送一个令牌数据 TOKEN AB，其中包含了读写器中存放的密钥加密后的 RB 及用读写器发出的一个随机数据 RA。

(3) (C)环：M1 卡片收到 TOKEN AB 后，用卡中的密钥对 TOKEN AB 的加密部分进行解密得到 RB'，并校验第一次由(A)环中 M1 卡片发出去的随机数 RB 是否与(B)环中接收到的 TOKEN AB 中的 RB'相一致；若读写器与卡中的密钥及加密/解密算法一致，将会有 RB=RB'，校验正确，否则将无法通过校验。

(4) (D)环：如果(C)环校验是正确的，则 M1 卡片用卡中存放的密钥对 RA 加密后发送令牌 TOKEN BA 给读写器。

(5) (E)环：读写器收到令牌 TOKEN BA 后，用读写器中存放的密钥对令牌 TOKEN BA 中的 RA(随机数)进行解密得到 RA'；并校验第一次由(B)环中读写器发出去的随机数 RA 是否与(D)环中接收到的 TOKEN BA 中的 RA' 相一致；同样，若读写器与卡中的密钥及加密/解密算法一致，将会有 RA=RA'，校验正确，否则将无法通过校验。

如果上述的每一个环都为“真”，且都能正确通过验证，则整个的认证过程将成功。读写器将允许对刚刚认证通过的卡片上的这个扇区进行下一步的操作(读/写等操作)。

卡片中的其他扇区由于有其各自的密钥，因此不能对其进行进一步的操作。如果想对其他扇区进行操作，则必须完成相应扇区的认证过程。

注意：认证过程中的任何一环出现差错，整个认证将告失败，必须重新开始。

任务实施

1. 操作步骤

(1) 在 3.8 节的基础上，实现“HightFrequency”类的“secretKeyCheck”密钥验证方法，返回“SerialPortParam”对象，此对象包含入参字节码和响应字节码。

(2) 密钥验证实现流程如图 3.10.2 所示。

(3) 完成“secretKeyCheck 密钥验证”调用。

(4) 解析密钥验证返回的指令：

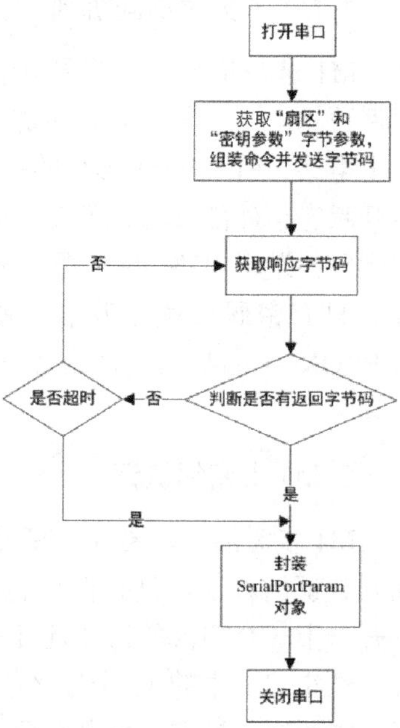

图 3.10.2 密钥验证实现流程

```
IHightFrequency hightFrequency = new HightFrequency(serialPort,
        boundRate, dataBits, stopBits, parity);
if(StringUtils.isBlank(scatteredArea)){
    return RetResult.handleFail("扇区不能为空");
}
if(StringUtils.isBlank(secretKey)){
    return RetResult.handleFail("密钥不能为空");
}
SerialPortParam param = hightFrequency.secretKeyCheck(scatteredArea,secretKey);
Map<String, Object> dataMap = new HashMap<>();
dataMap.put("resData",
        StringUtil.bytesToHexString(param.getResBytes()));
dataMap.put("reqData",
        StringUtil.bytesToHexString(param.getReqBytes()));
if (param.getResBytes() != null && param.getResBytes().length > 0) {
    String resData = dataMap.get("resData").toString();
    if (resData.indexOf("FF 55 00 00 85 02 01 00") > -1) {
        dataMap.put("opMsg", "高频卡密码认证成功");
    } else {
        dataMap.put("opMsg", "高频卡密码认证失败");
    }
}
```

(5) 参考界面如图 3.10.3 所示。

图 3.10.3　密钥验证界面

2. 结果分析

发送数据：FF 55 00 00 05 02 08 00 FF FF FF FF FF FF 00 ED 9A，其中 FF 55 为通信协议同步帧；00 00 为主从设备地址；05 02 为主从命令码；08 为密钥长度；00 FF FF FF FF FF FF 00 为密钥；ED 9A 为 CRC16 验证码。

接收数据为十六进制数：FF 55 00 00 85 02 01 00 47 89，其中 FF 55 为通信协议同步帧；00 00 为主从设备地址；85 02 为主从命令码；01 为读取到的有效字节数；00 表示密钥验证通过；47 89 为 CRC 验证码。

技能拓展

1. 单独放入一张高频卡，不执行【高频卡激活】，直接执行密钥验证，观察反馈数据，分析是否通过密钥验证。

2. 选择 CRC16 验证页面，在禁止 CRC16 验证、使能 CRC16 验证下，执行密钥验证，观察串口发送、串口接收数据有何不同。

本节小结

本节主要介绍了 M1 卡密钥验证的原理、高频 M1 卡密钥验证的概念及高频 M1 卡密钥验证的实验步骤和方法；通过 Java 语言对串口通信技术编程，实现高频 M1 卡密钥验证操作，掌握 M1 卡的密钥验证操作方法。

3.11　高频 M1 卡读写操作

任务内容

本节主要介绍高频 M1 卡的读写操作原理。掌握高频 M1 卡块数据读写的实验步骤和方法，使用 Java 串口通信技术完成高频 M1 卡的读写操作，学习高频卡片读写操作的数据结构及通信数据包结构。

任务要求

- 掌握高频 M1 卡块数据读写的实验步骤和方法。
- 实验开发操作：采用 Java 语言对串口通信技术编程，实现 M1 卡的读写操作。
- 学习高频卡片的数据存储结构及通信数据包结构。
- 分析高频 M1 卡反馈信息的意义。

理论认知

高频 M1 卡被激活或经过三次密码认证，如果匹配，则允许进一步的读/写操作。

1. 高频 M1 卡数据块和控制块

(1) M1 卡片的存储容量为 1024×8 b 字长(即 1 KB)，采用 EEPROM 作为存储介质，整个结构划分为 16 个扇区，编号为扇区 0～15。每个扇区有 4 个块(Block)，分别为块 0、块 1、块 2 和块 3。每个块有 16 个字节，一个扇区共有 16B×4 = 64B，如图 3.11.1 所示。

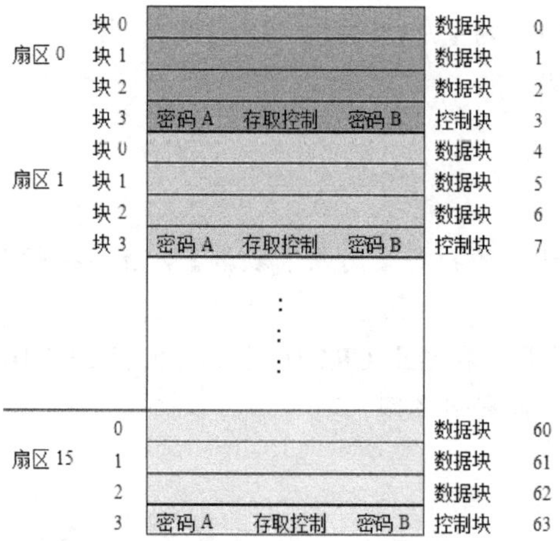

图 3.11.1　M1 存储结构

(2) 第 0 扇区的块 0(即绝对地址 0 块)为厂商块。厂商块是存储器第 1 个扇区(扇区 0)的第 1 个数据块(块 0)，它包含了 IC 卡厂商的数据。基于保密性和系统的安全性，这个块在 IC 卡厂商编程之后被置为写保护，不能再复用为应用数据块。

其中，第 0～3 个字节为卡片的序列号；第 4 个字节为序列号的校验码；第 5 个字节为卡片的容量 Sizc 字节；第 6～7 个字节为卡片的类型号字节，即 TagType 字节；其他字节由厂商另加定义。

例如，一张 M1 卡扇区 0 中的块 0(Block 0)存储的 16 个字节的内容为 420A7E0036880400 4481740630373937H，则其序列号为 420A7E00H，序列号的校验码为 36H，容量字节 Size 为 88H，卡片类型号为 0400H。

(3) 每个扇区的块 0、块 1、块 2 为数据块，用于存储数据(扇区 0 只有两个数据块和一个只读的厂商块)，每个块有 16 个字节。数据块可以被以下的访问控制位(access bits)配置为读写块或值块。

读写块：用作一般的数据保存，可用读/写命令直接读/写整个块，如在食堂消费时采用输入饭菜金额的方式扣款。

值块：用作数值块，可以进行初始化值、加值、减值、读值的运算，系统配用相应的函数完成上述功能，有效的命令包括加/减/恢复/发送命令。例如，在食堂消费时对于定额套餐采用输入餐号的方式加以扣款，以及用于公交/地铁等行业的检票/收费系统。

值块有一个固定的数据格式，可以进行错误检测和纠正并备份管理。

值块只能在值块格式的写操作时产生，值块格式如表 3.11.1 所示。其中，值(VALUE)表示一个带符号的 4 字节值，这个值的最低一个字节保存在最低的地址中，取反的字节以标准的 2 的补码的格式保存。为了保证数据的正确性和保密性，值被保存了三次，两次不取反保存，一次取反(带下画线者)保存。

表 3.11.1　M1 卡的值块格式

字节号	0	1	2	3	4	5	6	7	8	9	10	11	12	13	14	15
说明	address	address	address	address	VALUE				VALUE				VALUE			

地址(address)表示一个1字节的地址，当执行强大的备份管理时用于保存存储块的地址，地址字节保存了 4 次，取反和不取反各保存两次。在执行加/减/恢复/传送操作时地址保持不变，它只能通过写命令改变。

通常数据块中的数据都是需要保密的数据，如购买公交卡时所预付的车费、智能大厦/智能小区进出时所需的控制信息、股票交易时持卡人必须对已存放在卡中的交易密码数据(如账户、存款信息、持有的股票数量/品种等)确认后方能进行股票交易等。对这些数据的读/写/加值/减值均需符合该块存取条件的要求及通过该扇区的密码认证。

(4) 每个扇区的块 3 为控制块，包括了密码 A、存取控制、密码 B。具体结构如表 3.11.2 所示。

表 3.11.2　M1 卡控制块的数据结构

字节号	0	1	2	3	4	5	6	7	8	9	10	11	12	13	14	15
默认值	A0 A1 A2 A3 A4 A5						FF 07 80 69				B0 B1 B2 B3 B4 B5					
说明	密码 A(6 字节)						存取控制(4 字节)				密码 B(6 字节)					

密钥 A(第 0～5 字节，共 6 B)和密钥 B(第 10～15 字节，共 6 B，可选)，读密钥时返回逻辑 0。存取控制位(access bits，第 6～9 字节，共 4 B)：访问这个扇区中 4 个块的条件，存取控制位也可以指出数据块的类型(读写或值)。

密钥 A 的默认值为 A0A1A2A3A4A5H，密钥 B 的默认值为 B0B1B2B3B4B5H，存取控制位的默认值为 FF078069H。如果不需要密钥 B，那么块 3 的最后 6 B 可以作为数据字节。用户数据可以使用尾块(块 3) 的第 9 个字节，这个字节具有与字节 6、7 和 8 一样的访问权限。

(5) 每个扇区的密码和存取控制都是独立的，可以根据实际需要设定各自的密码及存取控制。存取控制为 4 个字节，共 32 位，扇区中的每个块(包括数据块和控制块)的存取条件是由密码和存取控制共同决定的，在存取控制中每个块都有相应的三个控制位，定义如

表 3.11.3 所示。

表 3.11.3　M1 卡存取控制中每个块的三个控制位

块 0	C10	C20	C30
块 1	C11	C21	C31
块 2	C12	C22	C32
块 3	C13	C23	C33

三个控制位以正和反两种形式存在于存取控制字节中，决定了该块的访问权限(如进行减值操作必须验证密钥 A，进行加值操作必须验证密钥 B)。三个控制位在存取控制(4 字节，其中字节 9 为备用字节)字节中的位置如表 3.11.4 所示。

其中，bit7、bit3 区为控制块 3，bit6、bit2 区为控制块 2，bit5、bit1 区为控制块 1，bit4、bit0 区为控制块 0。

表 3.11.4　M1 卡存取控制的结构

bit	7	6	5	4	3	2	1	0
字节 6	C23_b	C22_b	C21_b	C20_b	C13_b	C12_b	C11_b	C10_b
字节 7	C13	C12	C11	C10	C33_b	C32_b	C31_b	C30_b
字节 8	C33	C32	C31	C30	C23	C22	C21	C20
字节 9								

注：_b 表示取反

(6) 数据块(块 0、块 1、块 2)的存取控制如表 3.11.5 所示。

表 3.11.5　M1 卡存取控制对数据块的控制结构

C1X	C2X	C3X	Read(读)	Write(写)	Increment(增值)	Decr，Transfer，restore (减值，传送，重储)
0	0	0	KEY A/B	KEY A/B	KEY A/B	KEY A/B
0	1	0	KEY A/B	Never	Never	Never
1	0	0	KEY A/B	KEY B	Never	Never
1	1	0	KEY A/B	KEY B	KEY B	KEY A/B
0	0	1	KEY A/B	Never	Never	KEY A/B
0	1	1	KEY B	KEY B	Never	Never
1	0	1	KEY B	Never	Never	Never
1	1	1	Never	Never	Never	Never

注：Key A/B 表示密码 A 或密码 B，Never 表示任何条件下不能实现。

例如：当块 0 的存取控制位 C10 C20 C30=100 时，验证密码 A 或密码 B 正确后可读；验证密码 B 正确后可写；不能进行加值、减值操作。

(7) 控制块块 3 的存取控制与数据块(块 0、块 1、块 2)不同，它的存取控制如表 3.11.6

所示。

表 3.11.6 M1 卡存取控制对块 3 的控制结构

C1X	C2X	C3X	密码 A	密码 A	存取控制	存取控制	密码 B	密码 B
C13	C23	C33	Read	Write	Read	Write	Read	Write
0	0	0	Never	KEY A/B	KEY A/B	Never	KEY A/B	KEY A/B
0	1	0	Never	Never	KEY A/B	Never	KEY A/B	Never
1	0	0	Never	KEY B	KEY A/B	Never	Never	KEY B
1	1	0	Never	Never	KEY A/B	Never	Never	Never
0	0	1	Never	KEY A/B	KEY A/B	KEY A/B	KEY A/B	KEY A/B
0	1	1	Never	KEY B	KEY A/B	KEY B	Never	KEY B
1	0	1	Never	Never	KEY A/B	KEY B	Never	Never
1	1	1	Never	Never	KEY A/B	Never	Never	Never

例如：当块 3 的存取控制位 C13 C23 C33=100 时，表示：

密码 A：不可读，验证 KEY A 或 KEY B 正确后，可写(更改)；

存取控制：验证 KEY A 或 KEY B 正确后，可读、可写；

密码 B：验证 KEY A 或 KEY B 正确后，可读、可写。

2. 数据块的基本操作

读（Read)：读一个块。

写（Write)：写一个块。

加(Increment)：对数值块进行加值。

减(Decrement)：对数值块进行减值。

存储(Restore)：将块中的内容存到数据寄存器中。

传输(Transfer)：将数据寄存器中的内容写入块中。

中止(Halt)：将卡置于暂停工作状态。

任务实施

1. 操作步骤

(1) 在 3.10 节的基础上，实现“HightFrequency”类“readBlock”读取数据方法、“writeBlock”写数据方法，返回“SerialPortParam”对象，对象包含请求参数字节、响应参数字节。

(2) 读取数据、写数据方法的实现流程如图 3.11.2 所示。

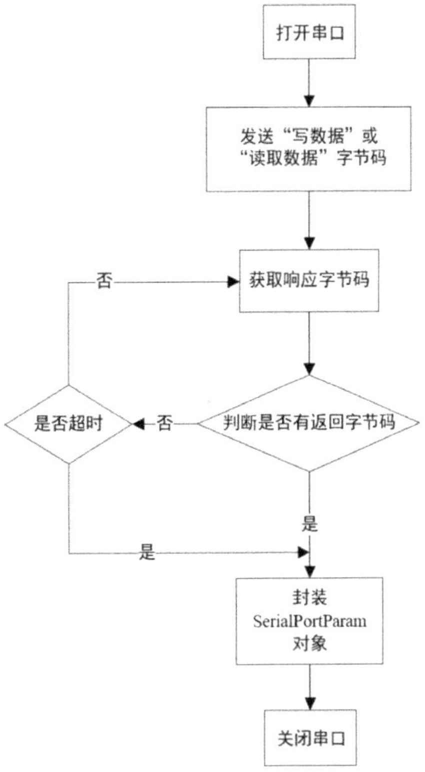

图 3.11.2 读取数据、写数据方法实现流程

(3) 完成“readBlock”读取数据、“writeBlock”写数据方法的调用。

(4) 实现方法。

① 解析读块数据返回的指令：

```
IHightFrequency hightFrequency = new HightFrequency(serialPort,
        boundRate, dataBits, stopBits, parity);
SerialPortParam param = hightFrequency.readBlock(scatteredArea, secretKey, block);
Map<String, Object> dataMap = new HashMap<>();
dataMap.put("resData", StringUtil.bytesToHexString(param.getResBytes()));
dataMap.put("reqData", StringUtil.bytesToHexString(param.getReqBytes()));
if (param.getResBytes() != null && param.getResBytes().length > 0) {
    String resData = dataMap.get("resData").toString();
    if (resData.indexOf("FF 55 00 00 83 01 10") > -1) {
        resData = resData.replace( target: "FF 55 00 00 83 01 10 ",  replacement: "");
        dataMap.put("opMsg", "读取数据成功，数据:"+resData.substring(0, 48));
    } else {
        dataMap.put("opMsg", "读取数据失败");
    }
}
```

② 解析写块数据返回的指令：

```
IHightFrequency hightFrequency = new HightFrequency(serialPort,
        boundRate, dataBits, stopBits, parity);
SerialPortParam param = hightFrequency.writeBlock(scatteredArea, secretKey, block,data);
Map<String, Object> dataMap = new HashMap<>();
dataMap.put("resData",
        StringUtil.bytesToHexString(param.getResBytes()));
dataMap.put("reqData",
        StringUtil.bytesToHexString(param.getReqBytes()));
if (param.getResBytes() != null && param.getResBytes().length > 0) {
    String resData = dataMap.get("resData").toString();
    if (resData.indexOf("FF 55 00 00 83 02 01 00") > -1) {
        dataMap.put("opMsg", "数据写入成功");
    } else {
        dataMap.put("opMsg", "数据写入失败");
    }
}
```

(5) 参考界面如图 3.11.3 所示。

图 3.11.3　读取数据、写数据界面

2. 结果分析

(1) 卡读取操作，选择 01 扇区 01 块。

发送数据：FF 55 00 00 03 01 01 01 CF 91，其中 FF 55 为通信协议同步帧；00 00 为主从设备地址；03 01 为主从命令码，表示高频 M1 卡数据块读取；01 01 为高频卡存储器 01 扇区 01 数据块；CF 91 为 CRC 验证码。

接收数据为十六进制数：FF 55 00 00 83 01 10 11 11 11 11 11 11 11 11 11 11 11 11 11 11 11 11 11 0E 41，其中 FF 55 为通信协议同步帧；00 00 为主从设备地址；83 01 为主从命令码；10 为读取到的数据的个数(表达方式为十六进制，转换成十进制为 16)；11 11 11 11 11 11 11 11 11 11 11 11 11 11 11 11 为读取到的数据；0E 41 为 CRC 验证码。

(2) 卡写入操作，选择 01 块。

发送数据：FF 55 00 00 03 02 11 11 11 11 11 11 11 11 11 11 11 11 11 11 11 11 11 01 96 05，其中 FF 55 为通信协议同步帧；00 00 为主从设备地址；03 02 为主从命令码，表示高频 M1 卡数据块写入；11 为写入数据的个数(表达方式为十六进制，转换成十进制为 17)；11 11 11 11 11 11 11 11 11 11 11 11 11 11 11 11 为写入存储器的数据；01 为存储器第 1 个数据存储块，96 05 为 CRC 验证码。

接收数据为十六进制数：FF 55 00 00 83 02 01 00 CF 89，其中 FF 55 为通信协议同步帧；00 00 为主从设备地址；83 02 为主从命令码；01 为读取到的数据的个数(表达方式为十六进制，转换成十进制为 1)；00 为读取到的数据(表示数据读取正确)；CF 89 为 CRC 验证码。

技能拓展

1. 单独放入一张高频卡，执行激活、密码认证，对扇区 1 数据块 1 执行读出、写入、读出命令，观察读出的数据是否与写入数据一致。

2. 更换高频卡，执行激活、密码认证，对扇区 1 数据块 1 执行读出、写入、读出命令，观察读出的数据是否与写入数据一致。

本节小结

本节主要介绍了高频 M1 卡读写操作的原理和高频 M1 卡块数据读写实验步骤和方法；并通过一个具体的实验操作，采用 Java 语言串口通信技术开发，完成高频 M1 卡读写操作，并对高频 M1 卡的返回信息进行了分析。通过本节的学习，读者会对高频 M1 卡的读写操作有一个更深刻的认识。

3.12 停车场收费系统

任务内容

本节主要介绍 RFID 高频卡停车场收费系统、基于 RFID 教学实验平台模拟停车场收费系统等实验原理。了解停车场收费系统的基本概念，了解停车场收费系统的开发手段、步骤及调试方法，学习 Java 编程技术。

任务要求

- 学习停车场收费系统的基本原理、设计思路。
- 学习停车场收费系统的开发手段、步骤和调试方法。
- 学习 Java 编程技术，通过 Java 语言编程，实现停车场收费系统的应用。

理论认知

1. 停车场收费系统

(1) 系统简介。

停车场收费系统是通过计算机、网络设备、车道管理设备搭建的一套对停车场车辆出入、场内车流引导、停车费收取工作进行管理的网络系统，如图 3.12.1 所示。停车场收费系统采用非接触式智能卡，在停车场的出入口处设置一套出入口管理设备，使停车场形成一个相对封闭的场所，进出车辆只需将 IC 卡在读卡箱前轻晃一下，系统即能瞬时完成检验、记录、核算、收费等工作，挡车道闸自动启闭，方便快捷地进行着停车场的管理。进场车主和停车场的管理人员均持有一张属于自己的智能卡，作为个人的身份识别，只有通过系统检验认可的智能卡才能进行操作(管理卡)或进出(停车卡)，充分保证了系统的安全性、保密性，有效地防止车辆失窃，免除车主后顾之忧。

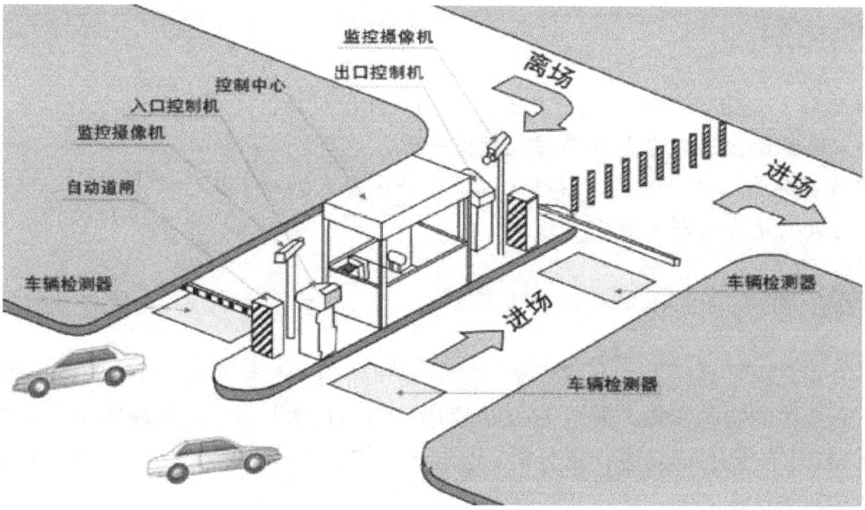

图 3.12.1 停车场收费系统示意图

(2) 主要设施。

停车场收费系统主要设施如图 3.12.2 所示。

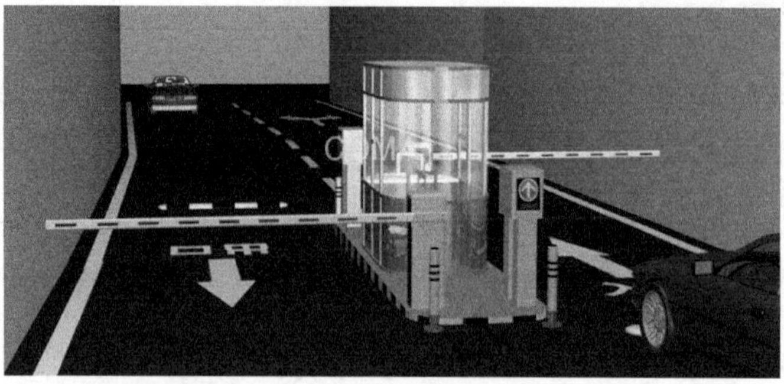

图 3.12.2 停车场收费系统主要设施

入口：包括中距离读卡器、停车场入口机、电动道闸、临时车自动吐卡机、车辆检测器、感应线圈、剩余车位显示装置和摄像机等设备。

出口：包括中距离读卡器、停车场出口机、电动道闸、车辆检测器、感应线圈和摄像机等设备。

收费管理处：管理电脑、报表打印机等。

(3) 读卡器。

当车主停车和开窗，将卡片插入卡时隙后，入车指示灯闪动，即可进出停车场，如图 3.12.3 所示。通常，读卡器上设置三个显示灯。

绿灯显示：卡片合法，读卡器自动减去卡中金额，并用液晶或电子屏显示。

红灯显示：卡片不合法，报警音响，需要监管人员干涉。

黄灯显示：卡片合法，但需要充值，否则下次停车读卡器报警。

(4) 引导、路线规划。

未来，停车场收费系统可以配置收费系统引导、路线规划系统，如图 3.12.4 所示。实现全程可视化监控、空位提示、模糊化车辆搜索、精确定位、最优化路线规划、岔口引导及准确引车入位等功能。

图 3.12.3 停车场收费系统读卡器

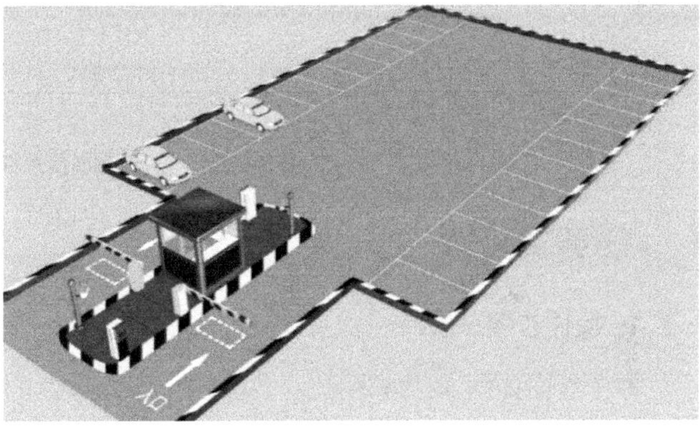

图 3.12.4 停车场收费系统引导、路线规划

2. 基于 RFID 教学实验平台模拟停车场收费系统

(1) 功能需求。

本停车场管理系统基于 RFID 教学实验平台高频读卡器模拟实现，适合于有长期固定停放车位的停车场。其系统功能如下。

① RFID 教学实验平台高频读卡器模拟停车场进出刷卡器，高频 M1 卡模拟停车卡。

② 采用刷卡计费方式，车主通过打卡进出停车场，并能实现自动扣款缴费。

③ 能实时显示【入场】和【出场】的时间和卡内的余额、停车消费金额。

④ 停车场管理系统可以记录车辆的【入场】【出场】时间和停车费等历史数据。

⑤ 当出现以下异常情况时，系统自动提示错误：

(a) 没有【入场】，就【出场】，系统提示“未查到入场记录”；

(b) 【出场】时未检查到高频卡，提示“未查到入场记录”；

(c) 【入场】时未检查到高频卡，提示“未查到入场记录”；

(d) 上次【入场】未【出场】，再次入场，提示“前面有入场记录，没有出场记录!”。

(2) 系统流程图如图 3.12.5 所示。

① 进行初始化。

② 入场，读卡信息，记录卡信息，记录入场时间，写入系统。

③ 出场，读卡信息，如果查询到入场记录，则计算停留时间，扣费；如果无入场记录，则发出警报。

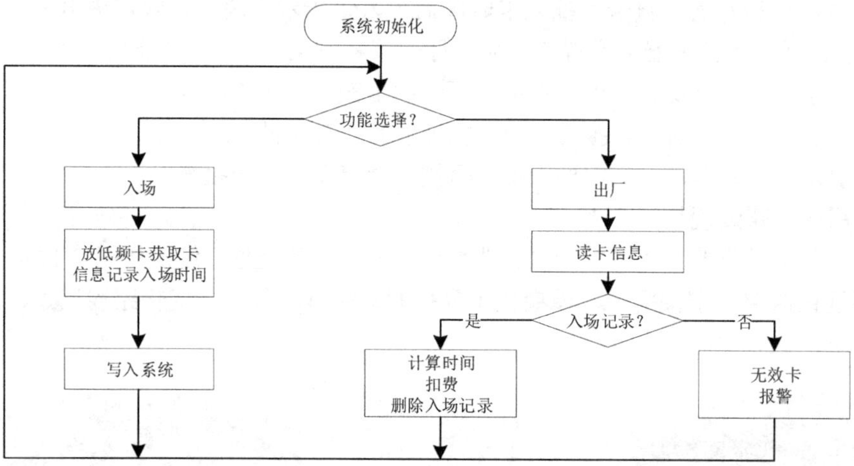

图 3.12.5　停车场收费系统流程图

任务实施

1. 操作步骤

参考界面如图 3.12.6 所示。

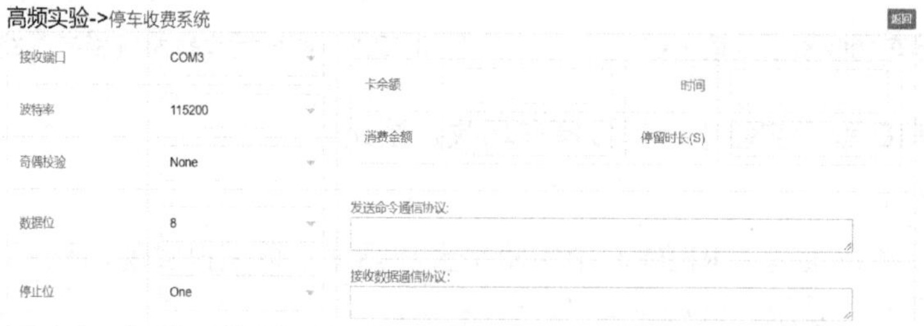

图 3.12.6　停车收费系统参考界面

2. 结果分析

(1) 停车收费系统分析。

卡进场时的初始金额为 100 元；

进入停车场时，放入卡片，记录入场时间为 2013/12/15 8:00:00；

离开停车场时，放入卡片，记录出场时间为 2023/12/15 17:00:00；

时间间隔为 9 小时，假设每小时消费值为 8 元，则消费金额为 72 元；

余额计算：初始金额减去消费金额 100−72=28 元。

(2) 没有放入卡片时，获取卡号分析。

发送数据：FF 55 00 00 01 03 00 30 75，其中 FF 55 为通信协议同步帧；00 00 为主从设备地址；01 03 为主从命令码；00 表示信息数据长度为 0；30 75 为 CRC 校验位。

接收数据为十六进制数：FF 55 00 00 81 03 01 01 77 18，其中 FF 55 为通信协议同步帧；00 00 为主从设备地址；81 03 为主从命令码；01 为接收到的卡信息数据长度；01 代表没有卡号；77 18 为 CRC 校验位。

(3) 放入卡片时，获取卡号分析。

发送数据：FF 55 00 00 01 03 00 30 75，其中 FF 55 为通信协议同步帧；00 00 为主从设备地址；01 03 为主从命令码；00 表示信息数据长度为 0；30 75 为 CRC 校验位。

接收数据为十六进制数：FF 55 00 00 81 03 08 E5 B3 1F 91 E5 B3 1F 00 CF 44，其中 FF 55 为通信协议同步帧；00 00 为主从设备地址；81 03 为主从命令码；08 为接收到的卡信息数据长度；E5 B3 1F 91 E5 B3 1F 00 为接收到的卡信息；CF 44 为 CRC 校验位。

技能拓展

完善停车场收费系统。

1. 将一个设备定义为停车场收费系统入口设备，将另一个设备定义为停车场收费系统出口设备。
2. 将电子标签在收费入口进行读取，并开始记录时间。
3. 将电子标签在收费出口进行读取，读取当前时间、计算时间间隔。
4. 进行计费计算、余额查询、扣费等操作。

本节小结

本节详细介绍了基于 RFID 高频卡停车场收费系统的实现原理、应用方式等，通过一个实际的案例，让读者采用 Java 语言设计、开发出一套停车场收费系统，体验物联网应用案例的开发手段、步骤和调试方法。

3.13 非接触 CPU Type A 型卡基本操作

任务内容

本节主要介绍非接触式 CPU Type A 型卡的实验原理。认识高频 CPU Type A 型卡、读取信息操作及寻卡、防冲突检测、选卡、激活操作，了解高频 CPU 卡 APDU 操作，掌握非接触 CPU 卡基本操作的方法和步骤、数据结构及通信数据包结构，使用 Java 串口通信技术开发完成非接触式 CPU Type A 型卡基本操作，掌握获取高频 CPU 卡信息的指令，能够读懂反馈信息。

任务要求

- 认识高频 CPU Type A 型卡。
- 学习读取高频 CPU Type A 型卡信息的操作过程。
- 学习高频 CPU Type A 型卡寻卡、防冲突检测、选卡的操作过程。
- 学习高频 CPU Type A 型卡激活的操作过程。
- 了解高频 CPU Type A 型卡 APDU 报文操作。
- 掌握非接触 CPU Type A 型卡基本操作的方法和步骤。
- 了解高频 CPU Type A 型片的操作指令和数据报文结构。
- 采用 Java 语言对串口通信技术编程，完成非接触式 CPU Type A 型卡基本操作。
- 采用 Java 语言编程实现获取高频 CPU Type A 型卡信息，能够读懂反馈信息。

知识链接

非接触式 CPU Type A 型卡也称智能卡，卡内的集成电路中带有微处理器 CPU、存储单元(包括随机存储器 RAM、程序存储器 ROM(FLASH)、用户数据存储器 EEPROM)以及芯片操作系统(COS)，如图 3.13.1 所示。装有 COS 的 CPU 卡相当于一台微型计算机，不仅具有数据存储功能，同时具有命令处理和数据安全保护等功能。

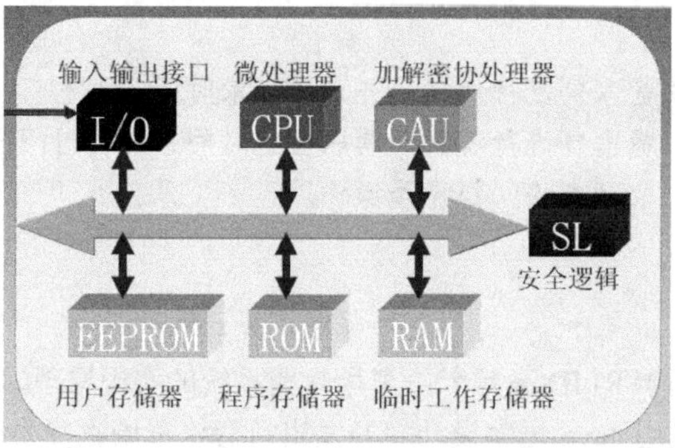

图 3.13.1　非接触 CPU 卡内部结构框图

(1)　功能特点。

①　通过终端设备上 SAM 卡实现对卡的认证。

②　通过非接触 CPU 卡与终端设备上的 SAM 卡的相互认证，实现对卡终端的认证。

③　通过 ISAM 卡对非接触 CPU 卡进行充值操作，实现安全储值。

④　通过 PSAM 卡对非接触 CPU 卡进行减值操作，实现安全扣款。

⑤　在终端设备与非接触 CPU 卡中传输的数据是加密传输。

⑥　通过非接触 CPU 卡发送给 SAM 卡的随机数 MAC1、SAM 卡发送给非接触 CPU 卡的随机数 MAC2 和由非接触 CPU 卡返回的随机数 TAC，可以实现数据传输验证的计算。

(2)　与 M1 卡的性能对比。

非接触 CPU 卡与 M1 卡性能对比如表 3.13.1 所示。

表 3.13.1 CPU 卡和 M1 卡的区别

类　别	CPU 卡	M1
操作系统	带有 COS 系统	无 COS 系统
硬件加密模块	硬件 DES 运算模块	无实现算法的硬件加密模块
算法支持	标准 DES 算法	厂家专用不公开算法
密钥长度	16 字节 DES	12 字节口令
交易安全性	钱包不可被非法访问；与 PSAM 之间有严格的双向认证流程；交易自动形成不可抵赖的 TAC 码	口令保护钱包，不校验口令错误次数；口令更换是明文可被截获，卡片不能验证设备合法性
终端安全性	采用动态密钥，密钥存储、交易验证与加密计算都由 SAM 卡独立完成，安全有保障	采用固定密钥，不支持 SAM 卡双向认证
多应用	支持多应用，应用之间独立；每个应用的 COS、容量、功能可自行定义，可完全不同，支持多种认证方式	简单支持多应用，应用数量与每个应用容量有限
容量	4～80KB	8KB
空间分配	文件方式，任意大小自由分配，并可灵活设置访问条件	扇区方式，每区域 64KB，会造成空间浪费
数据完整性	支持断电保护和防插拔处理，由 COS 保证数据完整性	不支持断电保护，需要人为备份和恢复机制
通信速率	106kb/s，最高可达 847kb/s	106kb/s

对比发现，M1 卡即逻辑加密卡采用的是固定密码，而非接触 CPU 卡采用的是动态密码，并且是一次一密(即同一张非接触 CPU 卡，每刷一次卡的认证密码都不相同)，这种智能化的认证方式使得系统的安全性得到提高。鉴于非接触式 CPU 卡具有以上无可比拟的优点，非常适用于电子钱包、电子存折、公路自动收费系统、公共汽车自动售票系统、社会保障系统、IC 卡加油系统、安全门禁等众多的应用领域。非接触 CPU 卡将逐步取代逻辑加密卡而成为 IC 卡的主要选型。

(3) 密钥认证机制。

非接触 CPU 卡加密算法和随机数发生器与安装在读写设备中的密钥认证卡(SAM 卡)相互发送认证的随机数，可以实现以下功能。

① 通过终端设备上 SAM 卡实现对卡的认证。

② 通过 CPU 卡与终端设备上的 SAM 卡的相互认证，实现对卡终端的认证。

③ 通过 ISAM 卡对 CPU 卡进行充值操作，实现安全储值。

④ 通过 PSAM 卡对 CPU 卡进行减值操作，实现安全扣款。

⑤ 在终端设备与 CPU 卡中传输的数据是加密传输。

⑥ 通过 CPU 卡发送给 SAM 卡的 MAC1、SAM 卡发送给 CPU 卡的 MAC2 和由 CPU

卡返回的 TAC，可以实现数据传输验证的计算。而 MAC1、MAC2 和 TAC 即使是同一张 CPU 卡每次传输的过程中都是不同的，因此无法使用空中接收的办法来破解 CPU 卡的密钥。

(4) 非接触 CPU 卡 APDU 命令。

APDU(Application Protocol Data Unit)是智能卡与智能卡读卡器之间传送的信息单元。一条命令 APDU 含有一个头标和一个本体：

CLA　INS　P1　P2　Lc　Data　Le

其中，CLA 为指令类别；INS 为指令码；P1、P2 为参数；Lc 为 Data 的长度；Le 为希望响应时回答的数据字节数，0 表示最大可能长度。

头标由四个数据元组成，它们是类 CLA(CLAss)字节、命令 INS(INStructic，n)字节和两个参数 Pl 和 P2(Parameters 1 and 2)字节。类字节仍旧用于识别应用和它们专有的命令组。例如，GSM 使用类字节“A0”，而代码“8X”则最常用于公司专用(私用)命令。相反，基于 ISO 的命令都用类字节“0X”编码。标准另外规定了类字节用于识别安全报文和逻辑通道。虽然如此，仍然和前面所述把类字节当作应用识别符使用是相容的。

在命令 APDU 中的下一个字节是指令字节，它是实际的命令编码。这个字节的几乎全部的地址空间都可以使用，而唯一的限制是只可以使用偶编码。这是因为 T=0 协议允许在回送的命令字节中把先前的字节增量 1 来激活可编程电压。因此，命令字节永远是偶数的。

两个参数字节主要用来提供更多的关于指令字节选择命令的信息。于是，它们主要用来作为命令不同选项的选择开关。

接着头标的下一段是本体，除了有长度规定之外，它可以被略去，本体承担了双重角色。首先，它规定了发送给卡的数据部分的长度(在 Lc 字段)，以及由卡回送的数据部分的长度(在 Le 字段)。其次，它含有发送给卡的有关命令的数据。如果 Le 字段的值为“00”，则终端期待着卡传送这条命令最大可用数量的数据，这是关于长度的数值规定的唯一例外。

Le 和 L 字段通常为 1 字节长。然而能够把它们转换为每个有 3 字节长的字段，这样可用来表示高达 65536 的长度，因为第 1 字节中含有扩展符序列“∞”。

ISO 智能卡通用 APDU 命令集，如表 3.13.2 所示。

表 3.13.2　ISO 智能卡通用 APDU 命令集

编号	指令名称	CLA	INS	功能描述
1	READ BINARY	00/04	B0	读出带有透明结构的 EF 内容的一部分
2	WRITE BINARY		D0	将二进制数值写入 EF
3	UPDATE BINARY	00/04	D6	启动使用在命令 APDU 中给出的位来更新早已呈现在 EF 中的位
4	ERASE BINARY		0E	顺序地从给出的偏移开始将 EF 的内容的一部分置为其逻辑擦除的状态
5	READ RECORD	00/04	B2	给出了 EF 的规定记录的内容或 EF 的一个记录开始部分的内容

续表

编号	指令名称	CLA	INS	功能描述
6	WRITE RECORD		D2	WRITE RECORD 命令报文启动下列操作之一： (1) 写一次记录； (2) 对早已呈现在卡内的记录数据字节与在命令 APDU 中给出的记录数据字节进行逻辑“或”运算； (3) 对早已呈现在卡内的记录数据字节与在命令 APDU 中给出的记录数据字节进行逻辑“和”运算
7	APPEND RECORD	00/04	E2	启动在线性结构 EF 的结束端添加记录或者在循环结构的 EF 内写记录号 1
8	UPDATE RECORD	00/04	DC	启动使用命令 APDU 给出的位来更新特定记录
9	GET DATA		CA	可在当前上下文(如应用特定环境或当前 DF)范围内用于检索一个原始数据对象或者包含在结构化数据对象中的一个或多个数据对象
10	PUT DATA		DA	可在当前上下文(如应用特定环境或当前 DF)范围内用于存储一个原始数据对象或者包含在结构化数据对象中的一个或多个数据对象，正确的存储功能(写一次和/或更新和/或添加)通过数据对象的定义和性质来引出
11	SELECT FILE	00	A4	设置当前文件后续命令，可以通过选定的逻辑通道隐式地引用该当前文件
12	VERIFY	00/04	20	启动从设备送入卡内的验证数据与卡内存储的数据(如口令)进行比较
13	INTERNAL AUTHENTICATE	00	88	启动卡使用从设备发送来的询问数据和在卡内存储的密钥来鉴别数据，当该秘钥被连接到 MF 时命令可以用来鉴别整个卡，当该秘钥被连接到另一个 DF 时命令可以用来鉴别该 DF
14	EXTERNAL AUTHENTICATE	00	82	使用卡计算的结果(是或否)有条件地来更新安全状态，而该卡的计算是以该卡先前发出(如通过 GETCHALLENGE 命令)的询问在卡内存储的密钥及设备发送的鉴别数据为基础的
15	GET CHALLENGE	00	84	该指令用于获取智能卡生成的随机数，用于后续的认证操作
16	MANAGE CHANNEL		70	打开和关闭逻辑通道

续表

编号	指令名称	CLA	INS	功能描述
17	GET RESPONSE	00	C0	用于获取从卡发送至设备的APDU报文数据(或APDU的一部分)
18	ENVOLOPE	80	C2	用于获取那些不能由有效协议来发送的 APDU报文数据(或 APDU 的一部分)

APDU 命令反馈信息，如表 3.13.3 所示。

表 3.13.3　APDU 命令反馈信息

响　应	意　义	功能描述
9000	正常	成功执行
6200	警告	信息未提供
6281	警告	回送数据可能出错
6282	警告	文件长度小于 Le
6283	警告	选中的文件无效
6284	警告	FCI 格式与 P2 指定的不符
6300	警告	鉴别失败
63Cx	警告	校验失败(x 表示允许重试次数)
6400	出错	状态标志位没有变
6581	出错	内存失败
6700	出错	长度错误
6882	出错	不支持安全报文
6981	出错	命令与文件结构不相容，当前文件非所需文件
6982	出错	操作条件(AC)不满足，没有校验 PIN
6983	出错	认证方法锁定，PIN 被锁定
6984	出错	随机数无效，引用的数据无效
6985	出错	使用条件不满足
6986	出错	不满足命令执行条件(不允许的命令，INS 有错)
6987	出错	MAC 丢失
6988	出错	MAC 不正确
698D	保留	
6A80	出错	数据域参数不正确
6A81	出错	功能不支持；创建不允许；目录无效；应用锁定
6A82	出错	该文件未找到
6A83	出错	该记录未找到
6A84	出错	文件预留空间不足
6A86	出错	P1 或 P2 不正确
6A88	出错	引用数据未找到

续表

响 应	意 义	详 细
6B00	出错	参数错误
6Cxx	出错	Le 长度错误，实际长度是 xx
6E00	出错	不支持的类：CLA 有错
6F00	出错	数据无效
6D00	出错	不支持的指令代码
9301	出错	资金不足
9302	出错	MAC 无效

任务实施

1. 操作步骤

(1) 在 3.11 节的基础上，新建“CpuHightFrequency”实现“ICpuHightFrequency”接口类，并实现“findCard”寻卡方法、“avoidErrorCHeck”防冲突方法、“selectCard”选卡方法、“apduCommand”APDU 命令操作，且各个方法都返回“SerialPortParam”对象，该对象包含请求字节码和响应字节码。

(2) “findCard”寻卡、“avoidErrorCHeck”防冲突、“selectCard”选卡、“apduCommand”APDU 命令操作实现流程如图 3.13.2 所示。

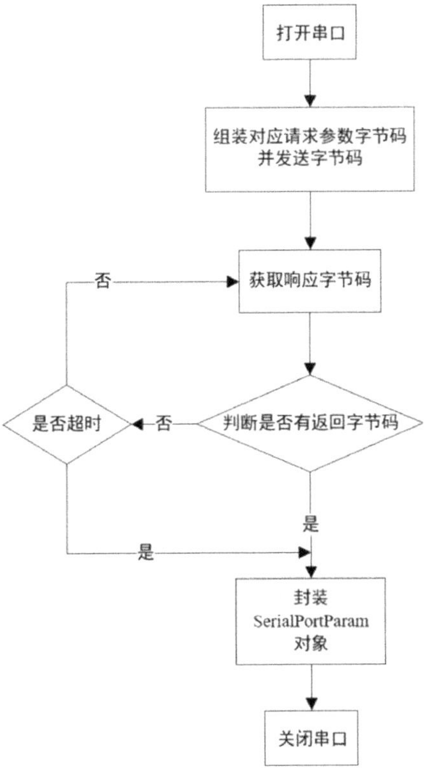

图 3.13.2 寻卡、防冲突、选卡、APDU 命令操作实现流程

(3) 完成“findCard”寻卡、“avoidErrorCHeck”防冲突、“selectCard”选卡、“apduCommand”APDU命令操作方法的调用。

(4) 实现方法。

① 解析寻卡返回的指令信息：

```
ICpuHightFrequency cpuHightFrequency = new CpuHightFrequency(serialPort,
        boundRate, dataBits, stopBits, parity);
SerialPortParam param = cpuHightFrequency.findCard();
Map<String, Object> dataMap = new HashMap<>();
dataMap.put("resData", StringUtil.bytesToHexString(param.getResBytes()));
dataMap.put("reqData", StringUtil.bytesToHexString(param.getReqBytes()));
if (param.getResBytes() != null && param.getResBytes().length > 0) {
    String resData = dataMap.get("resData").toString();
    if(resData.indexOf("FF 55 00 00 81 09 01 00")>-1){
        dataMap.put("opMsg", "寻卡成功");
    }else{
        dataMap.put("opMsg", "寻卡失败");
    }
}else{
    dataMap.put("opMsg", "寻卡失败");
}
```

② 解析防冲突返回的指令信息：

```
ICpuHightFrequency cpuHightFrequency = new CpuHightFrequency(serialPort,
        boundRate, dataBits, stopBits, parity);
SerialPortParam param = cpuHightFrequency.avoidErrorCHeck();
Map<String, Object> dataMap = new HashMap<>();
dataMap.put("resData",
        StringUtil.bytesToHexString(param.getResBytes()));
dataMap.put("reqData",
        StringUtil.bytesToHexString(param.getReqBytes()));
if (param.getResBytes() != null && param.getResBytes().length > 0) {
    String resData = dataMap.get("resData").toString();
    if(resData.indexOf("FF 55 00 00 85 04 04")>-1){
        resData = resData.replace( target: "FF 55 00 00 85 04 04 ",  replacement: "");
        String cardNo = resData.substring(0, 11);
        dataMap.put("cardNo", cardNo);
        dataMap.put("opMsg", "防冲突检测成功");
    }else{
        dataMap.put("opMsg", "防冲突检测失败");
    }
}else{
    dataMap.put("opMsg", "防冲突检测失败");
}
```

③ 解析选卡返回的指令信息：

```
ICpuHightFrequency cpuHightFrequency = new CpuHightFrequency(serialPort,
        boundRate, dataBits, stopBits, parity);
SerialPortParam param = cpuHightFrequency.selectCard();
Map<String, Object> dataMap = new HashMap<>();
dataMap.put("resData",
        StringUtil.bytesToHexString(param.getResBytes()));
dataMap.put("reqData",
        StringUtil.bytesToHexString(param.getReqBytes()));
if (param.getResBytes() != null && param.getResBytes().length > 0) {
    String resData = dataMap.get("resData").toString();
    if(resData.indexOf("FF 55 00 00 81 08 04")>-1){
        dataMap.put("opMsg", "选卡成功");
    }else{
        dataMap.put("opMsg", "选卡失败");
    }
}else{
    dataMap.put("opMsg", "选卡失败");
}
```

④ 解析 APDU 操作返回的指令信息：

```
ICpuHightFrequency cpuHightFrequency = new CpuHightFrequency(serialPort,
        boundRate, dataBits, stopBits, parity);
SerialPortParam param = cpuHightFrequency.apduCommand();
Map<String, Object> dataMap = new HashMap<>();
dataMap.put("resData",
        StringUtil.bytesToHexString(param.getResBytes()));
dataMap.put("reqData",
        StringUtil.bytesToHexString(param.getReqBytes()));
if (param.getResBytes() != null && param.getResBytes().length > 0) {
    String resData = dataMap.get("resData").toString();
    if(resData.indexOf("FF 55 00 00 83 00 0A")>-1){
        resData = resData.replace( target: "FF 55 00 00 83 00 0A ",  replacement: "");
        dataMap.put("data", resData.substring(0, 23));
        dataMap.put("opMsg", "高频APDU指令反馈9000 执行成功");
    }else{
        dataMap.put("opMsg", "高频APDU指令反馈9000 执行失败");
    }
}else{
    dataMap.put("opMsg", "高频APDU指令反馈9000 执行失败");
}
```

(5) 参考界面如图 3.13.3 所示。

图 3.13.3 寻卡、防冲突、选卡、APDU 命令操作界面

2. 结果分析

(1) 单击【寻卡】。

发送数据：FF 55 00 00 01 09 00 00 90 73，其中：

① 通信协议同步帧：FF 55。

② 主从设备地址：00 00。

③ 主从命令码：01 09。

④ 信息数据长度：00。

⑤ 信息数据：00。

⑥ CRC16 校验位：90 73。

接收数据：FF 55 00 00 81 09 01 00 B5 F9，其中：

① 通信协议同步帧：FF 55。

② 主从设备地址：00 00。

③ 主从命令码：81 09。

④ 接收到的卡信息数据长度：01。

⑤ 接收到的卡信息：00(表示寻卡成功)。

⑥ CRC16 校验位：B5 F9。

(2) 单击【防冲突检测】。

发送数据：FF 55 00 00 05 04 00 00 C1 36，其中：

① 通信协议同步帧：FF 55。

② 主从设备地址：00 00。

③ 主从命令码：05 04。

④ 信息数据长度：00。

⑤ 信息数据：00。

⑥ CRC16 校验位：C1 36。

接收数据：FF 55 00 00 85 04 04 55 4B 7A AD 7B AD，其中：

① 通信协议同步帧：FF 55。

② 主从设备地址：00 00。

③ 主从命令码：85 04。

④ 接收到数据的信息数据长度：04(表示防冲突检测成功)。

⑤ 接收到数据的信息：55 4B 7A AD(高频 CPU 卡的信息)。

⑥ CRC16 校验位：7B AD。

显示防冲突检测操作成功。

(3) 单击【选卡】。

发送数据：FF 55 00 00 01 08 00 00 00 72，其中：

① 通信协议同步帧：FF 55。

② 主从设备地址：00 00。

③ 主从命令码：01 08。

④ 信息数据长度：00。

⑤ 信息数据：00

⑥ CRC16 校验位：00 72。

接收数据：FF 55 00 00 81 08 04 55 4B 7A AD 77 E8，其中：

① 通信协议同步帧：FF 55。

② 主从设备地址：00 00。

③ 主从命令码：81 08。

④ 接收到数据的信息数据长度：04(表示防冲突检测成功)。

⑤ 接收到数据的信息：55 4B 7A AD(高频 CPU 卡的信息)。

⑥ CRC16 校验位：77 E8。

显示选卡成功。

(4) 单击【获取随机数】。

发送数据：FF 55 00 00 03 00 07 00 05 00 84 00 00 08 88 FC，其中：

① 通信协议同步帧：FF 55。

② 主从设备地址：00 00。

③ 主从命令码：03 00。

④ 信息数据长度：07。

⑤ APDU 命令长度：00 05。

⑥ APDU 命令信息：00 84 00 00 08(Get Challenge 取随机数指令)。

⑦ CRC16 校验位：88 FC。

接收数据：FF 55 00 00 83 00 0A F3 7A 27 D7 28 E9 0C 5B 90 00 44 D4，其中：

① 通信协议同步帧：FF 55。

② 主从设备地址：00 00。

③ 主从命令码：83 00。

④ 接收到数据的信息数据长度：0A(0A 十进制为 10，8 位随机数加 2 位响应)。

⑤ 接收到数据的信息：F3 7A 27 D7 28 E9 0C 5B 90 00，其中 8 位随机数：F3 7A 27 D7 28 E9 0C 5B，2 位响应 90 00，表示成功。

⑥ CRC16 校验位：44 D4。

获取到 8 个随机数，如果再次执行，则更换其他 8 个随机数。详细图解如图 3.13.4 所示。

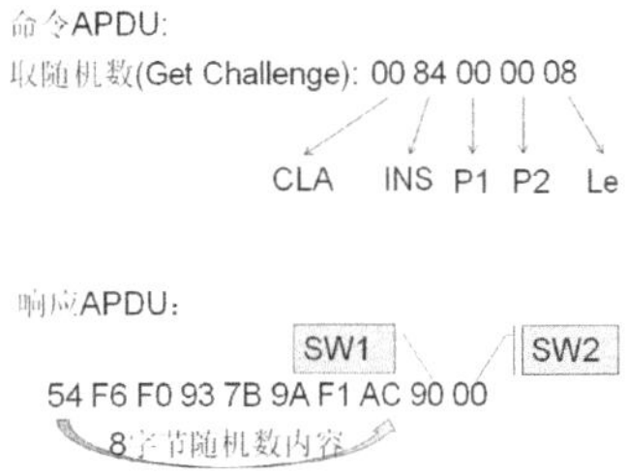

图 3.13.4 获取随机数图解

技能拓展

1. 单独放入一张高频卡，执行非接触 CPU 卡基本操作，记录反馈数据，并进行分析。
2. 与其他组交换高频卡，执行非接触 CPU 卡基本操作，分析与其他组数据是否相同。

本节小结

本节介绍了非接触式 CPU Type A 型卡的原理、读取高频 CPU 卡信息操作方法及高频 CPU 卡寻卡、防冲突检测、选卡、激活操作方法；详细介绍了高频 CPU 卡 APDU 操作指令集、非接触 CPU 卡基本操作的方法和步骤。采用 Java 语言对串口通信技术编程开发，通过实验完成非接触式 CPU Type A 型卡基本操作。通过本节实验，使读者能够对非接触 CPU 卡有更深刻的了解，从而对拓展到非接触 CPU 卡的应用(如银行卡、交通卡等)开发起到知识储备的作用。

3.14 NFC 卡基本操作

任务内容

本节主要介绍 NFC 技术、RFID 教学实验平台的 NFC 模块实验原理。了解高频 NFC 卡的概念，学习读取高频 NFC 卡信息操作，学习高频 NFC 卡读写操作，掌握 NFC 卡应用的方法和步骤，使用 Java 串口通信技术完成 NFC 卡的基本操作，掌握获取高频 NFC 卡信息的指令，能够读懂反馈信息。

任务要求

- 了解高频 NFC 卡的概念。
- 学习读取高频 NFC 卡信息操作的方法。
- 掌握高频 NFC 卡读写操作，开发 NFC 卡读写功能。
- 掌握 NFC 卡应用的方法和步骤。
- 使用 Java 语言开发串口通信技术，完成 NFC 卡的基本操作。
- 掌握获取高频 NFC 卡信息的指令，能够读懂反馈信息。

理论认知

1. NFC 技术

1) NFC 技术概论

NFC 英文全称为 Near Field Communication，是由飞利浦和索尼联合开发的一种全新的近距离无线通信技术。NFC 由非接触式射频识别(RFID)及互联互通技术整合演变而来，在单一芯片上结合感应式读卡器、感应式卡片和点对点的功能，能在短距离内与兼容设备进行识别和数据交换。这项技术最初只是 RFID 技术和网络技术的简单合并，现在已经演变成一种短距离无线通信技术，发展态势相当迅速。NFC 工作在 13.56MHz 频率范围，作用距离 10cm 左右。NFC 技术在 ISO 18092、ECMA 340 和 ETSI TS 102 190 框架下推动标准化，同时也兼容应用广泛的 ISO 14443 Type-A、ISO 14443 Type-B 以及 FeliCa 标准非接触式智能卡的基础架构。

NFC 芯片具有相互通信功能，外形封装如图 3.14.1 所示。NFC 芯片具有计算能力，在 FeliCa 标准中还含有加密逻辑电路，Mifare 的后期标准也追加了加密/解密模块(SAM)。

图 3.14.1　NFC 芯片

NFC 标准兼容了索尼公司的 FeliCaTM 标准，以及 ISO 14443 A、ISO 14443 B，也就是使用飞利浦的 Mifare 标准。在业界简称为 Type A、Type B 和 Type F，其中 A、B 为 Mifare 标准，F 为 FeliCa 标准。为了推动 NFC 的发展和普及，业界创建了一个非营利性的标准组织——NFC Forum，促进了 NFC 技术的实施和标准化，确保了设备和服务之间协同合作。NFC Forum 在全球拥有数百个成员，包括 Nokia、Sony、Philips、LG、摩托罗拉、NXP、NEC、三星、Atoam、Intel，其中中国成员有魅族、vivo、OPPO、小米、中国移动、华为、中兴通信、台湾正隆等公司。

NFC Forum 发起成员公司拥有董事会席位，这些成员公司包括惠普、万事达卡国际组织、微软、NEC、诺基亚、恩智浦半导体、松下、瑞萨科技、三星、索尼和维萨国际组织。

2) 工作模式

(1) 读写器模式(主动模式)。

手机终端可以读取一张非接触卡或者一个非接触标签中的内容，此模式下既可以继承现有的应用，如将 NFC 手机当作 POS 机去读取现有的银行卡、公交卡，又可以是 NFC 最新定义的应用场景，如利用 NFC 手机读取 NFC 定义的标签中的标准数据，实现电子名片、电子海报、WiFi 连接等功能。

(2) 卡模拟模式(被动模式)。

手机终端可以模拟成为一张普通的非接触卡被 POS 机读取，此模式下通常是继承了现在广泛使用的应用，如银行卡、门禁卡、公交卡等，以 NFC 手机作为载体并发挥手机在网络、多媒体、人机交互方面的优势，应用场景也与现有方式类似。

3) 技术特征

与 RFID 一样，NFC 信息也是通过频谱中无线频率部分的电磁感应耦合方式传递，但两者之间还是存在很大的区别。首先，NFC 是一种提供轻松、安全、迅速的通信的无线连接技术，其传输范围比 RFID 小。其次，NFC 与现有非接触智能卡技术兼容，已经成为越来越多主要厂商支持的正式标准。最后，NFC 还是一种近距离连接协议，提供各种设备间轻松、安全、迅速而自动的通信。与无线世界中的其他连接方式相比，NFC 是一种近距离的私密通信方式。

NFC、红外线、蓝牙同为非接触传输方式，它们具有各自不同的技术特征，可以用于各种不同的目的，其技术本身没有优劣差别。

NFC 手机内置 NFC 芯片，比原先仅作为标签使用的 RFID 更增加了数据双向传送的功能，这个进步使得其更加适合用于电子货币支付；特别是 RFID 所不能实现的相互认证和动态加密及一次性密码(OTP)都能够在 NFC 上实现。

NFC 技术支持多种应用，包括移动支付与交易、对等式通信及移动中信息访问等。通过 NFC 手机，人们可以在任何地点、任何时间，通过任何设备，与他们希望得到的娱乐服务和交易联系在一起，从而完成付款，获取海报信息等。NFC 设备可以用作非接触式智能卡、智能卡的读写器终端以及设备对设备的数据传输链路，其应用主要可分为以下四个基本类型：用于付款和购票、用于电子票证、用于智能媒体以及用于交换、传输数据。

4) NFC 技术原理

NFC 模块可以在主动或被动模式下交换数据。在被动模式下，启动 NFC 通信的设备(也称为 NFC 发起设备，主模块)，在整个通信过程中提供射频场(RF-field)，其中传输速度是可选的，将数据发送到另一个模块。另一个模块称为 NFC 目标模块(从模块)，不必产生射频场，而使用负载调制(Load Modulation)技术，即以相同的速度将数据传回发起设备，如图 3.14.2 所示。此通信机制与基于 ISO 14443A、Mifare 和 FeliCa 的非接触式智能卡兼容，因此，NFC 发起模块在主动模式下，可以用相同的连接和初始化过程检测非接触式智能卡或 NFC 目标模块，并与之建立联系。

当 NFC 模块工作在主动模式下，与 RFID 读取器操作中一样，此芯片完全由 MCU 控制。MCU 激活此芯片并将模式选择写入 ISO 控制寄存器。MCU 使用 RF 冲突避免命令，所以它不用承担任何实时任务。每个 NFC 模块要向另一个 NFC 模块发送数据时，都必须产生自己的射频场。如图 3.14.3 所示，发起模块和目标模块都要产生自己的射频场，以便进行通信。这是对等网络通信的标准模式，可以获得非常快速的连接设置。

5) NFC 与 RFID 的区别

(1) NFC 将非接触读卡器、非接触卡和点对点功能整合到一个单芯片中，而 RFID 必须由阅读器和标签组成。RFID 只能实现信息的读取以及判定，而 NFC 技术则强调的是信息交互。通俗地说，NFC 就是 RFID 的演进版本，双方可以近距离交换信息。NFC 手机内置 NFC 芯片，构成 RFID 模块的一部分，可以当作 RFID 无源标签使用进行支付费用；也可以当作 RFID 读写器，用作数据交换与采集，还可以进行 NFC 手机之间的数据通信，如图 3.14.2 和图 3.14.3 所示。

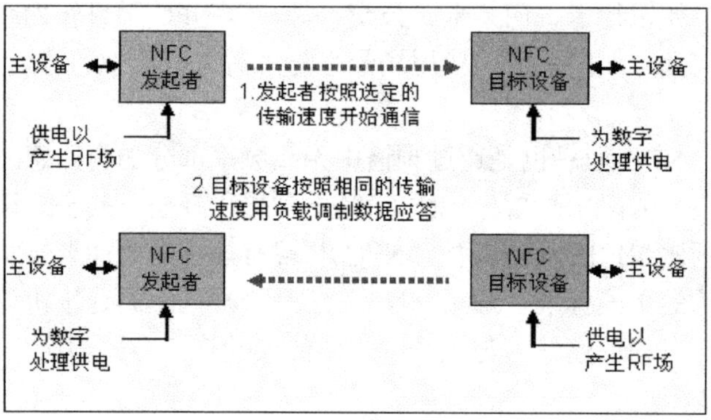

图 3.14.2　NFC 主动工作模式系统框图

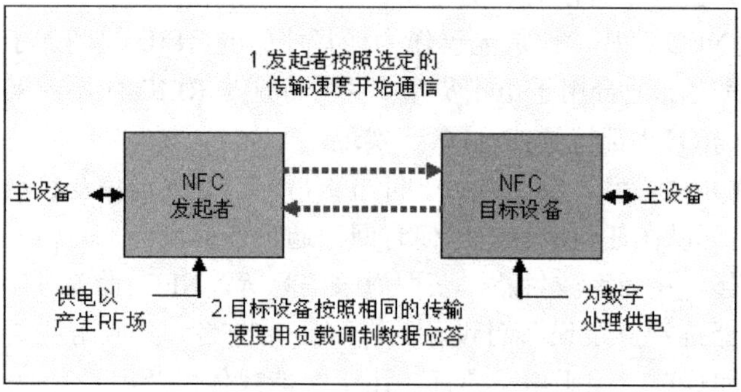

图 3.14.3　NFC 被动工作模式系统框图

(2) NFC 传输范围比 RFID 小，RFID 的传输范围可以达到几米，但由于 NFC 采取了独特的信号衰减技术，相对于 RFID 来说 NFC 具有距离近、带宽高、能耗低等特点。

(3) 应用方向不同。NFC 更多的是针对消费类电子设备相互通信，有源 RFID 则更擅长远距离识别。

随着互联网的普及，手机作为互联网最直接的智能终端，必将会引起一场技术上的革命。目前一些带有 NFC 模块的手机不但可以进行公交车的刷卡，还可以在一些特定的便利店进行小额支付，如图 3.14.4 所示。如同以前蓝牙、USB、GPS 等标配，NFC 将成为日后手机最重要的标配，通过 NFC 技术，手机支付、看电影、乘地铁都能实现，将在我们的日常生活中发挥更大的作用。

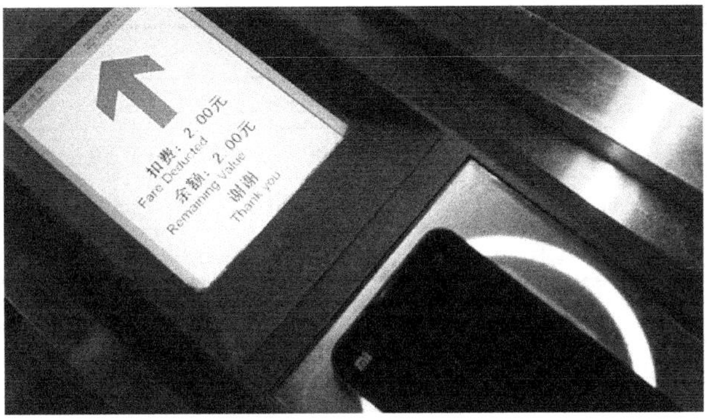

图 3.14.4　NFC 手机小额支付

2. RFID 教学实验平台 NFC 模块

(1)　NFC 模块芯片。

RFID 教学实验平台 NFC 模块采用 PN512 芯片设计。PN512 是 NXP 推出的一款低功耗、支持多协议的 13.56MHz 射频接口芯片。在点对点工作模式下，可以读写 ISO/IEC 14443A/Mifarc、ISO/IEC 14443B 和 FeliCa 卡。其技术特征如下。

①　集成了 RF 场检测器。

②　集成了数据模式检测器。

③　支持 S2C 接口。

④　集成了 NFCIP-1 的 RF 接口，传输速率高达 424kb/s。

⑤　支持主机接口。

(a)　SPI 接口，高达 10Mbit/s。

(b)　I2C 接口，快速模式为 400kb/s，高速模式为 3400kb/s。

(c)　不同传输速率的串行 UART，高达 1228.8kb/s，帧随 RS232 接口而定，接口的电压电平取决于端口的电源。

(d)　8 位并行接口，带/不带地址锁存使能。

(2)　通信协议。

在 RFID 教学实验平台中，NFC 模块与 STM32 主控制器的通信协议如表 3.14.1 所示。基于这些协议，可以对 NFC 卡进行寻卡、密码认证、读写等基本操作。

表 3.14.1　NFC 模块通信协议

主命令	从命令	描　述	示　例
01	0A	NFC 寻卡	FF 55 00 00 01 0A 00 60 73
05	06	NFC M1 卡密码认证	FF 55 00 00 05 06 08 60 00 FF FF FF FF FF FF 5F 92
03	08	NFC M1 读取数据	FF 55 00 00 03 08 01 01 CD 41
03	09	NFC M1 写入数据	FF 55 00 00 03 09 11 01 22 22 22 22 22 22 22 22 22 22 22 22 22 22 22 22 20 11
02	0A	打开 NFC 天线	FF 55 00 00 02 0A 00 60 83

续表

主命令	从命令	描　述	示　例
02	0B	关闭 NFC 天线	FF 55 00 00 02 0B 00 F0 82
02	0C	NFC M1 卡激活	FF 55 00 00 02 0C 00 C0 80
05	07	NFC M1 反冲突检测	FF 55 00 00 05 07 00 31 36
01	0B	NFC M1 选卡	FF 55 00 00 01 0B 00 F0 72

任务实施

1. 硬件连接

串口线：连接计算机串口与 RFID 教学实验平台串口。

电源适配器：连接电源适配器 DC12V 到 RFID 教学实验平台。

I/O 口：NFC 模块和 M3 核心模块采用 SPI 通信方式。SPI 是串行外设接口。HF 射频模块 MISO、MOSI、SCK、NSS、RST 分别连接 M3 核心模块的 PB14、PB15、PB13、PB12、PB1，如图 3.14.5 和图 3.14.6 及表 3.14.2 所示。

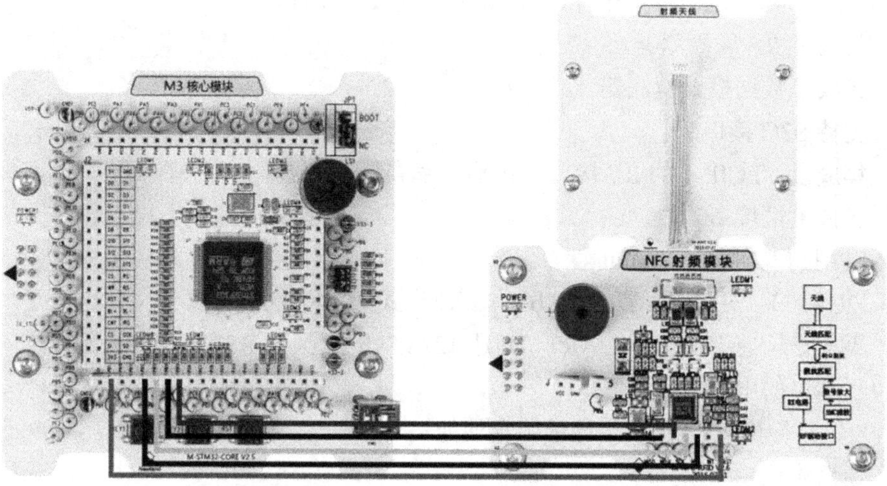

图 3.14.5　硬件模块连接线路图

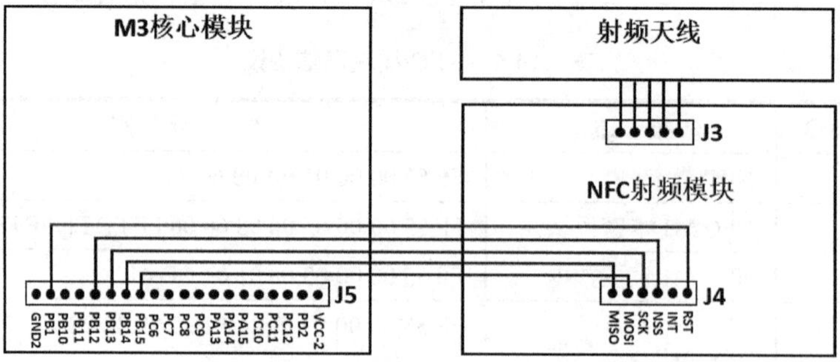

图 3.14.6　硬件模块连接示意图

表 3.14.2 NFC 卡接线说明

射频模块	M3 核心模块	说 明
MISO	PB14	SPI 总线主机输出/ 从机输入(SPI Bus Master Output/Slave Input)
MOSI	PB15	SPI 总线主机输入/ 从机输出(SPI Bus Master Input/Slave Output)
SCK	PB13	时钟信号，由主设备产生
NSS	PB12	从设备使能信号，由主设备控制(Chip Select，或称 CS)
RST	PB1	Reset 复位信号

RFID 教学实验平台拨动开关：置于“通信模式”。

RFID 教学实验平台电源开关：按下电源开关，接通电源。

2. 操作步骤

(1) 在 3.13 节的基础上，新建“NfcHightFrequency”实现“INfcHightFrequency”接口类，并实现“findCard”寻卡方法、“avoidErrorCHeck”防冲突方法、“selectCard”选卡方法、“active”激活方法、“pwdCheck”密钥验证、“readBlock”读取数据块数据、“writeBlock”写数据块数据，且返回“SerialPortParam”对象，该对象包含请求字节码和响应字节码。

(2) 寻卡、防冲突、选卡、激活、密钥验证、读取数据块数据、写数据块数据方法实现流程，流程图参考图 3.14.7 所示。

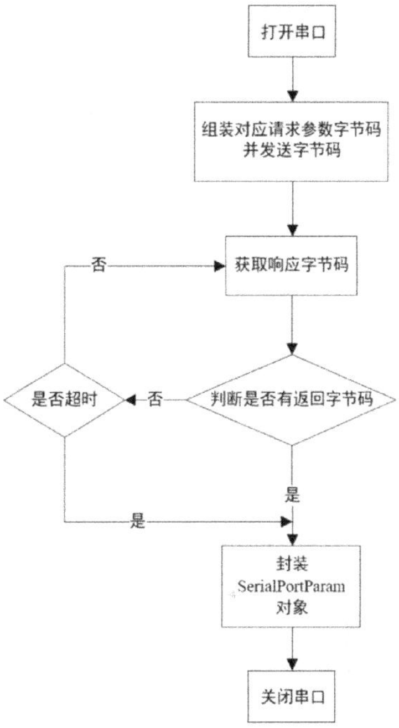

图 3.14.7 方法实现流程图

(3) 完成“findCard”“avoidErrorCHeck”“selectCard”“active”“pwdCheck”“readBlock”“writeBlock”方法的调用。

(4) 实现方法。

① 解析寻卡返回的指令：

```
INfcHightFrequency nfcHightFrequency = new NfcHightFrequency(serialPort,
        boundRate, dataBits, stopBits, parity);
SerialPortParam param = nfcHightFrequency.findCard();
Map<String, Object> dataMap = new HashMap<>();
dataMap.put("resData", StringUtil.bytesToHexString(param.getResBytes()));
dataMap.put("reqData", StringUtil.bytesToHexString(param.getReqBytes()));
if (param.getResBytes() != null && param.getResBytes().length > 0) {
    String resData = dataMap.get("resData").toString();
    if(resData.indexOf("FF 55 00 00 81 0A 01 00")>-1){
        dataMap.put("opMsg", "寻卡成功");
    }else{
        dataMap.put("opMsg", "寻卡失败");
    }
}else{
    dataMap.put("opMsg", "寻卡失败");
}
```

② 解析防冲突返回的指令：

```
INfcHightFrequency nfcHightFrequency = new NfcHightFrequency(serialPort,
        boundRate, dataBits, stopBits, parity);
SerialPortParam param = nfcHightFrequency.avoidErrorCHeck();
Map<String, Object> dataMap = new HashMap<>();
dataMap.put("resData", StringUtil.bytesToHexString(param.getResBytes()));
dataMap.put("reqData", StringUtil.bytesToHexString(param.getReqBytes()));
if (param.getResBytes() != null && param.getResBytes().length > 0) {
    String resData = dataMap.get("resData").toString();
    if(resData.indexOf("FF 55 00 00 85 07 04")>-1){
        resData = resData.replace( target: "FF 55 00 00 85 07 04 ",  replacement: "");
        String cardNo = resData.substring(0, 11);
        dataMap.put("cardNo", cardNo);
        dataMap.put("opMsg", "防冲突检测成功");
    }else{
        dataMap.put("opMsg", "防冲突检测失败");
    }
}else{
    dataMap.put("opMsg", "防冲突检测失败");
}
```

③ 解析选卡返回的指令：

```
INfcHightFrequency nfcHightFrequency = new NfcHightFrequency(serialPort,
        boundRate, dataBits, stopBits, parity);
SerialPortParam param = nfcHightFrequency.selectCard();
Map<String, Object> dataMap = new HashMap<>();
dataMap.put("resData", StringUtil.bytesToHexString(param.getResBytes()));
dataMap.put("reqData", StringUtil.bytesToHexString(param.getReqBytes()));
if (param.getResBytes() != null && param.getResBytes().length > 0) {
    String resData = dataMap.get("resData").toString();
    if(resData.indexOf("FF 55 00 00 81 0B 01 00")>-1){
        dataMap.put("opMsg", "选卡成功");
    }else{
        dataMap.put("opMsg", "选卡失败");
    }
}else{
    dataMap.put("opMsg", "选卡失败");
}
```

④ 解析激活返回的指令：

```
INfcHightFrequency nfcHightFrequency = new NfcHightFrequency(serialPort,
        boundRate, dataBits, stopBits, parity);
SerialPortParam param = nfcHightFrequency.active();
Map<String, Object> dataMap = new HashMap<>();
dataMap.put("resData", StringUtil.bytesToHexString(param.getResBytes()));
dataMap.put("reqData", StringUtil.bytesToHexString(param.getReqBytes()));
if (param.getResBytes() != null && param.getResBytes().length > 0) {
    String resData = dataMap.get("resData").toString();
    if(resData.indexOf("FF 55 00 00 82 0C 04")>-1){
        dataMap.put("opMsg", "激活成功");
    }else{
        dataMap.put("opMsg", "激活失败");
    }
}else{
    dataMap.put("opMsg", "激活失败");
}
```

⑤ 解析密钥验证返回的指令：

```
INfcHightFrequency nfcHightFrequency = new NfcHightFrequency(serialPort,
        boundRate, dataBits, stopBits, parity);
SerialPortParam param = nfcHightFrequency.pwdCheck(StringUtil.hexToByte(pwd));
Map<String, Object> dataMap = new HashMap<>();
dataMap.put("resData", StringUtil.bytesToHexString(param.getResBytes()));
dataMap.put("reqData", StringUtil.bytesToHexString(param.getReqBytes()));
if (param.getResBytes() != null && param.getResBytes().length > 0) {
    String resData = dataMap.get("resData").toString();
    if(resData.indexOf("FF 55 00 00 85 06 01 00")>-1){
        dataMap.put("opMsg", "密钥认证成功");
    }else{
        dataMap.put("opMsg", "密钥认证失败");
    }
}else{
    dataMap.put("opMsg", "密钥验证失败");
}
```

⑥ 解析读取数据块返回的指令：

```
INfcHightFrequency nfcHightFrequency = new NfcHightFrequency(serialPort,
        boundRate, dataBits, stopBits, parity);
SerialPortParam param = nfcHightFrequency.readBlock(StringUtil.hexToByte(scatteredArea),
        StringUtil.hexToByte(block));
Map<String, Object> dataMap = new HashMap<>();
dataMap.put("resData", StringUtil.bytesToHexString(param.getResBytes()));
dataMap.put("reqData", StringUtil.bytesToHexString(param.getReqBytes()));
if (param.getResBytes() != null && param.getResBytes().length > 0) {
    String resData = dataMap.get("resData").toString();
    if(resData.indexOf("FF 55 00 00 83 08 10")>-1){
        resData = resData.replace( target: "FF 55 00 00 83 08 10 ",  replacement: "");
        String data = resData.substring(0, 48);
        dataMap.put("opMsg", "读取数据成功,数据:"+data);
        dataMap.put("data", data);
    }else{
        dataMap.put("opMsg", "读取数据失败");
    }
}else{
    dataMap.put("opMsg", "读取数据失败");
}
```

⑦ 解析写数据块返回的指令：

```
INfcHightFrequency nfcHightFrequency = new NfcHightFrequency(serialPort,
        boundRate, dataBits, stopBits, parity);
SerialPortParam param = nfcHightFrequency.writeBlock(StringUtil.hexToByte(block),
        StringUtil.hexToByte(data));
Map<String, Object> dataMap = new HashMap<>();
dataMap.put("resData", StringUtil.bytesToHexString(param.getResBytes()));
dataMap.put("reqData", StringUtil.bytesToHexString(param.getReqBytes()));
if (param.getResBytes() != null && param.getResBytes().length > 0) {
    String resData = dataMap.get("resData").toString();
    if(resData.indexOf("FF 55 00 00 83 09 01 00")>-1){
        dataMap.put("opMsg", "写入数据成功");
    }else{
        dataMap.put("opMsg", "写入数据失败");
    }
}else{
    dataMap.put("opMsg", "写入数据失败");
}
```

(5) 参考界面如图 3.14.8 所示。

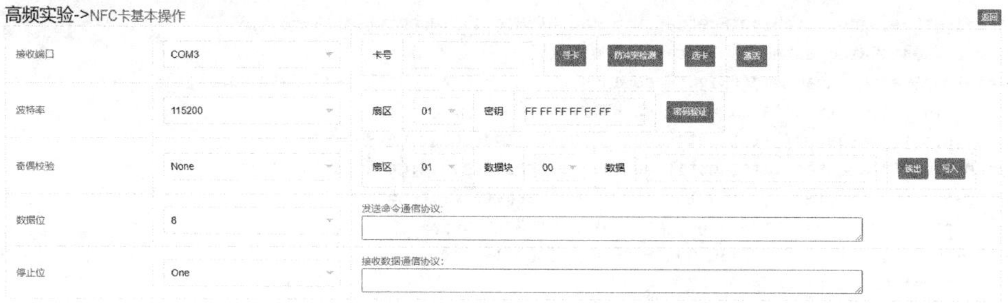

图 3.14.8 NFC 卡基本操作界面

3. 结果分析

(1) 单击【寻卡】。

发送数据：FF 55 00 00 01 0A 00 60 73，其中：

① 通信协议同步帧：FF 55。

② 主从设备地址：00 00。

③ 主从命令码：01 0A。

④ 信息数据长度：00。

⑤ 信息数据：无。

⑥ CRC16 校验位：60 73。

接收数据：FF 55 00 00 81 0A 01 00 B5 09，其中：

① 通信协议同步帧：FF 55。

② 主从设备地址：00 00。

③ 主从命令码：81 0A。

④ 接收到的卡信息数据长度：01。

⑤ 接收到的卡信息：00(表示寻卡成功)。

⑥ CRC16 校验位：B5 09。

(2) 单击【防冲突检测】。

发送数据：FF 55 00 00 05 07 00 31 36，其中：

① 通信协议同步帧：FF 55。

② 主从设备地址：00 00。

③ 主从命令码：05 07。

④ 信息数据长度：00。

⑤ 信息数据：无。

⑥ CRC16 校验位：31 36。

接收数据：FF 55 00 00 85 07 04 65 C5 ED 95 81 AD，其中：

① 通信协议同步帧：FF 55。

② 主从设备地址：00 00。

③ 主从命令码：85 07。

④ 接收到数据的信息数据长度：04(表示防冲突检测成功)。

⑤ 接收到数据的信息：65 C5 ED 95(高频 NFC 卡的信息)。
⑥ CRC16 校验位：81 AD。
(3) 单击【选卡】。
发送数据：FF 55 00 00 01 0B 00 F0 72，其中：
① 通信协议同步帧：FF 55。
② 主从设备地址：00 00。
③ 主从命令码：01 0B。
④ 信息数据长度：00。
⑤ 信息数据：无。
⑥ CRC16 校验位：F0 72。
接收数据：FF 55 00 00 81 0B 01 00 75 58，其中：
① 通信协议同步帧：FF 55。
② 主从设备地址：00 00。
③ 主从命令码：81 0B。
④ 接收到数据的信息数据长度：01。
⑤ 接收到数据的信息：00(表示选卡成功)。
⑥ CRC16 校验位：75 58。
(4) 单击【激活】。
发送数据：FF 55 00 00 02 0C 00 C0 80，其中：
① 通信协议同步帧：FF 55。
② 主从设备地址：00 00。
③ 主从命令码：02 0C。
④ 信息数据长度：00。
⑤ 信息数据：无。
⑥ CRC16 校验位：C0 80。
接收数据：FF 55 00 00 82 0C 04 65 C5 ED 95 3A DA，其中：
① 通信协议同步帧：FF 55。
② 主从设备地址：00 00。
③ 主从命令码：82 0C。
④ 接收到数据的信息数据长度：04(表示防冲突检测成功)。
⑤ 接收到数据的信息：65 C5 ED 95(高频 NFC 卡的信息)。
⑥ CRC16 校验位：3A DA。
表示【高频 NFC 卡激活】操作完成激活，达到了寻卡、防冲突检测、选卡的三个步骤。
(5) 单击【密码认证】。
发送数据：FF 55 00 00 05 06 08 60 00 FF FF FF FF FF FF 5F 92，其中：
① 通信协议同步帧：FF 55。
② 主从设备地址：00 00。
③ 主从命令码：05 06。
④ 信息数据长度：08。
⑤ 信息数据：60 00 FF FF FF FF FF FF(64bit 密码)。

⑥ CRC16 校验位：5F 92。

接收数据：FF 55 00 00 85 06 01 00 86 C8，其中：

① 通信协议同步帧：FF 55。

② 主从设备地址：00 00。

③ 主从命令码：85 06。

④ 接收到数据的信息数据长度：01。

⑤ 接收到数据的信息：00(表示密码认证成功)。

⑥ CRC16 校验位：86 C8。

(6) 选择扇区 01、数据块 01，单击【读出】。

发送数据：FF 55 00 00 03 08 01 01 CD 41，其中：

① 通信协议同步帧：FF 55。

② 主从设备地址：00 00。

③ 主从命令码：03 08。

④ 信息数据：01 01(扇区 01、数据块 01)。

⑤ CRC16 校验位：CD 41。

接收数据：FF 55 00 00 83 08 10 11 11 11 11 11 11 11 11 11 11 11 11 11 11 11 11 90 92，其中：

① 通信协议同步帧：FF 55。

② 主从设备地址：00 00。

③ 主从命令码：83 08。

④ 接收到数据的信息数据长度：10(表示 16 个字节)。

⑤ 接收到数据的信息：11 11 11 11 11 11 11 11 11 11 11 11 11 11 11 11(数据)。

⑥ CRC16 校验位：90 92。

(7) 选择数据块 01，单击【写入】。

发送数据：FF 55 00 00 03 09 11 01 11 11 11 11 11 11 11 11 11 11 11 11 11 11 11 11 BA AF，其中：

① 通信协议同步帧：FF 55。

② 主从设备地址：00 00。

③ 主从命令码：03 09。

④ 接收到数据的信息数据长度：11(表示 17 个字节)。

⑤ 接收到数据的信息：01 11 11 11 11 11 11 11 11 11 11 11 11 11 11 11 11(数据块，数据)；数据块 01，数据 11 11 11 11 11 11 11 11 11 11 11 11 11 11 11 11。

⑥ CRC16 校验位：BA AF。

接收数据：FF 55 00 00 83 09 01 00 0D F8，其中：

① 通信协议同步帧：FF 55。

② 主从设备地址：00 00。

③ 主从命令码：83 09。

④ 接收到数据的信息数据长度：01。

⑤ 接收到数据的信息：00(表示数据写入成功)。

⑥ CRC16 校验位：0D F8。

技能拓展

1. 单独放入一张 NFC 卡，读取 NFC 卡信息、读取某个存储单元的数据，并写入数据，再次读取，记录反馈数据，并进行分析。

2. 与其他组交换 NFC 卡，分析与其他组数据是否相同。

本节小结

本节详细介绍了 NFC 技术的原理、NFC 技术的三种应用模式。并结合高频 RFID 的特点，采用 Java 语言对串口编程，实现对 NFC 技术在卡模式下的操作，并对操作指令集 APDU 报文格式进行解析。读者通过本节的学习，可以深入了解手机 NFC 的应用功能，加深对 NFC 技术的认识。

3.15 高频 CPU Type B 型卡基本操作

任务内容

本节主要介绍非接触式 CPU Type B 型卡的实验原理。认识高频 CPU Type B 型卡、读取信息操作及寻卡、防冲突检测、选卡、激活等操作；掌握非接触式 CPU Type B 型卡的基本操作方法和步骤、使用 Java 语言对串口通信技术完成高频 CPU Type B 型卡的基本操作。掌握高频 CPU Type B 型卡的操作指令，能够读懂反馈信息。

任务要求

- 学习高频 CPU Type B 型卡的结构及原理。
- 学习读取高频 CPU Type B 型卡的信息操作过程。
- 学习高频 CPU Type B 型卡寻卡、防冲突检测、选卡的操作过程与方法。
- 学习高频 CPU Type B 型卡激活操作。
- 学习身份证(CPU Type B 型卡)寻卡操作。
- 掌握非接触式 CPU Type B 型卡的基本操作方法和步骤。
- 使用 Java 语言对串口通信技术编程，通过实验完成高频 CPU Type B 型卡的基本操作。

理论认知

非接触 CPU Type B 型卡也称智能卡，和 Type A 型卡的结构与操作基本相同(见 3.13 节)，所不同的仅仅是物理通信层面的调制方法不同。

非接触 CPU Type B 卡常见的卡片应用就是我们的二代身份证，它采用 B 模式的通信方式，Type B 与 Type A 型卡相比有以下优势。

(1) 芯片具有更高的安全性。接收信号时，不会因为能量损失而使芯片内部逻辑及软件工作停止。

(2) 支持更高的通信速率。Type A 最大的数据通信速率为 150～200kb/s，应用 10%ASK 技术的 Type B 至少可支持 400 kb/s 的速率。

(3) 外围电路设计简单。读写机具到卡以及卡到读写机具的编码方式均采用 NRZ 方案，电路设计对称，设计时可使用简单的 UARTS。

(4) 抗干扰能力强。负载波采用 2PSK 调制技术，较 Type A 方案降低了 6dB 的信号声。

另外，在前面的防冲突机制中曾提到过 Type A 和 Type B 型卡的一些区别，对于 Type B 类卡，可根据实际应用情况支持选择一次一卡操作模式和一次多卡操作模式。

Type B 方案是异步、NRZ 编码方式，通过用 10% ASK 传送(参考第 1 章)。即信息“1”和信息“0”的区别在于信息“1”的信号幅度大，即信号强，信息“0”的信号幅度小，即信号弱。这种方式的优点是持续不断的信号传递，不会出现能量波动的情况。

实验我们配置 Type B 型卡，详细内容可以参考本书配套的资源包。

同时，针对 Type B 型卡的操作也可以采用身份证来实验。由于身份证的加密特性(解密需要公安部专门的解密芯片)，所以我们只能读出身份证卡的 ID 号，ID 号是全球唯一号码，它与身份证号码唯一绑定。

任务实施

1. 操作步骤

(1) 在 3.14 节的基础上，新建“TypeBCpu”实现“ITypeBCpu”接口类，并实现“findCard”寻卡方法、“avoidErrorCHeck”防冲突方法、“selectCard”选卡方法、“active”激活操作，新建“IdCard”实现“IIdCard”接口类，并实现“getCardInfo”身份证寻卡方法。各个方法都返回“SerialPortParam”对象，该对象包含请求字节码和响应字节码。

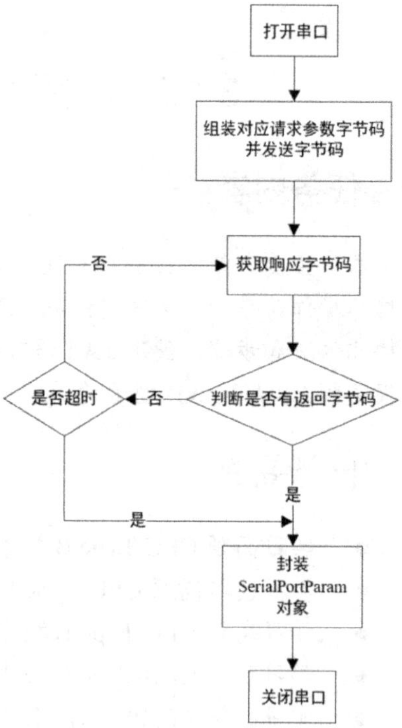

图 3.15.1 寻卡、防冲突、选卡、激活、身份证寻卡实现流程

(2) “findCard”寻卡、“avoidErrorCHeck”防冲突、“selectCard”选卡、“active”激活、“getCardInfo”身份证寻卡实现流程，如图 3.15.1 所示。

(3) 完成“findCard”寻卡、“avoidErrorCHeck”防冲突、“selectCard”选卡、“active”激活、“getCardInfo”身份证寻卡方法的调用。

(4) 实现方法。

① 解析寻卡返回的指令：

```
ITypeBCpu cpuHightFrequency = new TypeBCpu(serialPort,
        boundRate, dataBits, stopBits, parity);
SerialPortParam param = cpuHightFrequency.findCard();
Map<String, Object> dataMap = new HashMap<>();
dataMap.put("resData", StringUtil.bytesToHexString(param.getResBytes()));
dataMap.put("reqData", StringUtil.bytesToHexString(param.getReqBytes()));
if (param.getResBytes() != null && param.getResBytes().length > 0) {
    String resData = dataMap.get("resData").toString();
    if(resData.indexOf("FF 55 00 00 81 0F 01 00")>-1){
        dataMap.put("opMsg", "寻卡成功");
    }else{
        dataMap.put("opMsg", "寻卡失败");
    }
}else{
    dataMap.put("opMsg", "寻卡失败");
}
```

② 解析防冲突检测返回命令：

```
ITypeBCpu cpuHightFrequency = new TypeBCpu(serialPort,
        boundRate, dataBits, stopBits, parity);
SerialPortParam param = cpuHightFrequency.avoidErrorCHeck();
Map<String, Object> dataMap = new HashMap<>();
dataMap.put("resData", StringUtil.bytesToHexString(param.getResBytes()));
dataMap.put("reqData", StringUtil.bytesToHexString(param.getReqBytes()));
if (param.getResBytes() != null && param.getResBytes().length > 0) {
    String resData = dataMap.get("resData").toString();
    if(resData.indexOf("FF 55 00 00 85 05 04")>-1){
        resData = resData.replace( target: "FF 55 00 00 85 05 04 ", replacement: "");
        String cardNo = resData.substring(0, 11);
        dataMap.put("cardNo", cardNo);
        dataMap.put("opMsg", "防冲突检测成功");
    }else{
        dataMap.put("opMsg", "防冲突检测失败");
    }
}else{
    dataMap.put("opMsg", "防冲突检测失败");
}
```

③ 解析选卡返回指令：

```
ITypeBCpu typeBCpu = new TypeBCpu(serialPort,
        boundRate, dataBits, stopBits, parity);
SerialPortParam param = typeBCpu.selectCard();
Map<String, Object> dataMap = new HashMap<>();
dataMap.put("resData", StringUtil.bytesToHexString(param.getResBytes()));
dataMap.put("reqData", StringUtil.bytesToHexString(param.getReqBytes()));
if (param.getResBytes() != null && param.getResBytes().length > 0) {
    String resData = dataMap.get("resData").toString();
    if(resData.indexOf("FF 55 00 00 81 0E 04")>-1){
        resData = resData.replace( target: "FF 55 00 00 81 0E 04 ", replacement: "");
        String cardNo = resData.substring(0, 11);
        dataMap.put("cardNo", cardNo);
        dataMap.put("opMsg", "选卡成功");
    }else{
        dataMap.put("opMsg", "选卡失败");
    }
}else{
    dataMap.put("opMsg", "选卡失败");
}
```

④ 解析激活返回的指令：

```
ITypeBCpu typeBCpu = new TypeBCpu(serialPort,
        boundRate, dataBits, stopBits, parity);
SerialPortParam param = typeBCpu.active();
Map<String, Object> dataMap = new HashMap<>();
dataMap.put("resData", StringUtil.bytesToHexString(param.getResBytes()));
dataMap.put("reqData", StringUtil.bytesToHexString(param.getReqBytes()));
if (param.getResBytes() != null && param.getResBytes().length > 0) {
    String resData = dataMap.get("resData").toString();
    if(resData.indexOf("FF 55 00 00 82 0E 04")>-1){
        resData = resData.replace( target: "FF 55 00 00 82 0E 04 ", replacement: "");
        String cardNo = resData.substring(0, 11);
        dataMap.put("cardNo", cardNo);
        dataMap.put("opMsg", "激活成功");
    }else{
        dataMap.put("opMsg", "激活失败");
    }
}else{
    dataMap.put("opMsg", "激活失败");
}
```

⑤ 解析身份证寻卡返回的指令：

```
IIdCard idCard = new IdCard(serialPort, boundRate, dataBits, stopBits, parity);
SerialPortParam param = idCard.getCardInfo();
Map<String, Object> dataMap = new HashMap<>();
dataMap.put("resData", StringUtil.bytesToHexString(param.getResBytes()));
dataMap.put("reqData", StringUtil.bytesToHexString(param.getReqBytes()));
if (param.getResBytes() != null && param.getResBytes().length > 0) {
    String resData = dataMap.get("resData").toString();
    if (resData.indexOf("FF 55 00 00 81 0D 0A") > -1) {
        resData = resData.replace( target: "FF 55 00 00 81 0D 0A ", replacement: "");
        dataMap.put("opMsg",
                "身份证寻卡成功,卡号:" + resData.substring(0, 30));
        dataMap.put("cardNo", resData.substring(0, 30));
    } else {
        dataMap.put("opMsg", "身份证寻卡失败");
    }
}else{
    dataMap.put("opMsg", "身份证寻卡失败");
}
```

(5) 参考界面如图 3.15.2 和图 3.15.3 所示。

图 3.15.2　寻卡、防冲突、选卡、激活操作界面

图 3.15.3　身份证寻卡操作界面

2. 结果分析

(1) 单击【寻卡】。

发送数据：FF 55 00 00 01 0F 00 30 70，其中：

① 通信协议同步帧：FF 55。

② 主从设备地址：00 00。

③ 主从命令码：01 0F。

④ 信息数据长度：00。

⑤ 信息数据：无。

⑥ CRC16 校验位：30 70。

接收数据：FF 55 00 00 81 0F 01 00 B4 19，其中：

① 通信协议同步帧：FF 55。

② 主从设备地址：00 00。

③ 主从命令码：81 0F。

④ 接收到的卡信息数据长度：01。

⑤ 接收到的卡信息：00(表示寻卡成功)。

⑥ CRC16 校验位：B4 19。

(2) 单击【防冲突检测】。

发送数据：FF 55 00 00 05 05 00 51 37，其中：

① 通信协议同步帧：FF 55。

② 主从设备地址：00 00。

③ 主从命令码：05 05。

④ 信息数据长度：00。

⑤ 信息数据：无。

⑥ CRC16 校验位：51 37。

接收数据：FF 55 00 00 85 05 04 28 C9 11 13 AE BB，其中：

① 通信协议同步帧：FF 55。

② 主从设备地址：00 00。

③ 主从命令码：85 05。

④ 接收到数据的信息数据长度：04(表示防冲突检测成功)。

⑤ 接收到数据的信息：28 C9 11 13(高频 CPU 卡的信息)。

⑥ CRC16 校验位：AE BB。

显示防冲突检测操作找到卡。

(3) 单击【选卡】。

发送数据：FF 55 00 00 01 0E 00 A0 71，其中：

① 通信协议同步帧：FF 55。

② 主从设备地址：00 00。

③ 主从命令码：01 0E。

④ 信息数据长度：00。

⑤ CRC16 校验位：A0 71。

接收数据：FF 55 00 00 81 0E 04 28 C9 11 13 15 FF，其中：

① 通信协议同步帧：FF 55。

② 主从设备地址：00 00。

③ 主从命令码：81 0E。

④ 接收到数据的信息数据长度：04(表示防冲突检测成功)。

⑤ 接收到数据的信息：28 C9 11 13(高频 CPU B 卡的信息)。

⑥ CRC16 校验位：15 FF。

显示选卡成功。

(4) 单击【激活】，激活等同于【寻卡】【防冲突检测】【选卡】。

发送数据：FF 55 00 00 02 0E 00 A0 81，其中：

① 通信协议同步帧：FF 55。

② 主从设备地址：00 00。

③ 主从命令码：02 0E。

④ 信息数据长度：00。

⑤ CRC16 校验位：A0 81。

接收数据：FF 55 00 00 82 0E 04 0A 2D A2 CF F3 F2，其中：

① 通信协议同步帧：FF 55。

② 主从设备地址：00 00。

③ 主从命令码：82 0E。

④ 接收到数据的信息数据长度：04(表示防冲突检测成功)。

⑤ 接收到数据的信息：0A 2D A2 CF(高频 CPU B 卡的信息)。

⑥ CRC16 校验位：F3 F2。

显示激活成功，达到了寻卡、防冲突检测、选卡的三个步骤。

(5) 进入身份证寻卡页面，单击【身份证寻卡】。

发送数据：FF 55 00 00 01 0D 00 50 71，其中：

① 通信协议同步帧：FF 55。

② 主从设备地址：00 00。

③ 主从命令码：01 0D。

④ 信息数据长度：00。

⑤ CRC16 校验位：50 71。

接收数据：FF 55 00 00 81 0D 0A 31 8C 17 39 40 02 85 B8 90 00 C8 4F，其中：

① 通信协议同步帧：FF 55。

② 主从设备地址：00 00。

③ 主从命令码：81 0D。

④ 接收到数据的信息数据长度：0A(0A 十进制为 10，8 位随机数加 2 位响应)。

⑤ 接收到数据的信息：31 8C 17 39 40 02 85 B8 90 00，其中 8 位随机数：31 8C 17 39 40 02 85 B8，2 位响应 90 00，表示成功。

⑥ CRC16 校验位：C8 4F。

技能拓展

1. 单独放入一张高频 CPU Type B 型卡，执行高频 CPU Type B 型卡基本操作，记录反馈数据，并进行分析。

2. 与其他组交换高频 CPU Type B 型卡，执行高频 CPU Type B 型卡基本操作，分析与其他组数据是否相同。

本节小结

本节详细介绍了 CPU Type B 型卡的原理，并从特性上与 CPU Type A 型卡进行了对比，从而让读者初步认识 CPU Type B 型卡，并通过实验开发，采用 Java 语言对该类型卡进行读写、激活等操作，对报文数据及卡片回送的数据包进行了详细的分析。通过本节的实验，可以使读者对 Type B 型卡有深刻的认识；同时，也对身份证卡有初步的了解，有兴趣的读者可以尝试对自己的身份证进行基本的读卡操作。

3.16 高频逻辑 Type B 型卡基本操作

任务内容

本节主要介绍非接触式高频逻辑 Type B 型卡的实验原理。认识高频逻辑 Type B 型卡、读取卡信息、读取数据块数据、写入块数据，掌握非接触高频逻辑 Type B 型卡的基本操作方法和步骤，使用 Java 语言对串口通信技术编程开发，完成高频逻辑 Type B 型卡的基本操作。

任务要求

- 开发并实现高频逻辑 Type B 型卡读取数据块信息、写入数据块信息的操作。
- 掌握高频逻辑 Type B 型卡基本操作的方法和步骤。
- 使用 Java 语言开发串口通信技术，实现高频逻辑 Type B 型卡的基本操作。

理论认知

非接触逻辑 Type B 型卡的接口特性及优势参考 3.15 节，这里不再赘述。

逻辑 Type B 型卡的操作我们采用市场上常用的卡片(型号 ST25TB512-AC)。

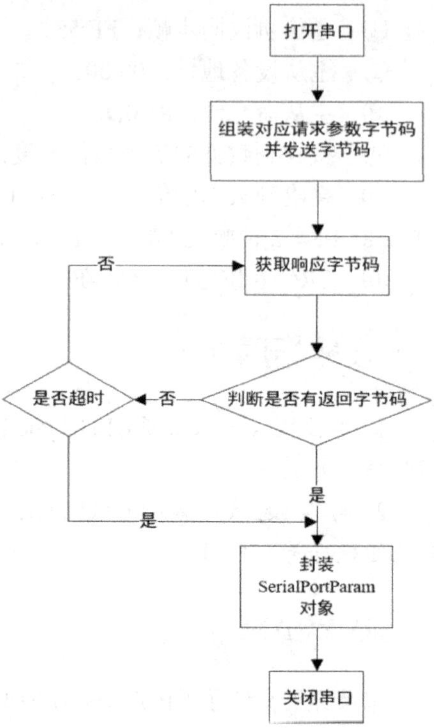

图 3.16.1　获取卡信息、块数据读取、写块数据实现流程

任务实施

1. 操作步骤

(1) 在 3.15 节的基础上，新建“LogicB”类实现“ILogicB”接口类，并实现“getCardInfo”获取卡信息、“readBlock”块数据读取、“writeBlock”写块数据，返回“SerialPortParam”对象，该对象包含请求字节码和响应字节码。

(2) “getCardInfo”获取卡信息、“readBlock”块数据读取、“writeBlock”写块数据的实现流程。流程图参考图 3.16.1 所示。

(3) 完成“getCardInfo”获取卡信息、“readBlock”块数据读取、“writeBlock”写块数据方法的调用。

(4) 实现方法。

① 解析获取卡信息返回的指令：

```
ILogicB logicB = new LogicB(serialPort, boundRate, dataBits, stopBits, parity);
SerialPortParam param = logicB.getCardInfo();
Map<String, Object> dataMap = new HashMap<>();
dataMap.put("resData",
        StringUtil.bytesToHexString(param.getResBytes()));
dataMap.put("reqData",
        StringUtil.bytesToHexString(param.getReqBytes()));
if (param.getResBytes() != null && param.getResBytes().length > 0) {
    String resData = dataMap.get("resData").toString();
    if (resData.indexOf("FF 55 00 00 81 0C 08") > -1) {
        resData = resData.replace( target: "FF 55 00 00 81 0C 08", replacement: "");
        dataMap.put("opMsg",
                "读卡成功,卡号:" + resData.substring(0, 25));
        dataMap.put("cardNo", resData.substring(0, 25));
    } else {
        dataMap.put("opMsg", "读卡失败");
    }
}else{
    dataMap.put("opMsg", "读卡失败");
}
```

② 解析读取数据块数据返回的指令：

```
ILogicB logicB = new LogicB(serialPort, boundRate, dataBits, stopBits, parity);
SerialPortParam param = logicB.readBlock(block);
Map<String, Object> dataMap = new HashMap<>();
dataMap.put("resData",
        StringUtil.bytesToHexString(param.getResBytes()));
dataMap.put("reqData",
        StringUtil.bytesToHexString(param.getReqBytes()));
if (param.getResBytes() != null && param.getResBytes().length > 0) {
    String resData = dataMap.get("resData").toString();
    if (resData.indexOf("FF 55 00 00 83 0B 04") > -1) {
        resData = resData.replace( target: "FF 55 00 00 83 0B 04",  replacement: "");
        dataMap.put("opMsg",
                "读取成功,块数据:" + resData.substring(0, 12));
        dataMap.put("data", resData.substring(0, 12));
    } else {
        dataMap.put("opMsg", "读取失败");
    }
}else{
    dataMap.put("opMsg", "读取失败");
}
```

③ 解析写数据块数据返回的指令：

```
ILogicB logicB = new LogicB(serialPort, boundRate, dataBits, stopBits, parity);
SerialPortParam param = logicB.writeBlock(block, data);
Map<String, Object> dataMap = new HashMap<>();
dataMap.put("resData",
        StringUtil.bytesToHexString(param.getResBytes()));
dataMap.put("reqData",
        StringUtil.bytesToHexString(param.getReqBytes()));
if (param.getResBytes() != null && param.getResBytes().length > 0) {
    String resData = dataMap.get("resData").toString();
    if (resData.indexOf("FF 55 00 00 83 0C 01 00") > -1) {
        dataMap.put("opMsg",
                "写入成功");
    } else {
        dataMap.put("opMsg", "写入失败");
    }
}else{
    dataMap.put("opMsg", "写入失败");
}
```

(5) 参考界面如图 3.16.2 所示。

图 3.16.2 获取卡信息、块数据读取、写块数据界面

2. 结果分析

(1) 单击【读取】。

发送数据：FF 55 00 00 01 0C 00 C0 70，其中：

① 通信协议同步帧：FF 55。

② 主从设备地址：00 00。

③ 主从命令码：01 0C。

④ 信息数据长度：00。

⑤ 信息数据：无。

⑥ CRC16 校验位：C0 70。

接收数据：FF 55 00 00 81 0C 08 E9 08 0B 39 9F 0C 02 D0 5D 3D，其中：

① 通信协议同步帧：FF 55。

② 主从设备地址：00 00。

③ 主从命令码：81 0C。

④ 接收到的卡信息数据长度：08。

⑤ 接收到的卡信息：E9 08 0B 39 9F 0C 02 D0。

⑥ CRC16 校验位：5D 3D。

(2) 单击【写入】。

发送数据：FF 55 00 00 03 0C 05 0A 11 11 11 11 23 FD，其中：

① 通信协议同步帧：FF 55。

② 主从设备地址：00 00。

③ 主从命令码：03 0C。

④ 信息数据长度：05。

⑤ 数据块：0A。

⑥ 信息数据：11 11 11 11。

⑦ CRC16 校验位：23 FD。

接收数据：FF 55 00 00 83 0C 01 00 0C E8，其中：

① 通信协议同步帧：FF 55。

② 主从设备地址：00 00。

③ 主从命令码：83 0C。

④ 接收到的卡信息数据长度：01。

⑤ 接收到的卡信息：00(表示寻卡成功)。

⑥ CRC16 校验位：0C E8。

(3) 单击【读出】。

发送数据：FF 55 00 00 03 0B 01 0A 0A F0，其中：

① 通信协议同步帧：FF 55。

② 主从设备地址：00 00。

③ 主从命令码：03 0B。

④ 信息数据长度：01。

⑤ 数据块：0A (可读块号十进制从 10 到 15)。

⑥ CRC16 校验位：0A F0。

接收数据：FF 55 00 00 83 0B 04 11 11 11 11 E6 D1，其中：

① 通信协议同步帧：FF 55。

② 主从设备地址：00 00。

③ 主从命令码：83 0B。

④ 接收到数据的信息数据长度：04。

⑤ 接收到数据的信息：11 11 11 11(块数据)。

⑥ CRC16 校验位：E6 D1。

显示防冲突检测操作找到卡。

技能拓展

1. 单独放入一张高频逻辑 B 卡，执行高频逻辑 B 卡基本操作，记录反馈数据，并进行分析。

2. 与其他组交换高频逻辑 B 卡，执行高频逻辑 B 卡基本操作，分析与其他组数据是否相同。

本节小结

本节简单介绍了逻辑 B 卡的操作方法，重点介绍了通过 Java 语言开发逻辑 B 卡的基本操作，逻辑 B 卡的操作和前面介绍的卡片的操作相似；但鉴于该类型卡片目前在市场上的应用比较少，对该卡的其他操作可以由读者自行完成。

第 4 章 超高频功能验证与应用开发

教学目标

知识目标	1. 学习超高频的工作原理； 2. 学习超高频通信协议； 3. 掌握读卡器信息的获取； 4. 掌握电子标签轮询操作； 5. 掌握电子标签 Select 操作； 6. 掌握电子标签数据存储区操作； 7. 掌握电子标签锁定操作； 8. 掌握电子标签 Query 操作； 9. 掌握阅读器工作地区、信道和自动跳频操作； 10. 掌握阅读器发射功率、发射连续载波操作； 11. 掌握接收解调器参数、测试射频输入端阻塞信号、测试信道 RSSI 操作。
技能目标	1. 会使用教材提供的 RFID 教学实验平台及 RFID 超高频模块； 2. 掌握 Java 串口通信编程； 3. 能对各个实验结果进行分析，达到理论与实际的认知统一。
素质目标	1. 初步掌握 RFID 超高频的基础知识，并能学以致用； 2. 初步养成项目组成员之间的沟通、协同合作。

4.1 超高频卡存储结构仿真

任务内容

本节主要介绍超高频卡的数据存储结构。了解超高频卡数据存储的基本概念。了解超高频卡的四个存储体：保留内存(Reserver)、EPC 存储器、TID 存储器和用户自定义存储器。

任务要求

- 了解超高频卡数据存储的基本概念。
- 了解超高频卡的四个存储体。

理论认知

通过精心设计的动画仿真效果和操作让读者能够直观、形象地了解超高频卡存储结构。从图 4.1.1 中可以看到，一个电子标签的存储器分成四个存储体，存储体 0：保留内存(Reserver)；存储体 1：EPC 存储器；存储体 2：TID 存储器；存储体 3：用户自定义存储器。

任务实施

1. 打开实验程序

打开 ExecuteShell.exe，见本书提供的“.. \超高频实验\超高频卡结构实验”。

2. 实验系统操作步骤

提示：实验系统程序在本书提供的资料“..\超高频实验\超高频卡结构实验”目录内。

(1) 修改访问口令，如图 4.1.1 所示。

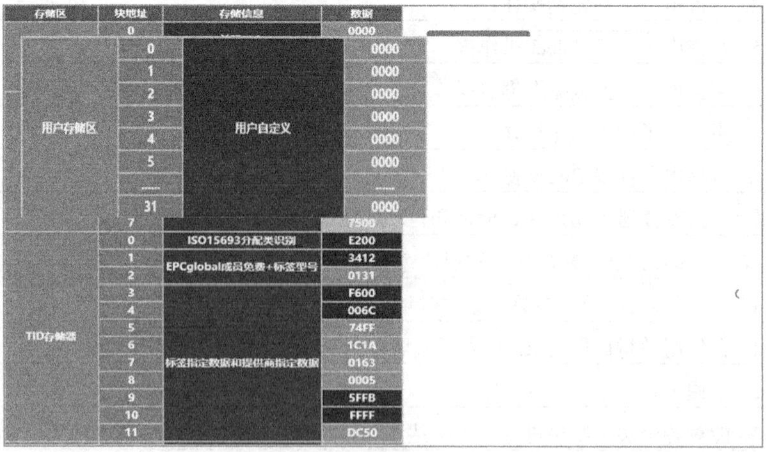

图 4.1.1 修改访问口令

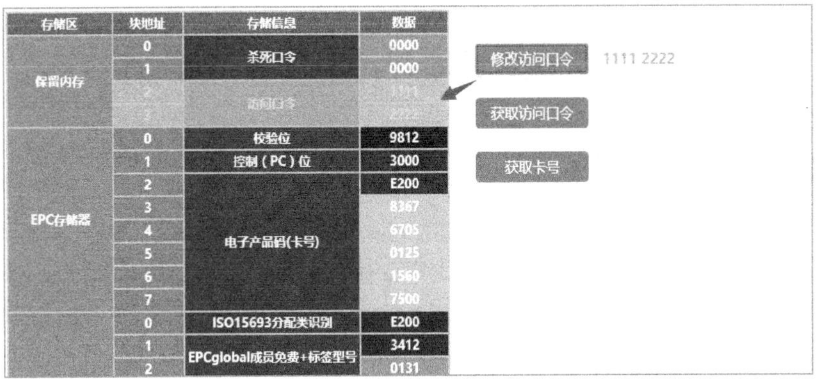

图 4.1.1 修改访问口令(续)

(2) 获取访问口令，如图 4.1.2 所示。

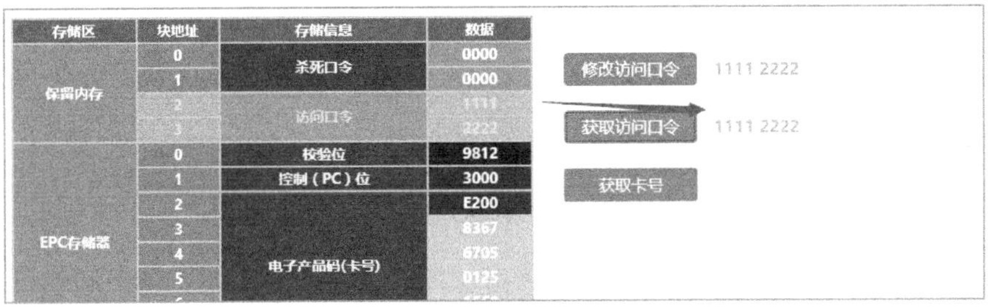

图 4.1.2 获取访问口令

(3) 获取卡号，如图 4.1.3 所示。

图 4.1.3 获取卡号

思 考

如何获取标签的标签号，有几种方式可以获取。

本节小结

本节通过直观的动画演示实验，能够使读者对超高频卡的存储结构有初步的认识，为后面的实验打下基础。

4.2 超高频寻卡识别仿真

任务内容

本节主要介绍RFID教学实验平台、EPC Gen 2电子标签存储器、基于射频芯片的读卡器寻卡识别操作仿真原理。认识超高频卡读写套件：M3核心模块、UHF读卡器模块；认识超高频卡读写芯片：射频芯片；学习超高频RFID卡数据存储结构、寻卡识别技术。

任务要求

- 掌握超高频卡读卡器如何读取超高频标签。
- 掌握超高频的识别方式和特点。
- 了解超高频卡数据存储的结构。

理论认知

1. 单标签识别

单标签识别是实时识别超高频卡读卡器射频场区域内的一张标签，但不能设置识别标签的识别速度。如果射频场区域内的标签有多张的话，单标签识别每次只随机识别射频场区域内的一张标签。

2. 单步识别

单步识别是识别超高频卡读卡器射频场区域内的所有标签，但不是实时地识别，且只识别一次。

任务实施

1. 设备连接

打开仿真软件，从左侧设备列表中拖出所需设备，按图4.2.1和图4.2.2所示接线。

所需设备：RFID教学实验平台底板、M3核心模块、UHF射频模块、超高频卡、电脑、电源适配器。

2. 实验系统操作步骤

实验系统程序在本书提供的资料“..\超高频实验\超高频寻卡识别实验”目录内。

寻卡识别界面如图4.2.3所示。

(1) 选择串口号，选择的串口号必须与仿真平台打开的串口号一致。

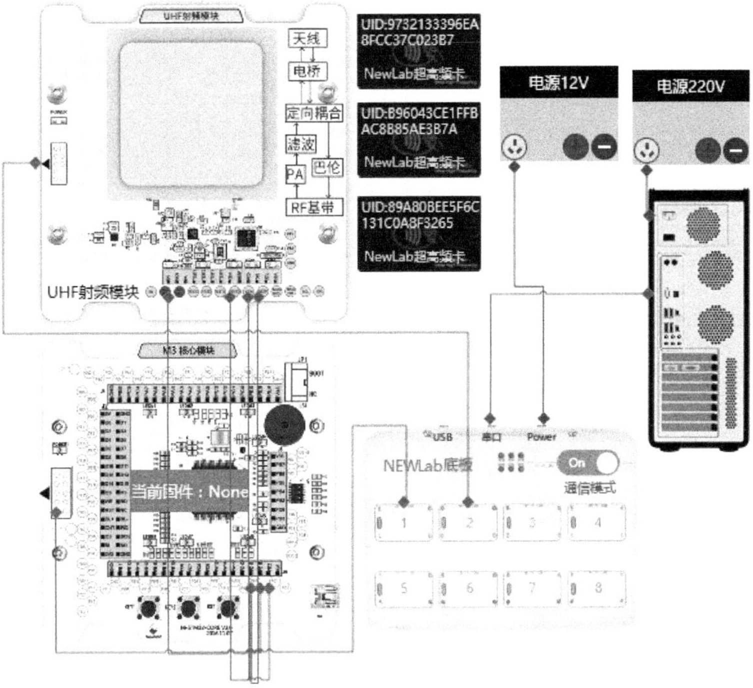

图 4.2.1　仿真设备连接线路图

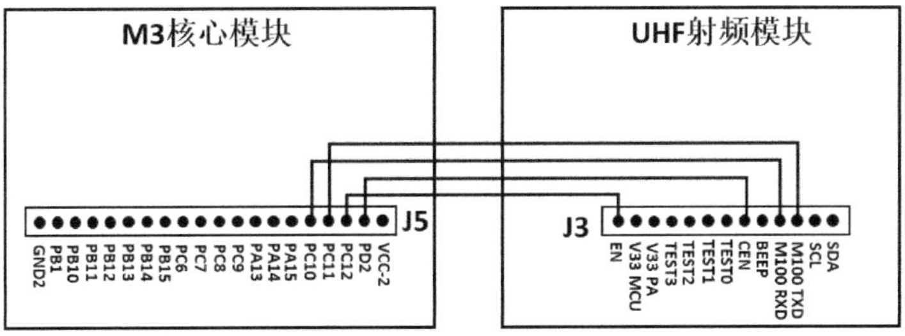

图 4.2.2　硬件模块连接示意图

图 4.2.3　仿真系统-寻卡识别

(2)　打开串口，选择识别方式。

①　单标签识别，如图 4.2.4 和图 4.2.5 所示。

图 4.2.4　单标签识别

图 4.2.5　消息面板

② 单步识别，如图 4.2.6 和图 4.2.7 所示。

图 4.2.6　单步识别

图 4.2.7　消息面板

3. 虚实结合实验

1) 硬件连接

串口线：连接计算机串口与 RFID 教学实验平台串口。

电源适配器：连接电源适配器 DC 12V 到 RFID 教学实验平台。

I/O 口：M3 核心模块的 PC12、PD2、PC10、PC11 引脚分别连接 UHF 射频模块的 EN、CEN、M100_RXD、M100_TXD 引脚，如图 4.2.8 和图 4.2.2 所示。连接好后，接通电源，将 RFID 教学实验平台拨动开关置于“通信模式”。

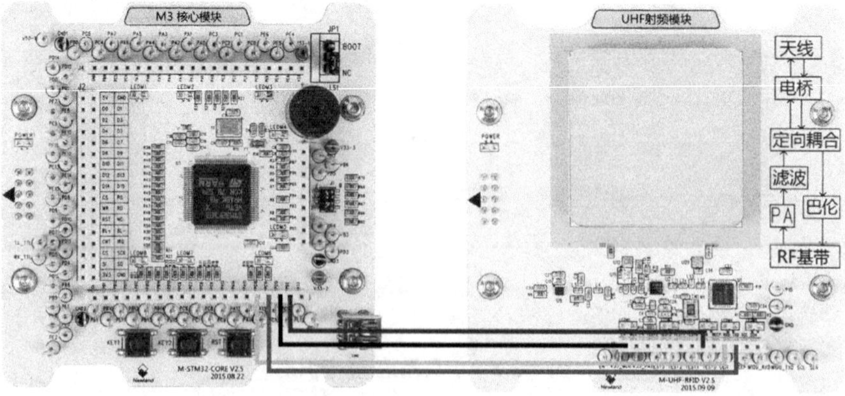

图 4.2.8　硬件连接线路图

2) 仿真操作

虚实结合仿真过程与模拟仿真过程操作一样，在虚实结合的状态下仿真系统读取的信息是物理设备反馈的数据。仿真平台收到物理串口返回的数据后，会根据数据内容判断是否生成一张卡片到仿真平台，并用粉色字体显示卡号，表示该卡是真实卡片的映射，如图 4.2.9 和图 4.2.10 所示。

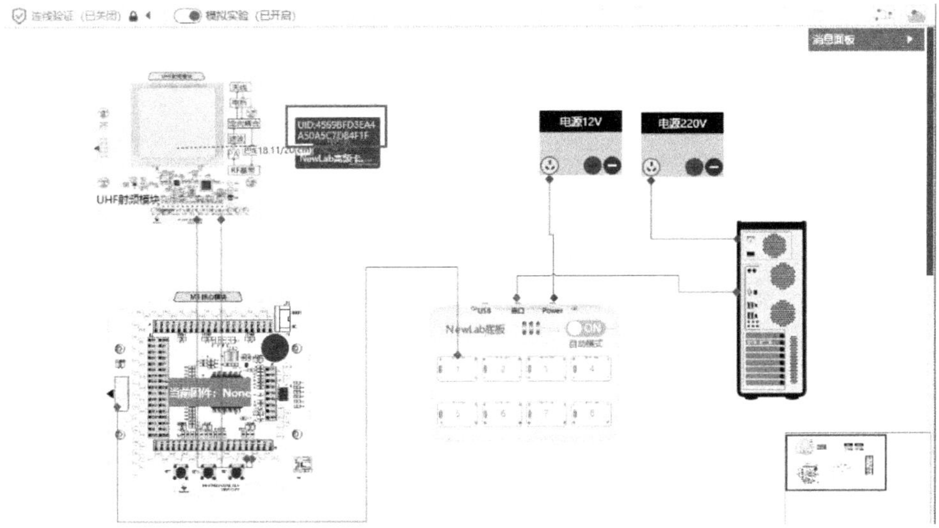

图 4.2.9　仿真平台虚实结合界面

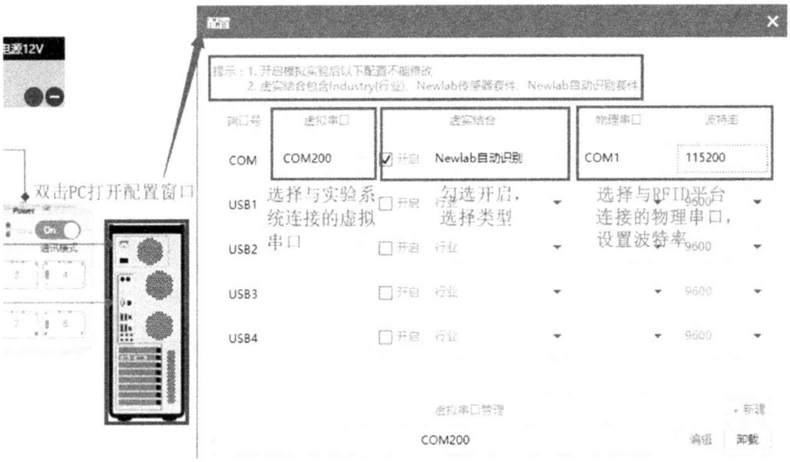

图 4.2.10　仿真平台 PC 配置

3) 结果验证

虚实结合仿真可以在仿真界面展示真实卡片的卡号和通信过程，仿真系统也可以脱离仿真平台通过 PC 的物理串口直接与 RFID 教学实验平台物理设备进行仿真。

关闭仿真平台的模拟仿真，再将仿真系统的串口号设置为 RFID 教学实验平台物理设备与 PC 连接的串口号即可进行仿真，仿真操作与上述仿真过程一样，通过对比脱离仿真平台与连接仿真平台获取的标签号是否一致来验证仿真结果。

(1) 虚实结合获取标签号。

仿真系统的串口号选择仿真平台上指定的虚拟串口号。打开串口获取标签号，如图 4.2.11 所示。

图 4.2.11　实验系统-单标签识别界面

(2) 直连物理设备获取标签号。

关闭仿真平台的模拟仿真(否则串口会被占用)，再将仿真系统的串口号设置为物理设备与 PC 连接的串口号。打开串口获取标签号。对比两次仿真获取到的标签号是否一致。例如，本次虚实结合获取到卡号“4569BFD3EA4 A50A5C7D84F1F”，脱离仿真平台，直接连接物理设备是否也能获取到卡号“4569BFD3EA4 A50A5C7D84F1F”，如图 4.2.12 所示。

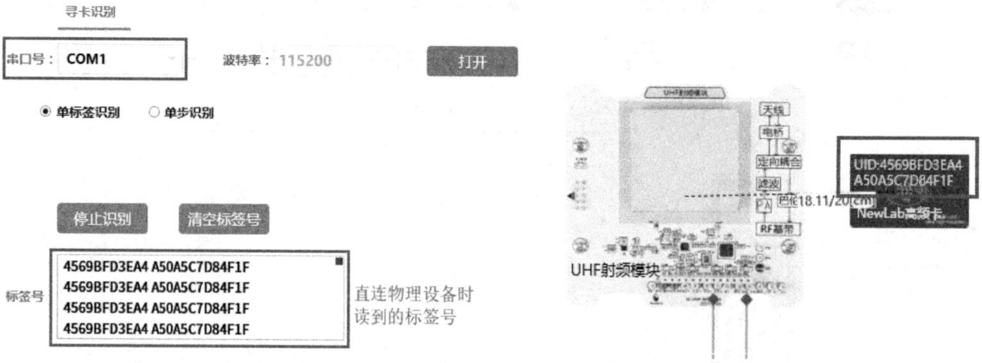

图 4.2.12　虚实结合与实体设备获得的标签号对比

本节小结

本节主要介绍了 RFID 教学实验平台、EPC Gen 2 电子标签存储器、基于射频芯片的读卡器寻卡识别操作仿真原理。认识寻卡识别操作技术，并对虚实结合仿真方式读取的标签号码与物理设备读取的标签号码对比，认识两种方式对标签识读的一致性。

4.3 获取超高频阅读器模块信息

任务内容

本节主要介绍超高频 RFID 技术、基于射频芯片的超高频电子标签读卡器等。学习超高频 RFID 卡工作原理，认识超高频卡读写芯片：射频芯片，掌握超高频卡片的获取阅读器模块信息的命令格式，能够读懂响应信息。利用 Java 语言对串口通信技术进行编程，实现获取超高频阅读器模块信息。

任务要求

- 学习超高频 RFID 卡工作原理。
- 认识超高频卡读写芯片：射频芯片。
- 利用 Java 串口通信技术获取超高频阅读器模块信息。
- 掌握超高频卡片的获取阅读器模块信息的命令格式，能够读懂响应信息。

理论认知

1. 超高频 RFID 技术概述

超高频(UHF)标签的工作频率在 860～960MHz，可分为有源标签与无源标签两类。工作时，射频标签位于阅读器天线辐射场的远场区内，标签与阅读器之间的耦合方式为电磁耦合方式。阅读器天线辐射场为无源标签提供射频能量，将无源标签唤醒。相应的射频识别系统阅读距离一般大于 1m，典型情况为 4～6m，最大可达 10m 以上。阅读器天线一般为定向天线，只有在阅读器天线定向波束范围内的射频标签可被读/写。超高频作用范围广，传送数据速度快，但是比较耗能，穿透力较弱，作业区域不能有太多干扰，主要用于铁路车辆自动识别、集装箱识别，还可用于公路车辆识别与自动收费系统中。

1) EPC Gen 2 电子标签简介

EPC Gen 2 标准 IC 是一种被动式智能标签使用的芯片，它符合 EPCglobal(全球产品电子代码中心)推行的 EPC Class1 Generation2(第 1 类第 2 代的产品电子代码)电子标签标准，特别适合全球性供应链和物流管理应用。这些应用场合需要数米远距离操作和超高速的防冲突机制，并要求适合在世界任何地方、任何环境下正常使用，而 EPC Gen 2 标准的 IC 芯片的开发完全满足了这些苛刻的使用条件。目前能够提供 EPC Gen 2 标准的芯片生产商，主要有飞利浦、德州仪器、ST 微电子公司等多家世界级 RFID 芯片厂商，图 4.3.1 所示是飞利浦以及德州仪器的 EPC Gen 2 标准的柔性电子标签。

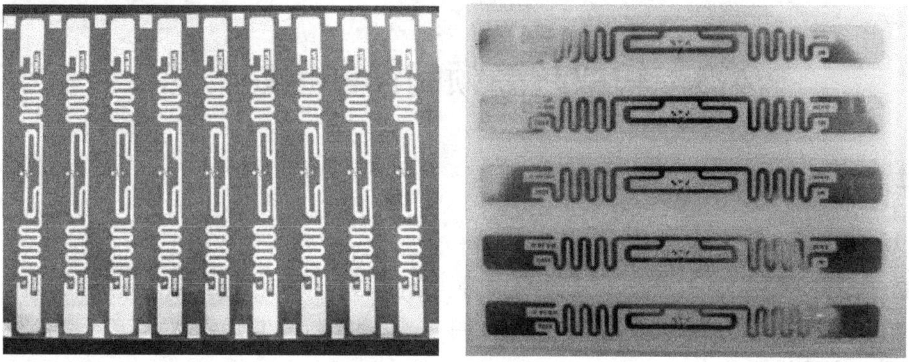

图 4.3.1　柔性电子标签

2)　EPC Gen 2 标准技术特点

EPC Class1 Gen 2 RFID 标准(简称 Gen 2 标准)采用开放的体系结构，得到众多欧美 RFID 企业支持。它充分考虑了标签低处理能力、低功耗和低成本要求，在射频频段选择、物理层数据编码及调制方式、防冲突算法、标签访问控制和隐私保护等技术方面采取了一系列改进，既提高了 RFID 产品的性能，又减少了制造电子标签所需掩模(Die)大小(平均减少幅度为 20%)，降低了电子标签的制造成本。Gen 2 RFID 标准具有以下主要特点。

(1)　兼容全球 RFID 频谱分布：Gen 2 标准综合考虑了超高频 RFID 全球分布的无线频段，频谱较宽(860～960MHz)，其中美国 RFID 频段为 902～938MHz，欧洲是 868MHz，日本为 950～956MHz。Gen 2 标准要求，在全球 RFID 频段范围内(860～960MHz)，Gen 2 标准 RFID 产品性能必须保持一致，保证 Gen 2 标准 RFID 设备间互通互联，从而推动 Gen 2 标准 RFID 产品在全球广泛使用。

(2)　无版权许可：Gen 2 标准在制定过程中，由 BTG、Alien 和 Matrics 等 60 余家 RFID 公司签署了 EPCglobal 无版权许可协议，鼓励 Gen 2 标准的免版税(Royalty Free)使用，这将有利于 RFID 产品的市场推广。

(3)　良好的安全性和隐私保护：安全和隐私一直是 RFID 产品所关注的问题之一。Gen 2 标准采用了简单的安全加密算法，保证在阅读器读取信息的过程中，不把敏感数据扩散出去。在隐私保护方面，Gen 2 采用“灭活”(Kills)方式，即当标签收到阅读器的有效灭活指令后，标签自行永久销毁。

(4)　更快的标签阅读速度：Gen 2 标准采用基于概率/帧时隙(Probabilistic/Slotted)防冲突算法，能快速适应标签数量的变化，在阅读批量标签时能避免重复阅读。其标签阅读速度是第一代 EPC 标准的 10 倍，能够满足高速自动作业需要，适用大批量标签阅读应用场合。

(5)　灵活的编码空间：Gen 2 标准采用 16～496 位可变长度 EPC 标识以及可选用户存储区工作方式，来满足各种 RFID 应用对编码和数据存储的不同需要。

(6)　适合标签工作模式的无线接口：Gen 2 标准采用了适合标签工作模式的数据编码和调制方式，即前向链路(阅读器到标签)采用 PIE(Pulse-Interval Encoding)ASK 调制方式，反向散射链路(标签到阅读器)采用 FM0/Miller 调制的副载波。

3)　EPC Gen 2 协议层

EPC Class1 Gen 2 标准采用物理层(Signaling)和标签标识层分层结构，如图 4.3.2 所示。

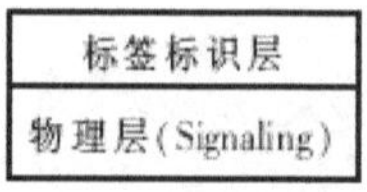

图 4.3.2　EPC Gen 2 标准分层结构

(1) 物理层。

物理层规定阅读器与标签通信的物理介质、通信速率、编码方式、调制方式等。在 EPC Gen 2 协议当中，阅读器向标签发送的信息采用脉冲间隔编码(PIE)格式的双边带振幅移位键控(DSB-ASK)、单边带振幅移位键控(SSB-ASK)或反向振幅移位键控(PR-ASK)调制射频载波信号。阅读器到标签的通信方式如图 4.3.3 所示。

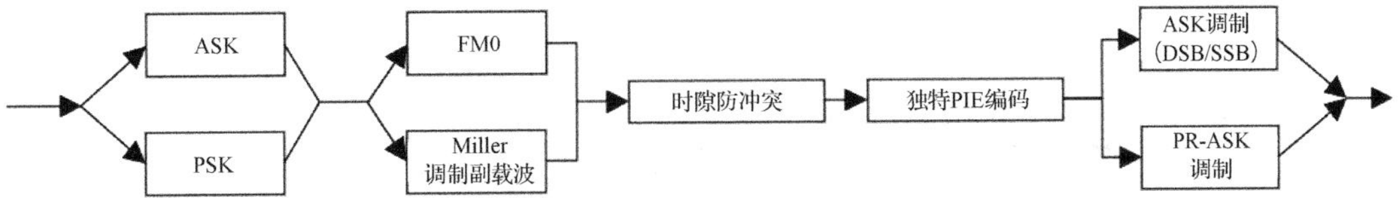

图 4.3.3 EPC Gen 2 阅读器到标签的通信方式

标签通过相同的调制射频载波接收功率。阅读器通过发送未调制射频载波和倾听返回回答接收从标签发来的信息。标签通过返回调制射频载波的振幅或相位传达信息，用于对阅读器命令做出响应的编码格式或是 FM0 或是 Miller 调制的副载波。标签到阅读器的通信方式如图 4.3.4 所示。

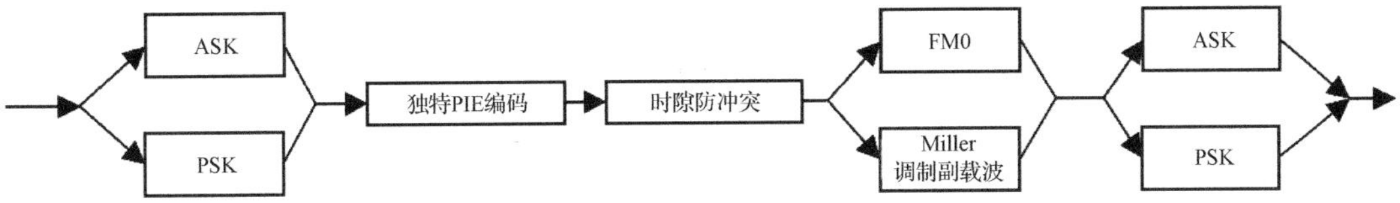

图 4.3.4 EPC Gen 2 标签到阅读器的通信方式

① PIE 编码。

PIE(Pulse-Interval Encoding)编码是 Gen 2 标准前向链路通信时采用的数据编码方式。它通过脉冲间隔(Pulse Interval)的不同长度来区分数据 0 和 1，且在任一符合数据的中间产生一次相位翻转，如图 4.3.5 所示，图中 PW(Pulse Wide)表示脉宽、Tari 表示标准间隔长度。

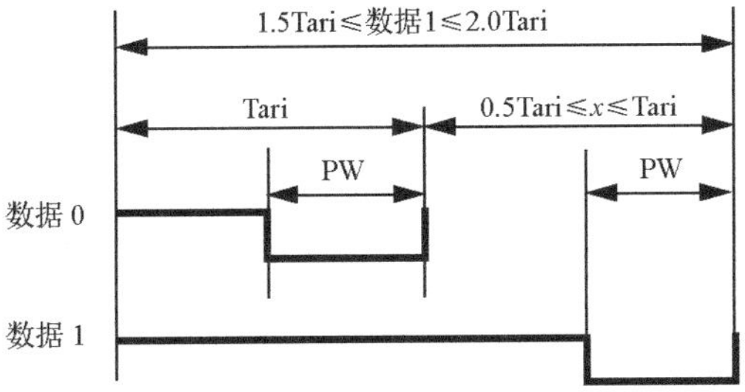

图 4.3.5 PIE 编码

利用 PIE 编码的极性翻转特性来进行编码数据的译码，且物理上实现容易。标签在接收到一个脉冲数据后，把此脉冲数据的宽度与参考脉冲宽度(参考脉冲宽度等于数据 0 与数据 1 脉冲宽度和的一半)进行比较，脉冲宽度大于参考脉冲宽度，判为 1；脉冲宽度小于参考脉冲宽度，判为 0。

PIE 编码还带有时钟信息，在通信过程中，能较好地保持数据同步，抵抗各种无线干扰，从而提高系统在无线环境下的可靠性。

② 基带 FM0 编码。

基带 FM0 编码是 Gen 2 标准反向链路通信时可选的两种数据编码方式之一。它采用双相位空间编码，在每一个符号边界，信号相位必须发生翻转。图 4.3.6 显示了基带 FM0 编码及状态转换图。

图 4.3.6(a)中 $s1 \sim s4$ 代表 4 个不同相位的 FM0 函数波形。图 4.3.6(b)状态转换图上的标记 0 和 1 表示编码数据序列的逻辑值，也代表由此产生的 FM0 发射波形。状态转换图映射发射逻辑数据序列时，FM0 编码间转换方向。由于 FM0 编码序列选择依赖于先前波形，因此 FM0 编码需要存储器来存储前一编码比特的波形。

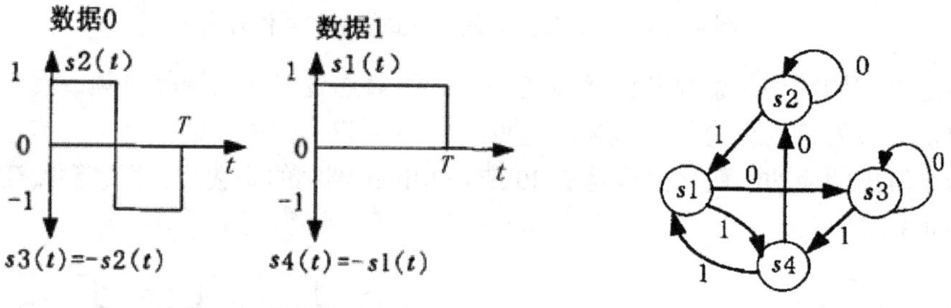

(a) 基带 FM0 信号波形　　(b) FM0 信号状态转换图

图 4.3.6 基带 FM0 编码及状态转换图

③ 密勒编码调制副载波。

密勒编码调制副载波(Miller-modulated subcarrier)也是 Gen 2 反向链路通信时可选的数据编码方式之一。其基本信号波形和信号状态图与基带 FM0 有些类似，如图 4.3.7 所示。

基带密勒编码不同于基带 FM0 编码之处是基带密勒编码仅在两个连续符号 0 间才发生相位翻转，其他数据符号组合(01/10/11)不发生相位翻转，发射波形为基带波形乘上 M(M 值由阅读器指定，可以为 2、4 或者 8)倍符号速率的方波信号。密勒编码调制信号中带有时钟信息，具有较好的抗干扰能力。

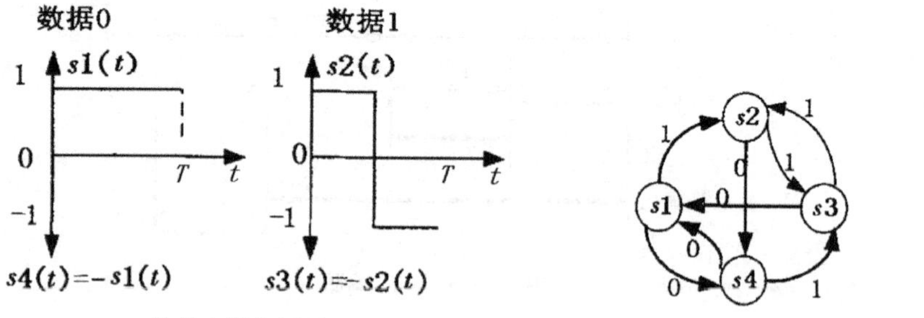

(a) 基带密勒信号波形　　(b) 密勒信号状态转换图

图 4.3.7 密勒编码及状态转换图

④ 调制技术。

第 1 章已经简单介绍了调制技术，本节将针对超高频的调制特点做更详细的描述。

Gen 2 标准前向链路通信时采用双旁带/单边带/相位翻转幅度键控方式(即 DSB/SSB/PR

ASK)，如图 4.3.8 所示。

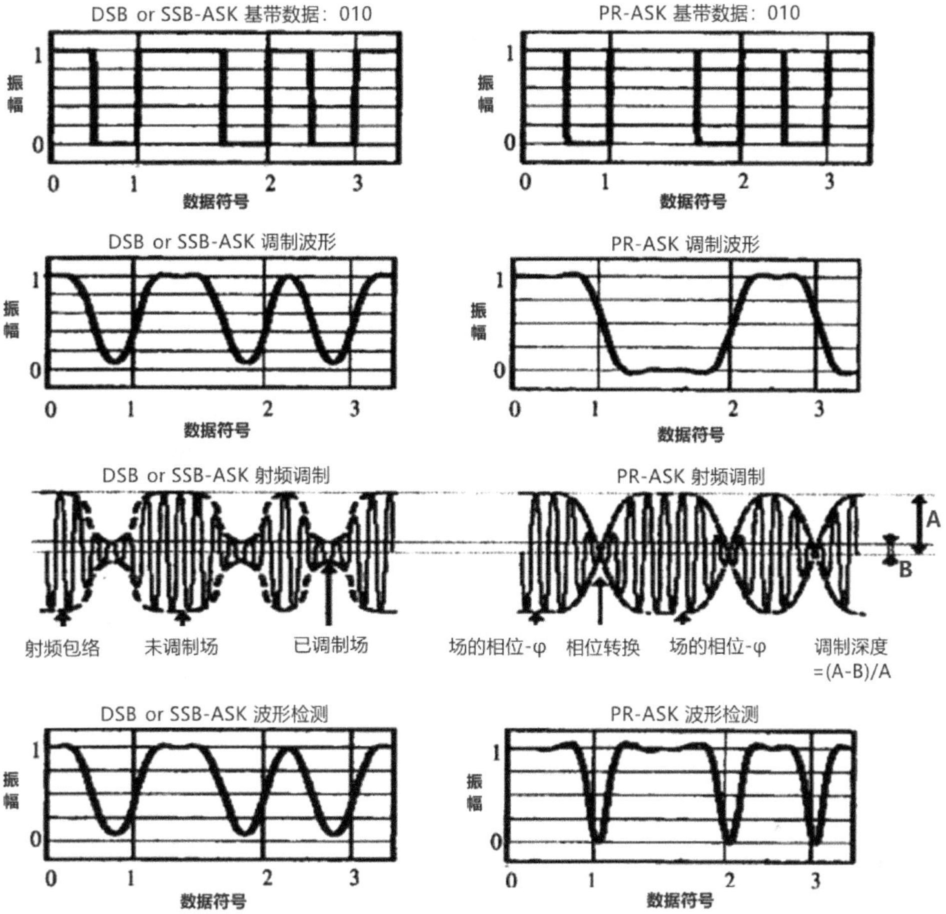

图 4.3.8　前向链路调制(DSB/SSB/PR ASK)

Gen 2 标准反向链路采用后向散射(Backscatter)幅度键控/相移键控(即 ASK/PSK)。后向散射是通过芯片端口阻抗的变化从而改变天线的反射系数来实现的。

幅度键控的载波幅度受到数字数据的调制而取不同的值，它采用包络检波，其实现简单，适合电子标签特点。相移键控用需要传输的数据值来调制载波相位，如用 180° 相移表示 1，用 0 相移表示 0。相移键控调制技术抗干扰性能好，相位的变化可作为定时信息来同步发送机和接收机时钟。

⑤　差错控制编码技术。

RFID 工作在 ISM 频段，各种无线干扰、电子标签之间以及阅读器之间的相互干扰影响 RFID 设备的正常工作，而电子标签的特点决定了不能采用比较复杂的前向纠错编码技术，作为折中，Gen 2 标准采用了检错能力很强的循环冗余检验码 CRC-16，其生成多项式为：$x^{16}+x^{12}+x^{5}+1$。

⑥　数据加密。

为防止在阅读器读取标签信息的过程中，把敏感数据扩散出去，Gen 2 标准采用了相对简单的加密算法，该算法仅对阅读器传送到标签的数据信息进行加密。其实现过程是阅读器首先从标签得到一个 16 位宽随机数字，然后阅读器把要传送的 16 位宽数据与该随机数字进行逐位模 2 和计算得到密文，再发送此密文，最后标签把接收到的密文与原 16 位随机数字进行逐位模 2 和解密，获得阅读器发送的原始数据信息。

(2) 标签标识层。

EPC Gen 2 规定阅读器利用选择、轮询、访问三种基本操作管理标签群。

① 选择(Select)：选择标签群以供轮询和访问。可连续使用 Select 命令根据用户标准选择特定的标签群。

② 轮询(Inventory)：即标签识别。阅读器发出 Query 命令，开始一个轮询周期。一个或一个以上的标签可以做出回答。阅读器探测某个标签做出的回答，请求标签发出 PC、EPC 和 CRC-16。轮询指令集除了 Query 命令外，还包括 QueryAdjust 命令，用于调整 Q 值大小；QueryRep 命令，用于指示标签使其时隙计数器减值，若时隙计数器在减值后时隙等于 0，则应向阅读器返回一个随机数 RN16；ACK 命令用于确认标签以及 NAK 命令用于使标签返回仲裁状态。

③ 访问(Access)：即与标签通信，读取标签发出的信息或将信息发送给标签。访问前必须要对标签进行唯一确定。访问命令集包括 Req_RN 命令，用于指示标签返回一个 RN 16；Read、Write、Access、BlockWrite 以及 BlockErase 命令，用于标签数据读写或擦除操作；Lock 命令，用于锁定标签，使其数据不被读出或者写入；Kill 命令，用于灭活标签。

标签通常包括就绪、仲裁、应答、确认、开放、保护及灭活七个状态。阅读器管理标签基本操作及标签状态，如图 4.3.9 所示。

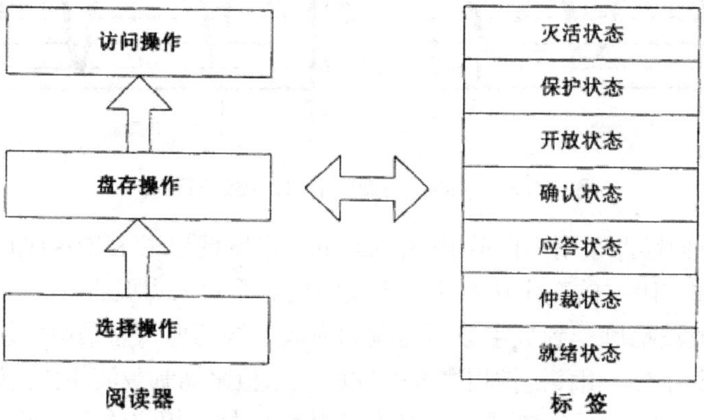

图 4.3.9 阅读器操作与标签状态

④ 就绪状态：就绪是指通电标签被灭活或正参与某轮询周期的保持状态。进入射频电磁场的未灭活标签将进入就绪状态。进入就绪状态的标签在 RNG(随机数据发生器)中生成一个随机 16 位二进制数，将此数载入时隙计数器内，当该数非零时转换到仲裁状态。

⑤ 仲裁状态：仲裁是标签在参与当前轮询周期但时隙计数器值非零的“保持状态”。该状态下的标签在收到与当前轮询周期匹配的 QueryRep 命令后，时隙计数器减值，当时隙计数器达到 0000h 时，将转换到应答状态。

⑥ 应答状态：进入应答状态后，标签将返回 RN 16(随机十六位数)。当标签接收到

ACK 命令，将转换到确认状态，返回其 PC、EPC 与 CRC-16。

⑦ 确认状态：处于确认状态的标签可转换到除灭活之外的任何状态，根据所接收到的具体命令而定。若在规定的时间内为能接收到阅读器发出的 Req_RN 命令或接收到错误的 Req_RN 命令，标签将返回到仲裁状态。反之，将转换到开放状态。

⑧ 开放状态：当标签处于确认状态，访问口令非零时，在接收到 Req_RN 命令后，标签将转换到开放状态。在此状态下，阅读器与标签间没有时间限制，标签可执行 Lock 命令除外的所有命令。

⑨ 保护状态：处于开放状态的标签，当访问口令非零时，在接收到有效 Access 命令后，将转换到保护状态。在此状态下，保持从确认状态转换到开放状态时返回的句柄不变，可执行所有访问命令。

⑩ 灭活状态：对处于开放状态或保护状态的标签，在接收到 Kill 命令时，可通过有效的灭活口令及句柄进入灭活状态。进入该状态后，标签将通知阅读器灭活操作成功，此后不再对阅读器做响应。

2. 基于射频芯片的超高频电子标签读卡器

(1) 射频芯片内部 MCU。

射频芯片内置有 8 位 8051MCU、256Byte 内部存储器、16KByte 程序存储器和 3 个定时器(Timer2 用于波特率发生器，Timer0 用于跳频时序控制，Timer1 可以供用户使用)。同时，内置 8KByte 的数据 RAM，由 8051MCU 和数字解调电路共用。当正在接收标签返回数据时，该数据 RAM 不能被 8051MCU 访问。

MCU 固件可以通过射频芯片的 UART 串口或者 GPIO(P1.0 和 P1.1)从外部 I2CEEPROM 下载。UART 串口数据位为 8 位，1 位停止位，无校验位，波特率设置如表 4.3.1 所示。

表 4.3.1 波特率设置

波 特 率	设 置
0xB0	9600
0xB1	19200
0xB2	28800
0xB3	38400
0xB4	57600
0xB5	115200

射频芯片通过一系列上电握手协议完成固件下载配置，握手协议如图 4.3.10 所示。

(2) 固件指令简介。

① 指令帧格式。

固件指令由帧头、帧类型、指令代码、指令参数长度、指令参数、校验位和帧尾组成，均为十六进制表示，如表 4.3.2 所示。

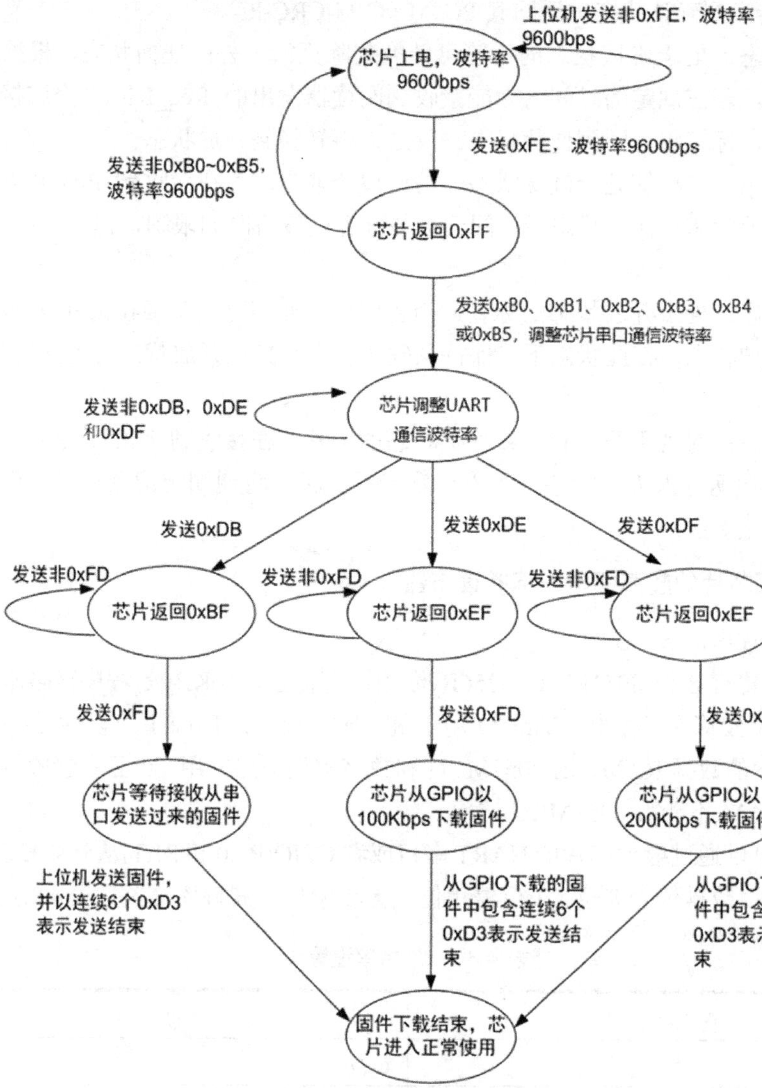

图 4.3.10　握手协议

表 4.3.2　固件指令格式

Header	Type	Command	PL(MSB)	PL(LSB)	Parameter	Checksum	End
BB	00	07	00	01	01	09	7E

帧头 Header：BB。

帧类型 Type：00。

指令代码 Command：07。

指令参数长度 PL：00 01。

指令参数 Parameter：01。

校验位 Checksum：09。

帧尾 End：7E。

校验位 Checksum 为从帧类型 Type 到最后一个指令参数 Parameter 的累加和，并只取累加和最低一个字节(LSB)。

② 指令帧类型。

指令帧类型如表 4.3.3 所示。

表 4.3.3 指令帧类型

类 型	描 述
0x00	命令帧：由上位机发送给射频芯片
0x01	响应帧：由射频芯片发回给上位机
0x02	通知帧：由射频芯片发回给上位机

每一条指令帧都有对应的响应帧。响应帧表示指令是否已经被执行了。

单次轮询指令和多次轮询指令还有相应的通知帧。发送通知帧的个数是由 MCU 根据读取的情况，自主地发给。

(3) 固件指令定义。

① 获取阅读器模块信息命令帧定义。

获取模块信息如硬件版本、软件版本和制造商信息。

帧类型：00。

命令码：03。

参数：

硬件版本：00。

软件版本：01。

制造商：02。

例：获取阅读器硬件版本信息，如表 4.3.4 所示。

表 4.3.4 获取阅读器硬件版本信息

Header	Type	Command	PL(MSB)	PL(LSB)	Parameter	Checksum	End
BB	00	03	00	01	00	04	7E

帧类型 Type：00。

指令代码 Command：03。

指令参数长度 PL：00 01。

指令参数 Parameter：00(获取硬件版本)。

校验位 Checksum：04。

② 获取阅读器模块信息响应帧定义。

帧类型 Type：01。

指令代码 Command：03。

数据：变量(ASCII 码表示)。

例：硬件版本

响应数据 0 为模块信息类型。

硬件版本：00。

软件版本：01。

制造商：02。

之后的数据为模块信息的 ASCII 码。

获取模块硬件版本的响应帧，如表 4.3.5 所示。

表 4.3.5　硬件版本响应帧

Header	Type	Command	PL(MSB)	PL(LSB)	InfoType	Info	
BB	01	03	00	0B	00	4D(‘M’)	(‘1’)
30(‘0’)	30(‘0’)	20(‘’)	56(‘V’)	31(‘1’)	2E(‘.’)	30(‘0’)	30(‘0’)
Checksum	End						
22	7E						

帧类型 Type：01。

指令代码 Command：03。

指令参数长度 PL：00 0B。

模块信息类型 InfoType：00(硬件版本)。

版本信息 Info：4D 31 30 30 20 56 31 2E 30 30(“射频芯片 V1.00”的 ASCII 码)。

校验位 Checksum：x22。

3. RFID 教学实验平台超高频模块主从设备通信协议格式

(1)　协议格式，如表 4.3.6 所示。

表 4.3.6　协议格式

SYNC		ID		Command		Size	Data		CRC16	
							Data0->Data255			
0xFF	0x55	X1	X2	X1	X2	XX	X1	Xn	XX	XX

(2)　协议段定义。

同步帧：

SYNC	通信协议同步帧，固定为 0xFF，0x55

从设备地址：

ID	固定为 00 00

命令：

Command	发送 X1(主命令)03 X2(从命令)0A 接收 X1(主命令)83 X2(从命令)0A

数据段大小：

Size	数据段大小，一个字节，最大 0xFF

数据段：

Data	数据段

CRC16 校验：

CRC16	校验段：ID + Command + Size + Data

任务实施

1. 硬件连接

参照图 4.2.8 和图 4.2.9 的接线方式，把硬件连接起来。

2. 操作步骤

(1) 新建"UpHightFrequency"实现"IUpHightFrequency"接口类，并实现"getDeviceInfo"获取超高频阅读器模块信息，且返回"SerialPortParam"对象，该对象包含请求字节码和响应字节码。

(2) 获取超高频阅读器模块信息方法实现流程如图 4.3.11 所示。

(3) 完成"getDeviceInfo"方法调用。

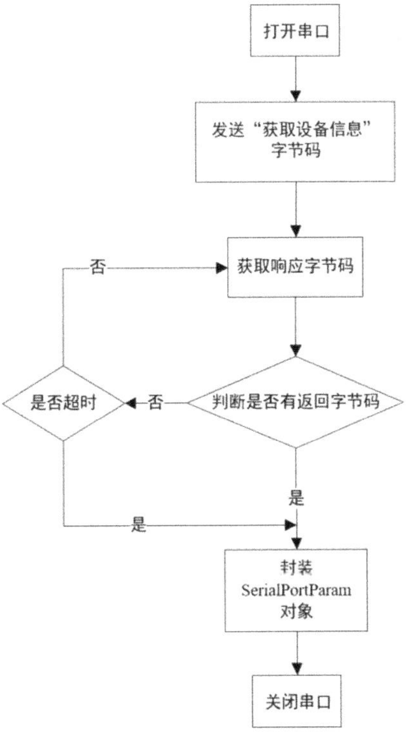

图 4.3.11 获取超高频阅读器模块信息方法实现流程图

(4) 解析获取超高频阅读器模块信息：

```
IUpHightFrequency upHightFrequency = new UpHightFrequency(serialPort,
        boundRate, dataBits, stopBits, parity);
SerialPortParam param = upHightFrequency.getDeviceInfo();
Map<String, Object> dataMap = new HashMap<>();
dataMap.put("resData", StringUtil.bytesToHexString(param.getResBytes()));
dataMap.put("reqData", StringUtil.bytesToHexString(param.getReqBytes()));
if (param.getResBytes() != null && param.getResBytes().length > 0) {
    String res = dataMap.get("resData").toString();
    if(res.indexOf("FF 55 00 00 83 0A 01")>-1){
        dataMap.put("opMsg", "未读到读写器信息");
        return RetResult.handleSuccess(dataMap);
    }
    res = res.replace( target: "FF 55 00 00 83 0A ",  replacement: "");
    //去掉中间空格
    res = res.replace( target: " ",  replacement: "");
    //获取长度
    String len = res.substring(0,2);
    //把长度转为十进制
    int length = Integer.valueOf(len, radix: 16);
    //截取数据包
    res = res.substring(2,(length+1)*2);
    String regex = "(.{2})";
    //两个字符中间加空格
    res = res.replaceAll(regex,  replacement: "$1 ");
    res = res.replace( target: "BB 01 03 00 ",  replacement: "");
    res = res.replace( target: " ",  replacement: "");
    len = res.substring(0,2);
    length = Integer.valueOf(len, radix: 16);
    res = res.substring(2,(length+1)*2+4);
    res = res.replaceAll (regex,  replacement: "$1 ");
    dataMap.put("deviceInfo", res);
    dataMap.put("opMsg", "读取读写器信息成功,读写器信息："+res);
}else{
    dataMap.put("opMsg", "未读到读写器信息");
}
```

(5) 参考界面如图 4.3.12 所示。

图 4.3.12　获取超高频阅读器模块信息界面参考图

3. 结果分析

单击【读写器信息】，获取读写器信息。

发送：FF 55 00 00 03 0A 08 BB 00 03 00 01 00 04 7E A7 82。其中：

① 通信协议同步帧：FF 55。

② 主从设备地址：00 00。

③ 主从命令码：03 0A。

④ 数据段大小：08(表示 8 个字节，最大为 FF)。

⑤ 帧头 Header：BB。

⑥ 帧类型 Type：00。

⑦ 指令代码 Command：03。

⑧ 指令参数长度 PL：00 01。

⑨ 指令参数 Parameter：00(获取硬件版本)。

⑩ 校验位 Checksum：04。

⑪ 帧尾 End：7E。

⑫ CRC16 校验位：A7 82。

接收：FF 55 00 00 83 0A 17 BB 01 03 00 10 00 4D 31 30 30 20 32 36 64 42 6D 20 56 31 2E 30 92 7E 3B 36

① 通信协议同步帧：FF 55。

② 主从设备地址：00 00。

③ 主从命令码：83 0A。

④ 读写器信息长度：17(表示 23 个字节，最大为 0xFF)。

⑤ 帧头 Header：BB。

⑥ 帧类型 Type：01。

⑦ 指令代码 Command：03。

⑧ 指令参数长度 PL：00 10。

⑨ 模块信息类型 InfoType：00 (硬件版本)。

⑩ 版本信息 Info：4D 31 30 30 20 32 36 64 42 6D 20 56 31 2E 30 (ASCII 码：射频 26dBm V1.0)。

⑪ 校验位 Checksum：92。

⑫ 帧尾 End：7E。

⑬ CRC16 校验位：3B 36。

技能拓展

1. 字符“1”的 ASCII 码是_____；字符“a”的 ASCII 码是_____；字符“A”的 ASCII 码是_____。

2. 将十六进制“4D 31 30 30 20 56 31 2E 30 30”转换为 ASCII 码为__________。

3. 串口调试助手中选中“按十六进制发送”，发送框输入“4D 31 30 30 20 32 36 64 42 6D 20 56 31 2E 30”，然后取消选中“按十六进制发送”复选框，如图 4.3.13 所示，你会看到__________________。

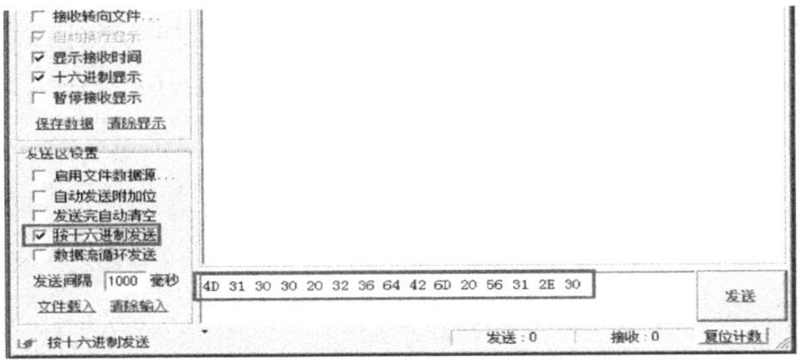

图 4.3.13 串口调试助手设置界面

4. 利用串口调试助手，获取读写器信息，观察并记录响应信息。

5. 利用串口调试助手，修改命令帧参数设置为软件版本：01，观察并记录响应信息。

6. 利用串口调试助手，修改命令帧参数设置为制造商：02，观察并记录响应信息。

本节小结

本节主要介绍了超高频 RFID 技术概述、基于射频芯片的超高频电子标签读卡器等实验原理。掌握超高频卡片的获取阅读器模块信息的命令格式，能够读懂响应信息并通过 Java 语言编程，实现串口通信获取超高频阅读器模块信息。

4.4 超高频电子标签轮询操作

任务内容

本节主要介绍 RFID 教学实验平台及 EPC Gen 2 电子标签存储器、轮询相关概念、电子标签轮询操作、基于射频芯片的读卡器轮询操作等实验原理。认识超高频卡读写方法：学习超高频 RFID 卡存储结构、轮询机制和防碰撞技术。学习 Java 编程技术。

任务要求

- 学习超高频 RFID 卡存储结构、轮询机制和防碰撞技术。
- 使用 Java 编程技术完成超高频电子标签轮询操作。
- 掌握超高频卡片的轮询操作的命令格式，能够读懂响应信息。

理论认知

1. EPC Gen 2 电子标签存储器

从逻辑上可将 EPC Gen 2 电子标签的存储器分为四个存储体，每个存储体可以由一个或一个以上的存储器字组成，存储器结构如图 4.4.1 所示。

从结构图中可以看到，一个电子标签的存储器分成四个存储体，存储体 0：保留内存(Reserved)；存储体 1：EPC 存储器；存储体 2：TID 存储器；存储体 3：用户自定义存储器。

(1) 保留内存。

保留内存为电子标签存储密码(口令)的部分。包括灭活口令和访问口令。灭活口令和访问口令都为 4 个字节。其中，灭活口令的地址为 00H～03H(以字节为单位)；访问口令的地址为 04H～07H。

(2) EPC 存储器。

EPC 存储器用于存储电子标签的 EPC 号、PC(协议-控制字)以及这部分的 CRC-16 校验码。其中：

① CRC-16：存储地址为 00～03，4 个字节，CRC-16 为本存储体中存储内容的 CRC 校验码。

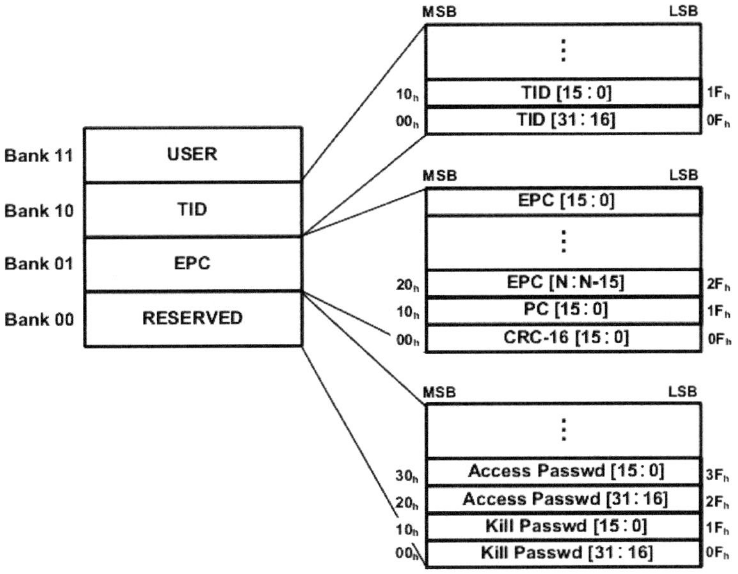

图 4.4.1　电子标签存储器结构图

② PC：电子标签的协议-控制字，存储地址为 04～07，4 个字节。PC 表明电子标签的控制信息， PC 为 4 个字节，16 位，其每位的定义为：

00～04 位：电子标签的 EPC 号的数据长度

$=00000_2$：EPC 为一个字，16 位

$=00001_2$：EPC 为两个字，32 位

$=00010_2$：EPC 为三个字，48 位

…

$=11111_2$：EPC 为 32 个字

05～07 位：RFU(保留位)$=000_2$

08～0F 位：默认值$=00000000_2$

③ EPC 号：EPC 为识别标签对象的电子产品码，EPC 存储在以 20_h 存储地址开始的 EPC 存储器内，MSB 优先，用于存储电子标签的 EPC 号，该 EPC 号的长度在以上 PC 值中指定。每类电子标签(不同厂商或不同型号)的 EPC 号长度可能会不同，用户通过读该存储器内容命令读取 EPC 号。

(3) TID 存储器。

该存储器存储电子标签的产品类识编号，每个生产厂商的 TID 号都会不同。用户可以在该存储区中存储其自身的产品分类数据及产品供应商的信息。一般来说，TID 存储区的长度为 4 个字，8 个字节。但有些电子标签的生产厂商提供的 TID 存储区的长度为 2 个字或 5 个字。用户在使用时，需根据自己的需要选用相关厂商的产品。

(4) 用户自定义存储器。

该存储器用于存储用户自定义的数据。用户可以对该存储区进行改、写操作。该存储器的长度由各个电子标签的生产厂商确定。每个生产厂商提供的电子标签，其用户存储区的长度会不同。存储长度大的电子标签会贵一些。用户应根据自身应用的需要，来选择相

关长度的电子标签，以降低标签的成本。

2. 轮询相关概念

(1) 通话(Session)。

电子标签可在四个工作区域下工作，称为四个通话(S0，S1，S2，S3)，一个标签在一个轮询周期中只能处于其中的一个通话中。例如，可以用选择(Select)命令，使某个应用的标签群进入 S0 通话(工作区域)，再用另一个选择(Select)命令，使另一个应用的标签群进入 S1 通话。这就相当于首先将标签群按其不同的应用分在不同的工作区域中，然后分别在各个的工作区域中，应用轮询命令将标签进行进一步的轮询操作或其他读写操作。

(2) 已询标记(Inventoried Flags)。

标签应为每个通话维持独立的已询标记，四个通话的每个已询标记有两个值，即 A 和 B。各轮询周期开始时，阅读器选择轮询 A 或 B 标签，将其存入四个通话中的其中一个通话。对于一个标签，当其处于某个通话(工作区域)时，用户可以应用轮询命令对其进行轮询，标签会返回其 EPC 值，并且为其自身设置一个已询标记。对于今后的轮询，如果其参数中与标签的已询标记不符，标签就不会再响应该轮询命令，这样可以避免一个标签被反复多次轮询。

例如，对于一张标签，在应用 Select 命令后，其已询标志为 A，当其被轮询后，其已询标志变为 B。这样，当下一个轮询命令时，由于该轮询命令是轮询“A”标志的标签，故不会再轮询到该标签。

以下举例说明了两个阅读器如何利用通话和已询标记独立交错地轮询共用标签群。

① 打开阅读器 1#电源，然后启动一个轮询周期，使通话 S2 中的标签从 A 转换为 B。

② 关闭电源。

③ 打开阅读器 2#电源。

④ 启动一个轮询周期，使通话 S3 中的标签从 B 转换为 A。

⑤ 关闭电源。

反复操作本过程直至阅读器 1#将通话 S2 中的所有标签均单一化为 B，然后，将通话 S2 的标签从 B 轮询为 A。同样，反复操作本过程直至阅读器 2#将通话 S3 中的所有标签均单一化为 A，然后再将通话 S3 的标签从 A 轮询为 B。通过这种多级程序，各阅读器可以独立地将所有标签轮询到它的字段中，无论其已询标记是否处于初始状态。标签的已询标记持续时间如表 4.4.1 所示，标签采用以下规定的已询标记打开电源。

① S0 已询标记应设置为 A。

② S1 已询标记应设置为 A 或 B，视其存储的数值而定，如果以前设置的已询标记比其持续时间长，则标签应将其 S1 已询标记设置为 A 打开电源。由于 S1 已询标记不是自动刷新，因此可以从 B 回复到 A，即使在标签上电时也可以如此。

③ S2 已询标记应设置为 A 或 B，视其存储的数值而定，若标签断电时间超过其持续时间，则可以将 S2 已询标记设置到 A，打开标签。

④ S3 已询标记应设置为 A 或 B，视其存储的数值而定，若标签断电时间超过其持续时间，则可以将 S3 已询标记设置到 A，打开标签。

无论初始标记值是多少，标签应能够在 2 毫秒或 2 毫秒以下的时间内将其已询标记设置为 A 或 B。标签应在上电时更新其 S2 和 S3 标记。当标签正参与某一轮询周期时，标签不应让其 S1 已询标记失去其持续性。相反，标签应维持此标记值直至下一个 Query 命令，此时，标记可以不再维持其连续性(除非该标记在轮询周期期间更新，在这种情况下标记应采用新值，并保持新的持续性)。

(3) 选定标记(SL)。

标签具有选定标记(SL)，阅读器可以利用 Select 命令予以设置或取消。Query 命令中的 Sel 参数使阅读器对具有 SL 标记或非 SL 标记(-SL) 的标签进行轮询，或者忽略该标记和轮询标签。SL 与任何通话无关，SL 适用于所有标签，无论是哪个通话。

标签的 SL 标记的持续时间如表 4.4.1 所示。标签应以其被设置的或取消的 SL 标记开启电源，视所存储的具体数值而定，无论标签断电时间是否大于其 SL 标记持续时间。若标签断电时间超过 SL 持续时间，标签应以其被取消确认的 SL 标记开启电源(设置到-SL)。标签应能够在 2 毫秒或 2 毫秒以下的时间内确认或取消确认其 SL 标记，无论其初始标记值如何。打开电源时，标签应刷新其 SL 标记，这意味着每次标签电源断开，其 SL 标记的持续时间均如表 4.4.1 所示。

表 4.4.1 标签标记和持续值

标 记	应持续时间
S0 已询标记	通电标签：不确定 未通电标签：无
S1 已询标记 1	通电标签： 标称温度范围：500 毫秒＜持续时间＜5 秒 延长温度范围：未规定 未通电标签： 标称温度范围：500 毫秒＜持续时间＜5 秒 延长温度范围：未规定
S2 已询标记 1	通电标签：不确定 未通电标签： 标称温度范围：2 毫秒＜持续时间 延长温度范围：未规定
S3 已询标记 1	通电标签：不确定 未通电标签： 标称温度范围：2 毫秒＜持续时间 延长温度范围：未规定
选定(SL)标记 1	通电标签：不确定 未通电标签： 标称温度范围：2 毫秒＜持续时间 延长温度范围：未规定

注意：对于随机选择的标签群，95%的标签持续时间应符合持续要求，应达到 90%的置信区间。

3. 电子标签轮询操作

(1) 轮询机制。

在对电子标签的操作中，有三组命令集，用于完成对电子标签的访问。这三组命令集分别是选择、轮询及访问，它们分别由一个或多个命令组成。

轮询是将所有符合选择(Select)条件的标签循环扫描一遍，标签将分别返回其 EPC 号。用户利用该操作可以首先将所有符合条件的标签的 EPC 号读出来。轮询操作中有许多参数，并且是一个循环扫描的过程，在一个轮询扫描中，会组合应用到几条不同的轮询命令，故一个轮询又被称为一个轮询周期或轮询周期。因为阅读器与标签之间对于轮询命令的数据交换的时间响应有严格的要求，故阅读器将一个轮询周期操作设计成一个轮询循环命令，提供给用户使用。而不需要用户自己去设计轮询算法及轮询步骤。一般阅读器会为各种不同的轮询需求设计几个优化的轮询算法命令，供用户使用。

(2) 轮询步骤。

阅读器发出 Select 命令选择特定的标签群后，阅读器从中唯一确定一张标签并对该标签进行访问操作。具体流程如图 4.4.2 所示：阅读器首先发一个含有 Q 值的 Query 命令，参与标签在收到 Query 命令后，在(0，2^{Q-1})范围内挑选一个随机数值载入时隙计数器。随机数值等于零的标签换成应答状态并立即做出应答。随机数非零的标签不做出反应，继续等待阅读器发出的 QueryAdjust 或 QueryRep 命令；当标签进入应答状态后即返回 RN 16，阅读器以含有相同 RN 16 的 ACK 命令确认该标签；之后，被确认的标签转换到确认状态，返回其 PC、EPC 和 CRC 16；阅读器发送含有与之前相同的 RN 16 的 Req_RN 命令，标签返回一个新 RN 16 作为应答；最后，阅读器以新的 RN 16 作为访问句柄，对标签进行访问操作。

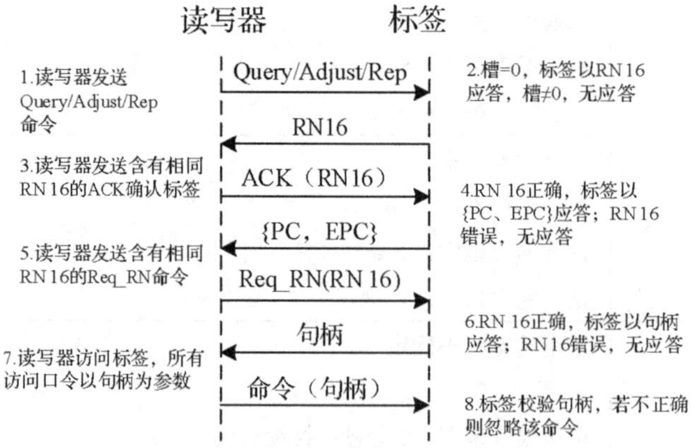

图 4.4.2 标签轮询和访问步骤

(3) 防冲突算法。

在 RFID 多电子标签识别环境中，标签间冲突是影响 RFID 系统标签阅读速度的一个重要因素。Gen 2 标准采用了基于概率/时隙的防冲突算法。该防冲突算法的实现与标签 ID 内容无关。

在阅读器开始进行一轮阅读操作时，其阅读标签命令里有一个参数 Q(Q 取值范围为 1～15)，该参数控制标签往各自的时隙计算器内载入一个随机数(取值范围为 0～2^{Q-1})。当标签接收到阅读器相关命令时，时隙计算器值减 1，仅当标签内时隙计数器值为 0 时，标签才对阅读器进行应答；当时隙计数器值不为 0 时，标签不对阅读器进行应答，而是根据阅读器的不同命令，执行时隙计数器值继续减 1 操作，或者根据新的 Q 参数值来再次载入另一随机数(该随机数取值范围必须同样在 $0\sim2^{Q-1}$)。已经阅读成功的标签，退出这轮标签阅读。当有两个或者多个标签的时隙计算器值同时为 0 时，这些标签会同时对阅读器进行应答，从而造成冲突。阅读器检测到冲突发生后，发出相关命令，让冲突标签的时隙计数器值从 0 变到 0xFFFF(16 位二进制最大值)，继续留在这轮阅读周期内，以后阅读器再通过设置新的 Q 参数来散列发生冲突的标签。这个阅读过程一直继续下去，直到完成这轮阅读周期。

在阅读器命令参数 Q 的选择上，Gen 2 推荐了图 4.4.3 的算法。图中 Q_{fn} 是参数 Q 的浮点表示，阅读器对 Q_{fn} 取整得到 Q，标签用 Q 做参数，在$(0\sim2^{Q-1})$取值范围内，随机散列时隙计数器值，以实现标签的高效率读取。图中 $0.1<C<0.5$，且 Q 较大时，C 取较小值；而 Q 较小时，C 取较大值。

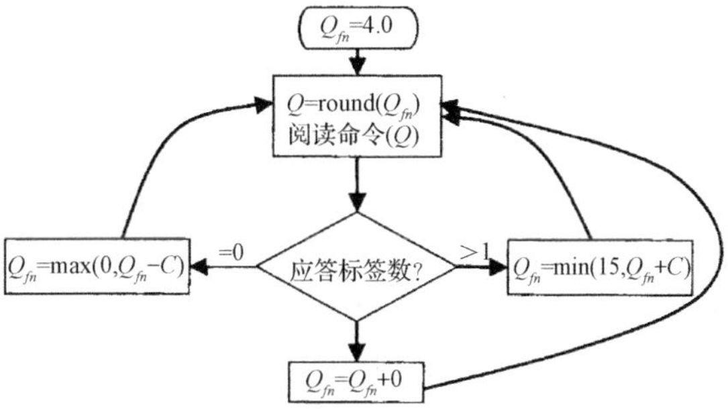

图 4.4.3　参数 Q 的选择算法

4. 基于射频芯片的读卡器轮询操作

(1) 单次轮询操作。

① 命令帧定义。

完成一次 EPC Class1 Gen 2 协议中轮询(Inventory)操作。该指令中不包含 Select 操作。每次轮询指令执行前后都会自动打开和关闭功放。单次轮询(Inventory)指令中，Query 操作参数由另外一条指令来配置，固件中已经有初始值。单次轮询指令如表 4.4.2 所示。

表 4.4.2　单次轮询指令

Header	Type	Command	PL(MSB)	PL(LSB)	Checksum	End
BB	00	22	00	00	22	7E

帧类型 Type：00。

指令代码 Command：22。

指令参数长度 PL：00 00。

校验位 Checksum：22。

② 通知帧定义。

芯片接收到单次轮询指令后，如果能够读到 CRC 校验正确的标签，芯片 MCU 将返回包含 RSSI、PC、EPC 和 CRC 的数据。读到一个标签 EPC 就返回一条指令响应，读到多个标签则返回多条指令响应，如表 4.4.3 所示。

表 4.4.3　标签返回响应表

Header	Type	Command	PL(MSB)	PL(LSB)	RSSI	PC(MSB)	PC(LSB)
BB	02	22	00	11	C9	34	00
EPC(MSB)							
30	75	1F	EB	70	5C	59	04
			EPC(LSB)	CRC(MSB)	CRC(LSB)	Checksum	End
E3	D5	0D	70	3A	76	EF	7E

帧类型 Type：02。

指令代码 Command：22。

指令参数长度 PL：00 11(十进制为 17)。

信号强度指示 RSSI：C9(Received Signal Strength Indication 接收的信号强度指示)。

PC：34 00。

EPC：30 75 1F EB 70 5C 59 04 E3 D5 0D 70。

CRC16 校验位：3A 76。

校验位 Checksum：EF。

RSSI 值反映的是芯片输入端信号大小，不包含天线增益和定向耦合器衰减等。RSSI 为芯片输入端信号强度，十六进制有符号数，单位为 dBm。上面的例子中 RSSI 为 C9，代表芯片输入端信号强度为-55dBm。

③　响应帧定义。

如果没有收到标签返回或者返回数据 CRC 校验错误，将返回错误代码 15，如表 4.4.4 所示。

表 4.4.4　响应帧

Header	Type	Command	PL(MSB)	PL(LSB)	Parameter	Checksum	End
BB	01	FF	00	01	15	16	7E

帧类型 Type：01。

指令代码 Command：FF。

指令参数长度 PL：00 01。

指令参数 Parameter：15。

校验位 Checksum：16。

(2)　多次轮询操作。

①　命令帧定义。

该指令要求芯片 MCU 进行多次轮询(Inventory)操作，轮询次数限制为 0～65535 次。如果轮询次数为 10000 次，则指令如表 4.4.5 所示。

表 4.4.5　多次轮询表

Header	Type	Command	PL(MSB)	PL(LSB)	Reserved	CNT(MSB)	CNT(LSB)
BB	00	27	00	03	22	27	10
Checksum	End						
83	7E						

帧类型 Type：00。

指令代码 Command：27。

指令参数长度 PL：00 03。

保留位 Reserved：22。

轮询次数 CNT：27 10(十进制为 10000)。

校验位 Checksum：83。

② 响应帧定义。

多次轮询指令响应帧与单次轮询指令响应帧格式一样，如表 4.4.6 所示。

图 4.4.6 响应帧格式

Header	Type	Command	PL(MSB)	PL(LSB)	RSSI	PC(MSB)	PC(LSB)
BB	02	22	00	11	C9	34	00
EPC(MSB)							
30	75	1F	EB	70	5C	59	04
EPC(LSB)				CRC(MSB)	CRC(LSB)	Checksum	End
E3	D5	0D	70	3A	76	EF	7E

帧类型 Type：02。

指令代码 Command：22。

指令参数长度 PL：00 11。

RSSI：C9。

PC：34 00。

EPC：30 75 1F EB 70 5C 59 04 E3 D5 0D 70。

CRC：3A 76。

校验位 Checksum：EF。

③ 错误代码响应帧定义。

如果没有收到标签返回或者返回数据 CRC 校验错误，将返回错误代码 15，如表 4.4.7 所示。

表 4.4.7 错误代码响应帧

Header	Type	Command	PL(MSB)	PL(LSB)	Parameter	Checksum	End
BB	01	FF	00	01	15	16	7E

帧类型 Type：01。

指令代码 Command：FF。

指令参数长度 PL：00 01。

指令参数 Parameter：15。

校验位 Checksum：16。

(3) 停止多次轮询指令。

① 命令帧定义。

在芯片内部 MCU 进行多次轮询操作的过程中，可以立即停止多次轮询操作，非暂停多次轮询操作，指令如表 4.4.8 所示。

表 4.4.8 命令帧格式

Header	Type	Command	PL(MSB)	PL(LSB)	Checksum	End
BB	00	28	00	00	28	7E

帧类型 Type：00。
指令代码 Command：28。
指令参数长度 PL：00 00。
校验位 Checksum：28。
② 响应帧定义。
如果停止多次轮询指令成功执行，固件则返回响应如表 4.4.9 所示。

表 4.4.9 响应帧格式

Header	Type	Command	PL(MSB)	PL(LSB)	Parameter	Checksum	End
BB	01	28	00	01	00	2A	7E

帧类型 Type：01。
指令代码 Command：28。
指令参数长度 PL：00 01。
指令参数 Parameter：00。
校验位 Checksum：2A。

任务实施

1. 操作步骤

(1) 在 4.3 节的基础上，新建“UpHightFrequency”实现“IUpHightFrequency”接口类，并实现“uapOnce”单次轮询、“uapByTimes”多次轮询，且各方法都返回“SerialPortParam”对象，该对象包含请求字节码和响应字节码。

(2) 单次轮询、多次轮询实现流程，如图 4.4.4 所示。

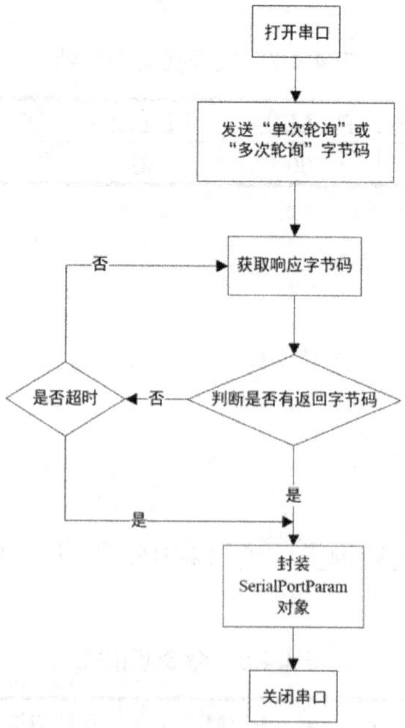

图 4.4.4 单次轮询、多次轮询实现流程图

(3) 完成“uapOnce”“uapByTimes”方法的调用。

(4) 实现方法。

① 解析单次轮询返回的指令:

```
IUpHightFrequency upHightFrequency = new UpHightFrequency(serialPort,
        boundRate, dataBits, stopBits, parity);
SerialPortParam param = upHightFrequency.uapOnce();
Map<String, Object> dataMap = new HashMap<>();
dataMap.put("resData", StringUtil.bytesToHexString(param.getResBytes()));
dataMap.put("reqData", StringUtil.bytesToHexString(param.getReqBytes()));
if(param.getResBytes()!=null && param.getResBytes().length>0){
    String res = dataMap.get("resData").toString();
    if(res.indexOf("FF 55 00 00 83 0A")>-1){
        dataMap.put("opMsg", "单次轮询成功");
        res = res.replace( target: "FF 55 00 00 83 0A ",  replacement: "");
        //去掉中间空格
        res = res.replace( target: " ",  replacement: "");
        //获取长度
        String len = res.substring(0,2);
        //把长度转为十进制
        int length = Integer.valueOf(len, radix: 16);
        //截取数据包
        res = res.substring(2,(length+1)*2);
        String regex = "(.{2})";
        String RSSI = "";
        String PC = "";
        String EPC = "";
        String[] infos = res.split( regex: "7E");
        List<String> infoList = new ArrayList<>();
        if(infos.length>0){
            for(int i =0;i<infos.length;i++){
                infoList.add(infos[i]+"7E");
            }
        }
        for (String str : infoList) {
            str = str.replace( target: "BB0222",  replacement: "");
            str = str.replace( target: " ",  replacement: "");
            len = str.substring(0,4);
            length = Integer.valueOf(len, radix: 16);
            if(length==17){
                str = str.substring(4);
                str = str.substring(0,length*2);
                RSSI +=""+str.substring(0, 2).replaceAll (regex,  replacement: "$1 ");
                PC +=""+ str.substring(2, 6).replaceAll (regex,  replacement: "$1 ");
                EPC +=""+ str.substring(6, str.length()-6).replaceAll (regex,  replacement: "$1 ");
            }
        }
        dataMap.put("RSSI", RSSI);
        dataMap.put("PC", PC);
        dataMap.put("EPC", EPC);
    }else{
        dataMap.put("opMsg", "单次轮询失败");
    }
}
```

② 解析多次轮询返回的指令：

```
IUpHightFrequency upHightFrequency = new UpHightFrequency(serialPort,
        boundRate, dataBits, stopBits, parity);
SerialPortParam param = upHightFrequency.uapByTimes(times);
Map<String, Object> dataMap = new HashMap<>();
dataMap.put("resData", StringUtil.bytesToHexString(param.getResBytes()));
dataMap.put("reqData", StringUtil.bytesToHexString(param.getReqBytes()));
if(param.getResBytes()!=null && param.getResBytes().length>0){
    String res = dataMap.get("resData").toString();
    if(res.indexOf("FF 55 00 00 83 0A")>-1){
        dataMap.put("opMsg", "多次轮询成功");
        res = res.replace( target: "FF 55 00 00 83 0A ",  replacement: "");
        //去掉中间空格
        res = res.replace( target: " ",  replacement: "");
        //获取长度
        String len = res.substring(0,2);
        //把长度转为十进制
        int length = Integer.valueOf(len, radix: 16);
        //截取数据包
        res = res.substring(2,(length+1)*2);
        String regex = "(.{2})";
        String RSSI = "";
        String PC = "";
        String EPC = "";
        String[] infos = res.split( regex: "7E");
        List<String> infoList = new ArrayList<>();
        if(infos.length>0){
            for(int i =0;i<infos.length;i++){
                infoList.add(infos[i]+"7E");
            }
        }
        for (String str : infoList) {
            str = str.replace( target: "BB0222",  replacement: "");
            str = str.replace( target: " ",  replacement: "");
            len = str.substring(0,4);
            length = Integer.valueOf(len, radix: 16);
            if(length==17){
                str = str.substring(4);
                str = str.substring(0,length*2);
                RSSI +=""+str.substring(0, 2).replaceAll (regex,  replacement: "$1 ");
                PC +=""+ str.substring(2, 6).replaceAll (regex,  replacement: "$1 ");
                EPC +=""+ str.substring(6, str.length()-6).replaceAll (regex,  replacement: "$1 ");
            }
        }
        dataMap.put("RSSI", RSSI);
        dataMap.put("PC", PC);
        dataMap.put("EPC", EPC);
    }else{
        dataMap.put("opMsg", "多次轮询失败");
    }
}
```

(5) 参考界面如图 4.4.5 所示。

图 4.4.5 超高频电子标签轮询界面参考图

2. 结果分析

单击【单次轮询】，获取高频卡信息。

发送：FF 55 00 00 03 0A 07 BB 00 22 00 00 22 7E C7 C0。其中：

(1) 通信协议同步帧：FF 55。

(2) 主从设备地址：00 00。

(3) 主从命令码：03 0A。

(4) 数据段长度：07(表示 7 个字节)。

(5) 帧头 Header：BB。

(6) 帧类型 Type：00。

(7) 指令代码 Command：22(获取高频卡信息)。

(8) 指令参数长度 PL：00 00。

(9) 校验位 Checksum：22。

(10) 帧尾 End：7E。

(11) CRC16 校验位：C7 C0。

接收：FF 55 00 00 83 0A 18 BB 02 22 00 11 C9 30 00 E2 00 30 72 47 02 02 11 05 10 E4 03 B5 72 31 7E A7 A5。

(1) 通信协议同步帧：FF 55。

(2) 主从设备地址：00 00。

(3) 主从命令码：83 0A。

(4) 数据段长度：18(表示 24 个字节)。

(5) 帧头 Header：BB。

(6) 帧类型 Type：02。

(7) 指令代码 Command：22。

(8) 指令参数长度 PL：00 11(十进制为 17)。

(9) 信号强度指示 RSSI：C9(Received Signal Strength Indication 接收的信号强度指示)。
(10) PC：30 00。
(11) EPC：E2 00 30 72 47 02 02 11 05 10 E4 03。
(12) CRC16 校验位：B5 72。
(13) 校验位 Checksum：31。
(14) 帧尾 End：7E。
(15) CRC16 校验位：A7 A5。

单击【多次轮询】，获取高频卡信息。

发送：FF 55 00 00 03 0A 0A BB 00 27 00 03 22 00 02 4E 7E C4 A5。其中：

(1) 通信协议同步帧：FF 55。
(2) 主从设备地址：00 00。
(3) 主从命令码：03 0A。
(4) 数据段长度：0A(表示 10 个字节)。
(5) 帧头 Header：BB。
(6) 帧类型 Type：00。
(7) 指令代码 Command：27(获取高频卡信息)。
(8) 指令参数长度 PL：00 03。
(9) 保留位 Reserved：22。
(10) 轮询次数 CNT：00 02。
(11) 校验位 Checksum：4E。
(12) 帧尾 End：7E。
(13) CRC16 校验位：C4 A5。

接收：和单次轮询相同，所有在场的两张卡都回应：

FF 55 00 00 83 0A 30 BB 02 22 00 11 C9 34 00 E2 00 51 74 18 13 00 26 19 00 51 9C CF 93 92 7E BB 02 22 00 11 C8 34 00 E2 00 51 74 18 13 00 26 19 00 51 9C CF 93 91 7E BD 1E。

(1) 通信协议同步帧：FF 55。
(2) 主从设备地址：00 00。
(3) 主从命令码：83 0A。
(4) 数据段长度：30(表示 48 个字节)。
(5) 帧头 Header：BB。
(6) 帧类型 Type：02。
(7) 指令代码 Command：22。
(8) 指令参数长度 PL：00 11(十进制为 17)。
(9) 信号强度指示 RSSI：C9(Received Signal Strength Indication 接收的信号强度指示)。
(10) PC：34 00。
(11) EPC：E2 00 51 74 18 13 00 26 19 00 51 9C。
(12) CRC16 校验位：CF 93。
(13) 校验位 Checksum：92。

(14) 帧尾 End：7E。

(15) 另外一张卡的数据包：BB 02 22 00 11 C8 34 00 E2 00 51 74 18 13 00 26 19 00 51 9C CF 93 91 7E。

(16) CRC16 校验位：BD 1E。

RSSI 值反映的是芯片输入端信号大小，不包含天线增益和定向耦合器衰减等。RSSI 为芯片输入端信号强度，十六进制有符号数，单位为 dBm。上面的例子中 RSSI 为 C9，代表芯片输入端信号强度为-C9dBm。

技能拓展

1. 用取多张超高频卡，读取 EPC 值，并记录；对比其他设备，EPC 是否相同。
2. 用取多张超高频卡，在相同位置，读取 RSSI 值，是否相同。
3. 用取一张超高频卡，在不同位置，读取 RSSI 值，分析 RSSI 与距离关系。

本节小结

本节主要介绍了 EPC Gen 2 电子标签存储器、轮询相关概念、电子标签轮询操作、基于射频芯片的读卡器轮询操作等实验原理。学习超高频 RFID 卡存储结构、轮询机制和防碰撞技术，利用 Java 语言实现串口通信技术。

4.5 超高频电子标签 Select 操作

任务内容

本节主要介绍电子标签选择(Select)操作、基于射频芯片的读卡器选择操作等实验原理。学习超高频 RFID 卡标签选择操作机制，使用 Java 串口通信技术完成超高频电子标签 Select 操作，掌握超高频卡片标签的选择操作的命令格式，能够读懂响应信息。

任务要求

- 学习超高频 RFID 卡标签选择操作机制。
- 使用 Java 串口通信技术完成超高频电子标签 Select 操作。
- 掌握超高频卡片标签的选择操作的命令格式，能够读懂响应信息。

理论认知

1. 电子标签选择(Select)操作

Select 命令允许用户从一组标签中选出某一标签。

Select 命令还可以设置标签芯片内部的 SL 或 Inventoried 标识位，读卡器通过一次或多次 Select 命令就可以在寻卡流程中准确选出某一标签。

(1) 阅读器与标签通信。

阅读器与标签建立通信的过程，如图 4.5.1 所示。阅读器发送 CW(连续波)激活电子标签，标签处于就绪状态；阅读器发送选择(Select)命令选中电子标签，并通过 Query 命令开启新的存盘周期，电子标签进入仲裁状态；标签接收 Query 命令后，当其内部时隙计数器值为零时，向阅读器发送 RN 16(随机十六位数)，标签进入应答状态；阅读器接收到 RN 16，向标签发送包含相同 RN 16 的 ACK 命令；标签返回唯一的序列卡号(PC+EPC+CRCl6)作为应答；阅读器接收到序列卡号后返回给电子标签 Req_RN 命令；标签则再次发送 RN 16；阅读器接收标签应答，并发出读、写操作，标签执行相应操作。

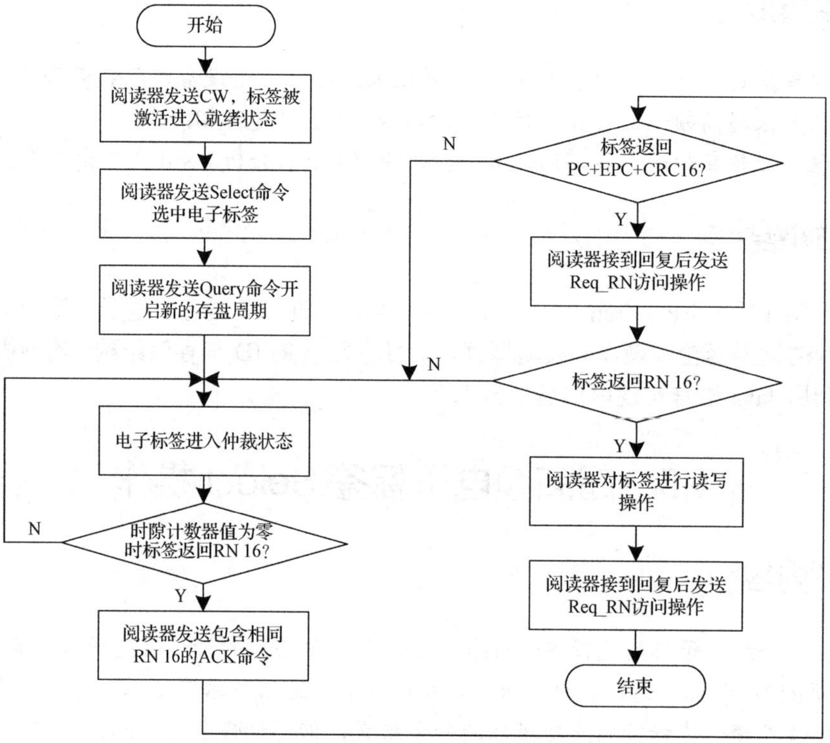

图 4.5.1 阅读器与标签建立通信的过程

因此，阅读器对电子标签进行访问操作前，需应用选择(Select)命令，选择符合用户定义的标签。使符合用户定义的标签进入相应的工作就绪状态，而其他不符合用户定义的标签仍处于非活动状态，这样可有效地先将所有的标签按各自的应用分成几个不同的类，以利于进一步的标签操作命令。

(2) Select 命令操作。

通过 Select 命令可以对标签群中的一个子集进行选择，之后仅对这一子集进行轮询。子集选择的依据由用户定义，若标签内存上某段地址存储的数据符合用户的要求，则被选入子集。Select 命令可以连续使用，以便完成交集、并集和补集运算。

Select 命令含有参数：目标(Target)、动作(Action)、存储体(MemBank)、指针(Pointer)、长度(Length)、掩模(Mask)和截断(Truncate)，命令格式如表 4.5.1 所示。

① 目标：表示 Select 命令是否修改和如何修改标签的 SL 标记或已询标记。

② 动作：表示匹配标签是否确认或取消确认 SL 标记，或是否将其已询标记设置到 A 或 B。

③ 指针和长度：指示存储位位置，允许掩模的长度从 0 到 255 位。

④ 掩模：以指针开始和以长度结束的一段存储数据。

⑤ 截断：规定标签返回全部 EPC 或者部分 EPC。

表 4.5.1 Select 命令

	命令	目 标	动作	存储体	指针	长度	掩模	截断	CRC-16
位号	4	3	3	2	EBV	8	变量	1	16
描述	1010	000：已询标记(S0) 001：已询标记(S1) 010：已询标记(S2) 011：已询标记(S3) 100：SL	参见表 4.5.2	00：Reserved 01：EPC 10：TID 11：User	启动掩模位地址	掩模长度(位)	掩模值	0: 禁止截断 1: 启动截断	

标签接收到 Select 命令之后，仅对自身的标志位进行改变，而不返回任何信号。Select 命令可以对标签的标志位(Target)进行 16 种不同的操作(Action)，这 16 种操作分为两大类，匹配(Matching)操作和不匹配(Non-Matching)操作，如表 4.5.2 所示。

表 4.5.2 Select 命令对标签的操作

动 作	匹 配		不 匹 配	
	SL	S0-S3	SL	S0-S3
000	1	A	0	B
001	1	A	—	—
010	—	—	0	B
011	~SL	A→B，B→A	—	—
100	0	B	1	A
101	0	B	—	—
110	—	—	1	A
111	—	—	~SL	A→B，B→A

如果标签内存上某段地址存储的数据和用户规定的数据相同，则进行 8 种匹配操作中的一种：如果标签内存在指定内存上的某段地址时，需要用到内存区域(MemBank)、起始比特地址指针(Pointer)和地址段长度(Length)三个参数。Gen 2 协议规定标签所有可用内存区域为四个：00 代表 Reserved 区，至少存放一个 32bit 的 Kill 口令和一个 32bit 的 Access 口令。01 代表 EPC 区，存放标签的 EPC、协议控制字 PC 和 CRC-16 校验码，EPC 描述的是标签所附着的物品的信息，PC 描述了 EPC 的长度和其他相关信息。10 代表 TID 区，存放标签的 TID 码，TID 码记录了有关标签的信息，如标签制造商的信息。11 代表 User 区，用户自行定义该区域内的数据内容。这四个内存区域的大小可以无限扩展，因此 Gen 2 协议规定起始比特地址指针使用 EBV(Extensible Bit Vectors)，可以表示任意大小的地址，EBV 的格式如图 4.5.2 所示。

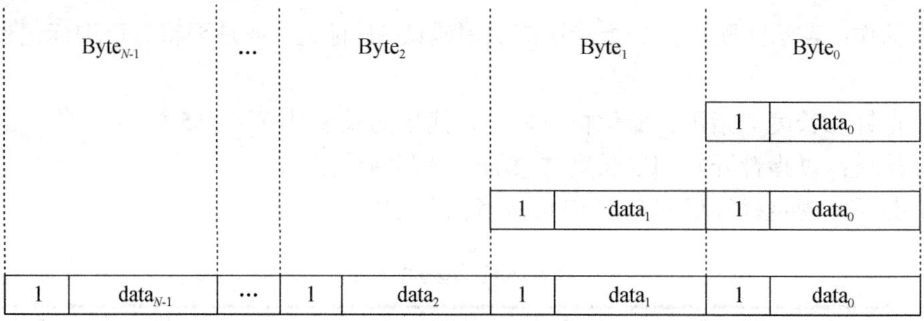

图 4.5.2　EBV 格式

EBV 由若干字节(Byte)组成，每字节最高位是扩展位，剩余 7 位是数据位。如果 EBV 仅由一个字节组成，那么扩展位为 0(未进行扩展)；如果 EBV 由多个字节组成，那么最低字节的扩展位仍为 0，而其他字节的扩展位为 1。证明在这些字节之后进行了扩展。当给定了由 N 个字节组成的 EBV 之后，其代表的地址可用下面公式计算：

$$\text{address} = \sum_{n=0}^{N} 2^{7n}\,\text{data}_n$$

其中，data_n 为第 n 个字节中的数据，n 按照从 LSB 至 MSB 的方向从 0 开始编号。起始地址指针可以从内存的任何位置开始，不仅限于每个字节的开始处。

地址段长度(Length)以 bit 为单位，代表 Mask 的长度，Mask 即用户规定将要与标签某段内存(内存段不可位于 Reserved 区)相比对的数据，长度最多可达 256bit。对比结果可出现相同/匹配、不相同/不匹配两种情况。在不同的情况下，需对标签标志位进行不同的操作，对 SL 有三种可能的操作：①被选择(1)，②未被选择(0)，③SL 状态翻转(～SL)。对 S0～S3 同样有三种可能的操作：①置 A，②置 B，③翻转。

Select 最后携带的参数是 Truncate，如果 Query 之前最后一个 Select 命令要求标签进行截位(Truncate)操作，则标签在返回 EPC 时需要将其截位，去掉阅读器已知的部分。阅读器已知的部分 EPC 会由 MemBank、Pointer 和 Length 给出，显然此时的 MemBank 应为 01，如果不为 01 则认为此命令无效。Select 命令受 CRC-16 校验码保护。

2. 基于射频芯片的读卡器选择操作

(1)　设置 Select 参数指令。

①　命令帧定义。

设置 Select 参数，并且同时设置 Select 模式为 02。在对标签除轮询操作之前，先发送 Select 指令。在多标签的情况下，可以根据 Select 参数只对特定标签进行轮询和读写等操作，如表 4.5.3 所示。

表 4.5.3　指令参数表(一)

Header	Type	Command	PL(MSB)	PL(LSB)	SelParam	Ptr(MSB)	
BB	00	0C	00	13	01	00	00
Ptr(LSB)		MaskLen	Truncate	Mask(MSB)			
00	20	60	00	30	75	1F	EB

续表

Header	Type	Command	PL(MSB)	PL(LSB)	SelParam	Ptr(MSB)	
Mask(LSB)							
70	5C	59	04	E3	D5	0D	70
Checksum	End						
AD	7E						

帧类型 Type：00。

指令代码 Command：0C。

指令参数长度 PL：00 13。

SelParam：01(Target：3bit 000，Action：3bit 000，MemBank：2bit 01)。

Ptr：00 00 00 20(以 bit 为单位，非 word)，从 EPC 存储位开始。

Mask 长度 MaskLen：60(6 个 word，96bits)。

是否 Truncate：00(00 是 Disabletruncation，80 是 Enabletruncation)。

Mask：30 75 1F EB 70 5C 59 04 E3 D5 0D 70。

校验位 Checksum：AD。

SelParam 共 1 个 Byte，其中 Target 占最高 3 个 bits，Action 占中间 3 个 bits，MemBank 占最后 2 个 bits。MemBank 含义如下：

2bit 00：标签 RFU 数据存储区。

2bit 01：标签 EPC 数据存储区。

2bit 10：标签 TID 数据存储区。

2bit 11：标签 User 数据存储区。

当 SelectMask 长度大于 80bits(5words)时，发送 Select 指令会先把场区内所有标签设置成 InventoriedFlag 为 A、SLFlag 为～SL 的状态，然后再根据所选的 Action 进行操作。当 SelectMask 长度小于 80bits(5words)的时候，不会预先将标签状态通过 Select 指令设置成 InventoriedFlag 为 A、SLFlag 为～SL 的状态。

② 响应帧定义。

当成功设置了 Select 参数后，固件返回如表 4.5.4 所示。

表 4.5.4 指令参数表(二)

Header	Type	Command	PL(MSB)	PL(LSB)	Data	Checksum	End
BB	01	0C	00	01	00	0E	7E

帧类型 Type：01。

指令代码 Command：0C。

指令参数长度 PL：00 01。

返回数据 Data：00。

校验位 Checksum：0E。

(2) 设置 Select 模式。

① 命令帧定义。

如果已经设置好了 Select 参数，执行该条指令，可以设置 Select 模式。例如，如果要取消 Select 指令，如表 4.5.5 所示。

表 4.5.5　取消 Select 指令

Header	Type	Command	PL(MSB)	PL(LSB)	Mode	Checksum	End
BB	00	12	00	01	01	14	7E

帧类型 Type：00。

指令代码 Command：12。

指令参数长度 PL：00 01。

指令参数，Select 模式：01。

校验位 Checksum：14。

Select 模式 Mode 含义：

00：在对标签的所有操作之前都预先发送 Select 指令选取特定的标签。

01：在对标签操作之前不发送 Select 指令。

02：仅对除轮询(Inventory)之外的标签操作之前发送 Select 指令，如在 Read、Write、Lock、Kill 之前先通过 Select 选取特定的标签。

② 响应帧定义。

当成功设置了取消或者发送 Select 指令后，固件返回如表 4.5.6 所示。

表 4.5.6　Select 指令返回值

Header	Type	Command	PL(MSB)	PL(LSB)	Data	Checksum	End
BB	01	0C	00	01	00	0E	7E

帧类型 Type：01。

指令代码 Command：0C。

指令参数长度 PL：00 01。

返回数据 Data：00(执行成功)。

校验位 Checksum：0E。

任务实施

1. 操作步骤

(1) 在 4.4 节的基础上，新建“UpHightFrequency”实现“IUpHightFrequency”接口类，并实现“selectCommand”select 命令、“setSelect” 设置 Select 命令模式、“getQueryParam”获取 Query 参数、“setQueryParam”设置 Query 参数，且该方法都返回“SerialPortParam”对象，该对象包含请求字节码和响应字节码。

(2) “selectCommand”select 命令、“setSelect” 设置 Select 命令模式、“getQueryParam”获取 Query 参数、“setQueryParam”设置 Query 参数实现流程如图 4.5.3 所示。

(3) 完成“selectCommand”“setSelect”“getQueryParam”“setQueryParam”方法的调用。

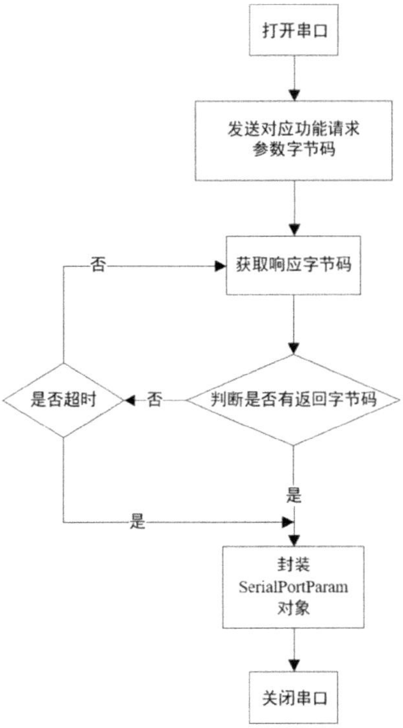

图 4.5.3　方法实现流程图

(4) 实现方法。

① 解析选择 Select 命令返回的指令：

```
IUpHightFrequency upHightFrequency = new UpHightFrequency(serialPort,
    boundRate, dataBits, stopBits, parity);
SerialPortParam param = upHightFrequency.selectCommand(Byte.parseByte(model));
Map<String, Object> dataMap = new HashMap<>();
dataMap.put("resData", StringUtil.bytesToHexString(param.getResBytes()));
dataMap.put("reqData", StringUtil.bytesToHexString(param.getReqBytes()));
if (param.getResBytes() != null && param.getResBytes().length > 0) {
    String resData = dataMap.get("resData").toString();
    if (resData.indexOf("FF 55 00 00 83 0A 01 04 CE 09") > -1) {
        dataMap.put("opMsg", "未设置成功");
    } else {
        dataMap.put("opMsg", "设置成功");
    }
}
```

② 解析设置 Select 命令返回的指令：

```
byte seleParm = 0;
byte taget = (byte)(Byte.parseByte(Target) << 5);
byte action = (byte)(Byte.parseByte(Action) << 2);
byte memBank = (byte)(Byte.parseByte(MemBank));
seleParm = (byte)(taget | action | memBank);
String str1 = StringUtil.toHexStr(seleParm);
str1 = str1+" "+Point+" "+StringUtil.intToHex( n: StringUtil.hexToByte(Mask).length*8);
str1 +=" "+StringUtil.intToHex(Integer.parseInt(Truncate));
str1 += " " + Mask;  //Mask
int pl = StringUtil.hexToByte(str1).length;
byte plH = (byte)((pl & 0xff00) >> 8);
byte plL = (byte)(pl & 0x00ff);
str1 = StringUtil.toHexStr(plH)+" "+StringUtil.toHexStr(plL)+" "+str1; //plH 第3字节  plL 第4字节
```

```
IUpHightFrequency upHightFrequency = new UpHightFrequency(serialPort,
        boundRate, dataBits, stopBits, parity);
SerialPortParam param = upHightFrequency.setSelect(StringUtil.hexToByte(str1));
Map<String, Object> dataMap = new HashMap<>();
    dataMap.put("resData", StringUtil.bytesToHexString(param.getResBytes()));
    dataMap.put("reqData", StringUtil.bytesToHexString(param.getReqBytes()));
    if (param.getResBytes() != null && param.getResBytes().length > 0) {
        String res = dataMap.get("resData").toString();
        if (res.indexOf("FF 55 00 00 83 0A 08 BB 01 0C 00 01 00 0E") > -1) {
            dataMap.put("opMsg", "设置成功");
        } else {
            dataMap.put("opMsg", "设置失败");
        }
    }
```

③ 解析获取 Query 参数返回的指令：

```
IUpHightFrequency upHightFrequency = new UpHightFrequency(serialPort,
        boundRate, dataBits, stopBits, parity);
SerialPortParam param = upHightFrequency.getQueryParam();
Map<String, Object> dataMap = new HashMap<>();
dataMap.put("resData", StringUtil.bytesToHexString(param.getResBytes()));
dataMap.put("reqData", StringUtil.bytesToHexString(param.getReqBytes()));
if (param.getResBytes() != null && param.getResBytes().length > 0) {
    String res = dataMap.get("resData").toString();
    if (res.indexOf("FF 55 00 00 83 0A 09 BB 01") > -1) {
            res = res.replace( target: "FF 55 00 00 83 0A ", replacement: "");
            //去掉中间空格
            res = res.replace( target: " ", replacement: "");
            //获取长度
            String len = res.substring(0,2);
            //把长度转为十进制
            int length = Integer.valueOf(len, radix: 16);
            //截取数据包
            String regex = "(.{2})";
            String str = res.substring(2,(length+1)*2);
            str = str.replaceAll(regex, replacement: "$1 ");;
            int i = -1;
            if ((i = str.indexOf("BB 01 0D")) > -1){
                String queryParam = "10 20";
                queryParam = str.substring(15, 20);
                byte[] bytes = StringUtil.hexToByte(queryParam);
                bytes = StringUtil.reverseBytes(bytes);
                int query =  StringUtil.getShort(bytes, index: 0);
                int SelectedIndex1 = ((0x0001 << 15) & query) >> 15;
                int SelectedIndex2 = ((0x0003 << 13) & query) >> 13;
                int SelectedIndex3 = (((0x0001 << 12) & query - 1) >> 12) -1;
                int SelectedIndex4 = ((0x0003 << 10) & query) >> 10;
                int SelectedIndex5 = ((0x0003 << 8) & query) >> 8;
                int SelectedIndex6 = ((0x0001 << 7) & query) >> 7;
                int SelectedIndex7 = ((0x000F << 3) & query) >> 3;
                dataMap.put("DR", SelectedIndex1);
                dataMap.put("M", SelectedIndex2);
                dataMap.put("TRext", SelectedIndex3);
                dataMap.put("Sel", SelectedIndex4);
                dataMap.put("SESSION", SelectedIndex5);
                dataMap.put("Target", SelectedIndex6);
                dataMap.put("Q", SelectedIndex7);
            }
        dataMap.put("opMsg", "获取参数成功");
    } else {
        dataMap.put("opMsg", "获取参数失败");
    }
}
```

④ 解析设置 Query 参数返回的指令：

```
IUpHightFrequency upHightFrequency = new UpHightFrequency(serialPort,
        boundRate, dataBits, stopBits, parity);
short qrury = 0;
Integer tj = Integer.parseInt(TRext);
tj = tj+1;
short dr = (short) (Short.parseShort(DR)<<15);
short m = (short) (Short.parseShort(M)<<13);
short trext = (short) (Short.parseShort(tj.toString())<<12);
short sel = (short) (Short.parseShort(Sel)<<10);
short session = (short) (Short.parseShort(SESSION)<<8);
short target = (short) (Short.parseShort(Target)<<7);
short q = (short) (Short.parseShort(Q)<<3);
qrury = (short)((dr | m | trext | sel | session | target | q));
String h = StringUtil.toHexStr((byte)((qrury >> 8) & 0xff));
String l = StringUtil.toHexStr((byte)((qrury & 0xff)));
String data = h+" "+l;
SerialPortParam param = upHightFrequency.setQueryParam(StringUtil.hexToByte(data));
Map<String, Object> dataMap = new HashMap<>();
dataMap.put("resData", StringUtil.bytesToHexString(param.getResBytes()));
dataMap.put("reqData", StringUtil.bytesToHexString(param.getReqBytes()));
if (param.getResBytes() != null && param.getResBytes().length > 0) {
    String resData = dataMap.get("resData").toString();
    if (resData.indexOf("FF 55 00 00 83 0A 08 BB 01") > -1) {
        dataMap.put("opMsg", "设置参数成功");
    } else {
        dataMap.put("opMsg", "设置参数失败");
    }
}
```

(5) 参考界面如图 4.5.4 所示。

图 4.5.4 超高频电子标签 Select 操作界面参考图

2. 验证步骤

(1) 选择【在对标签操作前不发送 Select 指令模式】，单击【确定】按钮。

(2) 选择【轮询不发，其他发送 Select 指令模式】，单击【确定】按钮，设置为仅对除轮询 Inventory 之外的标签操作之前发送 Select 指令，如在 Read、Write、Lock、Kill 之前先通过 Select 选取特定的标签。

(3) 单击【轮询】按钮。

(4) MemBank 选择 EPC，将 EPC 值放到 Mask 文本框当中，“target”选择“SL”，单击【设置 Select 参数指令】按钮。

(5) 将 Sel 选择“SL”，其他参数保持不变，单击【设置 Query 参数】按钮。

(6) 选择【操作前发送 Select 指令】，单击【确定】按钮。

(7) 将多个标签同时放入 UHF 模块上，此时只能轮询到当时设置的那个标签(即在 Select 设置的 EPC)，其他标签不会被轮询到。

3. 结果分析

设置【Select 指令模式】:

发送：FF 55 00 00 03 0A 08 BB 00 12 00 01 00 14 7E E6 DD。其中：

(1) 通信协议同步帧：FF 55。

(2) 主从设备地址：00 00。

(3) 主从命令码：03 0A。

(4) 数据段长度：08(表示 8 个字节)。

(5) 帧头 Header：BB。

(6) 帧类型 Type：00。

(7) 指令代码 Command：12(设置 Select 模式)。

(8) 指令参数长度 PL：00 01。

(9) 指令参数，Select 模式：00。

(10) 校验位 Checksum：14。

(11) 帧尾 End：7E。

(12) CRC16 校验位：E6 DD。

Select 模式 Mode 含义：

00：在对标签的所有操作之前都预先发送 Select 指令选取特定的标签。

01：在对标签操作之前不发送 Select 指令。

02：仅对除轮询 Inventory 之外的标签操作之前发送 Select 指令，如在 Read、Write、Lock、Kill 之前先通过 Select 选取特定的标签。

接收：FF 55 00 00 83 0A 08 BB 01 12 00 01 00 14 7E 24 35。其中：

(1) 通信协议同步帧：FF 55。

(2) 主从设备地址：00 00。

(3) 主从命令码：83 0A。

(4) 数据段长度：08(表示 8 个字节)。

(5) 帧头 Header：BB。

(6) 帧类型 Type：01。

(7) 指令代码 Command：12。

(8) 指令参数长度 PL：00 01(十进制为 17)。

(9) 返回数据 Data：00(执行成功)。

(10) 校验位 Checksum：14。

(11) 帧尾 End：7E。

(12) CRC16 校验位：24 35。

技能拓展

1. 在【Select 页面】，选择【在对标签操作前不发送 Select 指令模式】，然后选择【轮询操作】页面，【单次轮询】超高频卡，执行轮询操作并分析结果。

2. 在【Select 页面】，选择【在对标签操作前发送 Select 指令模式】，然后选择【轮询操作】页面，【单次轮询】超高频卡，执行轮询操作并分析结果。

3. 在【Select 页面】，选择【轮询不发，其他发送 Select 指令模式】，然后选择【轮询操作】页面，【单次轮询】超高频卡，执行轮询操作并分析结果。

4. 对比三种现象，分析结果。

本节小结

本节主要介绍了电子标签选择(Select)操作、基于射频芯片的读卡器选择操作等实验原理。学习超高频 RFID 卡标签选择操作机制、使用 Java 语言对串口通信技术进行编程，完成超高频电子标签 Select 操作；掌握超高频卡片标签的选择操作的命令格式，能够读懂响应信息。

4.6 超高频数据读写仿真

任务内容

本节主要介绍 RFID 教学实验平台及 EPC Gen 2 电子标签存储器、基于射频芯片的读卡器寻卡识别操作原理，了解安全模式和非安全模式的区别。认识超高频卡读写芯片：射频芯片，学习超高频卡标签数据存储结构、寻卡识别操作技术。

任务要求

- 掌握超高频读卡器如何读取超高频标签。
- 掌握超高频的识别方式和区别。
- 了解超高频卡标签数据存储结构。

理论认知

1. 读写数据

读取数据是通过超高频协议数据读取的方法，读取指定存储区指定块的数据，读取到的数据是字节类型的数组，利用 GB 21312 字符集转码，将字节数组类型转化为可读的文字或字符；数据写入是利用 GB 21312 字符集转码，将可读的文字或字符转化为字节数组类型。再通过超高频协议数据写入的方法，将字节数组存储到指定存储区的指定块。

2. 安全模式与非安全模式

安全模式：当接收到的访问口令不是“00000000”时，标签进入安全模式，在安全模式下对用户存储区的读写操作会先验证保留内存区的访问口令是否与输入的口令一致，如果一致操作成功，否则操作失败并返回口令错误提示。

非安全模式：当接收到的访问口令是“00000000”时，标签进入非安全模式，在非安全模式下(且没有额外的锁定操作)的读写操作不会进行口令验证，直接对指定用户存储区进行读写。

任务实施

提示：实验系统程序在本书提供的资料“..\超高频实验\超高频数据读写实验”内。

1. 制卡

(1) 选择串口号，选择与仿真平台 PC 的 COM 口指定的虚拟串口一致的串口号。

(2) 打开串口，打开成功后会自动读取标签号。

(3) 制卡，在用户存储区写入初始数据，在内存保留区设置访问口令(密码)为“11111111”，如图 4.6.1 所示。

制卡完成后可在仿真平台的消息面板中查看具体的通信过程及通信内容，如图 4.6.2 所示。

图 4.6.1 仿真系统-制卡界面

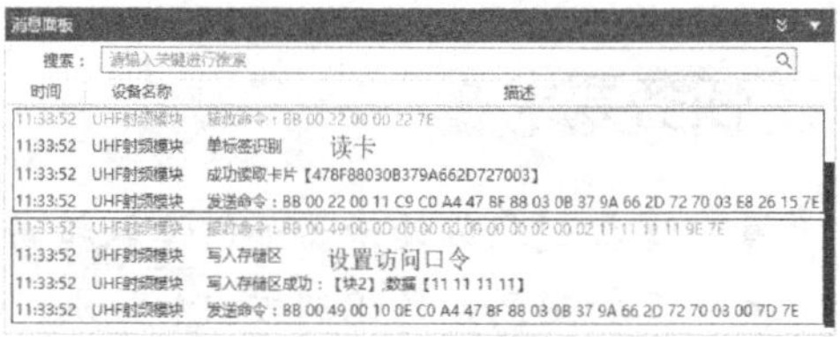

图 4.6.2 消息面板

2. 安全读卡

用非零口令读取用户存储区数据，需要校验访问口令。

(1) 打开串口。

(2) 读取标签号。

(3) 读取用户存储区，得到十六进制数据。

(4) 将十六进制数据转码得到文本数据，初始未写入数据，所以转换后为空。

操作如图 4.6.3 和图 4.6.4 所示。

图 4.6.3 仿真系统-安全读卡界面

图 4.6.4 消息面板-安全读卡消息

3. 安全写卡

用非零口令写入用户存储区数据，需要校验访问口令。

(1) 打开串口。

(2) 读取标签号。

(3) 填写文本数据，再转码成十六进制数据。

(4) 写入，将数据写入用户存储区。

操作如图 4.6.5 和图 4.6.6 所示。

图 4.6.5 仿真系统-安全写卡界面

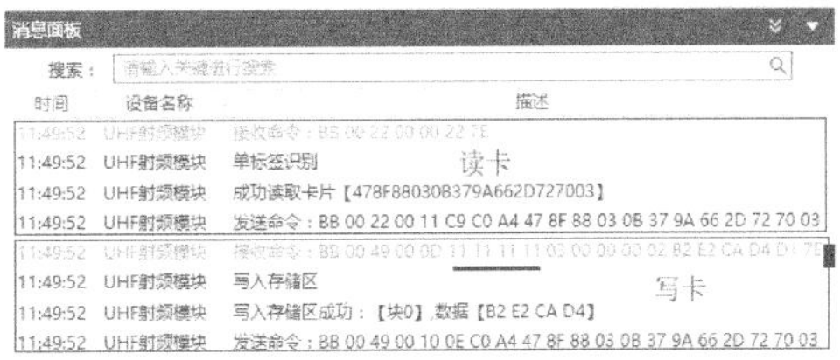

图 4.6.6 消息面板-安全写卡消息

4. 非安全读卡

用“00000000”口令，读取用户存储区数据。

(1) 打开串口。

(2) 读取标签号。

(3) 读取用户存储区，得到十六进制数据。

(4) 将十六进制数据转码得到文本数据，结果为制卡时写入存储区的初始卡数据。

操作如图 4.6.7 和图 4.6.8 所示。

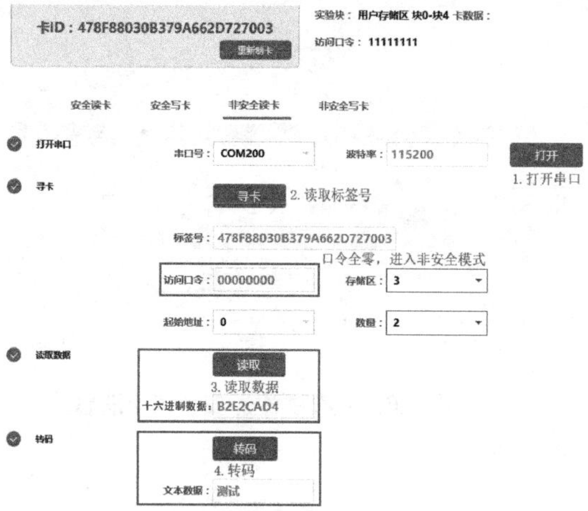

图 4.6.7　仿真系统-非安全读卡界面

图 4.6.8　消息面板-非安全读卡消息

5. 非安全写卡

用“00000000”口令，将数据写入用户存储区。

(1) 打开串口。

(2) 读取标签号。

(3) 填写文本数据，再转码成十六进制数据。

(4) 写入，将数据写入用户存储区。

说明：非安全模式是使用初始口令 00000000 进行操作，操作不会验证口令；安全模式是指使用非零口令，读卡器会进行密码校验，若密码不正确将无法进行读写操作。以上操作的前提是未对标签进行锁定设置。

操作如图 4.6.9 和图 4.6.10 所示。

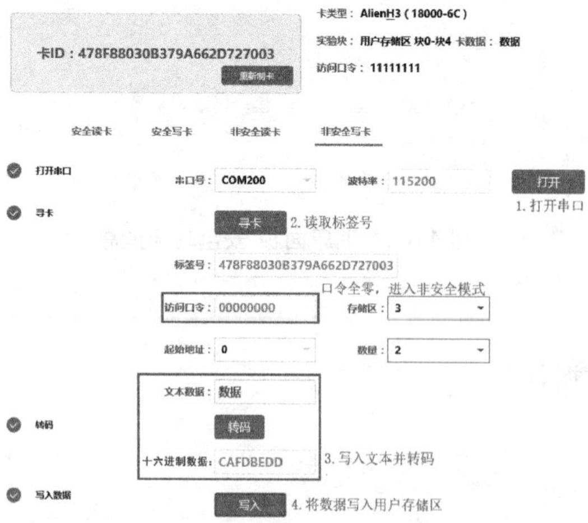

图 4.6.9　仿真系统-非安全写卡界面

图 4.6.10　消息面板-非安全写卡消息

6. 虚实结合实验

虚实结合仿真可以在仿真界面展示真实标签的卡号和通信过程，仿真系统也可以脱离仿真平台，通过 PC 的物理串口直接与 RFID 教学实验平台物理设备进行仿真。

关闭仿真平台的模拟仿真，再将仿真系统的串口号设置为 RFID 教学实验平台物理设备与 PC 连接的串口号即可进行仿真，仿真过程与上述仿真操作一样，通过对比脱离仿真平台与连接仿真平台获取的标签号是否一致来验证仿真结果。

(1) 虚实结合获取标签号。

仿真系统的串口号选择仿真平台上指定的虚拟串口号。打开串口获取标签号，如图 4.6.11 和图 4.6.12 所示。

图 4.6.11 实验系统-制卡界面

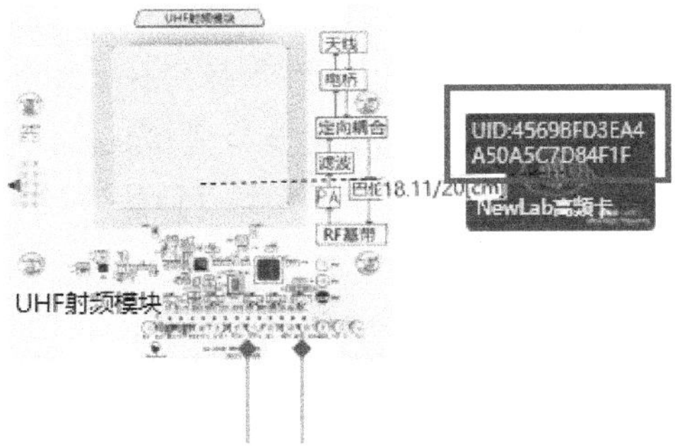

图 4.6.12 仿真平台-虚实结合界面

(2) 直连物理设备获取标签号。

关闭仿真平台的模拟仿真(否则串口会被占用)，再将仿真系统的串口号设置为物理设备与 PC 连接的串口号。打开串口获取标签号，如图 4.6.13 所示。

图 4.6.13 实验系统-制卡界面

对比两次仿真获取到的标签号是否一致。例如，本次虚实结合获取到卡号“4569BFD3EA4 A50A5C7D84F1F”，脱离仿真平台，直接连接物理设备是否也能获取到卡号“4569BFD3EA4 A50A5C7D84F1F”。

本节小结

本节主要介绍了 RFID 教学实验平台及 EPC Gen 2 电子标签存储器、基于射频芯片的读卡器寻卡识别操作原理。通过仿真认识超高频卡读写套件：M3 核心模块、UHF 读卡器模块等；学习超高频 RFID 卡标签数据存储结构、寻卡识别操作技术。

4.7　读写超高频电子标签数据存储区

任务内容

本节主要介绍电子标签读写操作、基于射频芯片的读卡器读写操作等实验原理。学习超高频 RFID 卡读写数据存储区操作、使用 Java 语言对串口通信技术编程，完成超高频电子标签数据存储区读写操作，掌握超高频卡片的数据存储区读写命令格式，能够读懂响应信息。

任务要求

- 学习超高频 RFID 卡读写数据存储区操作。
- 使用 Java 语言对串口通信技术编程，实现超高频电子标签数据存储区读写操作。
- 掌握超高频标签数据存储区的读写命令格式，能够读懂响应信息。

理论认知

1. 电子标签读写操作

(1) Read 命令(强制命令)。

阅读器使用 Read 命令对标签上的某段内存进行读操作，读操作以字(word)为基本操作单位，被读取的内存段必须是一个或多个连续的字。标签接收到有效的 Read 命令，将 1bit 的 Header、相应的内存数据和 handle 组合起来返回给阅读器。Read 命令格式如表 4.7.1 所示，包含以下字段。

① 存储体：规定 Read 命令是否访问保留内存、EPC 存储器、TID 存储器及用户存储器。Read 命令应用于单个存储体，连续 Read 命令可以应用于不同存储体。

② 字指针：规定存储器读取的起始字地址，字的长度为 16 位。例如，字指针=00h：规定第一个 16 位存储字；字指针=01h：规定第二个 16 位存储字等。字指针采用 EBV 格式化。

③ 字计数：规定读取的 16 位字数。若字计数=00h，则标签应返回所选存储体的内容，从字指针开始，以该存储体结束。

④ 标签句柄和 CRC-16：CRC-16 应从第一个操作码位计算到最后的句柄位。若标签收到 CRC-16 有效但句柄无效的 Read 命令，应忽略该命令，并保持其当前状态不变(开放状态或保护状态)。

若 Read 命令规定的所有存储字均存在，并且没有一个存储字读锁定，则标签对该命令的应答如表 4.7.2 所示。标签返回一个标题(0 位)、所请求的存储字、句柄应答以及从 0 位、存储字到句柄计算所得的 CRC-16。

若 Read 命令规定的一个或一个以上的存储字不存在或者读锁定的话，则标签会在规定的时间内返回一个错误代码。

表 4.7.1　Read 命令

	命　令	存 储 体	字 指 针	字 计 数	RN	CRC-16
位号	8	2	EBV	16	16	16
描述	11000010	00：保留内存 01：EPC 存储器 10：TID 存储器 11：用户存储器	起始地址指针	读取字数	句柄	

表 4.7.2　标签应答成功 Read 命令

	标　题	存 储 字	RN	CRC-16
位号	1	变量	16	16
描述	0	数据	句柄	

(2) Write 命令(强制命令)。

阅读器和标签执行如表 4.7.3 所示的 Write 命令。Write 命令允许阅读器在标签的保留内存、EPC 存储器、TID 存储器或用户存储器中写入一个字。Write 命令包含以下字段：

① 存储体：规定 Write 命令是否访问保留内存、EPC 存储器、TID 存储器及用户存储器。

② 字指针：规定存储器写入的字地址，字的长度为 16 位。例如，字指针=00h：规定第一个 16 位存储字；字指针=01h：规定第二个 16 位存储字等。字指针采用 EBV 格式化。

③ 字计数：包括一个待写入的 16 位字。在发出 Write 命令之前，阅读器应首先发出一个 Req_RN 命令，标签返回一个新 RN 16 应答，阅读器应在传输前用这个新的 RN 16 EXOR(异或)加密该数据。

④ 标签句柄和 CRC-16：CRC-16 应从第一个操作码位计算到最后的句柄位。

表 4.7.3　Write 命令

	命　令	存 储 体	字 指 针	字 计 数	RN	CRC-16
位号	8	2	EBV	16	16	16
描述	11000011	00：保留内存 01：EPC 存储器 10：TID 存储器 11：用户存储器	地址指针	RN 16 将写入的字	句柄	

发出 Write 命令后，阅读器应以小于 TREPLY 或 20 毫秒的持续时间发送 CW(Continuous Wave)，TREPLY 为阅读器 Write 命令和标签返回应答之间的时间。阅读器可以观察 Write 命令可能产生的若干结果。

① Write 成功：完成 Write 后，标签应答如表 4.7.4 所示，返回由标题(0 位)、标签句柄和从 0 位计算到句柄的 CRC-16 构成的应答。若阅读器在 20 毫秒内观察到该应答，则 Write 成功完成。

② 标签遭遇错误：标签在 CW 期间返回一个错误代码。

③ Write 不成功：若阅读器没有在 20 毫秒内观察到应答，则该 Write 命令没有成功完成。阅读器可以发出一个 Req_RN 命令(含标签句柄)，以验证该标签仍然处于阅读器的字段内，并可以再次发送 Write 命令。

表 4.7.4 标签应答成功 Write 命令

	标 题	RN	CRC-16
位号	1	16	16
描述	0	句柄	

2. 基于射频芯片的读卡器读写操作

(1) Read 命令帧定义。

对单个标签，读取标签数据存储区 MemyBank 中指定地址和长度的数据如表 4.7.5 所示。读取标签数据区地址偏移 SA 和读取标签数据存储区地址长度 DL，它们的单位为 word(即 2 个 Byte/16 个 bit)。这条指令之前应先设置 Select 参数，以便选择指定的标签进行读标签数据区操作。如果 AccessPassword 全为零，则不发送 Access 指令。

表 4.7.5 Read 命令帧

Header	Type	Command	PL(MSB)	PL(LSB)	AP(MSB)		
BB	00	39	00	09	00	00	FF
AP(LSB)	MemBank	SA(MSB)	SA(LSB)	DL(MSB)	DL(LSB)	Checksum	End
FF	03	00	00	00	02	45	7E

帧类型 Type：00。

指令代码 Command：39。

指令参数长度 PL：00 09。

AccessPassword：00 00 FF FF。

标签数据存储区 MemBank：03(User 区)。

读标签数据区地址偏移 SA：00 00。

读标签数据区地址长度 DL：00 02。

校验位 Checksum：45。

(2) Read 响应帧定义。

读到指定标签存储区数据后，并且 CRC 校验正确，会返回如表 4.7.6 所示响应帧。

表 4.7.6 Read 响应帧

Header	Type	Command	PL(MSB)	PL(LSB)	UL	PC(MSB)	PC(LSB)
BB	01	39	00	13	0E	34	00
EPC(MSB)							
30	75	1F	EB	70	5C	59	04
EPC(LSB)	Data(MSB)	Data(LSB)					
E3	D5	0D	70	12	34	56	78

续表

Header	Type	Command	PL(MSB)	PL(LSB)	UL	PC(MSB)	PC(LSB)
Checksum	End						
B0	7E						

帧类型 Type：01。

指令代码 Command：39。

指令参数长度 PL：00 13。

操作的标签 PC+EPC 长度 UL：0E。

操作的标签 PC：34 00。

操作的标签 EPC：30 75 1F EB 70 5C 59 04 E3 D5 0D 70。

返回数据 Data：12 34 56 78。

校验位 Checksum：B0。

如果该标签没有在场区或者指定的 EPC 代码不对，会返回错误代码 09，如表 4.7.7 所示。

表 4.7.7 错误响应帧

Header	Type	Command	PL(MSB)	PL(LSB)	ErrorCode	Checksum	End
BB	01	FF	00	01	09	0A	7E

帧类型 Type：01。

指令代码 Command：FF。

指令参数长度 PL：00 01。

指令参数 ErrorCode：09。

校验位 Checksum：0A。

如果 AccessPassword 不正确，则返回错误代码 16，并会返回所操作的标签的 PC+EPC，如表 4.7.8 所示。

表 4.7.8 密码错误响应帧

Header	Type	Command	PL(MSB)	PL(LSB)	ErrorCode	UL	PC(MSB)
BB	01	FF	00	10	16	0E	34
PC(LSB)	EPC(MSB)						
00	30	75	1F	EB	70	5C	59
				EPC(LSB)	Checksum	End	
04	E3	D5	0D	70	75	7E	

帧类型 Type：01。

指令代码 Command：FF。

指令参数长度 PL：00 10。

指令参数 ErrorCode：16。

PC+EPC 长度 UL：0E。

PC：34 00。

EPC：30 75 1F EB 70 5C 59 04 E3 D5 0D 70。

校验位 Checksum：75。

如果操作标签返回了 EPC Gen 2 协议规定的错误代码(ErrorCode)，因为 EPC Gen 2 规定的 ErrorCode 只有低 4 位有效，响应帧会将标签返回的错误代码或上 A0 之后再返回。

比如，如果发送指令参数中地址偏移或者数据长度不正确，读取数据长度超过标签数据存储区长度，按照 EPC Gen 2 协议，标签会返回 ErrorCode03(存储区超出，MemoryOverrun)。响应帧则返回错误代码 A3，并返回所操作标签的 PC+EPC，如表 4.7.9 所示。

表 4.7.9　地址错误指令响应帧

Header	Type	Command	PL(MSB)	PL(LSB)	ErrorCode	UL	PC(MSB)
BB	01	FF	00	10	A3	0E	34
PC(LSB)	EPC(MSB)						
00	30	75	1F	EB	70	5C	59
				EPC(LSB)	Checksum	End	
04	E3	D5	0D	70	02	7E	

帧类型 Type：01。

指令代码 Command：FF。

指令参数长度 PL：00 10。

指令参数 ErrorCode：A3。

PC+EPC 长度 UL：0E。

PC：34 00。

EPC：30 75 1F EB 70 5C 59 04 E3 D5 0D 70。

校验位 Checksum：02。

(3)　Write 命令帧定义。

对单个标签，写入标签数据存储区 MemBank 中指定地址和长度的数据。标签数据区地址偏移 SA 和要写入的标签数据长度 DL，它们的单位为 word(即 2 个 Byte/16 个 bit)。这条指令之前应先设置 Select 参数，以便选择指定的标签进行写标签数据区操作。如果 AccessPassword 全为零，则不发送 Access 指令。写入标签数据存储区的数据长度 DT 应不超过 32 个 word，即 64Byte/512bit，如表 4.7.10 所示。

表 4.7.10　Write 命令帧

Header	Type	Command	PL(MSB)	PL(LSB)	AP(MSB)		
BB	00	49	00	0D	00	00	FF
AP(LSB)	MemBank	SA(MSB)	SA(LSB)	DL(MSB)	DL(LSB)	DT(MSB)	
FF	03	00	00	00	02	12	34
	DT(LSB)	Checksum	End				
56	78	6D	7E				

帧类型 Type：00。
指令代码 Command：49。
指令参数长度 PL：00 0D。
AccessPassword：00 00 FF FF。
标签数据存储区 MemBank：03。
标签数据区地址偏移 SA：00 00。
数据长度 DL：00 02。
写入数据 DT：12 34 56 78。
校验位 Checksum：6D。

(4) Write 响应帧定义。

将数据写入标签数据存储区后，如果阅读器芯片接收到标签返回值正确，则响应帧如表 4.7.11 所示。

表 4.7.11 Write 响应帧

Header	Type	Command	PL(MSB)	PL(LSB)	UL	PC(MSB)	PC(LSB)
BB	01	49	00	10	0E	34	00
EPC(MSB)							
30	75	1F	EB	70	5C	59	04
			EPC(LSB)	Parameter	Checksum	End	
E3	D5	0D	70	00	A9	7E	

帧类型 Type：01。
指令代码 Command：49。
指令参数长度 PL：00 10。
PC+EPC 长度 UL：0E。
PC：34 00。
EPC：30 75 1F EB 70 5C 59 04 E3 D5 0D 70。
指令参数 Parameter：00(执行成功)。
校验位 Checksum：A9。

如果该标签没有在场区或者指定的 EPC 代码不对，会返回错误代码 10，如表 4.7.12 所示。

表 4.7.12 无标签响应帧

Header	Type	Command	PL(MSB)	PL(LSB)	Parameter	Checksum	End
BB	01	FF	00	01	10	0A	7E

帧类型 Type：01。
指令代码 Command：FF。
指令参数长度 PL：00 01。
指令参数 Parameter：10。

校验位 Checksum：0A。

如果 AccessPassword 不正确，则返回错误代码 16，并会返回所操作的标签的 PC+EPC，如表 4.7.13 所示。

表 4.7.13　密码错误响应帧

Header	Type	Command	PL(MSB)	PL(LSB)	ErrorCode	UL	PC(MSB)
BB	01	FF	00	10	16	0E	34
PC(LSB)	EPC(MSB)						
00	30	75	1F	EB	70	5C	59
				EPC(LSB)	Checksum	End	
04	E3	D5	0D	70	75	7E	

帧类型 Type：01。

指令代码 Command：FF。

指令参数长度 PL：00 10。

指令参数 ErrorCode：16。

PC+EPC 长度 UL：0E。

PC：34 00。

EPC：30 75 1F EB 70 5C 59 04 E3 D5 0D 70。

校验位 Checksum：75。

如果操作标签返回了 EPC Gen 2 协议规定的错误代码，那么响应帧会带入标签返回的错误代码。

比如，如果发送指令参数中地址偏移或者数据长度不正确，写入数据长度超过标签数据存储区长度，按照 EPC Gen 2 协议，标签会返回 ErrorCode 03(存储区超出，MemoryOverrun)。则响应帧返回错误代码 B3，并返回所操作标签的 PC+EPC，如表 4.7.14 所示。

表 4.7.14　地址错误指令响应帧

Header	Type	Command	PL(MSB)	PL(LSB)	ErrorCode	UL	PC(MSB)
BB	01	FF	00	10	B3	0E	34
PC(LSB)	EPC(MSB)						
00	30	75	1F	EB	70	5C	59
				EPC(LSB)	Checksum	End	
04	E3	D5	0D	70	12	7E	

帧类型 Type：01。

指令代码 Command：FF。

指令参数长度 PL：00 10。

指令参数 ErrorCode：B3。

PC+EPC 长度 UL：0E。

PC：34 00。

EPC：30 75 1F EB 70 5C 59 04 E3 D5 0D 70。

校验位 Checksum：12。

任务实施

1. 操作步骤

(1) 在任务 4.5 节的基础上，新建“UpHightFrequency”实现“IUpHightFrequency”接口类，并实现“readData”读取数据、“writeData”写入数据，且各方法都返回“SerialPortParam”对象，该对象包含请求字节码和响应字节码。

(2) 读取数据、写入数据实现流程如图 4.7.1 所示。

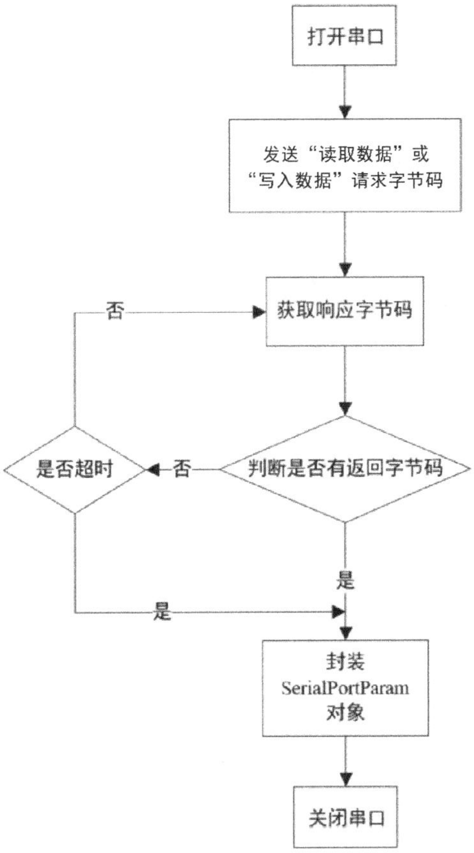

图 4.7.1 读取数据、写入数据实现流程图

(3) 完成“readData”读取数据、“writeData”写入数据方法的调用。

(4) 实现方法。

① 解析读取数据返回的指令：

```
String password = request.getParameter( s: "password");
String area = request.getParameter( s: "area");
String address = request.getParameter( s: "address");
String lenStr = request.getParameter( s: "length");
if(StringUtils.isBlank(password)){
    return RetResult.handleFail("Access Password不能为空");
}
if(StringUtils.isBlank(area)){
    return RetResult.handleFail("存储区不能为空");
}
if(StringUtils.isBlank(address)){
    return RetResult.handleFail("偏移地址不能为空");
}
if(StringUtils.isBlank(lenStr)){
    return RetResult.handleFail("地址长度不能为空");
}
IUpHightFrequency upHightFrequency = new UpHightFrequency(serialPort,
    boundRate, dataBits, stopBits, parity);
SerialPortParam param = upHightFrequency.readData(StringUtil.hexToByte(password),
        StringUtil.hexToByte(area), StringUtil.hexToByte(address), StringUtil.hexToByte(lenStr));
Map<String, Object> dataMap = new HashMap<>();
dataMap.put("resData", StringUtil.bytesToHexString(param.getResBytes()));
dataMap.put("reqData", StringUtil.bytesToHexString(param.getReqBytes()));
if (param.getResBytes() != null && param.getResBytes().length > 0) {
    String res = dataMap.get("resData").toString();
    if(res.indexOf("FF 55 00 00 83 0A 1A BB 01 39 00 13")>-1){
        dataMap.put("opMsg", "读取数据成功");
        res = res.replace( target: "FF 55 00 00 83 0A ", replacement: "");
        //去掉中间空格
        res = res.replace( target: " ", replacement: "");
        //获取长度
        String len = res.substring(0,2);
        //把长度转为十进制
        int length = Integer.valueOf(len, radix: 16);
        //截取数据包
        res = res.substring(2,(length+1)*2);
        String regex = "(.{2})";
        //两个字符中间加空格
        res = res.replaceAll(regex, replacement: "$1 ");
        res = res.replace( target: "BB 01 39 ", replacement: "");
        res = res.replace( target: " ", replacement: "");
        len = res.substring(0,4);
        length = Integer.valueOf(len, radix: 16);
        res = res.substring(4);
        res = res.substring(0,length*2);
        String RSSI = res.substring(0, 2).replaceAll(regex, replacement: "$1 ");
        String PC = res.substring(2, 6).replaceAll(regex, replacement: "$1 ");
        String EPC = res.substring(6, 30).replaceAll(regex, replacement: "$1 ");
        String DATA = res.substring(30, 38).replaceAll(regex, replacement: "$1 ");
        dataMap.put("RSSI", RSSI);
        dataMap.put("PC", PC);
        dataMap.put("EPC", EPC);
        dataMap.put("DATA", DATA);
    }else if(res.indexOf("BB 01 FF 00 01 09 0A 7E")>-1){
        dataMap.put("opMsg", "标签没有在场区或者指定的EPC代码不对");
    }else if(res.indexOf("BB 01 FF 00 10 16 0E")>-1){
        dataMap.put("opMsg", "AccessPassword不正确");
    }else if(res.indexOf("BB 01 FF 00 10 A3")>-1){
        dataMap.put("opMsg", "发送指令参数中地址偏移或者数据长度不正确！");
    }else{
        dataMap.put("opMsg", "读取数据失败");
    }
}
```

② 解析写入数据返回的指令：

```java
IUpHightFrequency upHightFrequency = new UpHightFrequency(serialPort,
    boundRate, dataBits, stopBits, parity);
SerialPortParam param = upHightFrequency.writeData(StringUtil.hexToByte(password),
        StringUtil.hexToByte(area), StringUtil.hexToByte(address), StringUtil.hexToByte(lenStr),
        StringUtil.hexToByte(dataStr));
Map<String, Object> dataMap = new HashMap<>();
dataMap.put("resData", StringUtil.bytesToHexString(param.getResBytes()));
dataMap.put("reqData", StringUtil.bytesToHexString(param.getReqBytes()));
if (param.getResBytes() != null && param.getResBytes().length > 0) {
    String res = dataMap.get("resData").toString();
    if(res.indexOf("FF 55 00 00 83 0A 17 BB 01 49 00 10")>-1){
        dataMap.put("opMsg", "写入成功");
    }else if(res.indexOf("BB 01 FF 00 01 10")>-1){
        dataMap.put("opMsg", "标签没有在场区或者指定的EPC代码不对");
    }else if(res.indexOf("BB 01 FF 00 10 16 0E")>-1){
        dataMap.put("opMsg", "AccessPassword不正确");
    }else if(res.indexOf("BB 01 FF 00 10 B3")>-1){
        dataMap.put("opMsg", "发送指令参数中地址偏移或者数据长度不正确！");
    }else{
        dataMap.put("opMsg", "写入失败");
    }
}
```

(5) 参考界面如图 4.7.2 所示。

图 4.7.2　超高频电子标签数据存储区读写界面参考图

2. 验证步骤

① 选择【轮询不发，其他发送模式】，单击【确定】按钮。

② 单击【轮询】按钮，将 MemBank 选为 EPC，同时将轮询到的 EPC 设置到 Mask 文本框当中，单击【设置 Select 参数指令】按钮。

③ 存储区选择 03(即 User 区)，单击【读出】按钮。

④ 输入写数据(数据与读出来的数据不一致)，单击【写入】按钮。

⑤ 再次单击【读出】按钮，查看读数据，可发现此次读出的数据与写入的数据一致，和上一次读出的数据不一致。

3. 结果分析

(1) 单击【读出数据】，获取超高频卡存储区数据。

发送：FF 55 00 00 03 0A 10 BB 00 39 00 09 00 00 00 00 03 00 00 00 02 47 7E F6 47。其中：

① 通信协议同步帧：FF 55。

② 主从设备地址：00 00。

③ 主从命令码：03 0A。

④ 数据段长度：10(表示 16 个字节)。

⑤ 帧头 Header：BB。

⑥ 帧类型 Type：00。

⑦ 指令代码 Command：39。

⑧ 指令参数长度 PL：00 09。

⑨ Access Password：00 00 00 00。

⑩ 标签数据存储区 MemBank：03(User 区)。

⑪ 读标签数据区地址偏移 SA：00 00。

⑫ 读标签数据区地址长度 DL：00 02。

⑬ 校验位 Checksum：47。

⑭ 帧尾 End：7E。

⑮ CRC16 校验位：F6 47。

接收：FF 55 00 00 83 0A 1A BB 01 39 00 13 0E 34 00 E2 00 30 72 02 05 01 11 28 10 02 28 12 34 56 78 A2 7E 59 59。其中：

① 通信协议同步帧：FF 55。

② 主从设备地址：00 00。

③ 主从命令码：83 0A。

④ 数据段长度：1A(表示 26 个字节)。

⑤ 帧头 Header：BB。

⑥ 帧类型 Type：01。

⑦ 指令代码 Command：39。

⑧ 指令参数长度 PL：00 13。

⑨ 操作的标签 PC+EPC 长度 UL：0E。

⑩ 操作的标签 PC：34 00。

⑪ 操作的标签 EPC：E2 00 30 72 02 05 01 11 28 10 02 28。

⑫ 返回数据 Data：12 34 56 78。

⑬ 校验位 Checksum：A2。

⑭ 帧尾 End：7E。

⑮ CRC16 校验位：59 59。

(2) 单击【写入数据】，将数据“12 34 56 78”写入超高频卡存储区 03，偏移地址 0000。

发送：FF 55 00 00 03 0A 14 BB 00 49 00 0D 00 00 00 00 03 00 00 00 02 12 34 56 78 6F 7E 90 00。其中：

① 通信协议同步帧：FF 55。

② 主从设备地址：00 00。

③ 主从命令码：03 0A。

④ 数据段长度：14(表示 20 个字节)。

⑤ 帧头 Header：BB。

⑥ 帧类型 Type：00。

⑦ 指令代码 Command：49。

⑧ 指令参数长度 PL：00 0D。

⑨ Access Password：00 00 00 00。

⑩ 标签数据存储区 MemBank：03(User 区)。

⑪ 写标签数据区地址偏移 SA：00 00。

⑫ 写标签数据区地址长度 DL：00 02。

⑬ 要写入的数据 Data：12 34 56 78。

⑭ 校验位 Checksum：6F。

⑮ 帧尾 End：7E。

⑯ CRC16 校验位：90 00。

接收：FF 55 00 00 03 0A 17 BB 01 49 00 10 0E 34 00 E2 00 30 72 02 05 01 11 28 10 02 28 00 9B 7E B1 7E。其中：

① 通信协议同步帧：FF 55。

② 主从设备地址：00 00。

③ 主从命令码：03 0A。

④ 数据段长度：17(表示 23 个字节)。

⑤ 帧头 Header：BB。

⑥ 帧类型 Type：01。

⑦ 指令代码 Command：49。

⑧ 指令参数长度 PL：00 10。

⑨ 操作的标签 PC+EPC 长度 UL：0E。

⑩ 操作的标签 PC：34 00。

⑪ 操作的标签 EPC：E2 00 30 72 02 05 01 11 28 10 02 28。

⑫ 返回数据 Data：00(表示操作成功)。

⑬ 校验位 Checksum：9B。

⑭ 帧尾 End：7E。

⑮ CRC16 校验位：B1 7E。

技能拓展

1. 单击【读出数据】，获取超高频卡存储区数据。发送十六进制为“BB 00 39 00 09 00 00 00 00 03 00 00 00 02 47 7E”，校验码是哪位，怎么得到的？

2. 两组互为支撑，先写入数据，然后交换超高频卡，读出对方设置的数据。

本节小结

本节主要介绍了电子标签读写操作、基于射频芯片的读卡器读写操作等实验原理。学习超高频 RFID 卡读写数据存储区操作并采用 Java 语言对串口通信技术实验编程，实现超高频电子标签数据存储区读写操作并对各种读写情况及标签反馈信息进行分析，掌握超高频卡片的数据存储区读写命令格式，能进行超高频标签的读写开发。

4.8 超高频电子标签锁定和灭活仿真(选做)

任务内容

本节主要介绍RFID教学实验平台及EPC Gen 2电子标签存储器、基于射频芯片的读卡器销毁标签操作原理。

注意：电子标签锁定操作后，有可能会导致卡片的永久性锁定，请谨慎操作！

任务要求

- 了解电子标签锁定操作和命令。
- 了解超高频销毁标签功能。
- 掌握销毁口令的用途。

理论认知

灭活口令是指保留在内存中的块地址 0 和块地址 1。灭活口令有 8 个字符，也就是 4 个字节，每个块区分别存 2 个字节。

灭活口令的作用主要是用户销毁标签，如果灭活口令不是“00000000”，而是“11112222”等值，在销毁标签操作中，密钥为“00000000”的话，则标签不会进入安全模式，也就不会去验证保留在内存中的灭活口令。如果密钥不为“00000000”，则会去验证保留在内存中的灭活口令的值，判断该密钥是否与灭活口令值一致，如一致可进行销毁标签，否则无法进行销毁标签。标签销毁流程如图 4.8.1 所示。

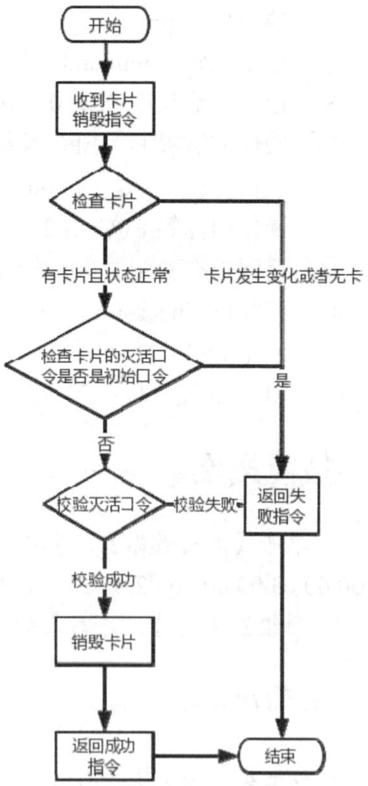

图 4.8.1 标签销毁流程图

任务实施

1. 制卡

(1) 选择串口号，选择与仿真平台 PC 的 COM 口指定的虚拟串口号一致的串口号。

(2) 打开串口，打开成功自动读取标签号。

(3) 初始设置，在内存保留区设置灭活口令“11111111”，权限设置如图 4.8.2 所示。

(4) 单击【制卡】按钮。

制卡完成后可在仿真平台的消息面板中查看具体的通信过程及通信内容，如图 4.8.3 所示。

图 4.8.2　仿真系统-制卡界面

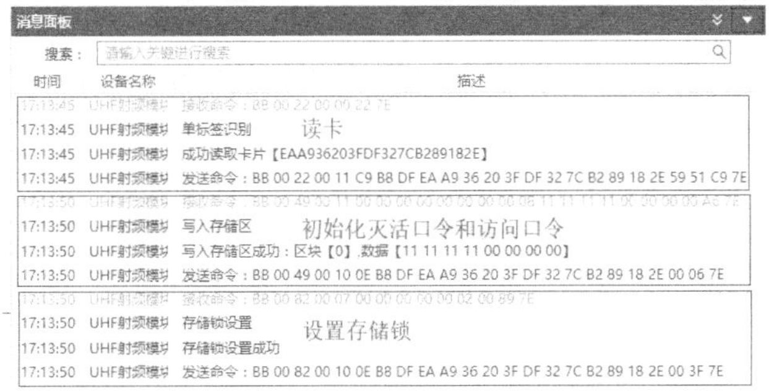

图 4.8.3　消息面板

2. 安全销卡

(1) 打开串口，选择仿真平台 PC 的 COM 口指定的虚拟串口号。

(2) 寻卡，读取标签号。

(3) 销毁，发送标签销毁命令，带上灭活口令“11111111”。

(4) 寻卡测试，卡片被成功销毁，所以无法读取到标签号，如图 4.8.4 和图 4.8.5 所示。

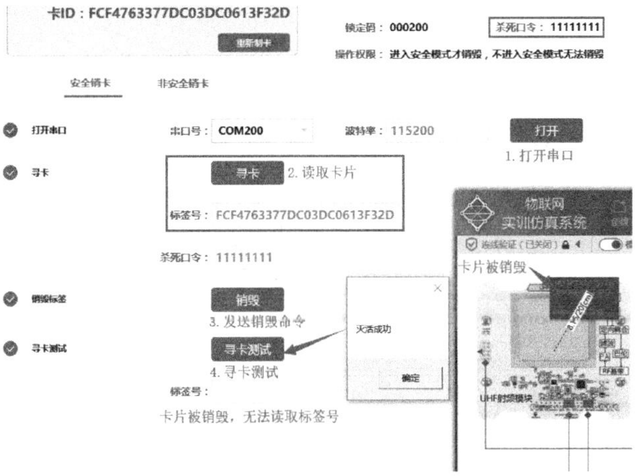

图 4.8.4　仿真系统-安全销卡界面

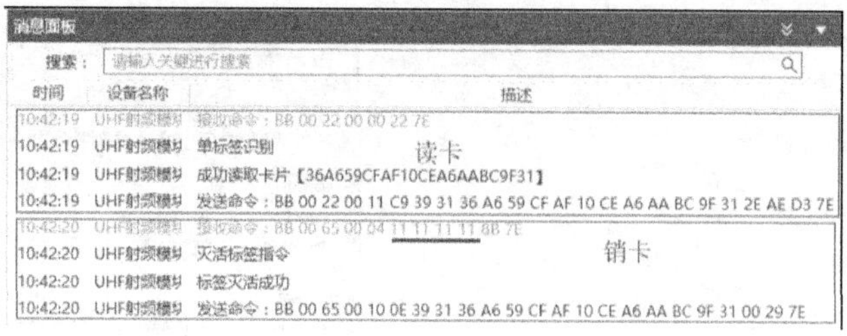

图 4.8.5　消息面板

注意：虚拟卡片进行灭活操作对实体卡没有影响，但实体卡片进行灭活操作后，实体卡片将报废不可再次使用，请谨慎操作！

3. 非安全销卡

(1)　打开串口，选择仿真平台 PC 的 COM 口指定的虚拟串口号。

(2)　寻卡，读取标签号(注：在第二步骤中被销毁的卡片无法重新使用，需要放置一张新的卡片，按第一步骤操作重新制卡)。

(3)　销毁，发送标签销毁命令，带上错误的口令“00000000”。

(4)　口令错误，卡片销毁失败，如图 4.8.6 和图 4.8.7 所示。

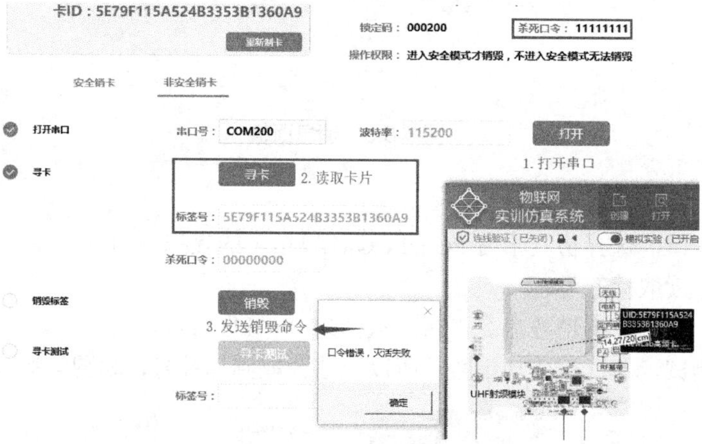

图 4.8.6　仿真系统-非安全销卡界面

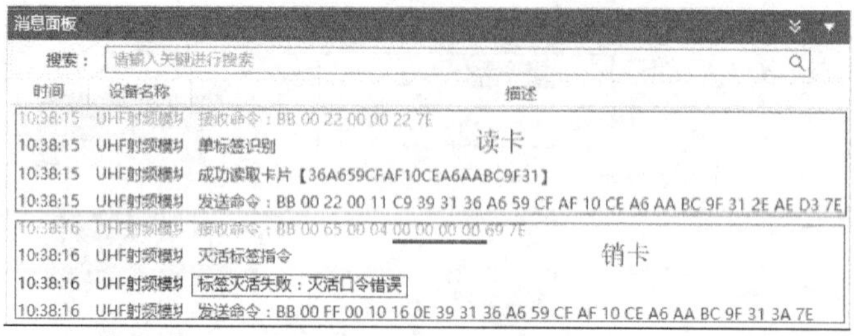

图 4.8.7　消息面板

说明：在销毁标签操作中，如果密钥为“00000000”的话，则标签不会进入安全模式，不会进行密码校验，所以只有当灭活口令不是“00000000”的情况下才能进行灭活操作。

本节小结

本节主要介绍了 RFID 教学实验平台及 EPC Gen 2 电子标签存储器、基于射频芯片的读卡器销毁标签操作仿真原理。通过安全销卡和非安全销卡两种销卡方式，让学生了解标签灭活的原理和结果，掌握标签销毁技术。

4.9 超高频电子标签锁定和解锁(选做)

任务内容

本节主要介绍电子标签锁定(Lock，强制命令)、解锁实验原理。学习超高频 RFID 卡读写数据存储区操作，利用 Java 编程语言对串口通信技术编程，完成超高频电子标签锁定和解锁，掌握超高频 RFID 卡片的读写数据存储区命令格式，能够读懂响应信息。

注意：电子标签锁定操作后，有可能会导致卡片的永久性锁定，请谨慎操作！

任务要求

- 学习超高频 RFID 卡读写数据存储区操作。
- 使用 Java 串口通信技术完成超高频电子标签锁定和解锁。
- 掌握超高频 RFID 卡片的读写数据存储区命令格式，能够读懂响应信息。

理论认知

1. 锁定操作和命令

只有当标签跳转至保护状态，阅读器才可以对其进行 Lock 操作(锁定或解锁)。标签内存的所有区域都可以被锁定，以防止未经授权的阅读器对内存进行访问。内存保留区的 Access 口令、Kill 口令可以分别被锁定，因此阅读器可以分别对标签的 Access 口令、Kill 口令、EPC 区、TID 区和 User 区这 5 个部分单独进行锁定。Lock 命令的格式如表 4.9.1 所示。

表 4.9.1 Lock 命令

	命 令	有效负载	RN	CRC-16
位号	8	20	16	16
描述	11000101	掩模和动作字段	句柄	

其有效负载(Payload)参数用来指定对内存的 5 个部分分别采取何种操作。参数 Payload 分为 10bit 的 Mask 和 10bit 的 Action，各使用 2bit 用来针对 5 个部分进行单独的操作，如表 4.9.2 所示。

表 4.9.2　Mask 和 Action 参数设置

	Kill Pwd		Access Pwd		EPC Memory		TID Memory		User Memory	
Mask	19	18	17	16	15	14	13	12	11	10
	skip/ write	skip/ write	skip/ write	skip/ write	skip/ write	skip/ write	skip/ write	skip/ write	skip/ write	skip/ write
Action	9	8	7	6	5	4	3	2	1	0
	pwd read/ write	perma lock	pwd read/ write	perma lock	pwd write	perma lock	pwd write	perma lock	pwd write	perma lock

若某 1bit 的 Mask 为 0，表示忽略该 Mask 对应的 Action，而保持当前状态；若某 lbit 的 Mask 为 l，则表示使用该 Mask 对应的 Action 覆盖当前状态。对内存中的每个部分，都需要使用 2bit 的 Action 才能确定下一步的操作，因此总共有四种可能的操作，对 Action 的描述如表 4.9.3 所示。

表 4.9.3　Lock 动作一字段功能

写入口令	永久锁定	描　述
0	0	是否提供 Access Password，Memory 均可写
0	1	是否提供 Access Password，Memory 永远可写且永远不可锁定
1	0	当提供 Access Password 时，Memory 可写，否则不可写
1	1	是否提供 Access Password，Memory 永远不可写且永远不可解锁
读取/写入口令	永久锁定	描　述
0	0	是否提供 Access 口令，Password 均可读写
0	1	是否提供 Access 口令，Password 永远可读写且永远不可锁定
1	0	当提供 Access 口令时，Password 可读写，否则不可读写
1	1	是否提供 Access 口令，Password 永远不可读写且永远不可解锁

对于 EPC 区、TID 区和 User 区，仅有写入操作可能会受到限制，有些状态下需要 Access Password 才能进行写入操作，而有些状态下永远无法进行写入操作。对于 Access Password 和 Kill Password，读写操作会同时受到限制。有些状态下需要提供 Access Password 才能读写，而有些状态下永远无法进行读写操作。

发出一个 Lock 命令后，阅读器应以小于 TREPLY 或 20 毫秒的持续时间发送 CW，TREPLY 为阅读器 Lock 命令和标签返回应答之间的时间。阅读器观察 Lock 命令可能产生的若干结果。

① Lock 成功：完成 Lock 后，标签应答如表 4.9.4 所示，返回由标题(0 位)、标签句柄和从 0 位计算到句柄的 CRC-16 构成的应答。若阅读器在 20 毫秒内观察到该应答，则 Lock 成功完成。

② 标签遭遇错误：标签在 CW 期间返回一个错误代码。

③ Lock 不成功：若阅读器没有在 20 毫秒内观察到应答，则该 Lock 命令没有成功完

成。阅读器可以发出一个 Req_RN 命令(含标签句柄)，以验证该标签仍然处于阅读器的字段内，并可以再次发出 Lock 命令。

表 4.9.4 标签应答 Lock 命令

	标　题	RN	CRC-16
位号	1	16	16
描述	0	句柄	

2. 基于射频芯片的读卡器 Lock 操作

① 命令帧定义。

对单个标签，锁定 Lock 或者解锁 Unlock 该标签的数据存储区。这条指令之前应先设置 Select 参数，以便选择指定的标签进行锁定 Lock 操作。例如，要锁定 Access Password，则指令如表 4.9.5 所示。

表 4.9.5 Lock 命令帧

Header	Type	Command	PL(MSB)	PL(LSB)	AP(MSB)		
BB	00	82	00	07	00	00	FF
AP(LSB)	LD(MSB)		LD(LSB)	Checksum	End		
FF	02	00	80	09	7E		

帧类型 Type：00。

指令代码 Command：82。

指令参数长度 PL：00 07。

Access Password：00 00 FF FF。

Lock 操作数 LD：02 00 80。

校验位 Checksum：09。

Lock 操作数 LD 的高 4 位是保留位，剩下的 20 位是 Lock 操作 Payload，包括 Mask 和 Action，从高到低依次各 10 位。

Mask 是一个掩模，只有 Mask 位为 1 的 Action 才有效。每个数据区的 Action 有 2 bits，00～11，依次对应为开放、永久开放、锁定、永久锁定。

比如 Kill Mask 为 2bits 00，则不管 Kill Action 是什么，Kill Action 都不会生效。当 Kill Mask 为 2bits 10，Kill Action 为 2bits 10，代表 Kill Password 被 Lock(非 Perma Lock)住了，只有通过有效的 Access Password 才能被读写。

Mask 和 Action 每一位的含义如表 4.9.2 所示。

② 响应帧定义。

如果 Lock 指令执行正确，标签的返回有效，则响应帧如表 4.9.6 所示。

帧类型 Type：01。

指令代码 Command：82(FF)。

指令参数长度 PL：00 10。

PC+EPC 长度 UL：0E。

表 4.9.6 Lock 响应帧

Header	Type	Command	PL(MSB)	PL(LSB)	UL	PC(MSB)	PC(LSB)
BB	01	82	00	10	0E	34	00
EPC(MSB)							
30	75	1F	EB	70	5C	59	04
			EPC(LSB)	Parameter	Checksum	End	
E3	D5	0D	70	00	E2	7E	

PC：34 00。

EPC：30 75 1F EB 70 5C 59 04 E3 D5 0D 70。

指令参数 Parameter：00(执行成功)。

校验位 Checksum：E2。

如果该标签没有在场区或者指定的 EPC 代码不对，会返回错误代码 13，如表 4.9.7 所示。

表 4.9.7 无标签响应帧

Header	Type	Command	PL(MSB)	PL(LSB)	Parameter	Checksum	End
BB	01	FF	00	01	13	14	7E

帧类型 Type：01。

指令代码 Command：FF。

指令参数长度 PL：00 01。

指令参数 Parameter：13。

校验位 Checksum：14。

如果 Access Password 不正确，则返回错误代码 16，并会返回所操作的标签的 PC+EPC，如表 4.9.8 所示。

表 4.9.8 密码错误响应帧

Header	Type	Command	PL(MSB)	PL(LSB)	Error Code	UL	PC(MSB)
BB	01	FF	00	10	16	0E	34
PC(LSB)	EPC(MSB)						
00	30	75	1F	EB	70	5C	59
				EPC(LSB)	Checksum	End	
04	E3	D5	0D	70	75	7E	

帧类型 Type：01。

指令代码 Command：FF。

指令参数长度 PL：00 10。

指令参数 Error Code：16。

PC+EPC 长度 UL：0E。

PC：3400。

EPC：30 75 1F EB 70 5C 59 04 E3 D5 0D 70。

校验位 Checksum：75。

如果操作标签返回了 EPC Gen 2 协议规定的错误代码，响应帧会将标签返回错误代码。

比如，如果标签 TID 区已经被永久锁定了，然后通过 Lock 指令设置 TID 区为开放状态，按照 EPC Gen 2 协议，标签会返回 Error Code 04(存储区锁定，Memory Locked)。则响应帧返回错误代码 C4，并返回所操作标签的 PC+EPC，如表 4.9.9 所示。

表 4.9.9 标签锁定响应帧

Header	Type	Command	PL(MSB)	PL(LSB)	Error Code	UL	PC(MSB)
BB	01	FF	00	10	C4	0E	34
PC(LSB)	EPC(MSB)						
00	30	75	1F	EB	70	5C	59
				EPC(LSB)	Checksum	End	
04	E3	D5	0D	70	23	7E	

帧类型 Type：01。

指令代码 Command：FF。

指令参数长度 PL：00 10。

指令参数 Error Code：C4。

PC+EPC 长度 UL：0E。

PC：34 00。

EPC：30 75 1F EB 70 5C 59 04 E3 D5 0D 70。

校验位 Checksum：23。

任务实施

1. 操作步骤

(1) 在 4.7 节的基础上，新建“UpHightFrequency”实现“IUpHightFrequency”接口类，并实现“lockLabel”标签锁定解锁方法，且该方法都返回“SerialPortParam”对象，该对象包含请求字节码和响应字节码。

(2) 标签锁定解锁方法流程如图 4.9.1 所示。

(3) 完成“lockLabel”标签锁定解锁方法的调用。

(4) 解析标签锁定解锁返回的指令：

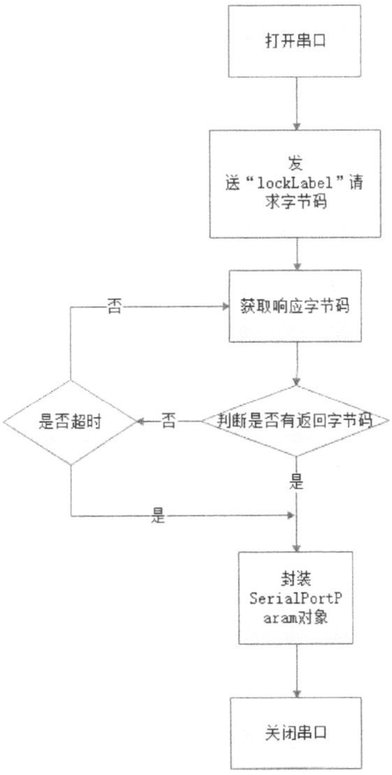

图 4.9.1 标签锁定解锁方法流程图

```
IUpHightFrequency upHightFrequency = new UpHightFrequency(serialPort,
    boundRate, dataBits, stopBits, parity);
SerialPortParam param = upHightFrequency.lockLabel(StringUtil.hexToByte(password), optType);
Map<String, Object> dataMap = new HashMap<>();
dataMap.put("resData", StringUtil.bytesToHexString(param.getResBytes()));
dataMap.put("reqData", StringUtil.bytesToHexString(param.getReqBytes()));
if (param.getResBytes() != null && param.getResBytes().length > 0) {
    String res = dataMap.get("resData").toString();
    if(res.indexOf("BB 01 82 00 10")>-1){
        dataMap.put("opMsg", ""+(optType.equals("1")?"锁定":"解锁")+"成功");
    }else if(res.indexOf("BB 01 FF 00 01 13")>-1){
        dataMap.put("opMsg", "标签没有在场区或者指定的EPC代码不对");
    }else if(res.indexOf("BB 01 FF 00 10 16")>-1){
        dataMap.put("opMsg", "AccessPassword不正确");
    }else if(res.indexOf("BB 01 FF 00 10 C4")>-1){
        dataMap.put("opMsg", "该区已经被永久"+(optType.equals("1")?"锁定":"解锁")+"了");
    }else{
        dataMap.put("opMsg", (optType.equals("1")?"锁定":"解锁")+"失败");
    }
}
```

(5) 参考界面如图 4.9.2 所示。

图 4.9.2　超高频电子标签锁定解锁界面参考图

2. 结果分析

(1) 单击【锁定】。

发送：FF 55 00 00 03 0A 0E BB 00 82 00 07 00 00 00 00 20 00 80 29 7E 30 32。其中：

① 通信协议同步帧：FF 55。

② 主从设备地址：00 00。

③ 主从命令码：03 0A。

④ 数据段长度：0E(表示 14 个字节)。

⑤ 帧头 Header：BB。

⑥ 帧类型 Type：00。

⑦ 指令代码 Command：82。

⑧ 指令参数长度 PL：00 07。

⑨ Access Password：00 00 00 00。

⑩ Lock 操作数 LD：20 00 80。

⑪ 校验位 Checksum：29。

⑫ 帧尾 End：7E。

⑬ CRC16 校验位：30 32。

接收：FF 55 00 00 83 0A 17 BB 01 82 00 10 0E 30 00 E2 00 00 16 15 0F 00 60 05 50 DC 3E

00 BC 7E 41 2C。其中：

① 通信协议同步帧：FF 55。

② 主从设备地址：00 00。

③ 主从命令码：83 0A。

④ 数据段长度：17(表示 23 个字节)。

⑤ 帧头 Header：BB。

⑥ 帧类型 Type：01。

⑦ 指令代码 Command：82。

⑧ 指令参数长度 PL：00 10。

⑨ PC+EPC 长度 UL：0E。

⑩ PC：30 00。

⑪ EPC：E2 00 00 16 15 0F 00 60 05 50 DC 3E。

⑫ 指令参数 Parameter：00(执行成功)。

⑬ 校验位 Checksum：BC。

⑭ 帧尾 End：7E。

⑮ CRC16 校验位：41 2C。

(2) 单击【解锁】。

发送：FF 55 00 00 03 0A 0E BB 00 82 00 07 00 00 00 00 00 00 00 89 7E 1F CA。其中：

① 通信协议同步帧：FF 55。

② 主从设备地址：00 00。

③ 主从命令码：03 0A。

④ 数据段长度：0E(表示 14 个字节)。

⑤ 帧头 Header：BB。

⑥ 帧类型 Type：00。

⑦ 指令代码 Command：82。

⑧ 指令参数长度 PL：00 07。

⑨ Access Password：00 00 00 00。

⑩ Lock 操作数 LD：00 00 00。

⑪ 校验位 Checksum：89。

⑫ 帧尾 End：7E。

⑬ CRC16 校验位：1F CA。

接收：FF 55 00 00 83 0A 17 BB 01 82 00 10 0E 30 00 E2 00 00 16 15 0F 00 60 05 50 DC 3E 00 BC 7E 41 2C。其中：

① 通信协议同步帧：FF 55。

② 主从设备地址：00 00。

③ 主从命令码：83 0A。

④ 数据段长度：17(表示 23 个字节)。

⑤ 帧头 Header：BB。

⑥ 帧类型 Type：01。

⑦ 指令代码 Command：82。

⑧ 指令参数长度 PL：00 10。

⑨ PC+EPC 长度 UL：0E。

⑩ PC：30 00。

⑪ EPC：E2 00 00 16 15 0F 00 60 05 50 DC 3E。

⑫ 指令参数 Parameter：00(执行成功)。

⑬ 校验位 Checksum：BC。

⑭ 帧尾 End：7E。

⑮ CRC16 校验位：41 2C。

Lock 操作数 LD 详细解释，如表 4.9.10 所示。

表 4.9.10 Lock 指令帧

19	18	17	16	15	14	13	12	11	10	9	8	7	6	5	4	3	2	1	0
Kill Mask		Access Mask		EPC Mask		TID Mask		User Mask		Kill Action		Access Action		EPC Action		TID Action		User Action	

锁定 Access Password，对 17、16 位进行设定，如表 4.9.11 所示。

表 4.9.11 锁定密码格式

Access Mask		Access Action		描 述
17	16	7	6	
0	0	0	0	Access Mask 为 00，Access Action 不会生效
0	1	0	1	
1	0	1	0	Access Mask 为 10，Access Action 为 10，Access Password 被 Lock(非 Perma Lock)住了，只有通过有效的 Access Password 才能被读写
1	1	1	1	

锁定：Access Mask 为 10，Access Action 为 10，Lock 操作数 LD 为十六进制(高四位为保留位：0000)，如表 4.9.12 所示。

表 4.9.12 锁定 Lock 操作数格式

二 进 制																				十六进制
19	18	17	16	15	14	13	12	11	10	9	8	7	6	5	4	3	2	1	0	
0	0	1	0	0	0	0	0	0	0	0	0	1	0	0	0	0	0	0	0	020080

解锁：Access Mask 为 00，Access Action 为 00，Lock 操作数 LD 为十六进制(高四位为保留位：0000)，如表 4.9.13 所示。

表 4.9.13 解锁 Lock 操作数格式

二进制																				十六进制
19	18	17	16	15	14	13	12	11	10	9	8	7	6	5	4	3	2	1	0	
0	0	0	0	0	0	0	0	0	0	0	0	0	0	0	0	0	0	0	0	000000

思 考

当 EPC Gen 2 标签读保护后，如果同时有两张以上的标签被读保护，解除读保护时，是随机解除一张，然后按顺序解除？还是同时解除？还是其他情况？

本节小结

本节主要介绍了电子标签锁定(Lock，强制命令)、解锁实验原理。 学习超高频 RFID 卡读写数据存储区操作，采用 Java 语言对串口通信技术实验编程，完成超高频电子标签锁定和解锁任务，掌握超高频卡片的读写数据存储区命令格式，能够读懂响应信息。

注意：执行电子标签锁定操作后，有可能会导致卡片的永久性锁定，请谨慎操作！

4.10 超高频电子标签 Query 操作

任务内容

本节主要介绍 Query 操作机制、基于射频芯片的阅读器 Query 操作等实验原理。学习超高频 RFID 卡 Query 操作机制，使用 Java 语言开发串口通信，完成超高频电子标签 Query 操作，掌握超高频卡片的 Query 操作的命令格式。

任务要求

- 学习超高频 RFID 卡 Query 操作机制。
- 使用 Java 串口通信技术完成超高频电子标签 Query 操作。
- 掌握超高频卡片的 Query 操作的命令格式，能够读懂响应信息。

理论认知

1. Query 操作机制

电子标签的操作命令主要有选择、轮询、访问三种。其中，轮询命令有五条：查询(Query)、查询调节(QueryAdjust)、重复查询(QueryRep)、答复(ACK)、转向裁断(NAK)，都是必备的。

(1) Query 命令(强制命令)。

Query 命令标志着一个轮询周期的开始，标签收到有效 Query 命令后，符合设定标准被选择的每个标签产生一个随机数(类似掷骰子)，而每个随机数为零的标签，都将产生回响(发回临时口令 RN 16，即一个 16bit 随机数)，并转移到 Reply 状态；符合另一些条件的标签会改变某些属性和标志，从而退出上述标签群，有利于减少重复识别。

Query 命令启动和规定轮询周期，命令格式如表 4.10.1 所示，包括以下字段。

① DR(Drcal 除法比率)：设置 T=>R(Tag-to-Interrogator 即标签到阅读器)的链路频率。

② M(子载波周期数/位)：设置 T=>R 的数据速率和调制形式。

③ TRext：选择 T=>R 前同步码有无导频音。

④ Sel：选择与 Query 命令匹配的标签。

⑤ 通话：选择用于该轮询周期的通话。

⑥ 目标：选择已询标记为 A 或 B 的标签参与轮询周期。

⑦ *Q*：设置轮询周期中的时隙数。

表 4.10.1 Query 命令

	命令	DR	M	TRext	Sel	通话	目标	Q	CRC-5
位号	4	1	2	1	2	2	1	4	5
描述	1000	0：DR=8 1：DR=64/3	00：M=1 01：M=2 10：M=4 11：M=8	0：无导频音 1：采用导频音	00：全部 01：全部 10：～SL 11：SL	00：S0 01：S1 10：S2 11：S3	0：A 1：B	0–15	

标签的选择标志位和 Sel 指定的状态一致则参加本轮轮询，不一致则不参加，Query 命令也可以忽略标签的选择标志位，让阅读区域内的所有标签参加轮询。通话(Session)规定了当前轮询周期位于 4 组会话中的哪组。在 Query 指定的通话中，如果标签的轮询标志位和目标(Target)指定的状态一致则参加本轮轮询，不一致则不参加。*Q* 用来指定本轮轮询周期包含的时隙数量。Query 命令的长度固定为 22bit，与 Select 相比长度较短，因此使用 CRC-5 校验码保护。

当标签收到 Query 命令后，Sel 和目标匹配的标签在(0, $2^{Q}-1$)范围内挑选一个随机数，并将该数值载入其时隙计数器。如果标签载入时隙计数器的值为零，则按表 4.10.2 所示进行应答，否则该标签保持沉默。

如果处于确认状态、开放状态或保护状态的标签收到的 Query 命令的通话参数与前通话匹配，则应为该通话倒转其已询标记(即 A→B 或 B→A)；如果不匹配，则应在开始新的轮询周期时保持前通话的已询标记不变；处于灭活状态下的标签应忽略 Query 命令，而灭活之外任何状态下的标签都应执行 Query 命令。

表 4.10.2 标签应答 Query 命令

	应 答
位号	16
描述	RN 16

(2) QueryAdjust 命令(强制命令)。

QueryAdjust 命令可以对 Q 进行修改，或保持上一轮的 Q 值，并开始新一轮的轮询，但它仅能出现在 Query 命令之后，并且不能改变轮询所使用的其他参数。

QueryAdjust 命令格式如表 4.10.3 所示，包括以下字段：

① 通话：验证该轮询周期的通话。如果标签收到的 QueryAdjust 命令的通话与启动该轮询周期的 Query 命令中的通话不同，则应忽略该命令。

② UpDn：决定标签是否调整或如何调整 Q：

110：Q 增值(即 $Q=Q+1$)。

000：不改变 Q 值。

011：Q 减值(即 $Q=Q-1$)。

若标签收到的 UpDn 值与上述规定的值不同，则应忽略该命令，标签保持当前 Q 值的计数。

表 4.10.3　QueryAdjust 命令

	命　令	通　话	UpDn
位号	4	2	3
描述	1001	00：S0 01：S1 10：S2 11：S3	110：$Q=Q+1$ 000：不改变 Q 值 011：$Q=Q-1$

收到 QueryAdjust 命令后，标签应首先更新 Q 值，然后在$(0,2^Q-1)$范围内挑选一个随机值，将该值载入其时隙计数器内。如果应答 QueryAdjust 命令的标签以零值载入其时隙计数器，则该标签对 QueryAdjust 命令的应答如表 4.10.4 所示，否则该标签保持沉默。标签只有在收到前一个 Query 命令后才应答 QueryAdjust 命令。

处于确认状态、开放状态或保护状态下的标签收到 QueryAdjust 命令后应为当前通话倒转其已询标记(即 A→B 或 B→A)，并转换成就绪状态。

表 4.10.4　标签应答 QueryAdjust 命令

	应　答
位号	16
描述	RN 16

(3) QueryRep 命令(强制命令)。

QueryRep 是所有命令中使用频率最高的一个，因此也被设计成长度最短的命令，仅为 4bit，且无校验码，其命令格式如表 4.10.5 所示。

QueryRep 命令指示标签使其时隙计数器减值，若时隙计数器在减值后时隙值为 0，则该标签对 QueryRep 命令的应答应如表 4.10.6 所示，否则该标签应保持沉默。标签只有在收到前一个 Query 命令后才应答 QueryRep 命令。

处于确认状态、开放状态或保护状态下的标签收到 QueryRep 命令后应为当前通话倒转其已询标记(即 A→B 或 B→A，视具体情况而定)，并转换成就绪状态。

表 4.10.5 QueryRep 命令

	命 令	通 话
位号	2	2
描述	00	00：S0 01：S1 10：S2 11：S3

表 4.10.6 标签应答 QueryRep 命令

	应 答
位号	16
描述	RN 16

(4) ACK 命令(强制命令)。

阅读器收到标签发送的 RN 16 后，立刻用 ACK 命令将此 RN 16 返回给标签，标签收到后将与之前发送的 RN 16 进行对比，如果一致则向阅读器发送 EPC 存储区中的内容，包括 PC、EPC 和 CRC-16。ACK 命令格式和标签的应答格式如表 4.10.7 和表 4.10.8 所示。由于存在上述对比过程，因此协议并未规定 RN 16 和 ACK 命令需要 CRC 校验码的保护。

表 4.10.7 ACK 命令

	命 令	通 话
位号	2	2
描述	01	回应 RN 16 或句柄

如果收到的 ACK 带有错误的 RN 16 或者错误的句柄的标签则返回仲裁状态，同时不做应答；如果该标签处于就绪状态或灭活状态，则标签会忽略该 ACK，且保持当前状态不变。

表 4.10.8 标签应答 ACK 命令

	应 答
位号	21 到 528
描述	{PC、EPC、CRC-16}

(5) NAK 命令(强制命令)。

如果阅读器收到的 PC、EPC 和 CRC-16 校验失败，则发射 NAK 命令，其命令格式如表 4.10.9 所示。NAK 命令不携带任何参数也不受校验码保护。标签收到 NAK 后不做任何响应，不改变任何标志位，仅等待下一个轮询周期的开始。NAK 命令使所有标签返回仲裁状态，但是处于就绪或灭活状态下的标签会忽略 NAK 命令，并保持其当前状态不变。

表 4.10.9　NAK 命令

	命令
位号	8
描述	11000000

2. 基于射频芯片的阅读器 Query 操作

(1) 获取 Query 参数。

① 命令帧定义。

获取固件中 Query 命令相关参数。指令如表 4.10.10 所示。

表 4.10.10　获取 Query 命令帧

Header	Type	Command	PL(MSB)	PL(LSB)	Checksum	End	
BB	00	0D	00	00	0D	7E	

帧类型 Type：00。

指令代码 Command：0D。

指令参数长度 PL：00 00。

校验位 Checksum：0D。

② 响应帧定义。

如果设置 Query 参数指令执行正确，则响应帧如表 4.10.11 所示。

表 4.10.11　Query 响应帧

Header	Type	Command	PL(MSB)	PL(LSB)	Para(MSB)	Para(LSB)	Checksum
BB	01	0D	00	02	10	20	40
End							
7E							

帧类型 Type：01。

指令代码 Command：0D。

指令参数长度 PL：00 02。

QueryParameter：10 20。

校验位 Checksum：40。

参数为 2 字节，由下面的具体参数按位拼接而成。上述响应帧对应的 Query 参数为：

DR=8，M=1，TRext=Usepilottone，Sel=00，Session=00，Target=A，*Q*=4

其中：

DR(1bit)：DR=8(1bit 0)，DR=64/3(1bit 1)，只支持 DR=8 的模式。

M(2bit)：M=1(2bit 00)，M=2(2bit 01)，M=4(2bit 10)，M=8(2bit 11)，只支持 M=1 的模式。

TRext(1bit)：Nopilottone(1bit 0)，Usepilottone(1bit 1)，只支持 Usepilottone(1bit 1)模式。

Sel(2bit)：ALL(2bit 00/2bit 01)，～SL(2bit 10)，SL(2bit 11)。

Session(2bit)：S0(2bit 00)，S1(2bit 01)，S2(2bit 10)，S3(2bit 11)。

Target(1bit)：A(1bit 0)，B(1bit 1)。

Q(4bit)：4bit 0000-4bit 1111。

(2) 设置 Query 参数。

① 命令帧定义。

设置 Query 命令中的相关参数。参数为 2 字节，由下面的具体参数按位拼接而成：

DR(1bit)：DR=8(1bit 0)，DR=64/3(1bit 1)，只支持 DR=8 的模式。

M(2bit)：M=1(2bit 00)，M=2(2bit 01)，M=4(2bit 10)，M=8(2bit 11)，只支持 M=1 的模式。

TRext(1bit)：Nopilottone(1bit 0)，Usepilottone(1bit 1)，只支持 Usepilottone(1bit 1)模式。

Sel(2bit)：ALL(2bit 00/2bit b01)，～SL(2bit b10)，SL(2bit b11)。

Session(2bit)：S0(2bit b00)，S1(2bit b01)，S2(2bit b10)，S3(2bit b11)。

Target(1bit)：A(1bit 0)，B(1bit 1)。

Q(4bit)：4bit 0000-4bit 1111。

如果 DR=8，M=1，TRext=Usepilottone，Sel=00，Session=00，Target=A，Q=4，则指令如表 4.10.12 所示。

表 4.10.12　设置 Query 参数命令帧

Header	Type	Command	PL(MSB)	PL(LSB)	Para(MSB)	Para(LSB)	Checksum
BB	00	0E	00	02	10	20	C6
End							
7E							

帧类型 Type：00。

指令代码 Command：0E。

指令参数长度 PL：00 02。

Query 参数 Parameter：10 20。

校验位 Checksum：C6。

② 响应帧定义。

如果设置 Query 参数指令执行正确，则响应帧如表 4.10.13 所示。

表 4.10.13　设置 Query 参数响应帧

Header	Type	Command	PL(MSB)	PL(LSB)	Parameter	Checksum	End
BB	01	0E	00	01	00	10	7E

帧类型 Type：01。

指令代码 Command：0E。

指令参数长度 PL：00 01。

指令参数 Parameter：00。
校验位 Checksum：10。

任务实施

1. 操作步骤

(1) 在 4.9 节的基础上，实现“UpHightFrequency”中“getQueryParam”获取 Query 参数、“setQueryParam”设置 Query 参数，返回“SerialPortParam”对象，该对象包含请求字节码和响应字节码。

(2) “getQueryParam”获取 Query 参数、“setQueryParam”设置 Query 参数的实现流程如图 4.10.1 所示。

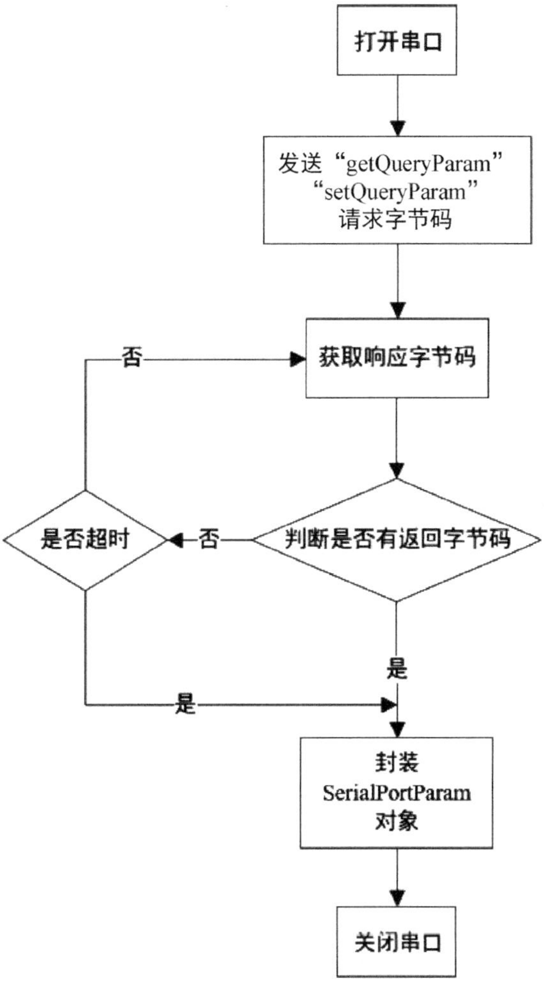

图 4.10.1 获取 Query 参数、设置 Query 参数流程图

(3) 完成“getQueryParam”“setQueryParam”的调用。

(4) 实现方法。

① 解析获取 Query 参数返回的指令：

```
IUpHightFrequency upHightFrequency = new UpHightFrequency(serialPort,
        boundRate, dataBits, stopBits, parity);
SerialPortParam param = upHightFrequency.getQueryParam();
Map<String, Object> dataMap = new HashMap<>();
dataMap.put("resData", StringUtil.bytesToHexString(param.getResBytes()));
dataMap.put("reqData", StringUtil.bytesToHexString(param.getReqBytes()));
if (param.getResBytes() != null && param.getResBytes().length > 0) {
    String res = dataMap.get("resData").toString();
    if (res.indexOf("FF 55 00 00 83 0A 09 BB 01") > -1) {
            res = res.replace( target: "FF 55 00 00 83 0A ",  replacement: "");
            //去掉中间空格
            res = res.replace( target: " ",  replacement: "");
            //获取长度
            String len = res.substring(0,2);
            //把长度转为十进制
            int length = Integer.valueOf(len, radix: 16);
            //截取数据包
            String regex = "(.{2})";
            String str = res.substring(2,(length+1)*2);
            str = str.replaceAll(regex,  replacement: "$1 ");;
            int i = -1;
            if ((i = str.indexOf("BB 01 0D")) > -1){
                String queryParam = "10 20";
                queryParam = str.substring(15, 20);
                byte[] bytes = StringUtil.hexToByte(queryParam);
                bytes = StringUtil.reverseBytes(bytes);
                int query =  StringUtil.getShort(bytes, index: 0);
                int SelectedIndex1 = ((0x0001 << 15) & query) >> 15;
                int SelectedIndex2 = ((0x0003 << 13) & query) >> 13;
                int SelectedIndex3 = (((0x0001 << 12) & query - 1) >> 12) -1;
                int SelectedIndex4 = ((0x0003 << 10) & query) >> 10;
                int SelectedIndex5 = ((0x0003 << 8) & query) >> 8;
                int SelectedIndex6 = ((0x0001 << 7) & query) >> 7;
                int SelectedIndex7 = ((0x000F << 3) & query) >> 3;
                dataMap.put("DR", SelectedIndex1);
                dataMap.put("M", SelectedIndex2);
                dataMap.put("TRext", SelectedIndex3);
                dataMap.put("Sel", SelectedIndex4);
                dataMap.put("SESSION", SelectedIndex5);
                dataMap.put("Target", SelectedIndex6);
                dataMap.put("Q", SelectedIndex7);
            }
        dataMap.put("opMsg", "获取参数成功");
    } else {
        dataMap.put("opMsg", "获取参数失败");
    }
}
```

② 解析设置 Query 参数返回的指令：

```
String DR = request.getParameter("DR");

if(StringUtils.isBlank(DR)){
    return RetResult.handleFail("请设置DR参数");
}
String M = request.getParameter("M");
if(StringUtils.isBlank(M)){
    return RetResult.handleFail("请设置M参数");
}
String SESSION = request.getParameter("SESSION");
if(StringUtils.isBlank(SESSION)){
    return RetResult.handleFail("请设置SESSION参数");
}
String Target = request.getParameter("Target");
if(StringUtils.isBlank(Target)){
    return RetResult.handleFail("请设置Target参数");
}
String TRext = request.getParameter("TRext");
if(StringUtils.isBlank(TRext)){
    return RetResult.handleFail("请设置TRext参数");
}
String Sel = request.getParameter("Sel");
if(StringUtils.isBlank(Sel)){
    return RetResult.handleFail("请设置Sel参数");
}
String Q = request.getParameter("Q");
if(StringUtils.isBlank(Q)){
    return RetResult.handleFail("请设置Q参数");
}
IUpHightFrequency upHightFrequency = new UpHightFrequency(seriqlPort,
        boundRate, dataBits, stopBits, parity);
short qrury = 0;

IUpHightFrequency upHightFrequency = new UpHightFrequency(serialPort,
        boundRate, dataBits, stopBits, parity);
short qrury = 0;
Integer tj = Integer.parseInt(TRext);
tj = tj+1;
short dr = (short) (Short.parseShort(DR)<<15);
short m = (short) (Short.parseShort(M)<<13);
short trext = (short) (Short.parseShort(tj.toString())<<12);
short sel = (short) (Short.parseShort(Sel)<<10);
short session = (short) (Short.parseShort(SESSION)<<8);
short target = (short) (Short.parseShort(Target)<<7);
short q = (short) (Short.parseShort(Q)<<3);
qrury = (short)((dr | m | trext | sel | session | target | q));
String h = StringUtil.toHexStr((byte)((qrury >> 8) & 0xff));
String l = StringUtil.toHexStr((byte)((qrury & 0xff)));
String data = h+" "+l;
SerialPortParam param = upHightFrequency.setQueryParam(StringUtil.hexToByte(data));
Map<String, Object> dataMap = new HashMap<>();
dataMap.put("resData", StringUtil.bytesToHexString(param.getResBytes()));
dataMap.put("reqData", StringUtil.bytesToHexString(param.getReqBytes()));
if (param.getResBytes() != null && param.getResBytes().length > 0) {
    String resData = dataMap.get("resData").toString();
    if (resData.indexOf("FF 55 00 00 83 0A 08 BB 01") > -1) {
        dataMap.put("opMsg", "设置参数成功");
    } else {
        dataMap.put("opMsg", "设置参数失败");
    }
}
```

(5) 参考界面如图 4.10.2 所示。

图 4.10.2 超高频电子标签 Query 操作界面参考图

2. 验证步骤

① 单击【获取 Query 参数】按钮。

② 设置 Query 参数，轮询 Session 为 S0、Target 为 A 的标签，Q 为 4，其他参数保持不变，单击【设置 Query 参数】按钮。

③ 单次轮询，获取标签的 EPC，将获取的 EPC 放入 Mask 文本框当中，将 MemBank 选为 EPC，单击【设置 Select 参数命令】按钮。

④ 选择【操作前发送 Select 指令】，单击【确定】按钮。

⑤ 将多个标签同时放入 UHF 模块上，此时只能轮询到 Select 设置的标签。

3. 结果分析

(1) 单击【获取 Query 参数】，获取超高频卡 Query 参数。

发送：FF 55 00 00 03 0A 07 BB 00 0D 00 00 0D 7E 31 09。其中：

① 通信协议同步帧：FF 55。

② 主从设备地址：00 00。

③ 主从命令码：03 0A。

④ 数据段长度：07(表示 7 个字节)。

⑤ 帧头 Header：BB。

⑥ 帧类型 Type：00。

⑦ 指令代码 Command：0D。

⑧ 指令参数长度 PL：00 00。

⑨ 校验位 Checksum：0D。

⑩ 帧尾 End：7E。

⑪ CRC16 校验位：31 09。

接收：FF 55 00 00 83 0A 09 BB 01 0D 00 02 10 20 40 7E 5D CA。其中：

① 通信协议同步帧：FF 55。

② 主从设备地址：00 00。

③ 主从命令码：83 0A。

④ 数据段长度：09(表示 9 个字节)。
⑤ 帧头 Header：BB。
⑥ 帧类型 Type：01。
⑦ 指令代码 Command：0D。
⑧ 指令参数长度 PL：00 02。
⑨ QueryParameter：10 20。
⑩ 校验位 Checksum：40。
⑪ 帧尾 End：7E。
⑫ CRC16 校验位：5D CA。

(2) 单击【设置 Query 参数】，设置超高频卡 Query 参数，将参数“10 40”写入超高频卡 Query 参数。

发送：FF 55 00 00 03 0A 09 BB 00 0E 00 02 10 20 40 7E EF 3A。其中：
① 通信协议同步帧：FF 55。
② 主从设备地址：00 00。
③ 主从命令码：03 0A。
④ 数据段长度：09(表示 9 个字节)。
⑤ 帧头 Header：BB。
⑥ 帧类型 Type：00。
⑦ 指令代码 Command：0E。
⑧ 指令参数长度 PL：00 02。
⑨ Query 参数 Parameter：10 20。
⑩ 校验位 Checksum：40。
⑪ 帧尾 End：7E。
⑫ CRC16 校验位：EF 3A。

接收：FF 55 00 00 83 0A 08 BB 01 0E 00 01 00 10 7E B8 35。其中：
① 通信协议同步帧：FF 55。
② 主从设备地址：00 00。
③ 主从命令码：83 0A。
④ 数据段长度：08(表示 8 个字节)。
⑤ 帧头 Header：BB。
⑥ 帧类型 Type：01。
⑦ 指令代码 Command：0E。
⑧ 指令参数长度 PL：00 01。
⑨ 指令参数 Parameter：00。
⑩ 校验位 Checksum：10。
⑪ 帧尾 End：7E。
⑫ CRC16 校验位：B8 35。

(3) 再次单击【获取 Query 参数】，获取超高频卡 Query 参数，分析同(1)，QueryParameter：10 40，与写入 Query 参数相同。

表示写入读出成功。

技能拓展

安排两组成员，分别读取超高频卡 Query 参数，然后设置 Query 参数并记录；最后交换超高频卡，请对方读出超高频卡 Query 参数，检查是否相同。

本节小结

本节主要介绍了 Query 操作机制、基于射频芯片的阅读器 Query 操作等实验原理。学习超高频 RFID 卡 Query 操作机制并通过实验开发，采用 Java 语言对串口通信技术编程实现超高频电子标签 Query 操作，掌握超高频卡片的 Query 操作的命令格式，能够分析响应信息。

4.11 阅读器工作地区、信道和自动跳频操作

任务内容

本节主要介绍 EPC Gen 2 电子标签接口标准及基于射频芯片的阅读器设置工作地区、设置工作信道等实验原理。学习阅读器工作地区、信道和自动跳频操作机制，使用 Java 语言对串口通信技术编程开发，完成阅读器工作地区、信道和自动跳频操作，掌握阅读器工作地区、信道和自动跳频操作的命令格式，能够读懂响应信息。

任务要求

- 学习阅读器工作地区、信道和自动跳频操作机制。
- 使用 Java 串口通信技术完成阅读器工作地区、信道和自动跳频操作。
- 掌握阅读器工作地区、信道和自动跳频操作的命令格式，能够读懂响应信息。

理论认知

1. EPC Gen 2 电子标签接口标准

对于符合 EPC Gen 2 标准的电子标签，其性能均应符合 EPC Gen 2 相关的无线接口性能标准。从用户应用电子标签的角度来说，不需要详细了解该标准的各项参数及阅读器与电子标签之间的无线通信接口性能指标。但是，为了正确地选用电子标签，需要对以下参数有一个大致的了解。

(1) 系统介绍。

EPC 系统是一个针对电子标签应用的使用规范。一般系统包括阅读器、电子标签、天线以及上层应用接口程序等部分。每家厂商提供的产品应符合国家的相关标准，所提供的设备在性能上有所不同，但功能是相似的。

(2) 无线通信过程。

阅读器向一个或一个以上的电子标签发送信息，发送方式是采用无线通信的方式调制射频载波信号。标签通过相同的调制射频载波接收功率。阅读器通过发送未调制射频载波和接收由电子标签反射(反向散射)的信息来接收电子标签中的数据。

(3) 工作频率。

EPC Gen 2 的标准文本所规定的无线接口频率为 860～960MHz，但每个国家在确定自己的使用频率范围时，会根据自己的情况选择某段频率作为自己的使用频段。我国目前暂订的使用频段为 920～925MHz。用户在选用电子标签和阅读器时，应选用符合国家标准的电子标签及阅读器。一般来说，电子标签的频率范围较宽，而阅读器在出厂时会严格按照国家标准规定的频率来限定。

(4) 频道工作模式。

阅读器在有效的频段范围内，将该频段分为 20 个频道，在某个使用的时刻阅读器与电子标签只占用一个频道进行通信。为防止占用某个频道时间过长或该频道被其他设备占用而产生的干扰，阅读器使用时会自动跳到下一个频道。用户在使用阅读器时，如发现某个频道在某地已被其他的设备所占用或某个频道上的信号干扰很大，可在阅读器系统参数设定中，先将该频道屏蔽掉，这样阅读器在自动跳频时，会自动跳过该频道，以避免与其他设备的应用冲突。

(5) 发射功率。

阅读器的发射功率是一个很重要的参数，阅读器对电子标签的操作距离主要由该发射功率来确定，发射功率越大，则操作距离越远。我国的暂订标准为 2W，阅读器的发射功率可以通过系统参数的设置来进行调整。可分为几级或连续可调，用户需根据自己的应用调整该发射功率，使阅读器能在用户设定的距离内完成对电子标签的操作。对于满足使用要求的，将发射功率调到较小可以减少能耗。

(6) 天线。

天线是读写系统中非常重要的一部分，它对阅读器与电子标签的操作距离有很大的影响。天线的性能越好，操作距离会越远。阅读器与天线的连接有两种情况，一种是阅读器与天线装在一起，称为联体机；另一种是通过 50Ω的同轴电缆与天线相连，称为分体机。天线的指标主要有使用效率(天线增益)、有效范围(方向性选择)、匹配电阻(50Ω)、接口类型等。用户在选用时，可根据自己的需要选用相关的天线。一个阅读器可以同时连接多个天线，在使用这种阅读器时，用户需先设定天线的使用序列。

(7) 密集阅读器环境(DRM)。

在实际应用场合，可能会存在多个阅读器同时运行，这种情况称为密集阅读器环境，各个阅读器会占用各自的操作频道对自己的电子标签自行操作。用户在使用时，可根据需要选用在 DRM 环境下可靠运行的阅读器。

(8) 数据传输速率。

数据传输有高、低两种传输速率，一般的厂商都选择高速数据传输速率。

2. 基于射频芯片的阅读器设置工作地区

(1) 命令帧定义。

设置阅读器工作地区，如果是中国 900MHz 频段，如表 4.11.1 所示。

表 4.11.1　命令帧格式

Header	Type	Command	PL(MSB)	PL(LSB)	Region	Checksum	End
BB	00	07	00	01	01	09	7E

帧类型 Type：00。
指令代码 Command：07。
指令参数长度 PL：00 01。
地区 Region：01。
校验位 Checksum：09。
不同国家地区代码如表 4.11.2 所示。

表 4.11.2　地域编码参数

Region	Parameter
中国 900MHz	01
中国 800MHz	04
美国	02
欧洲	03
韩国	06

(2) 响应帧定义。
如果地区设置执行正确，则响应帧如表 4.11.3 所示。

表 4.11.3　响应帧格式

Header	Type	Command	PL(MSB)	PL(LSB)	Parameter	Checksum	End
BB	01	07	00	01	00	09	7E

帧类型 Type：01。
指令代码 Command：07。
指令参数长度 PL：00 01。
指令参数 Parameter：00。
校验位 Checksum：09。

3. 基于射频芯片的阅读器设置工作信道

(1) 命令帧定义。
如果是中国 900MHz 频段，设置阅读器工作信道 920.125MHz，如表 4.11.4 所示。

表 4.11.4　设置工作信道

Header	Type	Command	PL(MSB)	PL(LSB)	CH Index	Checksum	End
BB	00	AB	00	01	01	AC	7E

帧类型 Type：00。

指令代码 Command：AB。
指令参数长度 PL：00 01。
信道代号 Channel Index：01。
校验位 Checksum：AC。
中国 900MHz 信道参数计算公式，Freq_CH 为信道频率：
CH_Index = (Freq_CH−920.125M)/0.25M
中国 800MHz 信道参数计算公式，Freq_CH 为信道频率：
CH_Index = (Freq_CH−840.125M)/0.25M
美国信道参数计算公式，Freq_CH 为信道频率：
CH_Index = (Freq_CH−902.25M)/0.5M
欧洲信道参数计算公式，Freq_CH 为信道频率：
CH_Index = (Freq_CH−865.1M)/0.2M
韩国信道参数计算公式，Freq_CH 为信道频率：
CH_Index = (Freq_CH−917.1M)/0.2M
(2) 响应帧定义。
如果信道设置执行正确，则响应帧如表 4.11.5 所示。

表 4.11.5 设置信道响应帧格式

Header	Type	Command	PL(MSB)	PL(LSB)	Parameter	Checksum	End
BB	01	AB	00	01	00	AD	7E

帧类型 Type：01。
指令代码 Command：AB。
指令参数长度 PL：00 01。
指令参数 Parameter：00。
校验位 Checksum：AD。

4. 基于射频芯片的阅读器获取工作信道

(1) 命令帧定义。
在当前的阅读器工作地区，获取阅读器工作信道，如表 4.11.6 所示。

表 4.11.6 获取工作信道命令帧

Header	Type	Command	PL(MSB)	PL(LSB)	Checksum	End
BB	00	AA	00	00	AA	7E

帧类型 Type：00。
指令代码 Command：AA。
指令参数长度 PL：00 00。
校验位 Checksum：AA。
(2) 响应帧定义。
如果获取信道执行正确，则命令帧响应如表 4.11.7 所示。

表 4.11.7　获取工作信道响应帧

Header	Type	Command	PL(MSB)	PL(LSB)	Parameter	Checksum	End
BB	01	AA	00	01	00	AC	7E

帧类型 Type：01。

指令代码 Command：AA。

指令参数长度 PL：00 01。

指令参数 Parameter：00(Channel_Index 为 00)。

校验位 Checksum：AC。

中国 900MHz 信道参数计算公式，Freq_CH 为信道频率：

Freq_CH = CH_Index * 0.25M + 920.125M

中国 800MHz 信道参数计算公式，Freq_CH 为信道频率：

Freq_CH = CH_Index * 0.25M + 840.125M

美国信道参数计算公式，Freq_CH 为信道频率：

Freq_CH = CH_Index * 0.5M + 902.25M

欧洲信道参数计算公式，Freq_CH 为信道频率：

Freq_CH = CH_Index * 0.2M + 865.1M

韩国信道参数计算公式，Freq_CH 为信道频率：

Freq_CH = CH_Index * 0.2M + 917.1M

5. 设置自动跳频

(1)　命令帧定义。

设置为自动跳频模式或者取消自动跳频模式，如表 4.11.8 所示。

表 4.11.8　设置自动跳频命令帧

Header	Type	Command	PL(MSB)	PL(LSB)	Parameter	Checksum	End
BB	00	AD	00	01	FF	AD	7E

帧类型 Type：00。

指令代码 Command：AD。

指令参数长度 PL：00 01。

指令参数 Parameter：FF(FF 为设置自动跳频，00 为取消自动跳频)。

校验位 Checksum：AD。

(2)　响应帧定义。

如果设置为自动跳频或者取消自动跳频方法正确，则响应帧如表 4.11.9 所示。

表 4.11.9　自动跳频响应帧

Header	Type	Command	PL(MSB)	PL(LSB)	Parameter	Checksum	End
BB	01	AD	00	01	00	AF	7E

帧类型 Type：01。
指令代码 Command：AD。
指令参数长度 PL：00 01。
指令参数 Parameter：00。
校验位 Checksum：AF。

任务实施

1. 操作步骤

(1) 在 4.10 节的基础上，实现“UpHightFrequency”类中“setWorkArea”设置工作地区、“setWorkChannel”设置工作信道、“getWorkChannel”获取工作信道、“setFrequency”设置自动跳频、“concelFrequency”取消自动跳频方法，并返回“SerialPortParam”对象，该对象包含请求字节码和响应字节码。

(2) “setWorkArea”设置工作地区、“setWorkChannel”设置工作信道、“getWorkChannel”获取工作信道、“setFrequency”设置自动跳频、“concelFrequency”取消自动跳频方法实现流程如图 4.11.1 所示。

(3) 完成“setWorkArea”“setWorkChannel”“getWorkChannel”“setFrequency”“concelFrequency”调用。

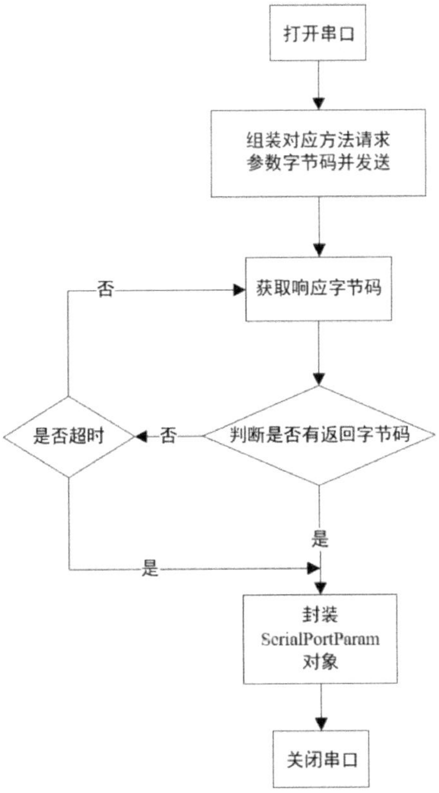

图 4.11.1 实现流程图

(4) 实现方法。

① 解析设置工作地区返回的指令：

```
IUpHightFrequency upHightFrequency = new UpHightFrequency(serialPort,
    boundRate, dataBits, stopBits, parity);
SerialPortParam param = upHightFrequency.setWorkArea(StringUtil.hexToByte(workArea));
Map<String, Object> dataMap = new HashMap<>();
dataMap.put("resData", StringUtil.bytesToHexString(param.getResBytes()));
dataMap.put("reqData", StringUtil.bytesToHexString(param.getReqBytes()));
if (param.getResBytes() != null && param.getResBytes().length > 0) {
    String res = dataMap.get("resData").toString();
    if(res.indexOf("BB 01 07 00 01 00 09 7E")>-1){
        dataMap.put("opMsg", "设置工作地区成功");
    }else{
        dataMap.put("opMsg", "设置工作地区失败");
    }
}
```

② 解析设置工作信道返回的指令：

```
IUpHightFrequency upHightFrequency = new UpHightFrequency(serialPort,
    boundRate, dataBits, stopBits, parity);
SerialPortParam param = upHightFrequency.setWorkChannel(StringUtil.hexToByte(workChannel));
Map<String, Object> dataMap = new HashMap<>();
dataMap.put("resData", StringUtil.bytesToHexString(param.getResBytes()));
dataMap.put("reqData", StringUtil.bytesToHexString(param.getReqBytes()));
if (param.getResBytes() != null && param.getResBytes().length > 0) {
    String res = dataMap.get("resData").toString();
    if(res.indexOf("BB 01 AB 00 01 00")>-1){
        dataMap.put("opMsg", "设置工作信道成功");
    }else{
        dataMap.put("opMsg", "设置工作信道失败");
    }
}
```

③ 解析获取工作信道返回的指令：

```
IUpHightFrequency upHightFrequency = new UpHightFrequency(serialPort,
    boundRate, dataBits, stopBits, parity);
SerialPortParam param = upHightFrequency.getWorkChannel();
Map<String, Object> dataMap = new HashMap<>();
dataMap.put("resData",
    StringUtil.bytesToHexString(param.getResBytes()));
dataMap.put("reqData",
    StringUtil.bytesToHexString(param.getReqBytes()));
//获取工作信道
if (param.getResBytes() != null && param.getResBytes().length > 0) {
    String res = dataMap.get("resData").toString();
            res = res.replace( target: "FF 55 00 00 83 0A ", replacement: "");
            //去掉中间空格
            res = res.replace( target: " ", replacement: "");
            //获取长度
            String len = res.substring(0,2);
            //把长度转为十进制
            int length = Integer.valueOf(len, radix: 16);
            //截取数据包
            String regex = "(.{2})";
            String str = res.substring(2,(length+1)*2);
            str = str.replaceAll (regex, replacement: "$1 ");;
            int i = -1;
            if ((i = str.indexOf("BB 01 AA")) > -1){
                str = str.replace( target: "BB 01 AA ", replacement: "");
                str = str.replace( target: " ", replacement: "");
                len = str.substring(0,4);
                length = Integer.valueOf(len, radix: 16);
                str = str.substring(4);
                str = str.substring(0,length*2);
                dataMap.put("workChannel", str);
            }
        dataMap.put("opMsg", "获取工作信道成功");
}
```

④ 解析设置自动跳频返回的指令：

```
IUpHightFrequency upHightFrequency = new UpHightFrequency(serialPort,
    boundRate, dataBits, stopBits, parity);
SerialPortParam param = upHightFrequency.setFrequency(StringUtil.hexToByte("FF"));
Map<String, Object> dataMap = new HashMap<>();
dataMap.put("resData",
    StringUtil.bytesToHexString(param.getResBytes()));
dataMap.put("reqData",
    StringUtil.bytesToHexString(param.getReqBytes()));
if (param.getResBytes() != null && param.getResBytes().length > 0) {
    String res = dataMap.get("resData").toString();
    if(res.indexOf("BB 01 AD 00 01 00")>-1){
        dataMap.put("opMsg", "设置自动跳频成功");
    }else{
        dataMap.put("opMsg", "设置自动跳频失败");
    }
}
```

⑤ 解析取消自动跳频返回的指令：

```
IUpHightFrequency upHightFrequency = new UpHightFrequency(serialPort,
    boundRate, dataBits, stopBits, parity);
SerialPortParam param = upHightFrequency.concelFrequency();
Map<String, Object> dataMap = new HashMap<>();
dataMap.put("resData",
    StringUtil.bytesToHexString(param.getResBytes()));
dataMap.put("reqData",
    StringUtil.bytesToHexString(param.getReqBytes()));
if (param.getResBytes() != null && param.getResBytes().length > 0) {
    String res = dataMap.get("resData").toString();
    if(res.indexOf("BB 01 AD 00 01 00")>-1){
        dataMap.put("opMsg", "取消自动跳频成功");
    }else{
        dataMap.put("opMsg", "取消自动跳频失败");
    }
}
```

(5) 参考界面如图 4.11.2 所示。

图 4.11.2 阅读器工作地区、信道和自动跳频操作界面参考图

2. 结果分析

(1) 单击【设置工作地区】按钮，选择 01，设置阅读器工作地区为中国，频率为 900MHz；发送：FF 55 00 00 03 0A 08 BB 00 07 00 01 01 09 7E 73 D6。其中：

① 通信协议同步帧：FF 55。

② 主从设备地址：00 00。

③ 主从命令码：03 0A。

④ 数据段长度：08(表示 8 个字节)。

⑤ 帧头 Header：BB。

⑥ 帧类型 Type：00。

⑦ 指令代码 Command：07。

⑧ 指令参数长度 PL：00 01。

⑨ 地区 Region：01(地区代码 01 代表中国，900MHz)。

⑩ 校验位 Checksum：09。

⑪ 帧尾 End：7E。

⑫ CRC16 校验位：73 D6。

接收：FF 55 00 00 83 0A 08 BB 01 07 00 01 00 09 7E B1 3E。其中：

① 通信协议同步帧：FF 55。

② 主从设备地址：00 00。

③ 主从命令码：83 0A。

④ 数据段长度：08(表示 8 个字节)。

⑤ 帧头 Header：BB。

⑥ 帧类型 Type：01。

⑦ 指令代码 Command：07。

⑧ 指令参数长度 PL：00 01。

⑨ 指令参数 Parameter：00(表示阅读器工作地区设置成功)。

⑩ 校验位 Checksum：09。

⑪ 帧尾 End：7E。

⑫ CRC16 校验位：B1 3E。

(2) 单击【获取工作信道】，获取阅读器工作信道；单击【设置工作信道】，设置阅读器工作信道为 01。

【获取工作信道】发送：FF 55 00 00 03 0A 07 BB 00 AA 00 00 AA 7E D8 46。其中：

① 通信协议同步帧：FF 55。

② 主从设备地址：00 00。

③ 主从命令码：03 0A。

④ 数据段长度：07(表示 7 个字节)。

⑤ 帧头 Header：BB。

⑥ 帧类型 Type：00。

⑦ 指令代码 Command：AA。

⑧ 指令参数长度 PL：00 00。

⑨ 校验位 Checksum：AA。

⑩ 帧尾 End：7E。

⑪ CRC16 校验位：D8 46。

【获取工作信道】接收：FF 55 00 00 83 0A 08 BB 01 AA 00 01 10 BC 7E 59 50。其中：

① 通信协议同步帧：FF 55。

② 主从设备地址：00 00。

③ 主从命令码：83 0A。

④ 数据段长度：08(表示 8 个字节)。

⑤ 帧头 Header：BB。

⑥ 帧类型 Type：01。

⑦ 指令代码 Command：AA。

⑧ 指令参数长度 PL：00 01。

⑨ 指令参数 Parameter：10(Channel_Index 为 10)。

⑩ 校验位 Checksum：BC。

⑪ 帧尾 End：7E。

⑫ CRC16 校验位：59 50。

【设置工作信道】发送：FF 55 00 00 03 0A 08 BB 00 AB 00 01 01 AD 7E DF B4。其中：

① 通信协议同步帧：FF 55。

② 主从设备地址：00 00。

③ 主从命令码：03 0A。

④ 数据段长度：08(表示 8 个字节)。

⑤ 帧头 Header：BB。

⑥ 帧类型 Type：00。

⑦ 指令代码 Command：AB。

⑧ 指令参数长度 PL：00 01。

⑨ 信道代号 Channel Index：01。

⑩ 校验位 Checksum：AD。

⑪ 帧尾 End：7E。

⑫ CRC16 校验位：DF B4。

【设置工作信道】接收：FF 55 00 00 83 0A 08 BB 01 AB 00 01 00 AD 7E 1D 5C。其中：

① 通信协议同步帧：FF 55。

② 主从设备地址：00 00。

③ 主从命令码：83 0A。

④ 数据段长度：08(表示 8 个字节)。

⑤ 帧头 Header：BB。

⑥ 帧类型 Type：01。

⑦ 指令代码 Command：AB。

⑧ 指令参数长度 PL：00 01。

⑨ 指令参数 Parameter：00。

⑩ 校验位 Checksum：AD。

⑪ 帧尾 End：7E。

⑫ CRC16 校验位：1D 5C。

(3) 单击【设置读取器自动跳频】。

发送：FF 55 00 00 03 0A 08 BB 00 AD 00 01 FF AD 7E 49 D5。其中：

① 通信协议同步帧：FF 55。

② 主从设备地址：00 00。

③ 主从命令码：03 0A。

④ 数据段长度：08(表示 8 个字节)。

⑤ 帧头 Header：BB。

⑥ 帧类型 Type：00。

⑦ 指令代码 Command：AD。

⑧ 指令参数长度 PL：00 01。

⑨ 指令参数 Parameter：FF(FF 为设置自动跳频，00 为取消自动跳频)。

⑩ 校验位 Checksum：AD。

⑪ 帧尾 End：7E。

⑫ CRC16 校验位：49 D5。

接收：FF 55 00 00 83 0A 08 BB 01 AD 00 01 00 AF 7E 1B 5D。其中：

① 通信协议同步帧：FF 55。

② 主从设备地址：00 00。

③ 主从命令码：83 0A。

④ 数据段长度：08(表示 8 个字节)。

⑤ 帧头 Header：BB。

⑥ 帧类型 Type：01。

⑦ 指令代码 Command：AD。

⑧ 指令参数长度 PL：00 01。

⑨ 指令参数 Parameter：00(表示设置成功)。

⑩ 校验位 Checksum：AF。

⑪ 帧尾 End：7E。

⑫ CRC16 校验位：1B 5D。

(4) 单击【取消读取器自动跳频】。

发送：FF 55 00 00 03 0A 08 BB 00 AD 00 01 00 AE 7E 89 E5。其中：

① 通信协议同步帧：FF 55。

② 主从设备地址：00 00。

③ 主从命令码：03 0A。

④ 数据段长度：08(表示 8 个字节)。

⑤ 帧头 Header：BB。

⑥ 帧类型 Type：00。

⑦ 指令代码 Command：AD。

⑧ 指令参数长度 PL：00 01。

⑨ 指令参数 Parameter：00(FF 为设置自动跳频，00 为取消自动跳频)。

⑩ 校验位 Checksum：AE。

⑪ 帧尾 End：7E。

⑫ CRC16 校验位：89 E5。

接收：FF 55 00 00 83 0A 08 BB 01 AD 00 01 00 AF 7E 1B 5D。其中：

① 通信协议同步帧：FF 55。

② 主从设备地址：00 00。

③ 主从命令码：83 0A。

④ 数据段长度：08(表示 8 个字节)。

⑤ 帧头 Header：BB。

⑥ 帧类型 Type：01。

⑦ 指令代码 Command：AD。

⑧ 指令参数长度 PL：00 01。

⑨ 指令参数 Parameter：00(表示设置成功)。

⑩ 校验位 Checksum：AF。

⑪ 帧尾 End：7E。

⑫ CRC16 校验位：1B 5D。

思　考

1. 设置阅读器工作地区为中国，频率为________。

2. 设置阅读器为自动跳频方式。执行获取阅读器工作信道，记录当前信道；如此执行10 次，观察记录的阅读器工作信道是否有变化。如果没有变化是______；如果有变化，最大是______，最小是______。

3. 取消阅读器自动跳频方式。执行获取阅读器工作信道，记录当前信道；如此执行 10次，观察记录的阅读器工作信道是否有变化。如果没有变化是______；如果有变化，最大是______，最小是______。

本节小结

本节主要介绍了 EPC Gen 2 电子标签接口标准及基于射频芯片的阅读器设置工作地区、设置工作信道等实验原理。认识信道和自动跳频操作机制并通过实验开发，采用 Java 语言对串口通信技术编程开发，完成阅读器工作地区、信道和自动跳频操作，掌握阅读器工作地区、信道和自动跳频操作的命令格式，能够读懂、分析响应信息。

4.12　阅读器发射功率、发射连续载波操作

任务内容

本节主要介绍基于射频芯片的阅读器获取发射功率、设置发射功率、设置发射连续载波等实验原理。学习超高频电子标签阅读器发射功率、发射连续载波操作机制及 Java 串口通信技术，掌握超高频电子标签阅读器发射功率、发射连续载波操作命令格式，能够读懂

响应信息。

任务要求

- 学习超高频电子标签阅读器发射功率、发射连续载波操作机制。
- 使用 Java 串口通信技术完成阅读器发射功率、发射连续载波操作。
- 掌握超高频电子标签阅读器发射功率、发射连续载波操作命令格式，能够读懂响应信息。

理论认知

1. 基于射频芯片的阅读器获取发射功率

(1) 命令帧定义。

获取当前阅读器发射功率，如表 4.12.1 所示。

表 4.12.1 获取发射功率命令帧

Header	Type	Command	PL(MSB)	PL(LSB)	Checksum	End
BB	00	B7	00	00	B7	7E

帧类型 Type：00。

指令代码 Command：B7。

指令参数长度 PL：00 00。

校验位 Checksum：B7。

(2) 响应帧定义。

如果获取阅读器发射功率执行正确，则响应帧如表 4.12.2 所示。

表 4.12.2 获取发射功率响应帧

Header	Type	Command	PL(MSB)	PL(LSB)	Pow(MSB)	Pow(LSB)	Checksum
BB	01	B7	00	02	07	D0	91
End							
7E							

帧类型 Type：01。

指令代码 Command：B7。

指令参数长度 PL：00 02。

功率参数 Pow：07 D0(当前功率为十进制 2000，即 20dBm)。

校验位 Checksum：91。

2. 基于射频芯片的阅读器设置发射功率

(1) 命令帧定义。

设置当前阅读器发射功率，如表 4.12.3 所示。

表 4.12.3 设置发射功率命令帧

Header	Type	Command	PL(MSB)	PL(LSB)	Pow(MSB)	Pow(LSB)	Checksum
BB	00	B6	00	02	07	D0	8F
End							
7E							

帧类型 Type：00。

指令代码 Command：B6。

指令参数长度 PL：00 02。

功率参数 Pow：07 D0(当前功率为十进制 2000，即 20dBm)。

校验位 Checksum：8F。

(2) 响应帧定义。

如果设置发射功率命令执行正确，则响应帧如表 4.12.4 所示。

表 4.12.4 设置发射功率响应帧

Header	Type	Command	PL(MSB)	PL(LSB)	Parameter	Checksum	End
BB	01	B6	00	01	00	B8	7E

帧类型 Type：01。

指令代码 Command：B6。

指令参数长度 PL：00 01。

指令参数 Parameter：00。

校验位 Checksum：B8。

3. 基于射频芯片的阅读器设置发射连续载波

(1) 命令帧定义。

设置发射连续载波或者关闭连续载波，如表 4.12.5 所示。

表 4.12.5 设置发射连续载波和关闭连续载波命令帧

Header	Type	Command	PL(MSB)	PL(LSB)	Parameter	Checksum	End
BB	00	B0	00	01	FF	B0	7E

帧类型 Type：00。

指令代码 Command：B0。

指令参数长度 PL：00 01。

指令参数 Parameter：FF(FF 为打开连续波，00 为关闭连续波)。

校验位 Checksum：B0。

(2) 响应帧定义。

如果设置执行正确，则响应帧如表 4.12.6 所示。

表 4.12.6 设置发射连续载波响应帧

Header	Type	Command	PL(MSB)	PL(LSB)	Parameter	Checksum	End
BB	01	B0	00	01	00	B2	7E

帧类型 Type：01。

指令代码 Command：B0。

指令参数长度 PL：00 01。

指令参数 Parameter：00。

校验位 Checksum：B2。

任务实施

1. 操作步骤

(1) 在 4.11 节的基础上，实现“UpHightFrequency”中“getSendRate”获取发射功率、“setSendRate”设置发射功率、“setContinuousEmission”设置发射连续载波、“concelContinuousEmission”取消发射连续载波，并返回“SerialPortParam”对象，该对象包含请求参数字节码和响应参数字节码。

(2) 获取发射功率、设置发射功率、设置发射连续载波、取消发射连续载波方法实现流程如图 4.12.1 所示。

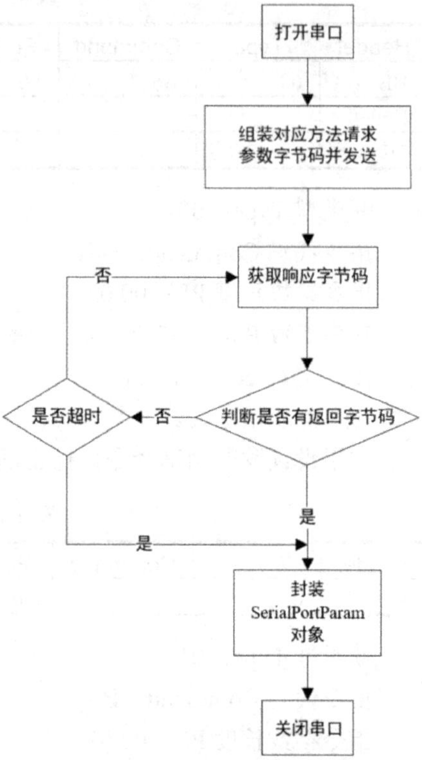

图 4.12.1　方法实现流程图

(3) 完成“getSendRate”“setSendRate”“setContinuousEmission”“concelContinuousEmission”方法的调用。

(4) 实现方法。

① 解析获取发射功率返回的指令：

```
IUpHightFrequency upHightFrequency = new UpHightFrequency(serialPort,
    boundRate, dataBits, stopBits, parity);
SerialPortParam param = upHightFrequency.getSendRate();
Map<String, Object> dataMap = new HashMap<>();
dataMap.put("resData",
    StringUtil.bytesToHexString(param.getResBytes()));
dataMap.put("reqData",
    StringUtil.bytesToHexString(param.getReqBytes()));
//获取工作信道
if (param.getResBytes() != null && param.getResBytes().length > 0) {
    String res = dataMap.get("resData").toString();
    if(res.indexOf("FF 55 00 00 83 0A 09 BB 01 B7 00 02")>-1){
        res = res.replaceAll( regex: "FF 55 00 00 83 0A ", replacement: "");
        //去掉中间空格
        res = res.replaceAll( regex: " ", replacement: "");
        //获取长度
        String len = res.substring(0,2);
        //把长度转为十进制
        int length = Integer.valueOf(len, radix: 16);
        //截取数据包
        String regex = "(.{2})";
        String str = res.substring(2,(length+1)*2);
        str = str.replaceAll (regex, replacement: "$1 ");;
        int i = -1;
        if ((i = str.indexOf("BB 01 B7")) > -1){
            str = str.replaceAll( regex: "BB 01 B7 ", replacement: "");
            str = str.replaceAll( regex: " ", replacement: "");
            len = str.substring(0,4);
            length = Integer.valueOf(len, radix: 16);
            str = str.substring(4);
            str = str.substring(0,length*2).replaceAll (regex, replacement: "$1 ");
            dataMap.put("sendRate", str);
        }
        dataMap.put("opMsg", "获取发射功率成功");

    }else{
         dataMap.put("opMsg", "获取发射功率失败");
    }
}
```

② 解析设置发射功率返回的指令：

```
IUpHightFrequency upHightFrequency = new UpHightFrequency(serialPort,
    boundRate, dataBits, stopBits, parity);
SerialPortParam param = upHightFrequency.setSendRate(StringUtil.hexToByte(sendRate));
Map<String, Object> dataMap = new HashMap<>();
dataMap.put("resData",
    StringUtil.bytesToHexString(param.getResBytes()));
dataMap.put("reqData",
    StringUtil.bytesToHexString(param.getReqBytes()));
//获取工作信道
if (param.getResBytes() != null && param.getResBytes().length > 0) {
    String res = dataMap.get("resData").toString();
    if(res.indexOf("BB 01 B6 00 01 00 B8 7E")>-1){
        dataMap.put("opMsg", "设置发射功率成功");
    }else{
        dataMap.put("opMsg", "设置发射功率失败");
    }
}
```

③ 解析设置发射连续载波返回的指令：

```
IUpHightFrequency upHightFrequency = new UpHightFrequency(serialPort,
    boundRate, dataBits, stopBits, parity);
SerialPortParam param = upHightFrequency.setContinuousEmission();
Map<String, Object> dataMap = new HashMap<>();
dataMap.put("resData",
    StringUtil.bytesToHexString(param.getResBytes()));
dataMap.put("reqData",
    StringUtil.bytesToHexString(param.getReqBytes()));
if (param.getResBytes() != null && param.getResBytes().length > 0) {
    String resData = dataMap.get("resData").toString();
    if(resData.indexOf("BB 01 B0 00 01 00 B2 7E")>-1){
        dataMap.put("opMsg", "设置发射连续载波成功");
    }else{
        dataMap.put("opMsg", "设置发射连续载波失败");
    }
}
```

④ 解析取消发射连续载波返回的指令：

```
IUpHightFrequency upHightFrequency = new UpHightFrequency(serialPort,
    boundRate, dataBits, stopBits, parity);
SerialPortParam param = upHightFrequency.concelContinuousEmission();
Map<String, Object> dataMap = new HashMap<>();
dataMap.put("resData",
    StringUtil.bytesToHexString(param.getResBytes()));
dataMap.put("reqData",
    StringUtil.bytesToHexString(param.getReqBytes()));

if (param.getResBytes() != null && param.getResBytes().length > 0) {
    String resData = dataMap.get("resData").toString();
    if(resData.indexOf("BB 01 B0 00 01 00 B2 7E")>-1){
        dataMap.put("opMsg", "取消发射连续载波成功");
    }else{
        dataMap.put("opMsg", "设置发射连续载波失败");
    }
}
```

(5) 参考界面如图 4.12.2 所示。

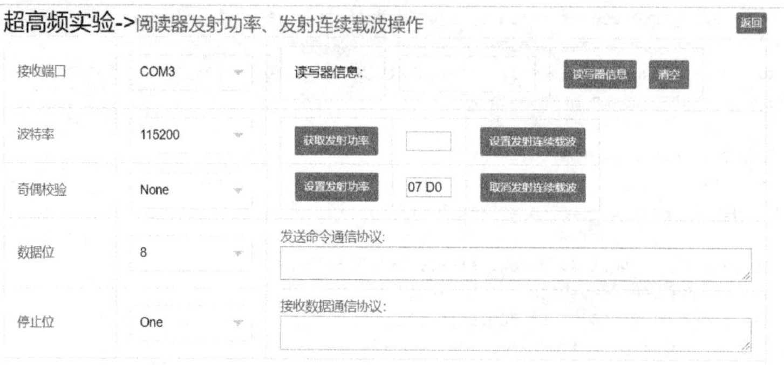

图 4.12.2　阅读器发射功率、发射连续载波操作界面参考图

2. 结果分析

(1) 单击【获取发射功率】，获取读卡器发射功率。

发送：FF 55 00 00 03 0A 07 BB 00 B7 00 00 B7 7E 8A 3E。其中：

① 通信协议同步帧：FF 55。
② 主从设备地址：00 00。
③ 主从命令码：03 0A。
④ 数据段长度：07(表示 7 个字节)。
⑤ 帧头 Header：BB。
⑥ 帧类型 Type：00。
⑦ 指令代码 Command：B7。
⑧ 指令参数长度 PL：00 00。
⑨ 校验位 Checksum：B7。
⑩ 帧尾 End：7E。
⑪ CRC16 校验位：8A 3E。

接收：FF 55 00 00 83 0A 09 BB 01 B7 00 02 0A 28 EC 7E 4C 2A。其中：

① 通信协议同步帧：FF 55。
② 主从设备地址：00 00。
③ 主从命令码：83 0A。
④ 数据段长度：09(表示 9 个字节)。
⑤ 帧头 Header：BB。
⑥ 帧类型 Type：01。
⑦ 指令代码 Command：B7。
⑧ 指令参数长度 PL：00 02。
⑨ 功率参数 Pow：0A 28(当前功率为十进制 2600，即 26dBm)。
⑩ 校验位 Checksum：EC。
⑪ 帧尾 End：7E。
⑫ CRC16 校验位：4C 2A。

(2) 单击【设置发射功率】，设置读卡器发射功率。

发送：FF 55 00 00 03 0A 09 BB 00 B6 00 02 06 28 E6 7E CE FC。其中：

① 通信协议同步帧：FF 55。

② 主从设备地址：00 00。

③ 主从命令码：03 0A。

④ 数据段长度：09(表示 9 个字节)。

⑤ 帧头 Header：BB。

⑥ 帧类型 Type：00。

⑦ 指令代码 Command：B6。

⑧ 指令参数长度 PL：00 02。

⑨ 功率参数 Pow：06 28。

⑩ 校验位 Checksum：E6。

⑪ 帧尾 End：7E。

⑫ CRC16 校验位：CE FC。

接收：FF 55 00 00 83 0A 08 BB 01 B6 00 01 00 B8 7E 00 51。其中：

① 通信协议同步帧：FF 55。

② 主从设备地址：00 00。

③ 主从命令码：83 0A。

④ 数据段长度：08(表示 8 个字节)。

⑤ 帧头 Header：BB。

⑥ 帧类型 Type：01。

⑦ 指令代码 Command：B6。

⑧ 指令参数长度 PL：00 01。

⑨ 指令参数 Parameter：00。

⑩ 校验位 Checksum：B8。

⑪ 帧尾 End：7E。

⑫ CRC16 校验位：00 51。

(3) 单击【设置发射连续载波】，设置阅读器为发射连续载波方式。

发送：FF 55 00 00 03 0A 08 BB 00 B0 00 01 FF B0 7E 94 DF。其中：

① 通信协议同步帧：FF 55。

② 主从设备地址：00 00。

③ 主从命令码：03 0A。

④ 数据段长度：08(表示 8 个字节)。

⑤ 帧头 Header：BB。

⑥ 帧类型 Type：00。

⑦ 指令代码 Command：B0。

⑧ 指令参数长度 PL：00 01。

⑨ 指令参数 Parameter：FF(FF 为打开连续波，00 为关闭连续波)。

⑩ 校验位 Checksum：B0。

⑪ 帧尾 End：7E。

⑫ CRC16 校验位：94 DF。

接收：FF 55 00 00 83 0A 08 BB 01 B0 00 01 00 B2 7E C6 57。其中：

① 通信协议同步帧：FF 55。

② 主从设备地址：00 00。

③ 主从命令码：83 0A。

④ 数据段长度：08(表示 8 个字节)。

⑤ 帧头 Header：BB。

⑥ 帧类型 Type：01。

⑦ 指令代码 Command：B0。

⑧ 指令参数长度 PL：00 01。

⑨ 指令参数 Parameter：00。

⑩ 校验位 Checksum：B2。

⑪ 帧尾 End：7E。

⑫ CRC16 校验位：C6 57。

(4) 单击【取消发射连续载波】，设置阅读器为取消发射连续载波方式。

发送：FF 55 00 00 03 0A 08 BB 00 B0 00 01 00 B1 7E 34 EE。其中：

① 通信协议同步帧：FF 55。

② 主从设备地址：00 00。

③ 主从命令码：03 0A。

④ 数据段长度：08(表示 8 个字节)。

⑤ 帧头 Header：BB。

⑥ 帧类型 Type：00。

⑦ 指令代码 Command：B0。

⑧ 指令参数长度 PL：00 01。

⑨ 指令参数 Parameter：00(FF 为打开连续波，00 为关闭连续波)。

⑩ 校验位 Checksum：B1。

⑪ 帧尾 End：7E。

⑫ CRC16 校验位：34 EE。

接收：FF 55 00 00 83 0A 08 BB 01 B0 00 01 00 B2 7E C6 57。其中：

① 通信协议同步帧：FF 55。

② 主从设备地址：00 00。

③ 主从命令码：83 0A。

④ 数据段长度：08(表示 8 个字节)。

⑤ 帧头 Header：BB。

⑥ 帧类型 Type：01。

⑦ 指令代码 Command：B0。

⑧ 指令参数长度 PL：00 01。

⑨ 指令参数 Parameter：00。

⑩ 校验位 Checksum：B2。

⑪ 帧尾 End：7E。

⑫ CRC16 校验位：C6 57。

思 考

1. 设置读卡器发射功率 0A 28(十进制 2600，即 26dBm)，在不同位置进行超高频电子标签盘存操作，能够读取信息的最大距离是____(米)。

2. 将超高频电子标签放在 0.5 米处，设置读卡器发射功率 01 00，是否能够完成超高频电子标签盘存操作？不断增加发射功率，在发射功率为________时能够完成超高频电子标签盘存操作。

本节小结

本节主要介绍了基于射频芯片的阅读器获取发射功率、设置发射功率、设置发射连续载波等实验原理。认识超高频电子标签阅读器发射功率、发射连续载波操作机制；通过 Java 语言编程技术完成对超高频电子标签阅读器发射功率、发射连续载波的操作开发，能够分析响应信息。

4.13 射频基带参数设置

任务内容

本节主要介绍了基于射频芯片的阅读器、基于射频芯片的阅读器设置接收解调器参数等实验原理。学习测试超高频电子标签阅读器天线的射频输入端阻塞信号、RSSI 信号大小，用于检测当前环境下有无阅读器在工作，学习 Java 编程技术，掌握超高频电子标签阅读器接收解调器参数、测试射频输入端阻塞信号、测试信道 RSSI 操作命令格式，能够读懂响应信息。

任务要求

- 学习获取超高频电子标签阅读器的接收解调器参数操作。
- 学习设置超高频电子标签阅读器的接收解调器参数操作。
- 学习测试超高频电子标签阅读器天线的射频输入端阻塞信号.
- 学习测试射频输入端 RSSI 信号大小，用于检测当前环境下有无阅读器在工作。
- 使用 Java 编程技术完成射频基带参数设置。
- 掌握超高频电子标签阅读器接收解调器参数、测试射频输入端阻塞信号、测试信道 RSSI 操作命令格式，能够读懂响应信息。

理论认知

1. 基于射频芯片的阅读器获取接收解调器参数

(1) 命令帧定义。

获取当前阅读器接收解调器参数。解调器参数有 Mixer 增益、中频放大器 IF AMP 增益和信号解调阈值。例如(见表 4.13.1)：

表 4.13.1 获取接收解调器参数命令帧

Header	Type	Command	PL(MSB)	PL(LSB)	Checksum	End
BB	00	F1	00	00	F1	7E

帧类型 Type：00。

指令代码 Command：F1。

指令参数长度 PL：00 00。

校验位 Checksum：F1。

(2) 响应帧定义。

如果获取接收解调器参数命令执行正确，则响应帧如表 4.13.2 所示。

表 4.13.2 获取接收解调器参数响应帧

Header	Type	Command	PL(MSB)	PL(LSB)	Mixer_G	IF_G	Thrd(MSB)
BB	01	F1	00	04	03	06	01
Thrd(LSB)	Checksum	End					
B0	B0	7E					

帧类型 Type：0x01。

指令代码 Command：F1。

指令参数长度 PL：00 04。

混频器增益 Mixer_G：03(混频器 Mixer 增益为 9dB)，如表 4.13.3 所示。

中频放大器增益 IF_G：06(中频放大器增益为 36dB)，如表 4.13.4 所示。

信号解调阈值 Thrd：01 B0(信号解调阈值越小能解调的标签返回信号 RSSI 越低，但越不稳定，低于一定值完全不能解调；相反阈值越大能解调的标签返回信号 RSSI 越高，距离越近，越稳定。01 B0 是推荐的最小值)。

校验位 Checksum：B0。

表 4.13.3 混频器 Mixer 增益表

Type	Mixer_G(dB)
00	0
01	3
02	6

续表

Type	Mixer_G(dB)
03	9
04	12
05	15
06	16

表 4.13.4 中频放大器 IF AMP 增益表

Type	IF_G(dB)
00	12
01	18
02	21
03	24
04	27
05	30
06	36
07	40

2. 基于射频芯片的阅读器设置接收解调器参数

(1) 命令帧定义。

设置当前阅读器接收解调器参数。解调器参数有 Mixer 增益、中频放大器 IF AMP 增益和信号解调阈值。例如(见表 4.13.5):

表 4.13.5 设置阅读器接收解调器参数命令帧

Header	Type	Command	PL(MSB)	PL(LSB)	Mixer_G	IF_G	Thrd(MSB)
BB	00	F0	00	04	03	06	01
Thrd(LSB)	Checksum	End					
B0	AE	7E					

帧类型 Type：00。

指令代码 Command：F0。

指令参数长度 PL：00 04。

混频器增益 Mixer_G：03(混频器 Mixer 增益为 9dB)。

中频放大器增益 IF_G：06(中频放大器 IF AMP 增益为 36dB)。

信号解调阈值 Thrd：01 B0(信号解调阈值越小能解调的标签返回信号 RSSI 越低，但越不稳定，低于一定值完全不能解调；相反阈值越大能解调的标签返回信号 RSSI 越高，距离越近，越稳定。01 B0 是推荐的最小值)。

校验位 Checksum：AE。

(2) 响应帧定义。

如果设置阅读器接收解调器参数命令执行正确，则响应帧如表 4.13.6 所示。

表 4.13.6 设置阅读器接收解调器参数响应帧

Header	Type	Command	PL(MSB)	PL(LSB)	Parameter	Checksum	End
BB	01	F0	00	01	00	F2	7E

帧类型 Type：01。

指令代码 Command：F0。

指令参数长度 PL：00 01。

指令参数 Parameter：00。

校验位 Checksum：F2。

3. 基于射频芯片的阅读器测试射频输入端阻塞信号

(1) 命令帧定义。

测试射频输入端阻塞信号 Scan Jammer，用于检测阅读器天线在当前地区每个信道的阻塞信号大小。例如(见表 4.13.7)：

表 4.13.7 测试射频输入端阻塞信号命令帧

Header	Type	Command	PL(MSB)	PL(LSB)	Checksum	End
BB	00	F2	00	00	F2	7E

帧类型 Type：00。

指令代码 Command：F2。

指令参数长度 PL：00 00。

校验位 Checksum：F2。

(2) 响应帧定义。

如果在中国 900MHz 频段下，一共有 20 个信道，测试射频输入端阻塞信号 Scan Jammer 执行正确，则响应帧如表 4.13.8 所示。

表 4.13.8 测试射频输入端阻塞信号响应帧

Header	Type	Command	PL(MSB)	PL(LSB)	CH_L	CH_H	JMR(MSB)
BB	01	F2	00	16	00	13	F2
F1	F0	EF	EC	EA	E8	EA	EC
EE	F0	F1	F5	F5	F5	F6	F5
		JMR(LSB)	Checksum	End			
F5	F5	F5	DD	7E			

帧类型 Type：01。

指令代码 Command：F2。

指令参数长度 PL：00 16。

测试起始信道 CH_L：00(测试起始信道 Index 为 0)。

测试结束信道 CH_H：13(测试结束信道 Index 为 19)。

信道阻塞信号 JMR：F2 F1 F0 EF EC EA E8 EA EC EE F0 F1 F5 F5 F5 F6 F5 F5 F5 F5(其中 F2 为-14dBm)。

校验位 Checksum：DD。

4. 基于射频芯片的阅读器测试信道 RSSI

(1) 命令帧定义。

测试射频输入端 RSSI 信号大小，用于检测当前环境下有无阅读器在工作。例如(见表 4.13.9)：

表 4.13.9 测试 RSSI 信号命令帧

Header	Type	Command	PL(MSB)	PL(LSB)	Checksum	End
BB	00	F3	00	00	F3	7E

帧类型 Type：00。

指令代码 Command：F3。

指令参数长度 PL：00 00。

校验位 Checksum：F3。

(2) 响应帧定义。

如果在中国 900MHz 频段下，一共有 20 个信道，检测每个信道 RSSI 执行正确，则响应帧如表 4.13.10 所示。

表 4.13.10 测试 RSSI 信号响应帧

Header	Type	Command	PL(MSB)	PL(LSB)	CH_L	CH_H	RSSI(MSB)
BB	01	F3	00	16	00	13	BA
BA	BA	BA	BA	BA	BA	BA	BA
BA	BA	BA	BA	BA	BA	BA	BA
		RSSI(LSB)	Checksum	End			
BA	BA	BA	A5	7E			

帧类型 Type：01。

指令代码 Command：F3。

指令参数长度 PL：00 16。

测试起始信道 CH_L：00(测试起始信道 Index 为 0)。

测试结束信道 CH_H：13(测试结束信道 Index 为 19)。

RSSI: BA BA BA BA BA BA BA BA BA BA BA BA BA BA BA BA BA BA BA BA(其中 BA 为-70dBm，检测 RSSI 为最小值)。

校验位 Checksum：A5。

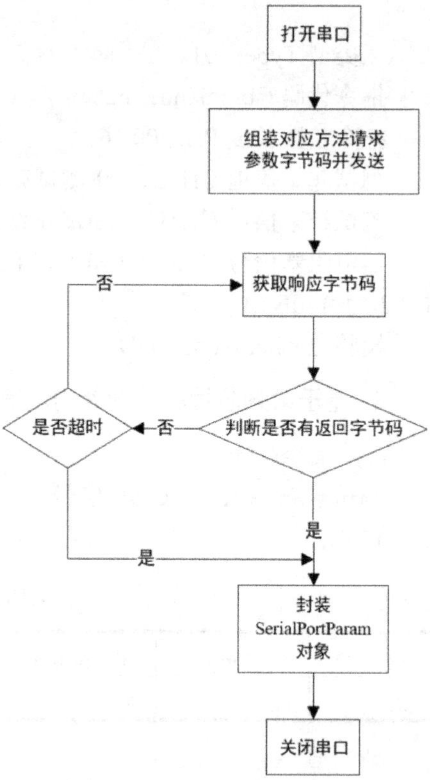

图 4.13.1　方法实现流程图

任务实施

1. 操作步骤

(1) 在4.12节的基础上，实现“UpHightFrequency”类中“getDemodulatorParam”获取接收解调器参数、“setDemodulatorParam”测试接收解调器参数、“testJammer”测试阻塞信号、“testRSSI”测试 RSSI 方法，并返回“SerialPortParam”对象，对象包含请求字节码和响应字节码。

(2) 获取接收解调器参数、设置接收解调器参数、测试阻塞信号、测试 RSSI 方法的实现流程如图 4.13.1 所示。

(3) 完成“getDemodulatorParam”“setDemodulatorParam”“testJammer”“testRSSI”的调用。

(4) 实现方法。

① 解析获取接收解调器参数返回的指令：

```
IUpHightFrequency upHightFrequency = new UpHightFrequency(serialPort,
   boundRate, dataBits, stopBits, parity);
SerialPortParam param = upHightFrequency.getDemodulatorParam();
Map<String, Object> dataMap = new HashMap<>();
dataMap.put("resData", StringUtil.bytesToHexString(param.getResBytes()));
dataMap.put("reqData", StringUtil.bytesToHexString(param.getReqBytes()));
if (param.getResBytes() != null && param.getResBytes().length > 0) {
   String res = dataMap.get("resData").toString();
   if(res.indexOf("FF 55 00 00 83 0A 0B BB 01 F1 00 04")>-1){
      dataMap.put("opMsg", "获取接收解调器参数成功");
      res = res.replaceAll("FF 55 00 00 83 0A ", "");
           //去掉中间空格
           res = res.replaceAll(" ", "");
           //获取长度
           String len = res.substring(0,2);
           //把长度转为十进制
           int length = Integer.valueOf(len,16);
           //截取数据包
           res = res.substring(2,(length+1)*2);
           String regex = "(.{2})";
           //两个字符中间加空格
           res = res.replaceAll (regex, "$1 ");
           res = res.replaceAll("BB 01 F1 ", "");
           res = res.replaceAll(" ", "");
```

```
            len = res.substring(0,4);
            length = Integer.valueOf(len,16);
            res = res.substring(4);
            res = res.substring(0,length*2);
            String mixer_G = res.substring(0, 2).replaceAll (regex, "$1 ");
            String iF_G = res.substring(2, 4).replaceAll (regex, "$1 ");
            String thrd = res.substring(4, 8).replaceAll (regex, "$1 ");
            dataMap.put("mixer_G", mixer_G);
            dataMap.put("iF_G", iF_G);
            dataMap.put("thrd", thrd);
      }else{
         dataMap.put("opMsg", "获取接收解调器参数失败");
      }
   }
```

② 解析设置接收解调器参数返回的指令：

```
IUpHightFrequency upHightFrequency = new UpHightFrequency(serialPort,
   boundRate, dataBits, stopBits, parity);
SerialPortParam param =
upHightFrequency.setDemodulatorParam(StringUtil.hexToByte(mixer_G),
      StringUtil.hexToByte(iF_G), StringUtil.hexToByte(thrd));
Map<String, Object> dataMap = new HashMap<>();
dataMap.put("resData",
   StringUtil.bytesToHexString(param.getResBytes()));
dataMap.put("reqData",
   StringUtil.bytesToHexString(param.getReqBytes()));
if (param.getResBytes() != null && param.getResBytes().length > 0) {
   String res = dataMap.get("resData").toString();
   if(res.indexOf("BB 01 F0 00 01 00")>-1){
      dataMap.put("opMsg", "设置接收解调器参数成功");
   }else{
      dataMap.put("opMsg", "设置接收解调器参数失败");
   }
}
```

③ 解析测试阻塞信号返回的指令：

```
IUpHightFrequency upHightFrequency = new UpHightFrequency(serialPort,
   boundRate, dataBits, stopBits, parity);
SerialPortParam param = upHightFrequency.TestJammer();
Map<String, Object> dataMap = new HashMap<>();
dataMap.put("resData", StringUtil.bytesToHexString(param.getResBytes()));
dataMap.put("reqData", StringUtil.bytesToHexString(param.getReqBytes()));
if (param.getResBytes() != null && param.getResBytes().length > 0) {
   String res = dataMap.get("resData").toString();
   if(res.indexOf("FF 55 00 00 83 0A 1D")>-1){
      dataMap.put("opMsg", "测试阻塞信号成功");
      res = res.replaceAll("FF 55 00 00 83 0A ", "");
            //去掉中间空格
            res = res.replaceAll(" ", "");
            //获取长度
            String len = res.substring(0,2);
            //把长度转为十进制
            int length = Integer.valueOf(len,16);
            //截取数据包
```

```
            res = res.substring(2,(length+1)*2);
            String regex = "(.{2})";
            //两个字符中间加空格
            res = res.replaceAll (regex, "$1 ");
            res = res.replaceAll("BB 01 F2 ", "");
            res = res.replaceAll(" ", "");
            len = res.substring(0,4);
            length = Integer.valueOf(len,16);
            res = res.substring(4);
            res = res.substring(0,length*2);
            res = res.substring(4).replaceAll (regex, "$1 ");
            dataMap.put("data", res);
    }else{
        dataMap.put("opMsg", "测试阻塞信号失败");
    }
}
```

④　解析测试 RSSI 返回的指令：

```
IUpHightFrequency upHightFrequency = new UpHightFrequency(serialPort,
    boundRate, dataBits, stopBits, parity);
SerialPortParam param = upHightFrequency.testRSSI();
Map<String, Object> dataMap = new HashMap<>();
dataMap.put("resData", StringUtil.bytesToHexString(param.getResBytes()));
dataMap.put("reqData", StringUtil.bytesToHexString(param.getReqBytes()));
if (param.getResBytes() != null && param.getResBytes().length > 0) {
    String res = dataMap.get("resData").toString();
    if(res.indexOf("FF 55 00 00 83 0A 1D")>-1){
        dataMap.put("opMsg", "测试成功");
        res = res.replaceAll("FF 55 00 00 83 0A ", "");
            //去掉中间空格
            res = res.replaceAll(" ", "");
            //获取长度
            String len = res.substring(0,2);
            //把长度转为十进制
            int length = Integer.valueOf(len,16);
            //截取数据包
            res = res.substring(2,(length+1)*2);
            String regex = "(.{2})";
            //两个字符中间加空格
            res = res.replaceAll (regex, "$1 ");
            res = res.replaceAll("BB 01 F3 ", "");
            res = res.replaceAll(" ", "");
            len = res.substring(0,4);
            length = Integer.valueOf(len,16);
            res = res.substring(4);
            res = res.substring(0,length*2);
            res = res.substring(4).replaceAll (regex, "$1 ");
            dataMap.put("data", res);
    }else{
        dataMap.put("opMsg", "测试失败");
    }
}
```

(5) 参考界面如图 4.13.2 所示。

图 4.13.2 接收解调器参数、测试射频输入端阻塞信号、测试信道 RSSI 界面参考图

2. 结果分析

(1) 单击【获取】，获取当前阅读器接收解调器参数。

发送：FF 55 00 00 03 0A 07 BB 00 F1 00 00 F1 7E 25 18。其中：

① 通信协议同步帧：FF 55。

② 主从设备地址：00 00。

③ 主从命令码：03 0A。

④ 数据段长度：07(表示 7 个字节)。

⑤ 帧头 Header：BB。

⑥ 帧类型 Type：00。

⑦ 指令代码 Command：F1。

⑧ 指令参数长度 PL：00 00。

⑨ 校验位 Checksum：F1。

⑩ 帧尾 End：7E。

⑪ CRC16 校验位：25 18。

接收：FF 55 00 00 83 0A 0B BB 01 F1 00 04 02 06 00 B0 AE 7E 50 DB。其中：

① 通信协议同步帧：FF 55。

② 主从设备地址：00 00。

③ 主从命令码：83 0A。

④ 数据段长度：0B(表示 11 个字节)。

⑤ 帧头 Header：BB。

⑥ 帧类型 Type：01。

⑦ 指令代码 Command：F1。

⑧ 指令参数长度 PL：00 04。

⑨ 混频器增益 Mixer_G：02(混频器 Mixer 增益为 9dB)。

⑩ 中频放大器增益 IF_G：06(中频放大器 IF AMP 增益为 36dB)。

⑪ 信号解调阈值 Thrd：00 B0。

⑫ 校验位 Checksum：AE。

⑬ 帧尾 End：7E。

⑭ CRC16 校验位：50 DB。

(2) 单击【设置】，设置当前阅读器接收解调器参数。

发送：FF 55 00 00 03 0A 0B BB 00 F0 00 04 03 06 01 B0 AE 7E 68 06。其中：

① 通信协议同步帧：FF 55。

② 主从设备地址：00 00。

③ 主从命令码：03 0A。

④ 数据段长度：0B(表示 11 个字节)。

⑤ 帧头 Header：BB。

⑥ 帧类型 Type：00。

⑦ 指令代码 Command：F0。

⑧ 指令参数长度 PL：00 04。

⑨ 混频器增益 Mixer_G：03(混频器 Mixer 增益为 9dB)。

⑩ 中频放大器增益 IF_G：06(中频放大器 IF AMP 增益为 36dB)。

⑪ 信号解调阈值 Thrd：01 B0(信号解调阈值越小能解调的标签返回信号 RSSI 越低，但越不稳定，低于一定值完全不能解调；相反阈值越大能解调的标签返回信号 RSSI 越高，距离越近，越稳定。01 B0 是推荐的最小值)。

⑫ 校验位 Checksum：AE。

⑬ 帧尾 End：7E。

⑭ CRC16 校验位：68 06。

接收：FF 55 00 00 83 0A 08 BB 01 F0 00 01 00 F2 7E C6 68。其中：

① 通信协议同步帧：FF 55。

② 主从设备地址：00 00。

③ 主从命令码：83 0A。

④ 数据段长度：08(表示 8 个字节)。

⑤ 帧头 Header：BB。

⑥ 帧类型 Type：01。

⑦ 指令代码 Command：F0。

⑧ 指令参数长度 PL：00 01。

⑨ 指令参数 Parameter：00。

⑩ 校验位 Checksum：F2。

⑪ 帧尾 End：7E。

⑫ CRC16 校验位：C6 68。

(3) 单击【测试】，测试射频输入端阻塞信号 Scan Jammer，用于检测阅读器天线在当前地区每个信道的阻塞信号大小。

发送：FF 55 00 00 03 0A 07 BB 00 F2 00 00 F2 7E D5 5C。其中：

① 通信协议同步帧：FF 55。

② 主从设备地址：00 00。

③ 主从命令码：03 0A。

④ 数据段长度：07(表示 7 个字节)。

⑤ 帧头 Header：BB。

⑥ 帧类型 Type：00。

⑦ 指令代码 Command：F2。

⑧ 指令参数长度 PL：00 00。

⑨ 校验位 Checksum：F2。

⑩ 帧尾 End：7E。

⑪ CRC16 校验位：D5 5C。

接收：FF 55 00 00 83 0A 1D BB 01 F2 00 16 00 13 FA FA FA FA FA FA FA FA F9 F9 F9 F9 F9 F9 F9 F8 F8 F8 F8 F7 92 7E 97 06。其中：

① 通信协议同步帧：FF 55。

② 主从设备地址：00 00。

③ 主从命令码：83 0A。

④ 数据段长度：1D(表示 29 个字节)。

⑤ 帧头 Header：BB。

⑥ 帧类型 Type：01。

⑦ 指令代码 Command：F2。

⑧ 指令参数长度 PL：00 16。

⑨ 测试起始信道 CH_L：00(测试起始信道 Index 为 0)。

⑩ 测试结束信道 CH_H：13(测试结束信道 Index 为 19)。

⑪ 信道阻塞信号 JMR：FA FA FA FA FA FA FA FA F9 F9 F9 F9 F9 F9 F9 F8 F8 F8 F8 F7。

⑫ 校验位 Checksum：92。

⑬ 帧尾 End：7E。

⑭ CRC16 校验位：97 06。

(4) 单击【测试】，测试射频输入端 RSSI 信号大小，用于检测当前环境下有无阅读器在工作。

发送：FF 55 00 00 03 0A 07 BB 00 F3 00 00 F3 7E 85 60。其中：

① 通信协议同步帧：FF 55。

② 主从设备地址：00 00。

③ 主从命令码：03 0A。

④ 数据段长度：07(表示 7 个字节)。

⑤ 帧头 Header：BB。

⑥ 帧类型 Type：00。

⑦ 指令代码 Command：F3。

⑧ 指令参数长度 PL：00 00。

⑨ 校验位 Checksum：F3。

⑩ 帧尾 End：7E。

⑪ CRC16 校验位：85 60。

接收：FF 55 00 00 83 0A 1D BB 01 F3 00 16 00 13 BA BA BA BA BA BA BA BA BA BA BA BA BA BA BA BA BA BA BA BA A5 7E A0 4E。其中：

① 通信协议同步帧：FF 55。

② 主从设备地址：00 00。

③ 主从命令码：83 0A。

④ 数据段长度：1D(表示 29 个字节)。

⑤ 帧头 Header：BB。

⑥ 帧类型 Type：01。

⑦ 指令代码 Command：F3。

⑧ 指令参数长度 PL：00 16。

⑨ 测试起始信道 CH_L：00(测试起始信道 Index 为 0)。

⑩ 测试结束信道 CH_H：13(测试结束信道 Index 为 19)。

⑪ 信道阻塞信号 JMR：BA BA BA BA BA BA BA BA BA BA BA BA BA BA BA BA BA BA BA BA。

⑫ 校验位 Checksum：A5。

⑬ 帧尾 End：7E。

⑭ CRC16 校验位：A0 4E。

技能拓展

1. 读卡器发射功率与接收解调器参数是否有关系？设置读卡器发射功率 0A 28(十进制 2600，即 26dBm)，获取接收解调器参数，并记录；多次修改发射功率，对比获取接收到的解调器参数，是否有明显区别？

2. 完成设置超高频电子标签阅读器的接收解调器参数操作，并请另外一组读出。

3. 测试超高频电子标签阅读器天线的射频输入端阻塞信号。

4. 测试射频输入端 RSSI 信号大小，检测当前环境下有无阅读器在工作。

本节小结

本节主要介绍了基于射频芯片的阅读器、基于射频芯片的阅读器设置接收解调器参数等实验原理。认识超高频电子标签阅读器的接收解调器参数操作过程，通过实验开发学习设置超高频电子标签阅读器的接收解调器参数操作、学习测试超高频电子标签阅读器天线的射频输入端阻塞信号、验证测试射频输入端 RSSI 信号大小，检测当前环境下有无阅读器在工作，采用 Java 编程技术完成射频基带参数设置，掌握超高频电子标签阅读器接收解调器参数、测试射频输入端阻塞信号、测试信道 RSSI 等操作，能够读懂、分析响应信息。

第5章 微波有源 RFID 功能验证与应用开发

教学目标

知识目标	1. 认识有源 RFID 模块、标签；
	2. 学习有源 RFID 模块、标签的基本原理；
	3. 学习有源 RFID 模块、标签的配置方法；
	4. 了解有源 RFID 标签的主动工作模式、被动工作模式；
	5. 了解有源 RFID 的数据结构及通信数据包结构。
技能目标	1. 会使用教材提供的 RFID 教学实验平台及有源 RFID 模块、有源 RFID 标签；
	2. 掌握 Java 串口通信编程；
	3. 能对各个实验结果进行分析，达到理论与实际的认知统一；
	4. 掌握有源 RFID 模块的配置方法。
素质目标	1. 初步掌握有源 RFID 的基础知识，并能学以致用；
	2. 初步养成项目组成员之间的沟通、协同合作。

任务内容

本章主要介绍 RFID 教学实验平台及有源 RFID、nRF24LE1 片内资源等实验原理。学习有源 RFID 模块、标签的配置方法，了解有源 RFID 标签的主动工作模式、被动工作模式，掌握有源 RFID 标签被动工作模式下的当前信息、采样周期等操作，了解有源 RFID 的数据结构及通信数据包结构，学习 Java 串口通信技术，能够读懂反馈信息。

任务要求

- 掌握 RFID 标签的分类。
- 认识有源 RFID 模块、标签。
- 了解 nRF24LE1 芯片的基本特性和使用方法。
- 学习有源 RFID 模块、标签的基本原理。
- 学习有源 RFID 模块、标签的配置方法。
- 了解有源 RFID 标签的主动工作模式、被动工作模式。
- 掌握有源 RFID 标签被动工作模式下的当前信息、采样周期等操作。
- 了解有源 RFID 的数据结构及通信数据包结构。
- 学习 Java 串口通信技术，能够读懂反馈信息。

理论认知

1. 有源 RFID

(1) RFID 分类。

电子标签按照供电方式可以分为有源电子标签(Active tag)和无源电子标签(Passive tag)。有源电子标签内装有电池，无源射频标签没有内装电池。对于有源电子标签来说，根据标签内装电池供电情况不同又可细分为有源电子标签(Active tag)和半无源电子标签(Semi-passive tag)。

(2) 工作原理。

有源电子标签又称主动标签，标签的工作电源完全由内部电池供给，同时标签电池的能量供应也部分地转换为电子标签与阅读器通信所需的射频能量。

无源电子标签(被动标签)没有内装电池，在阅读器的读出范围之外时，电子标签处于无源状态，在阅读器的读出范围之内时，电子标签从阅读器发出的射频能量中提取其工作所需的电源。无源电子标签一般均采用反射调制方式完成电子标签信息向阅读器的传送。

(3) 标签特点。

① 主动标签自身带有电池供电，读/写距离较远(100～1500m)，体积较大，与被动标签相比成本更高，也称为有源标签，一般具有较远的阅读距离，能量耗尽后需更换电池。

② 无源电子标签在接收到阅读器发出的电磁信号后，将部分电磁能量转化为直流电供自己工作，一般可做到免维护，成本很低并具有很长的使用寿命，比主动标签更小也更轻，读写距离则较近(1～30mm)，也称为无源标签。

2. RFID 教学实验平台有源 RFID 读卡器和标签

按照工作频率的不同，RFID 又可分为低频、高频、超高频和微波等工作频段。通信频率为 2.4GHz 的频段是全球开放的 ISM(工业、科学和医学)微波频段，使用者无须申请许可证，给开发者和用户带来了很大方便；同时，可以有效地避免低频段信号、各类电火花及家用电器的干扰，而且其能量波束比较集中，携带信息量大，传输距离也更远。由基本射频集成电路搭建的无线数据通信系统往往存在电路复杂、成本较高、传输速率低下、可靠性差等缺点，为此，Nordic 公司推出一款工业级内置硬件链路层协议的低成本单芯片 nRF24LE1 型无线收发器件。

RFID 教学实验平台有源 RFID 读卡器和标签均基于 nRF24LE1 芯片设计，引脚如图 5.1 所示。

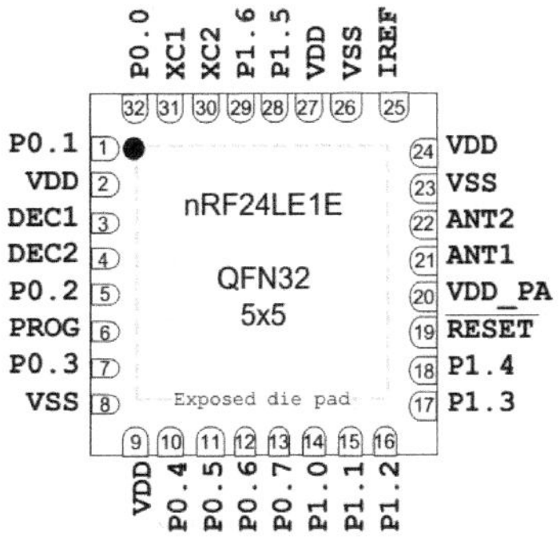

图 5.1　nRF24LE1 芯片封装

nRF24LE1 采用了 Nordic 最新的无线和超低功耗技术，在一个极小封装中集成了包括 2.4GHz 无线传输、增强型 51Flash 高速单片机、丰富外设及接口等的单片 Flash 芯片，并且采用了抗干扰能力强的 GFSK 调制解调技术，125 个频点自动跳频，片内自动生成报头和 CRC 校验码，具有出错自动重发功能，其技术特性如下。

- 内嵌 2.4GHz 低功耗无线收发内核 nRF24L01P，250Kbps、1Mbps、2Mbps 空中速率。
- 高性能 8051 内核，16KB Flash、1KB RAM。
- 具有丰富的外设资源，内置 128 位 AES 硬件加密、32 位硬件乘除协处理器、6～12 位 ADC、两路 PWM、I2C、UART、硬件随机数产生器件、WDT、RTC、模拟比较器等。
- 提供 QFN24、QFN32、QFN48 多种封装，提供灵活应用选择。
- 灵活高效的开发手段，支持 KeilC、ISP 下载，是开发无线外设、RFID、无线数传等的有力工具及平台。

1) nRF24LE1 片内资源

nRF24LE1 是为单片超低功耗无线应用而优化设计的，内部集成了增强型 8051 内核、2.4GHz 无线收发器 nRF24L01+、Flash 存储器、低功耗振荡器、定时/计数器、AES 硬件加密器、随机数发生器以及节能控制器等。所有高频元件包括电感、振荡器等全部集成在芯片内部，芯片的稳定性能高，受外界环境的影响很小。

(1) 射频收发器。

nRF24LE 使用与 nRF24L01+同样的内嵌协议引擎的 2.4GHz GFSK 收发器。射频收发器工作于 2.400～2.4835GHz 的 ISM 频段，尤其适用于超低功耗无线应用。射频收发器模块通过映射寄存器进行配置和操作。MCU 通过一个专用的片上 SPI 接口可以访问这些寄存器，无论射频收发器处在何种电源模式。内嵌的协议引擎(Enhanced Shock Burst)允许数据包通信并支持从手动操作到高级自发协议操作的各种模式。射频收发器模块的数据 FIFO 存储缓冲区保证了射频模块与 MCU 的数据流平稳。

(2) MCU。

nRF24LE1 内含一个执行传统 8051 指令集的快速 8 位 MCU(微控制器)，大多数单字节指令可以在一个周期内完成。一个机器周期在一个时钟周期完成，是传统 8051 单片机的 8 倍。

(3) 内存与 IO 组织。

MCU 包含 64KB 分离的代码与数据空间、一个 256 字节的内部数据 RAM 区域和一个

128 字节的用于特殊功能寄存器的区域(IRAM)。nRF24LE1 存储器默认配置为 16KB 程序存储器(FLASH)、1KB 数据存储器(SRAM)和 2 块非易失性数据存储器(FLASH)。IRAM 低 128 字节空间包含工作寄存器(00～1F)和可位寻址的寄存器(20～2F)。128 字节以上空间只能间接寻址。IRAM 有四个 BANK，每个 BANK 低 32 字节包含 8 个寄存器(R0～R7)。程序存储器状态字(PSW)的两位决定了使用哪个 BANK。每个 BANK 紧接着的 16 字节可位寻址寄存器可通过地址 00～7F 寻址。

(4) FLASH 存储器。

MCU 可以对 FLASH 进行读写操作，特殊环境下(如固件升级)还可以进行擦除改写操作。FLASH 存储器通过外部从 SPI 接口进行配置和编程。编程后可进行代码保护防止从外部接口读写 FLASH。

(5) RAM。

nRF24LE1 包含两个分离的 RAM 块，这些块用于保存临时数据或程序。内部 RAM(IRAM)速度快且灵活，但仅有 256 字节。另外一块 SRAM 默认在 XDATA 从 0x0000 到 0x03FF 的地址空间中，大小为 1KB(1024×8 位)。这块 SRAM 的地址可以重新映射。SRAM 块由两个 512 字节的物理块组成，低 512 字节的块称为“DataRetentive”，此块数据在掉电模式下数据仍然保持，高 512 字节的块称为“DataNoneRetentive”，此块数据在掉电时数据丢失。

(6) 定时/计数器。

nRF24LE1 包含多个定时器用于计时和重要系统事件。其中的一个定时器(RTC2)在掉电模式下可用，可用来唤醒 CPU。

(7) 中断。

nRF24LE1 有一个包含 18 个中断源的高级中断控制器。

2) 工作模式选择

通过配置 CONFIG 寄存器可把 nRF24LE1 配置为发射、接收、待机及掉电四种工作模式，如表 5.1 所示。

待机模式 1 主要用于降低电流损耗，在该模式下晶体振荡器仍然是工作的；待机模式 2 则是在 FIFO 寄存器为空且 RFCE=1 时进入此模式；待机模式下，所有配置字仍然保留。掉电模式下电流损耗最小，同时 nRF24LEl 也不工作，但其所有配置寄存器的值仍然保留。nRF24LEl 收发模式有 ShockBurst 收发模式和 EnhancedShockBurst 收发模式两种，收发模式由器件配置字决定，对应的数据包格式也有两种，如表 5.2 所示。

表 5.1 nRF24LE1 工作模式

模 式	PWR_UP	PRIM_RX	RFCE	FIFO 寄存器状态
接收模式	1	1	1	—
发送模式	1	0	1	数据在 TX FIFO 寄存器中
发送模式	1	0	1→0	停留在发送模式，直至数据发完
待机模式 2	1	0	1	TX FIFO 为空
待机模式 1	1	—	0	无数据传输
掉电	0	—	—	—

表 5.2　两种模式的数据收发格式

前导码 1 字节	地址 3-5 字节	数据位 1-32 字节		CRC 1-2 字节
ShockBurst 数据包格式				
前导码 1 字节	地址 3-5 字节	标志位 9 位	数据位 0-32 字节	CRC 1-2 字节
EnhancedShockBurst 数据包格式				

EnhancedShockBurst 模式比 ShockBurst 模式多了一个确认数据传输的信号，保证数据传输的可靠性。在 EnhancedShockBurst 收发模式下，使用片内的先入先出堆栈区，数据低速从微控制器送入，但高速(1Mbps)发射，这样可以尽量节能。因此，使用低速的微控制器也能得到很高的射频数据发射速率。与射频协议相关的所有高速信号处理都在片内进行，这种做法有三大好处：尽量节能；低的系统费用(低速微处理器也能进行高速射频发射)；数据在空中停留时间短，抗干扰性高。EnhancedShockBurst 技术同时也减小了整个系统的平均工作电流。在 EnhancedShockBurst 收发模式下，器件内部完成需要高速处理的 RF 协议，自动处理前导码和 CRC 校验码，发送数据时只需将数据放入发送数据缓冲区，器件会自行产生前导字符和 CRC 校验码，并将这些数据地址和地址信息、发送数据缓冲区的数据等组成一个数据包发送出去。接收数据时，自动把前导码和 CRC 校验码移去。

3)　工作流程

若系统采用的是 EnhancedShockBurst 收发模式，则详细的发送和接收流程如下。

EnhancedShockBurst 发射流程：

(1)　把接收机的地址和待发送的数据按时序送入 nRF24L01+。

(2)　配置 CONFIG 寄存器，使之进入发送模式。

(3)　微控制器把 RFCE 置高(至少 10μs)，激发 nRF24LEl 进行 EnhancedShockBurst 发射。

(4)　nRF24L01+EnhancedShockBurst 发送。

①　给射频前端供电。

②　射频数据打包(加前导码、CRC 校验码)。

③　高速发送数据包。

④　发送完成，nRF24L01+进入待机状态。

EnhancedShockBurst 接收流程：

(1)　配置本机地址和要接收的数据包大小。

(2)　配置 CONFIG 寄存器，使之进入接收模式，把 RFCE 置高。

(3)　130μs 后，nRF24L01+进入监视状态，等待数据包的到来。

(4)　当接收到正确的数据包(正确的地址和 CRC 校验码)，nRF24L01+自动把前导码、地址和 CRC 校验位移去。

(5)　nRF24L01+通过把 STATUS 寄存器的 RX_DR 置位(STATUS 一般引起微控制器中断)通知微控制器。

(6)　微控制器把数据从 nRF24L01+读出。

(7)　所有数据读取完毕后，可以清除 STATUS 寄存器。nRF24L01+可以进入四种主要的模式之一。

任务实施

1. 硬件连接

串口线：连接计算机串口与 RFID 教学实验平台串口。

电源适配器：连接电源适配器 DC12V 到 RFID 教学实验平台。

模块放置：有源 RFID 读卡器如图 5.2 所示，放置于 RFID 教学实验平台任意模块区域。有源 RFID 标签如图 5.3 所示，如果需要外接电源，则将 SW1 拨到 3.3V；否则使用备用电池，将 SW1 拨到 VBAT 端，如图 5.4 所示。

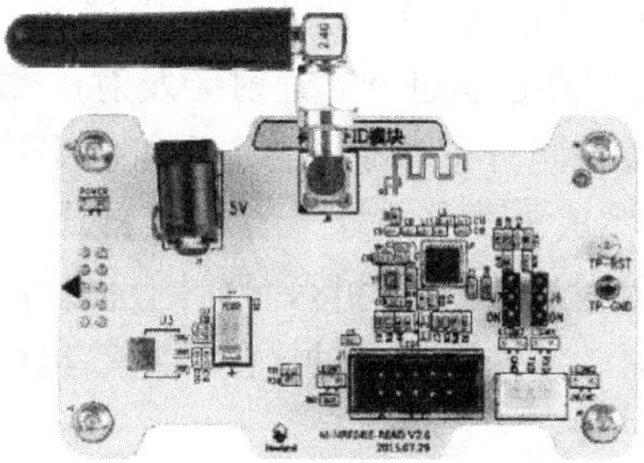

图 5.2　有源 RFID 读卡器

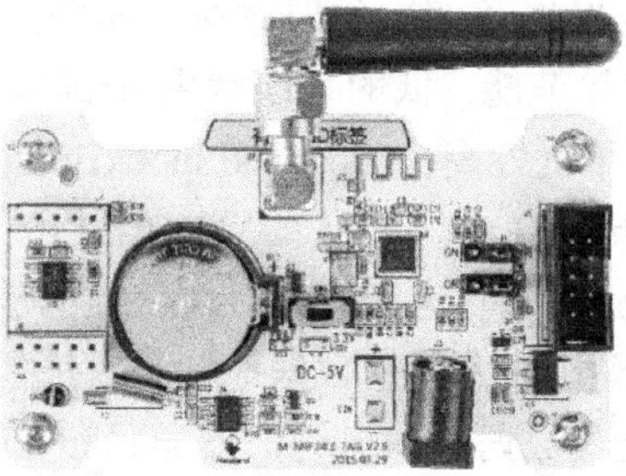

图 5.3　有源 RFID 标签

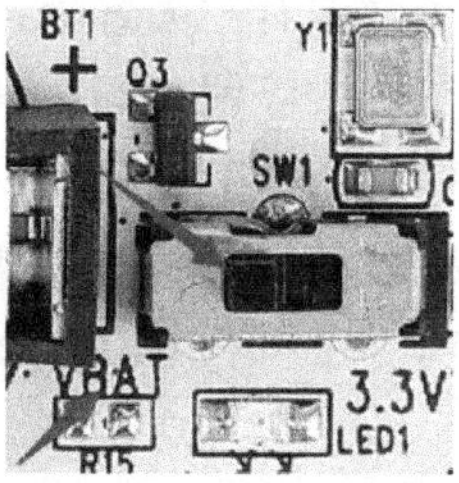

图 5.4　有源 RFID 标签拨动开关

RFID 教学实验平台拨动开关：置于“通信模式”。

RFID 教学实验平台电源开关：按下电源开关，接通电源。

2. 有源 RFID 配置

注意：此步骤请老师或功底好的学生进行。

(1) 读卡器和标签都配置成“设置”模式，如表 5.3 和表 5.4 所示。

表 5.3　读卡器配置

模　块	工作模式	跳线设置		标签工作方式	功　耗
		J6	J7		
读卡器	设置模式	ON	ON	被动接收，只允许进行参数设置，进行标签与读卡器配对	高功耗
	工作模式 (三种都一样)	OFF	OFF	主动发送标签信息，不存储，不接收	低功耗
		ON	OFF	不存储，被动接收命令，可发送历史信息等	高功耗
		OFF	ON	存储标签信息，不发送，不接收	低功耗

表 5.4 标签配置

模块	工作模式	跳线设置		标签工作方式	功耗
		J2	J4		
标签	设置模式	ON	ON	被动接收，只允许进行参数设置，进行标签与读卡器配对	高功耗
	主动工作模式	OFF	OFF	主动发送标签信息，不存储，不接收	低功耗
	存储模式	ON	OFF	不存储，被动接收命令，可发送历史信息等	高功耗
	被动工作模式	OFF	ON	存储标签信息，不发送，不接收	低功耗

(2) 打开配置软件：有源 RFID 参数设置，如图 5.5 所示。

图 5.5 有源 RFID 参数设置

(3) 观察有源 RFID 参数设置软件界面，如图 5.6 所示。

(4) 设置串口参数波特率，然后单击【连接】按钮，进行连接，如图 5.7 所示。

(5) 在【设备】下拉列表框中选择【读卡器】选项，单击【读取】按钮，获取系统 ID：2265105B76，如图 5.8 所示。

(6) 在【设备】下拉列表框中选择【标签】选项，单击【读取】按钮，获取标签序列号：31323335，如图 5.9 所示。

(7) 将【采样时间】设置为 2S，【传感器】选择【温湿度】，单击【设置】按钮，如图 5.10 所示。

图 5.6 有源 RFID 参数设置软件界面

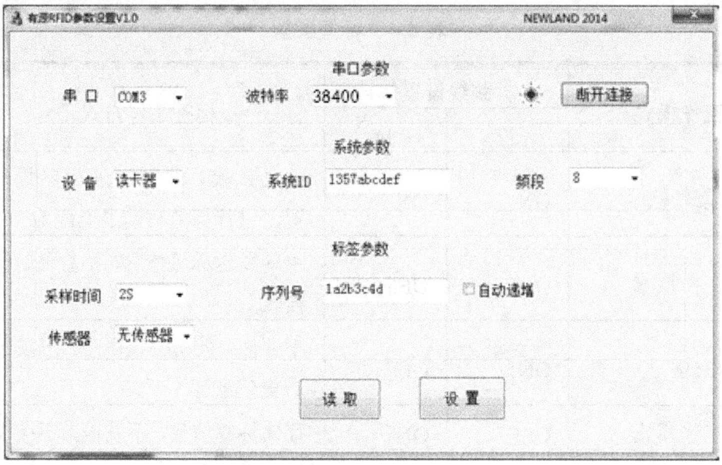

图 5.7　设置串口参数波特率

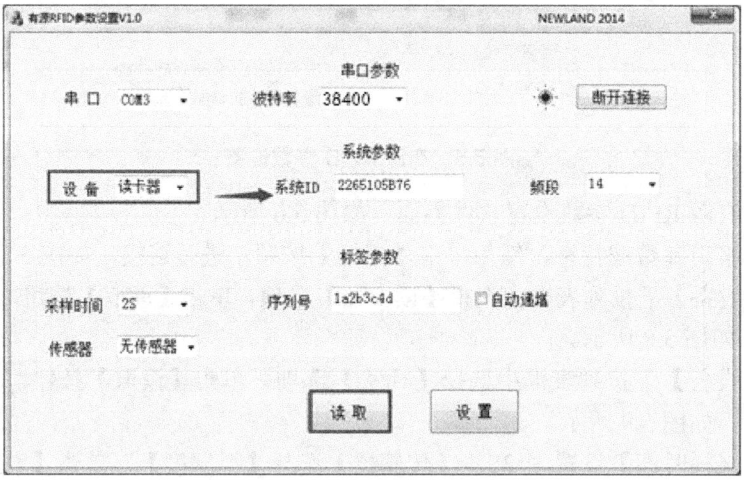

图 5.8　选择【读卡器】获取系统 ID

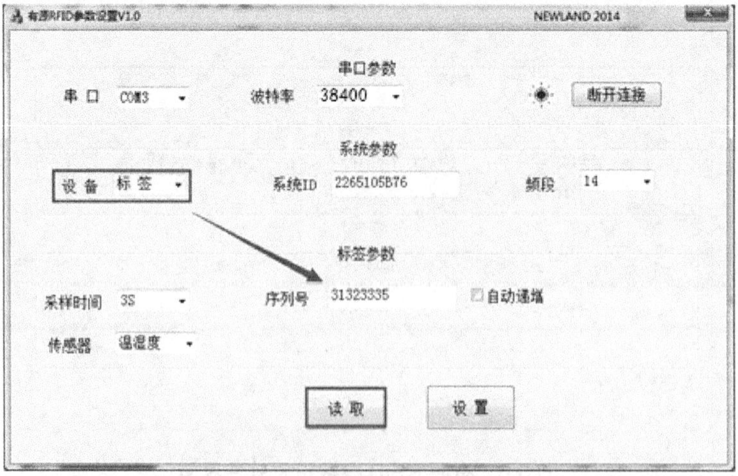

图 5.9　选择【标签】获取序列号

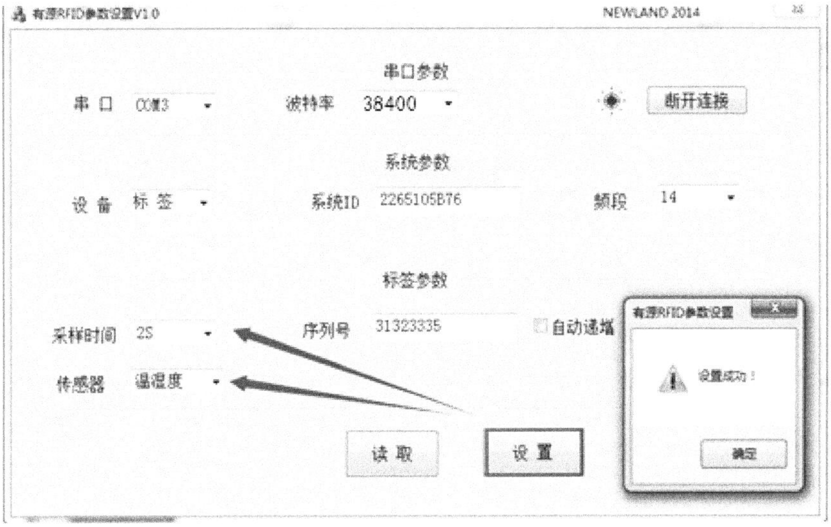

图 5.10 设置采样时间和传感器

3. 操作步骤

(1) 创建一个“SourceRFID”类实现“ISourceRFID”接口类，并实现“readAll”读取所有标签当前信息、“readSpecificLabel”读取特定标签当前信息、“readSpecificLabelHis”读取特定标签历史信息、“clearSpecificLabelHis”清除特定标签历史信息、“setPeriod”设定周期方法，返回“SerialPortParam”对象，对象包含请求参数字节码和响应参数字节码。

(2) 读取所有标签当前信息、读取特定标签当前信息、读取特定标签历史信息、清除特定标签历史信息、设定周期方法的实现流程如图 5.11 所示。

(3) 完成“readAll”“readSpecificLabel”“readSpecificLabelHis”“clearSpecificLabelHis”“setPeriod”方法的调用。

(4) 实现方法。

① 解析读取所有标签当前信息返回的指令：

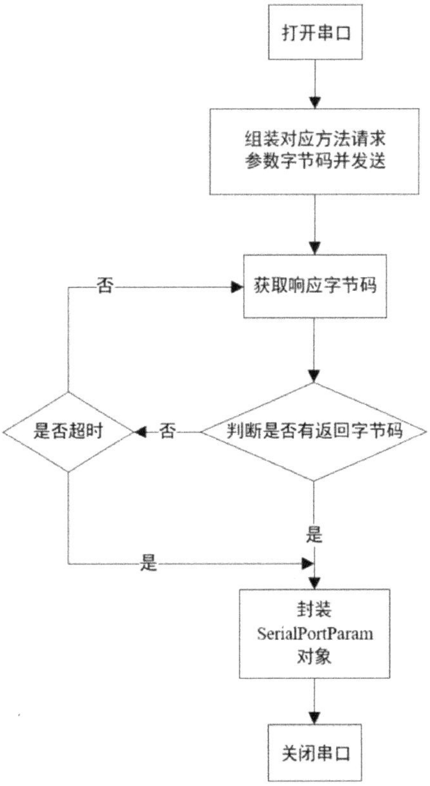

图 5.11 方法实现流程图

```
ISourceRFID sourceRFID = new SourceRFID(serialPort,
        boundRate, dataBits, stopBits, parity);
SerialPortParam param = sourceRFID.readAll();
Map<String, Object> dataMap = new HashMap<>();
dataMap.put("resData",
        StringUtil.bytesToHexString(param.getResBytes()));
dataMap.put("reqData",
        StringUtil.bytesToHexString(param.getReqBytes()));
if(param.getResBytes()!=null && param.getResBytes().length>0){
    String res = dataMap.get("resData").toString();
    if(res.indexOf("F3 11")>-1){
        res = res.replace( target: "F3 11 ", replacement: "");
        String label = res.substring(6, 17);
        dataMap.put("label", label);
        String time = res.substring(18, 35);
        time = time.replace( target: " ", replacement: "");
        String timeStr =  "20"+time.substring(0, 2)+"年"+time.substring(2, 4)+
                "月"+time.substring(4, 6)+"日"
        +time.substring(6, 8)+"时"+time.substring(8, 10)+"分"+time.substring(10, 12)+"秒";
        dataMap.put("label", label);
        dataMap.put("time", timeStr);
        dataMap.put("opMsg", "读取所有标签成功");
    }else{
        dataMap.put("opMsg", "读取所有标签失败");
    }
}else{
    dataMap.put("opMsg", "读取所有标签失败");
}
```

② 解析读取特定标签当前信息返回的指令：

```
String label = request.getParameter( s: "label");
if(StringUtils.isBlank(label)){
    return RetResult.handleFail("系列号不能为空");
}
ISourceRFID sourceRFID = new SourceRFID(serialPort,
        boundRate, dataBits, stopBits, parity);
SerialPortParam param = sourceRFID.readSpecificLabel(StringUtil.hexToByte(label));
Map<String, Object> dataMap = new HashMap<>();
dataMap.put("resData",
        StringUtil.bytesToHexString(param.getResBytes()));
dataMap.put("reqData",
        StringUtil.bytesToHexString(param.getReqBytes()));
if(param.getResBytes()!=null && param.getResBytes().length>0){
    String res = dataMap.get("resData").toString();
    if(res.indexOf("F3 11")>-1){
        res = res.replace( target: "F3 11 ", replacement: "");
        String label1 = res.substring(6, 17);
        dataMap.put("label", label1);

        String time = res.substring(18, 35);
        time = time.replace( target: " ", replacement: "");
        String timeStr =  "20"+time.substring(0, 2)+"年"+time.substring(2, 4)+"月"+time.substring(4, 6)+"日"
        +time.substring(6, 8)+"时"+time.substring(8, 10)+"分"+time.substring(10, 12)+"秒";
        dataMap.put("label", label);
        dataMap.put("time", timeStr);
        dataMap.put("opMsg", "读取特定标签成功");
    }else{
        dataMap.put("opMsg", "读取特定标签失败");
    }
}
```

③ 解析读取特定标签历史信息返回的指令：

```
String label = request.getParameter( s: "label");
if(StringUtils.isBlank(label)){
    return RetResult.handleFail("系列号不能为空");
}
ISourceRFID sourceRFID = new SourceRFID(serialPort,
        boundRate, dataBits, stopBits, parity);
SerialPortParam param = sourceRFID.readSpecificLabelHis(StringUtil.hexToByte(label));
Map<String, Object> dataMap = new HashMap<>();
dataMap.put("resData",
        StringUtil.bytesToHexString(param.getResBytes()));
dataMap.put("reqData",
        StringUtil.bytesToHexString(param.getReqBytes()));
if(param.getResBytes()!=null && param.getResBytes().length>0){
    String res = dataMap.get("resData").toString();
    if(res.indexOf("F3 11")>-1){
        res = res.replace( target: "F3 11 ",  replacement: "");
        String label1 = res.substring(6, 17);
        dataMap.put("label", label1);
        String time = res.substring(18, 35);
        time = time.replace( target: " ",  replacement: "");
        String timeStr =  "20"+time.substring(0, 2)+"年"+time.substring(2, 4)+"月"
                +time.substring(4, 6)+"日"
        +time.substring(6, 8)+"时"+time.substring(8, 10)+"分"+time.substring(10, 12)+"秒";
        dataMap.put("label", label);
        dataMap.put("time", timeStr);
        dataMap.put("opMsg", "读取特定标签历史信息成功");
    }else{
        dataMap.put("opMsg", "读取特定标签历史信息失败");
    }
}
```

④ 解析清除特定标签历史信息返回的指令：

```
ISourceRFID sourceRFID = new SourceRFID(serialPort,
        boundRate, dataBits, stopBits, parity);
SerialPortParam param = sourceRFID.clearSpecificLabelHis(StringUtil.hexToByte(label));
Map<String, Object> dataMap = new HashMap<>();
dataMap.put("resData",
        StringUtil.bytesToHexString(param.getResBytes()));
dataMap.put("reqData",
        StringUtil.bytesToHexString(param.getReqBytes()));
if(param.getResBytes()!=null && param.getResBytes().length>0){
    String res = dataMap.get("resData").toString();
    if(res.indexOf("F3 07")>-1){
        res = res.replace( target: "F3 07 ",  replacement: "");
        String label1 = res.substring(6, 17);
        dataMap.put("label", label1);
        String data = res.substring(18, 47);
        dataMap.put("label", label);
        dataMap.put("data", data);
        dataMap.put("opMsg", "清除特定标签历史信息成功");
    }else{
        dataMap.put("opMsg", "清除特定标签历史信息失败");
    }
}
```

⑤　解析设定周期返回的指令：

```
ISourceRFID sourceRFID = new SourceRFID(serialPort,
        boundRate, dataBits, stopBits, parity);
period = StringUtil.intToHex(Integer.parseInt(period));
if(period.length()==2){
    period ="00 "+period;
}
SerialPortParam param = sourceRFID.setPeriod(StringUtil.hexToByte(label), StringUtil.hexToByte(period));
Map<String, Object> dataMap = new HashMap<>();
dataMap.put("resData",
        StringUtil.bytesToHexString(param.getResBytes()));
dataMap.put("reqData",
        StringUtil.bytesToHexString(param.getReqBytes()));
if(param.getResBytes()!=null && param.getResBytes().length>0){
    String res = dataMap.get("resData").toString();
    if(res.indexOf("F3 07 20 31 32 33 35 00")>-1){
        dataMap.put("opMsg", "设定周期成功");
    }else{
        dataMap.put("opMsg", "设定周期失败");
    }
}
```

(5)　参考界面。有源 RFID 基本操作界面如图 5.12 所示。

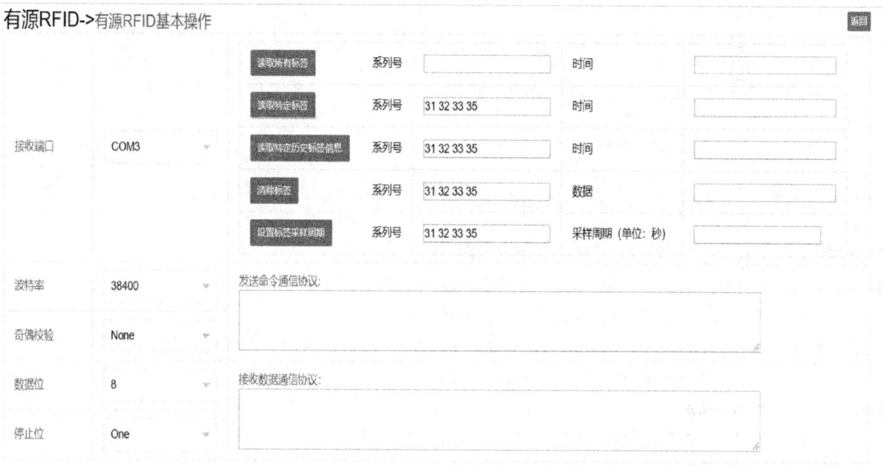

图 5.12　有源 RFID 基本操作界面参考图

4. 结果分析

(1)　读取所有标签当前信息。

PC 机发送：EF 02 11 ED。

①　HEAD 数据头(下行数据头为 EF，上行数据头为 F3)：EF。

②　LEN 数据包长度(从 LEN 开始到 CHK 前一个字节的所有字节数)：02。

③　CMD 命令码：11(命令含义：读取所有标签当前信息)。

④　CHK 校验码(从 LEN 开始到 CHK 前一个字节相加、取反)：ED。

响应接收：F3 11 11 01 31 32 33 35 14 02 28 23 58 30 BE 00 84 02 E5 0A。

①　HEAD 数据头(下行数据头为 EF，上行数据头为 F3)：F3。

②　LEN 数据包长度(从 LEN 开始到 CHK 前一个字节的所有字节数)：11(十进制为 17)。

③ 数据信息：11 01 31 32 33 35 14 02 28 23 58 30 BE 00 84 02。

(a) 11：CMD 命令码，读取所有标签当前信息。

(b) 01：TYPE 标签类型，00 表示不带传感器，01 表示带温湿度传感器，其他保留。

(c) 31 32 33 35：电子标签的 ID，4 字节。

(d) 14 02 28 23 58 30：年月日时分秒，2014 年 2 月 28 日 23 时 58 分 30 秒。

(e) BE 00 84 02：温湿度传感器，温度 2 个字节+湿度 2 个字节；BE 00 为温度数据，为 2 字节小端十六进制有符号数，首先进行高低字节转换 00BE，十进制为 190，温度分辨率为 0.1℃，为 19.0℃；84 02 为湿度数据，为 2 字节小端十六进制有符号数，首先进行高低字节转换 0284，十进制为 644，湿度分辨率为 0.1℃，为 64.4%。

④ CHK 校验码(从 LEN 开始到 CHK 前一个字节相加、取反)：E5。

⑤ 保留：0A。

(2) 读取特定标签当前信息、读取特定标签历史信息。

PC 机发送：EF 06 13 31 32 33 35 1C。

① HEAD 数据头(下行数据头为 EF，上行数据头为 F3)：EF。

② LEN 数据包长度(从 LEN 开始到 CHK 前一个字节的所有字节数)：06。

③ CMD 命令码：13(命令含义：读取特定标签信息；13 表示读取特定标签历史信息)。

④ 电子标签的 ID：31 32 33 35。

⑤ CHK 校验码(从 LEN 开始到 CHK 前一个字节相加、取反)：1C。

响应接收：F3 11 12 01 31 32 33 35 14 02 28 23 58 30 BE 00 89 02 DF 0A。

① HEAD 数据头(下行数据头为 EF，上行数据头为 F3)：F3。

② LEN 数据包长度(从 LEN 开始到 CHK 前一个字节的所有字节数)：11(十进制为 17)。

③ 数据信息：12 01 31 32 33 35 14 02 28 23 58 30 BE 00 89 02。

(a) 12：CMD 命令码，读取特定标签当前信息；13 表示读取特定标签历史信息。

(b) 01：TYPE 标签类型，00 表示不带传感器，01 表示带温湿度传感器，其他保留。

(c) 31 32 33 35：电子标签的 ID，4 字节。

(d) 14 02 28 23 58 30：年月日时分秒，2014 年 2 月 28 日 23 时 58 分 30 秒。

(e) BE 00 89 02：温湿度传感器，温度 2 个字节+湿度 2 个字节；BE 00 为温度数据，为 2 字节小端十六进制有符号数，首先进行高低字节转换 00BE，十进制为 190，温度分辨率为 0.1 度，为 19.0℃；89 02 为湿度数据，为 2 字节小端十六进制有符号数，首先进行高低字节转换 0289，十进制为 649，湿度分辨率为 0.1 度，为 64.9%。

④ CHK 校验码(从 LEN 开始到 CHK 前一个字节相加、取反)：DF。

⑤ 保留：0A。

(3) 清除特定标签历史信息。

PC 机发送：EF 06 15 31 32 33 35 1A。

① HEAD 数据头(下行数据头为 EF，上行数据头为 F3)：EF。

② LEN 数据包长度(从 LEN 开始到 CHK 前一个字节的所有字节数)：06。

③ CMD 命令码：15(命令含义：清除特定标签历史信息)。

④　电子标签的 ID：31 32 33 35。

⑤　CHK 校验码(从 LEN 开始到 CHK 前一个字节相加、取反)：1A。

响应接收：F3 07 15 31 32 33 35 00 19 0B 20 50 30 4E 63 64 65 66 0D 0A。

①　HEAD 数据头(下行数据头为 EF，上行数据头为 F3)：F3。

②　LEN 数据包长度(从 LEN 开始到 CHK 前一个字节的所有字节数)：07(十进制为 7)。

③　数据信息：15 31 32 33 35 00 1B 0B 20 50 30 4E 63 64 65 66 0D。

(a)　15：CMD 命令码，读取所有标签当前信息。

(b)　31 32 33 35：电子标签的 ID，4 字节。

(c)　00：表示成功。

④　CHK 校验码(从 LEN 开始到 CHK 前一个字节相加、取反)：1B。

⑤ 保留：0B 20 50 30 4E 63 64 65 66 0D(P0Ncdef)。

(4)　设定特定标签采样周期。

PC 机发送：EF 08 20 31 32 33 35 00 02 0B。

①　HEAD 数据头(下行数据头为 EF，上行数据头为 F3)：EF。

②　LEN 数据包长度(从 LEN 开始到 CHK 前一个字节的所有字节数)：08。

③　CMD 命令码：20(命令含义：设置特定标签采样周期)。

④　电子标签的 ID：31 32 33 35。

⑤　两字节低端模式(高位在前，低位在后，如 00 02 十六进制为 0002，表示 2 秒)：00 02。

⑥　CHK 校验码(从 LEN 开始到 CHK 前一个字节相加、取反)：0B。

响应接收：F3 07 20 31 32 33 35 00 0E 0B 32 33 35 01 02 00 76 66 0D。

①　HEAD 数据头(下行数据头为 EF，上行数据头为 F3)：F3。

②　LEN 数据包长度(从 LEN 开始到 CHK 前一个字节的所有字节数)：07(十进制为 7)。

③　数据信息：20 31 32 33 35 00 0D 0B 32 33 35 01 02 00 76 66 0D。

(a)　20：CMD 命令码，读取所有标签当前信息。

(b)　31 32 33 35：电子标签的 ID，4 字节。

(c)　00：表示成功。

④　CHK 校验码(从 LEN 开始到 CHK 前一个字节相加、取反)：0D。

⑤　保留：0B 32 33 35 01 02 00 76 66 0D(P0Ncdef)。

技能拓展

1. 将有源 RFID 标签断电，观察有源 RFID 模块是否有反馈数据，并进行分析。

2. 将有源 RFID 标签通电，观察有源 RFID 模块是否有反馈数据，并进行分析。

3. 将有源 RFID 标签通电，逐渐远离有源 RFID 模块，观察有源 RFID 模块是否有反馈数据；远离 1 米、10 米、20 米、50 米，并进行分析。

任务小结

本章主要介绍了有源 RFID、nRF24LE1 片内资源等实验原理。介绍了 RFID 标签的分类，有源 RFID 模块、标签；详细讲述了 nRF24LE1 芯片的基本特性和使用方法；对有源 RFID 标签的主动工作模式、被动工作模式有深入的描述；并对有源 RFID 标签被动工作模式下的当前信息、采样周期等操作进行了详细的讲解；最后对有源 RFID 的数据结构及通信数据包结构进行了剖析。通过实验的方式，采用 Java 语言对串口通信技术编程，实现上述功能操作，并能够读懂、分析标签反馈的信息。

第 6 章 二维码功能验证与应用开发

教学目标

知识目标	1. 学习二维码模块操作原理；
	2. 学习二维码操作的方法及二维码的解码过程。
技能目标	1. 会使用教材提供的 RFID 教学实验平台及条码识别模块；
	2. 掌握 Java 串口通信编程；
	3. 能对各个实验结果进行分析，达到理论与实践的认知统一；
	4. 掌握 API 接口调用。
素质目标	1. 掌握二维码相关的基本操作；
	2. 初步养成项目组成员之间的沟通、协同合作。

任务内容

本章主要介绍二维码的解码过程、解码步骤等实验原理。学习二维码识读的原理、体验二维码扫描模式，掌握 RFID 教学实验平台的二维码识读的相关硬件电路基本原理，掌握 Java 编程技术。

编写 Java 程序，对识读设备进行参数设置和获取识别数据。具体实现如下功能操作：

功能 1：实现对识读设备的参数设置，体验二维码扫描模式。

功能 2：实现获取识别数据。

任务要求

- 理解并掌握条码识读设备的参数设置。
- 掌握使用条码识读的解码编程。
- 掌握 Java 编程技术。

理论认知

1. 条码识读设备简介

条码扫描器通常也被人们称为条码扫描枪/阅读器，是用于读取条码所包含信息的设备，可分为一维、二维条码扫描器。条码扫描器的结构通常分为以下几部分：光源、接收装置、光电转换部件、译码电路、计算机接口。扫描枪的基本工作原理为：由光源发出的光线经过光学系统照射到条码符号上面，被反射回来的光经过光学系统成像在光电转换器上，经译码器解释为计算机可以直接接受的数字信号。除一维、二维条码扫描器分类之外，还可分类为 CCD、全角度激光和激光手持式条码扫描器。

常见的平板式条码扫描器一般由光源、光学透镜、扫描模组、模拟数字转换电路加塑料外壳构成。它利用光电元件将检测到的光信号转换成电信号，再将电信号通过模拟数字转换器转化为数字信号传输到计算机中处理。当扫描一幅图像的时候，光源照射到图像上后反射光穿过透镜会聚到扫描模组上，由扫描模组把光信号转换成模拟数字信号(即电压，它与接收到的光的强度有关)，同时指出那个像素的灰暗程度。这时候模拟-数字转换电路把模拟信号转换成数字信号，传送到计算机。颜色采用 RGB 三色的 8、10、12 位来量化，即把信号处理成上述位数的图像输出。如果有更高的量化位数，意味着图像有更丰富的层次和深度，但颜色范围已超出人眼的识别能力，所以在可分辨的范围内，更高位数的条码扫描器扫描出来的效果颜色衔接平滑，能够看到更多的画面细节。

2. NLS-N1 嵌入式条码识读引擎

NLS-N1 是一款超小尺寸嵌入式条码识读引擎，采用了 CMOS 影像技术以及具有国际领先水平的第六代 UIMG 心解码技术的智能图像识别系统。N1 的图像采集器与解码板采用一体化设计，集成度高，可适应各种产品集成应用，方便嵌入各种 OEM 产品，比如手持式、便携式及固定式条码采集器等。N1 还针对屏幕条码做了特殊调校，可适应低亮度及各类贴膜的大数据量屏幕条码，可以轻松读取纸张、磁卡等介质上的各类条码，识读性能强大。

N1 的主要技术参数如图 6.1 所示。

扫描性能	图像传感器		640*480 CMOS
	照明		白光 LED
	对焦		红光 625nm
	识读码制	2D	PDF417, QR Code, Micro QR, Data Matrix
		1D	Code 128, EAN-13, EAN-8, Code 39, UPC-A, UPC-E, Codabar, Interleaved 2 of 5, ITF-6, ITF-14, ISBN, ISSN, Code 93, UCC/EAN-128, GS1 Databar, Matrix 2 of 5, Code 11, Industrial 2 of 5, Standard 2 of 5, AIM128, Plessey, MSI-Plessey
	识读精度*		≥3mil
	典型识读景深*	EAN13（13mil）	65-350mm
		PDF417（6.7mil）	50-125mm
		Code39（5mil）	40-150mm
		Data Matrix（10mil）	45-120mm
		QR Code（15mil）	30-170mm
	符号反差*		≥25%
	条码灵敏度**		倾斜±60°，偏转±60°，旋转 360°
	视场角度		水平 42°，垂直 31.5°
机械/电气参数	通信接口		TTL-232,USB
	外观尺寸(mm)		21.5(W)×9.0(D)×7.0(H)（最大值）
	重量		1.2g
	工作电压		3.3 VDC±5%
	额定功耗		452mW（典型值）
	电流@3.3 VDC	工作电流	138mA（典型值）
		空闲电流	11.8mA
环境参数	工作温度		-20℃~+55℃
	储存温度		-40℃~+70℃
	工作湿度		5%~95%（无凝结）
	环境光照		0~100,000LUX
国际认证			FCC Part15 Class B,CE EMC Class B, RoHS2.0, IEC62471
配件列表	开发板		开发板带触发按键和蜂鸣器，具备 RS-232 和 USB 输出
	数据线	USB	USB 数据线，用来连接开发板和信息接收主机
		RS-232	RS232 数据线，用来连接开发板和信息接收主机
	电源适配器		5V 电源适配器，配合 RS232 数据线给开发板供电

图 6.1　条码识读引擎 NLS-N1 的主要技术参数

本实验平台提供 USB 和 TTL-232 接口，可以满足很多场合的接口需求，我们将利用交互命令对其识读模式、照明灯、瞄准灯、解码声音等参数项目进行设置，并获取扫码图片。

3. NLS-N1 的设置命令

N1 扫描器可以通过识读一系列特殊条码来设置选项和功能，这种设置识读的方法比较直接，但由于需要手动识读每个设置码，因而容易发生误设置。除了扫码设置的方法，还可以通过主机发送设置命令字符串的方式对扫描器进行设置。利用设置命令对扫描器进行设置是可以自动化进行的，用户可以开发相应的软件，将所有相关的设置数据都载入扫描器中。本节将以 TTL-232 接口为例介绍部分常用的设置命令。

波特率是指串口数据通信时每秒传输的位数，扫描器和数据接收主机所使用的波特率须保持一致才能保证数据传输的准确。N1 扫描器支持 115200、57600、38400、19200、14400、9600、4800、2400、1200 等多个波特率，单位是 b/s，默认为 9600。

主机发送给扫描器的设置命令的格式为：

～<SOH>0000#xxxxx;<ETX>

扫描器返回的应答报文的格式为：

<STX><SOH>0000#xxxxx<ACK>;<ETX>

其中，<SOH>代表 ASCII 码表中的控制字符“标题开始”，即 01；<ETX>代表控制字符“正文结束”，即 03；<STX>代表控制字符“正文开始”，即 02；<ACK>代表控制字符“确认”，即 06；xxxxx 代表具体的设置命令字符串；#表示该设置是暂时的，设备断电或重启后，参数将恢复到此前设置保存的状态，如果需要存储设置的参数，可以使用字符@。

(1) 识读模式设置。N1 支持多种识读模式，常见的模式如表 6.1 所示，用户可以根据实际需要设置扫描器工作在某个模式，设置成功后即时生效。

表 6.1　N1 的识读模式

识读模式	设置命令字符串(假设需要存储)
电平触发模式	@SCNMOD0
感应模式	@SCNMOD2
连续读码模式	@SCNMOD3

① 电平触发模式：设置为电平触发模式后，按住扫码键 S1 将启动读码，读码成功或者松开扫码键后，读码结束。

② 感应模式：设置为感应模式后即进入读码状态，直到读码成功或者达到一次读码超时设定的时间(默认为 3000 毫秒)后停止读码，当有新的条码呈现，会重新进入读码状态。在该模式下，重读延时可以用来防止同一个条码被读到多次，灵敏度可以用来改变感应模式对光线的敏感度。

③ 连续读码模式：设置为连续读码模式后扫描器将一直处于读码状态。按下并松开扫码键可以让扫描器在读码状态和停止读码状态之间切换。在该模式下，重读延时(默认为 50 毫秒)可以用来防止同一个条码被读到多次。识读设置码切换为该模式时，将会停止读码 3 秒钟，然后进入连续读码状态。

(2) 照明灯设置。N1 的内部照明灯可以设置为三种模式，如表 6.2 所示。在“开启”模式下，照明灯将在扫码期间点亮，扫码结束后照明灯自动熄灭；在“关闭”模式下，照明灯将一直处于熄灭状态；在“常亮”模式下，照明灯将一直处于点亮状态。

表 6.2　N1 的照明灯工作模式

照明灯工作模式	设置命令字符串(假设不需要存储)
开启	#ILLSCN1
关闭	#ILLSCN0
常亮	#ILLSCN2

(3) 瞄准灯设置。与照明灯类似，N1 的聚焦瞄准灯也有三种工作模式，如表 6.3 所示。

表 6.3　N1 的瞄准灯工作模式

瞄准灯工作模式	设置命令字符串(假设不需要存储)
开启	#AMLENA1
关闭	#AMLENA0
常亮	#AMLENA2

(4) 解码声音设置。用户可以配置 N1 扫描器解码成功时的提示音参数，设置使其禁止或开启扫码成功声音提示、设置解码成功声音持续时间、设置解码成功声音频率以及设置解码成功声音音量。常见的设置命令如表 6.4 所示。

表 6.4　N1 的解码声音参数

解码声音参数	设置命令字符串(假设不需要存储)
开启解码成功声音提示	#GRBENA1
关闭解码成功声音提示	#GRBENA0
解码成功声音持续时间	#GRBDURxxx(xxx 取值范围为 20～300ms，默认值为 80)
解码成功声音频率	#GRBFRQxxxxx(xxxxx 取值范围为 20～20000Hz，默认值为 2730)
解码成功声音音量	#GRBVLLxx(xx 取值范围为 1～20，默认值为 20)

任务实施

1. 硬件说明

串口线：使用公母直连串口线(或者使用 USB 转串口连接线)连接计算机串口(或者计算机 USB 口)与 RFID 教学实验平台串口，使用 USB 转串口连接线时需安装相应驱动。

电源适配器：连接 DC12V 电源适配器到 RFID 教学实验平台。

条码识读模块主要由单片机 STM32L151C8、OLED 显示屏、NLS-N1 条码识读引擎、蜂鸣器、按键、LED 指示灯、滑动开关以及 RS-485 收发器等组成。其中，开关 JP5 用于切换单片机的 UART1，使其连接到 RFID 教学实验平台主机串口(即 JP2 接口处)或者连接到插座 J11；开关 JP4 用于切换单片机的 UART2，使其连接到条码识读引擎的串口或者连接到插座 J14 和 CN5(J14 和 CN5 并联)；开关 JP1 用于切换单片机启动时的 Boot 模式，使其从主闪存存储器启动或者从系统存储器启动。

实验前，先将条码识读模块上的滑动开关 JP5 拨到 JP2 方向(即向上拨)，如图 6.2 所示，使 STM32L151C8 的串口 UART1 连接到 RFID 教学实验平台主机的串口；将滑动开关 JP4 拨到 U1 方向(即向左拨)，使 STM32L151C8 的串口 UART2 连接到 NLS-N1 的串口；将滑动开关 JP1 拨到 RUN 方向(即向下拨)，使 STM32L151C8 从主存储器启动。接着，把模块放置在主机的时隙位上，打开 RFID 教学实验平台主机电源开关开始实验。

注意，条码识读模块在出厂时已经烧录了本实验所使用的单片机固件，如果该固件被擦除了，需重新烧录，烧录前将 JP1 向上拨到 BOOT 位置(即从系统存储器启动)，使 RFID 教学实验平台旋钮开关置于“通信模式”，再给 RFID 教学实验平台主机上电，将实验配套的固件下载到 STM32L151C8 中。烧录时，RFID 教学实验主机上不能有其他模块同时使用主机的串口通信，否则将影响固件的下载。固件下载完成后，将条码识读模块上的 JP1 开关向下拨到 RUN 位置(即从主存储器启动)，RFID 教学实验平台主机断电再上电一次，让条码识读模块开始正常运行。

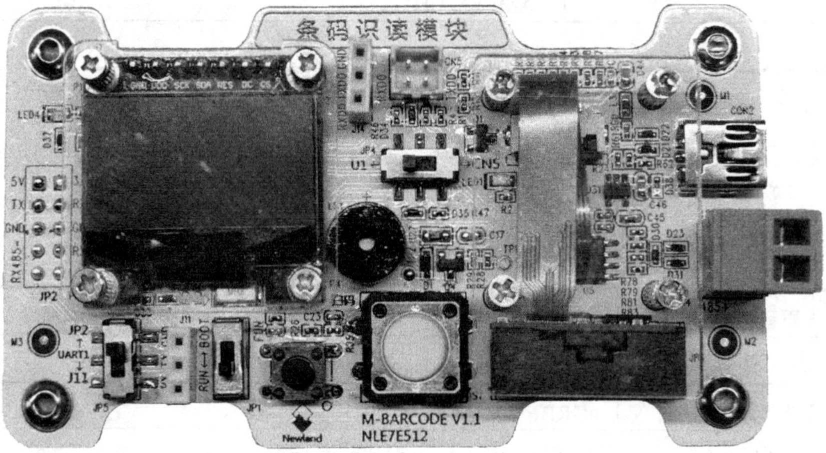

图 6.2　条码识读模块

条码识读模块通电运行后，默认运行在感应模式，功能键 FUN 的功能是 OLED 屏的显示翻页和软复位(按住功能键 1 秒以上)，扫码键 S1 的功能是手动触发扫码识读。OLED 屏用于显示单片机从串口 UART1 收到的命令以及从 UART2 收到的识读结果，当一屏不够显示时，可以按 FUN 键顺次切换显示剩余的内容。注意，一旦进入获取图片的进程，OLED 屏将固定显示“高速传输关闭显示和按键”，不再显示串口收发的数据和响应 FUN 按键，如果需要恢复之前的正常显示状态，只能给模块重新上电。

2. 操作步骤

(1) 根据前面介绍的设置命令，利用自己掌握的 Java 知识，开发条码识读模块参数设置功能，参考代码如下。

```
public Object setParam(String serialPort, int boundRate, int dataBits,
        int stopBits, int parity,String command){
    //command 为发送指令
    try {
        //打开串口
        //串口号serialPort, 波特率 boundRate, 数据位 dataBits, 停止位 stopBits, 校验位 parity
        SerialPortManager.openSerialPort(serialPort, boundRate, dataBits, stopBits, parity);
        if (StringUtils.isNotBlank(command)) {
            //调用发送
            if (!sendParam(command)) {
                return RetResult.handleFail("设置失败");
            }
        }
    }catch (Exception  e){
        RetResult.handleFail("设置失败");
    }
   return RetResult.handleSuccess();
}
```

```
public boolean sendParam(String reqText) throws IOException, InterruptedException {
    //定义超时时间，单位毫秒
    int timeout = 5000;
    //记录开始时间
    long begin = System.currentTimeMillis();
    //发送对应参数指令
    SerialPortManager.sendBytes(addHeadTail(reqText.getBytes()));
    //循环判断是否有返回指令，只有返回指令才结束
    while(SerialPortManager.getResBytes() ==null){//循环判断是否无返回指令
        //休眠50毫秒时间
        Thread.sleep( millis: 50);
        //判断时间是否超时，如果超时也退出循环
        if(System.currentTimeMillis()-begin>timeout){//判断是否已经超时
            break;//退出循环
        }
    }
    byte[] res = SerialPortManager.getResBytes();
    if(res!=null || res.length>0){
        //把包头包尾的字节去掉
        res = wipeOffHeadTail(res);
        //判断是否成功
        return isOptSuccess(reqText.getBytes(),res);
    }else{
        return false;
    }
}
public static byte[] addHeadTail(byte[] bytes) throws IOException {
    //将字节数组转成对应字符串内容
    String data = StringUtil.bytesToHexString(bytes);
    //包头 7E 01 30 30 30 30
    //包尾 3B 03
    //在原先字节上前面拼接上包头，尾部拼接上包尾
    data = "7E 01 30 30 30 30"+" "+data+" "+"3B 03";
    //将拼接后的字节字符串转成字节数组，并返回
    return StringUtil.hexToByte(data);
}
public static byte[] wipeOffHeadTail(byte[] bytes){
    //包头 7E 01 30 30 30 30
    //包尾 3B 03
    //包头+包尾=9个字节
    //判断内容是否为空或者小于9个字节，如果是返回null，代表是错误的字节无法脱掉包头和包尾
    if(bytes==null || bytes.length<9) {
        return null;
    }else{
        //脱掉包头包尾
        //使用Arrays工具类截取对应字节数组的内容，从7个自己开始截取，到倒数第二个为止
        return Arrays.copyOfRange(bytes, from: 6, to: bytes.length-2);
    }
}
public static boolean isOptSuccess(byte[] reqs,byte[] resps){
    //reqs代表请求字节数组，resps代表响应字节数组
    //判断请求字节与响应字节是否有一个为空，如果是则返回true 代表操作失败
    if(reqs==null || resps==null) {
        return false;
    }
    //定义一个字节数组bytes，长度为响应字节数组大小，并将请求字节拷贝到新的数组
    //可以用Arrays.copyOf轻松实现
    byte[] bytes= Arrays.copyOf(reqs,resps.length);
    //将最后一个字节设置为06
    bytes[bytes.length-1] = 06;
    //利用工具Arrays.equals方法，轻松实现判断是否两个字节数组相等，是代表操作成功，否代表操作失败
    return Arrays.equals(bytes,resps);
}
```

开发完成，调用 setParam 方法进行测试。

(2) 在前一个功能开发的基础上，开发打开扫码功能，参考代码如下。

```
public Object readCode(final String serialPort, final int boundRate, final int dataBits,
                final int stopBits, final int parity){
    new Thread((Runnable) () → {
            try {
                //关闭串口，如果已经打开串口了，需要进行关闭，如果没有打开，也不会报错
                SerialPortManager.closeSerialPort();
                //打开串口，传入对应参数 串口号 serielPort, 波特率 boundRate,
                // 数据位 dataBits,停止位 stopBits, 校验位 parity
                final SerialPort serialPortManager;
                serialPortManager = SerialPortManager.openSerialPort(serialPort,
                        boundRate,dataBits, stopBits,parity);
                //添加一个事件监听，监听串口返回数据
                serialPortManager.addEventListener((serialPortEvent) → {
                        //判断串口事件是否是数据达到事件
                        if(serialPortEvent.getEventType() == SerialPortEvent.DATA_AVAILABLE){
                            try {
                                //获取串口输入流
                                InputStream inputStream = serialPortManager.getInputStream();
                                //定义一个字节数组输出流
                                ByteArrayOutputStream baos = new ByteArrayOutputStream();
                                //定义一个读取缓冲区
                                byte[] buffer = new byte[1024]; // 1KB
                                //每次读取到内容的长度
                                int len = 0;
                                //开始读取输入流中的内容
                                while ((len = inputStream.read(buffer)) != 0) { //当等于-1说明没有数据可以读取了
                                    baos.write(buffer,  off: 0, len);    //把读取到的内容写到输出流中
                                }
                                //关闭输入流
                                inputStream.close();
                                //关闭输出流
                                baos.close();
                                //字节输出流当中获取字节数组
                                byte[] resData = baos.toByteArray();
                                try {
                                    //将字节数组转成字符串，并放入到同步队列当中，等待另外一个线程来取
                                    blockingQueue.put(new String(resData));
                                } catch (InterruptedException e) {
                                    e.printStackTrace();
                                }
                            } catch (IOException e) {
                                e.printStackTrace();
                                SerialPortManager.closeSerialPort();//关闭串口
                            }
                        }
                });
            } catch (TooManyListenersException | SerialPortException e) {
                e.printStackTrace();
            }
    }).start();
    Map<String,Object> dataMap = new HashMap<>();
    dataMap.put("opMsg","已打开扫码，请进行扫码，再获取词码");
    return RetResult.handleSuccess(dataMap);
}
```

接着开发获取词码的方法，参考代码如下。

```
public Object getData() throws InterruptedException {
    //从阻塞队列当中获取数据
    String result = (String) blockingQueue.poll();
    Map<String,Object> dataMap = new HashMap<>();
    dataMap.put("data",result);
    return RetResult.handleSuccess(dataMap);
}
```

开发完成，先调用 readCode 方法打开扫码，再调用 getData 获取词码。

(3) 在前两个功能开发的基础上，开发获取图片功能，参考代码如下。

```
public Object createImg(String serialPort, int boundRate, int dataBits,
        int stopBits, int parity,HttpServletRequest request){
    try {
        //设置图片要存储的路径，demo是Web系统，获取temp路径为图片要存储的路径，实际可以根据自己的需求设置路径
        final String path = request.getSession().getServletContext().getRealPath( s: "/temp")+"/";
        //定义一个图片文件名，demo以当前的时间毫秒值作为文件名
        final String fileName = System.currentTimeMillis()+".png";
        //定义获取图片的指令
        final String seqText = "#IMGGET0T0R0F";
        //判断文件夹是否有文件存储，如果有，全部删除
        File oldFile = new File(path);
        File[] list = oldFile.listFiles();
        for(File file:list){
            file.delete();
        }
        //关闭串口
        SerialPortManager.closeSerialPort();
        //打开串口 传入对应参数 串口号 serielPort, 波特率 boundRate, 数据位 dataBits,
        // 停止位 stopBits, 校验位 parity
        final SerialPort serialPortManager = SerialPortManager.openSerialPort(serialPort,
                boundRate,dataBits,stopBits,parity);
        //定义一个字节数组输出流，用来接收返回的字节内容
        final ByteArrayOutputStream baos = new ByteArrayOutputStream();
        //串口设置对应的事件监听，监听串口返回数据
        serialPortManager.addEventListener((serialPortEvent) → {
                //判断串口事件是否是数据达到事件
                if(serialPortEvent.getEventType() == SerialPortEvent.DATA_AVAILABLE){
                    try {
                        //从串口中获取输入流
                        InputStream inputStream = serialPortManager.getInputStream();
                        //读取字节大小
                        byte[] buffer = new byte[1024]; // 1KB
                        //每次读取到内容的长度
                        int len = 0;
                        //开始读取输入流中的内容
                        while ((len = inputStream.read(buffer)) != 0) { //当等于-1说明没有数据可以读取了
                            baos.write(buffer,  off: 0, len);    //把读取到的内容写到输出流中
                        }
                        //关闭输入流
                        inputStream.close();
```

```
                    } catch (IOException e) {
                        e.printStackTrace();
                        //关闭串口
                        SerialPortManager.closeSerialPort();//关闭串口
                    }
                }
            });
            //从串口当中获取输出流
            OutputStream outputStream = serialPortManager.getOutputStream();
            //发送获取图片指令并加上包头包尾
            outputStream.write(addHeadTail(seqText.getBytes()));
            outputStream.flush();
            //判断接收到的字节大小是否小于640*480，如果是，说明还有字节流没读到，需要继续等待
            while(baos.size()<(640*480)){
                //休眠1秒钟时间
                Thread.sleep( millis: 1000);
            }
            //将字节输出流转成字节数组
            byte[] resBytes = baos.toByteArray();
            //字节数组去掉包头包尾
            resBytes = wipeOffHeadTail(resBytes);
            //去掉命令字节+数据长度字节+最后一个固定字节
            //可用Arrays.copyOfRange轻松实现截取长度功能
            resBytes = Arrays.copyOfRange(resBytes, from: seqText.getBytes().length+8,
                    to: resBytes.length-1);
            //图片宽
            int width = 640;
            //图片高
            int height = 480;
            //定义图片缓冲区
            BufferedImage buff = new BufferedImage(width, height, BufferedImage.TYPE_BYTE_GRAY);
            //获取光栅
            WritableRaster wr = buff.getRaster();
            int x = 0;
            //将接收的字节依次写入光栅当中
            for (int i = 0; i < height; i++) {
                for (int j = 0; j < width; j++) {
                    wr.setSample(j, i,  b: 0, resBytes[x]);
                    x++;
                }
            }
            //设置缓冲数据
            buff.setData(wr);
            //利用ImageIO.write
            ImageIO.write(buff,  formatName: "png", new File( pathname: path+fileName));
            Map<String,Object> dataMap = new HashMap<>();
            dataMap.put("img", fileName);
            return RetResult.handleSuccess(dataMap);
    } catch (SerialPortException | IOException | InterruptedException | TooManyListenersException e) {
        e.printStackTrace();
        return RetResult.handleFail(e.getMessage());
    }
}
```

开发完成之后，需要调用 createImg 进行图片的获取。

(4) 二维码操作参考界面如图 6.3 所示。

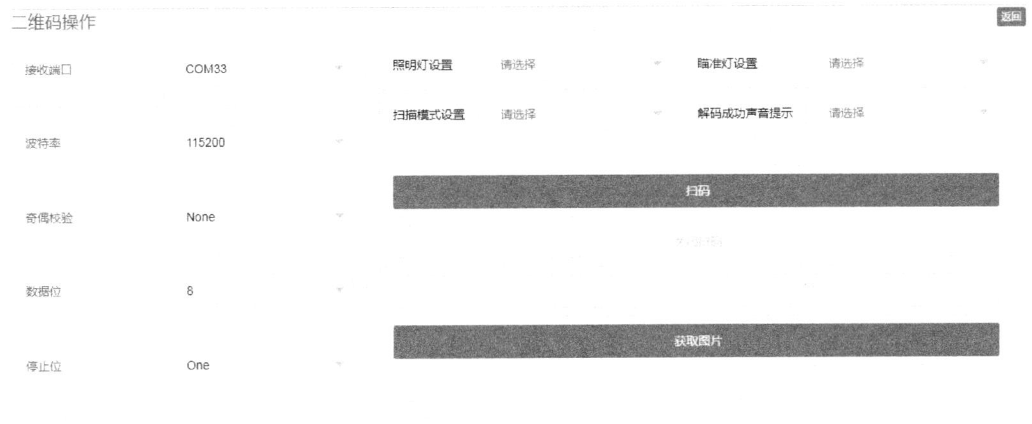

图 6.3 二维码操作界面

3. 结果分析

运行应用程序文件夹中的“run.bat”，启动 Web 应用，单击进入二维码操作页面，在【接收端口】下拉列表框中选择设备连接的串口，设置【扫描模式设置】为【感应模式】，接着单击【扫码】按钮，扫描二维码图片，在词码显示区域将显示识读到的数据，如图 6.4 所示。

图 6.4 获取词码

注意：本实验的串口波特率默认为 115200b/s，无校验，数据位为 8 位，停止位为 1 位。在操作页面上设置参数选项，单击选中即生效，并通过串口发送给识读引擎。

扫码完成后，先单击【关闭扫码】按钮，再单击【获取图片】按钮，由于是串口通信，此过程比较缓慢，如图 6.5 所示。

获取完图片后，效果如图 6.6 所示。

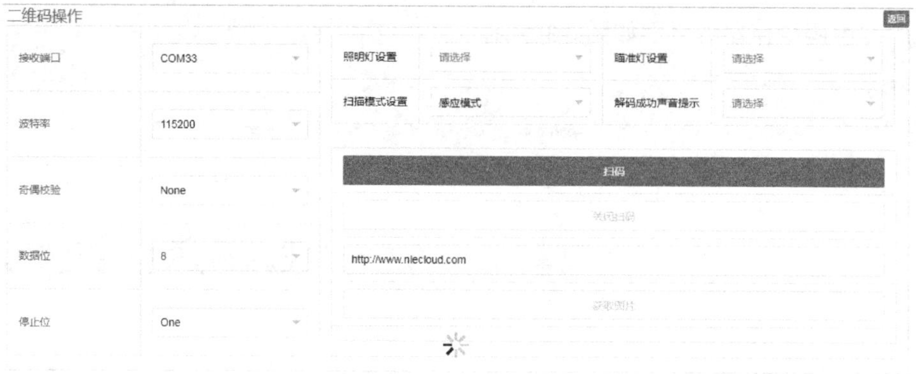

图 6.5　获取图片中

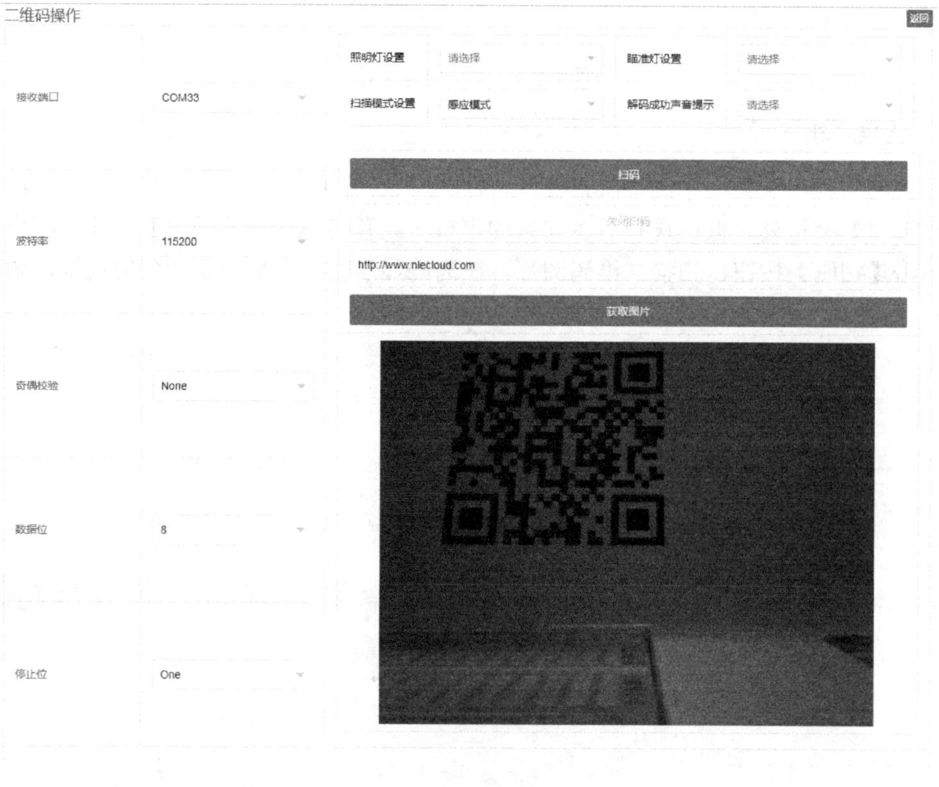

图 6.6　获取图片结果

技能拓展

1. 设置【扫描模式设置】中下拉列表框【连续读码模式】选项，观察二维码识读的状态，体验识读过程。

2. 设置【扫描模式设置】中下拉列表框【电平触发模式】选项，观察二维码识读的状态，体验识读过程。

3. 在电平触发模式下，分别设置【照明灯设置】中下拉列表框的三个选项，观察照明灯的状态，体验各种工作模式的区别。

4. 在电平触发模式下，分别设置【瞄准灯设置】中下拉列表框的三个选项，观察瞄准灯的状态，体验各种工作模式的区别。

5. 分别设置【解码成功声音提示】中下拉列表框的两个选项，聆听识读过程中蜂鸣器的响声，体验其区别。

任务小结

本章主要介绍了二维码识读的过程、步骤及二维码识读引擎的识读状态。通过实验开发的方式，采用 Java 语言对二维码识读模块的控制进行编程，实现二维码识读模块对一维码、二维码的识读功能，使学生对二维码的识读方法有更深入的体会。

参 考 文 献

[1] ISO/IEC 14443:2001 Identification Cards-Contactless Integrated Circuit(s) Card-Preximity Cards[S].

[2] ISO/IEC 18000:2004 Information technology-AIDC techniques-RFID for item management-Air interface[S].

[3] 董在望. 通信电路原理[M]. 2 版. 北京：高等教育出版社，2002.

[4] D.Manstretta, M. Brandolini, F.Svelto, Second-order Intermodulation Mecha-Nisms in CMOS Downconverters, *Solid-State Circuits, IEEE Journal*, Vol.38, No.3, March 2003, pp.394-406.

[5] 石蕾，陈敏雅. RFID 系统中阅读器的设计与实现[J]. 电脑开发与应用，2008(07) .

[6] 陈冲，徐志，何明华. 一种新的 RFID 防碰撞算法的研究[J]. 福州大学学报(自然科学版)，2009(03).

[7] 黄晓俊，潘镭. 基于射频卡技术的小额电子钱包[J]. 中国信用卡，2009，12：59-62.

[8] 肖又正. 基于 RFID 无线通信系统的防碰撞算法设计与研究[D]. 长沙：中南大学，2010.

[9] 李圣全，刘忠立，吴里江. 特高射频识别技术及应用[M]. 北京：国防工业出版社，2010.

[10] 黄玉兰. 射频识别(RFID)核心技术详解[M]. 北京：人民邮电出版社，2010.